CLIMATE EMERGENCY

气候紧急状态

碳减排与碳中和的科学逻辑与国际共识

方修琦◎编著

气象出版社
China Meteorological Press

内容简介

本书依照“碳排放—碳循环—温室效应—全球变暖—人类安全风险—碳减排—国际合作”的科学逻辑，介绍了国际社会关于全球气候变化问题已达成政治共识的主流科学认识。重点阐述了人类活动导致全球变暖的基本事实和未来气候变化情景，突出了全球气候变化带来的安全风险，强调了采取无悔行动及国际合作来应对全球气候变化的必要性和可行性。本书可作为大、中、小学的地理教育、气候变化及“双碳”教育的参考资料，也可作为公众气候变化和“双碳”教育的普及读物。

图书在版编目（CIP）数据

气候紧急状态 ： 碳减排与碳中和的科学逻辑与国际共识 / 方修琦编著. -- 北京 ： 气象出版社, 2024. 11.
ISBN 978-7-5029-8369-7

Ⅰ. P467

中国国家版本馆 CIP 数据核字第 2024YY5119 号

Qihou Jinji Zhuangtai——Tan Jianpai yu Tan Zhonghe de Kexue Luoji yu Guoji Gongshi

气候紧急状态——碳减排与碳中和的科学逻辑与国际共识

出版发行：气象出版社

地　　址：北京市海淀区中关村南大街 46 号　　**邮政编码**：100081

电　　话：010-68407112(总编室)　010-68408042(发行部)

网　　址：http://www.qxcbs.com　　**E-mail**：qxcbs@cma.gov.cn

责任编辑：蔺学东　　**终　　审**：张　斌

责任校对：张硕杰　　**责任技编**：赵相宁

封面设计：艺点设计

印　　刷：北京地大彩印有限公司

开　　本：710 mm×1000 mm　1/16　　**印　　张**：17

字　　数：363 千字

版　　次：2024 年 11 月第 1 版　　**印　　次**：2024 年 11 月第 1 次印刷

定　　价：98.00 元

前　言

“气候紧急状态”(climate emergency)是牛津词典的2019年年度词汇，被定义为一种需要采取紧急行动来减缓或遏制气候变化，以避免引发不可逆转的环境破坏的状况。“气候紧急状态”一词的使用率在2019年增加了100倍，它反映了人们围绕气候问题的语言明显升级，即通过文字表达对气候问题的紧迫性与危机感。2020年12月12日，联合国秘书长古特雷斯在气候雄心峰会上的致辞中，呼吁全球进入“气候紧急状态”。

以全球变暖为突出标志的全球气候变化已经发生并正在改变我们的生存空间，当今人类社会的各个方面都正在受到其深刻的影响。全球气候变化既是全球尺度的环境问题之一，也是当今世界面临的主要政治和经济挑战之一，事关所有国家和所有公众的安全。“气候紧急状态”或“气候危机”取代“气候变化”充分地表达了全球气候变化形势的紧迫性，更能体现人们面对全球气候变化风险的危机感。

国际社会关于全球气候变化已达成政治共识的主流科学认识包括以下三个方面：(1)20世纪以来的全球变暖是由人类碳排放改变碳循环而导致的温室效应增强所造成的；(2)全球变暖已对人类社会产生了可见的影响，如果不加以控制，未来全球气候变化超过危险阈值，可能给世界各国带来灾难性的后果；(3)世界各国须通力合作，通过碳减排来减缓全球气候变化，以降低安全风险。以上政治共识的科学逻辑是“碳排放—碳循环—温室效应—全球变暖—人类安全风险—碳减排—国际合作”(图0-1)。在过去数十年中，上述认识在科学上被不断强化并被转化为国际政治共识，进而推动国际社会应对全球气候变化行动，科学与国际政治之间互动关系密切，全球气候变化科学研究以国际社会重大需求为导向，应对全球气候变化危机的迫切需求促进科学研究不断深入。20世纪80年代以来，全球变暖问题驱动的地球系统科学和全球变化研究已发展为21世纪地球科学研究最为重要的前沿领域；基于全球变暖科学认知的低碳发展正在推动着具有里程碑意义的人类社会发展模式乃至文明形态转型。全球气候变化科学与国际政治之间如此紧密地相互成就，这在科学史上是十分罕见的。

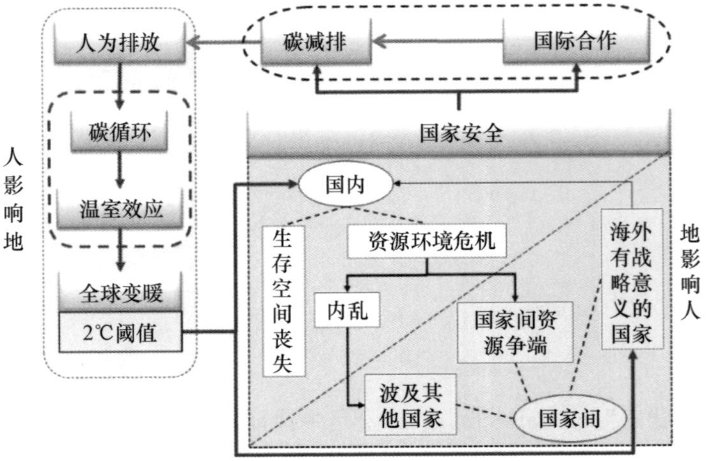

图 0-1 从碳排放到减排国际合作的科学认知与政治共识(方修琦 等,2021)

本书的框架是依照以上科学逻辑构建的,全书共分为六个部分,各部分内容的要点依次为:(1)自然碳循环调控下的温室效应与气候;(2)人为碳排放及其导致的温室气体增加;(3)人为全球变暖的现状与未来;(4)全球变暖对人类安全的威胁;(5)碳减排与碳中和目标与行动;(6)应对全球气候变化危机也是文明进步的机会。本书基于人类世——一个人类主导的新地质时期,以及人与自然共同体的概念,在内容上,尽最大可能体现以上国际社会已达成政治共识的科学认识,重点阐述人类活动导致全球变暖的基本事实和未来情景,突出全球气候变化的安全风险,强调采取无悔行动及国际合作来应对全球气候变化的必要性。出于作者的地理学及环境演变研究专业背景,本书还对两个问题给予了特别关注:一是人类世的全球变暖与自然状态的过去全球气候变化之间的关联及其不确定性;二是兼顾地球系统与人类生态系统的双重稳定必要性,它们对全面客观地理解全球变暖问题至关重要。

在作者已渡过的一个甲子人生中,切身感受了 20 世纪后半叶以来的全球变暖,深信全球变暖正在发生并将深刻地影响人类社会发展的轨迹;而因选择了当年实属冷僻的环境演变研究与教学工作,使得作者有幸从专业的视角来认识当今热门的全球变暖问题的来龙去脉,亲眼见证以全球变暖为主导的地球系统科学如何从兴起到兴盛,如何推动社会发展模式发生革命性变革。在过去数十年中,作者的科学研究和教学工作一直追随这一科学浪潮的前行,但作者所熟悉的研究领域在宏大的地球系统与全球变化科学体系中只是十分微小的部分;面对全球变暖科学的飞速发展与知识爆炸,作者的知识更新和对科学前沿的理解也难免挂一漏万。因此,尽管作者已尽最大努力,但本书中仍难避免存在错漏和认识陈旧的问题,相关认识需要随着全球变暖研究的进步而不断更新。

本书是国家“全球变化及应对”重点研发计划项目“地球系统模式与综合评估模

型的双向耦合及应用”子课题“基于评估模式研究气候变化对中国社会经济的影响”（2016YFA0602704）的研究成果，中国科学院地理科学与资源研究所郝志新研究员和气象出版社蔺学东副编审对本研究给予了诸多帮助；北京师范大学苏筠教授和范志欣、陶乐同学等参与了部分研究，郭煜、李晗孙白等同学帮助做了资料收集和图件的翻译和整理工作；在此一并表示感谢。

本书稿完成之时的2021年国庆节，罕见的连绵秋雨还盘桓在从西南到华北的广大区域，限电的风潮已从东北席卷华南，对个中缘由有多种说法，但大都或多或少地与全球气候变化牵扯上某种联系。随着雨过天晴，问题得到了解决，对这些现象所做解释本身是否正确或许不再重要，重要的是，我们今天面临的问题对人类未来可能面临的困境具有警示意义，假如最终真正有一天，我们不得不面对供电紧急状态和气候紧急状态二者必选其一时，我们该如何做才是正确的选择呢？我们期望的未来是这一天不会出现，这需要全人类的共同努力。

方修琦

2021年10月4日

目　录

1

地球的碳循环、温室效应与气候

内容概要

现代气候学将气候定义为气候系统的状态,包括平均气候状态和气候变化与变率。气候系统由大气圈、水圈、冰雪(冰冻)圈、陆地表面和生物圈组成,以大气圈和水圈为其主体,冰雪(冰冻)圈是固态的水。现代气候学强调,气候不仅仅是大气圈本身的产物,而是组成气候系统的大气圈、水圈、冰冻圈、生物圈和陆地表面等各成员相互关联与反馈的结果。

气候形成和维持的能量来自于太阳,其物理过程主要与气候系统的加热率和输送过程有关。大气中的水汽、二氧化碳、甲烷等温室气体可以强烈地吸收地面长波辐射,使地球接收的太阳能不会马上散失掉,形成温室效应,这一过程是决定地球平均温度的关键过程之一,如果没有温室效应,地球表面平均温度将在冰点以下,可能无液态的水,动植物也难以在地球上生存。

碳循环是指碳元素在大气圈、水圈、生物圈及岩石圈之间迁移、转化所构成的循环。例如,大气中的二氧化碳通过光合作用被陆地和海洋中的植物吸收,然后通过呼吸和分解过程重新返回到大气中。在自然状态下,这一过程是受地球生物控制的,碳排放量与碳吸收量是大致相等的,能够彼此抵消。

作为自然环境中最重要的物质循环之一,碳循环的重要作用之一是能够通过调控大气中的二氧化碳、甲烷等温室气体的含量,维持大气中温室气体含量的相对稳定,从而使全球温度的变化在生命活动能够维持的幅度之内。在地质历史上,温室气体含量的变化与地球气候变化之间存在着密切的对应关系。

1.1 地球系统及其物质循环

1.1.1 地球系统

地球在太阳系的成员中处于非常特殊的地位:是目前人们发现的唯一有生物圈的星球;是唯一有充裕氧气和液态水的星球;是唯一经由板块构造过程不断更新地表结构,使生命所必需的营养物质反复循环的星球。正因为如此,地球有满足人类宜居所需的如下特征:①清洁的空气、水及营养元素;②可提供健康舒适的生存空间；③对各种地球内外灾害具有自我修复能力；④可调节气候、生态与环境变化；⑤有维系生命的充足赋存与再生能源资源（2021—2030 地球科学发展战略研究组，2021）。作为人类已知的唯一支持生命活动的星球和人类的舞台中心，我们的地球在宇宙中可能不是独一无二的，但说它是亿里挑一绝不为过。

地球具有明显的圈层结构，从地心到地球的固态表面可分为地核、地幔、地壳等内部圈层，在地表之上到大气层的最外层有水圈、生物圈、大气圈等外部圈层（图 1-1）。其中，地壳与地幔最上部固态部分构成刚性的岩石圈，岩石圈平均厚度在 100 km 以上，它是地球的刚性固态壳层，将地球内部的地核和地幔与外部各圈层隔离开来，在岩石圈下是由高温、高压物质所组成的地幔和地核，它们形成了地球磁场，驱动岩石圈的板块运动，也是地震和火山的策源地。

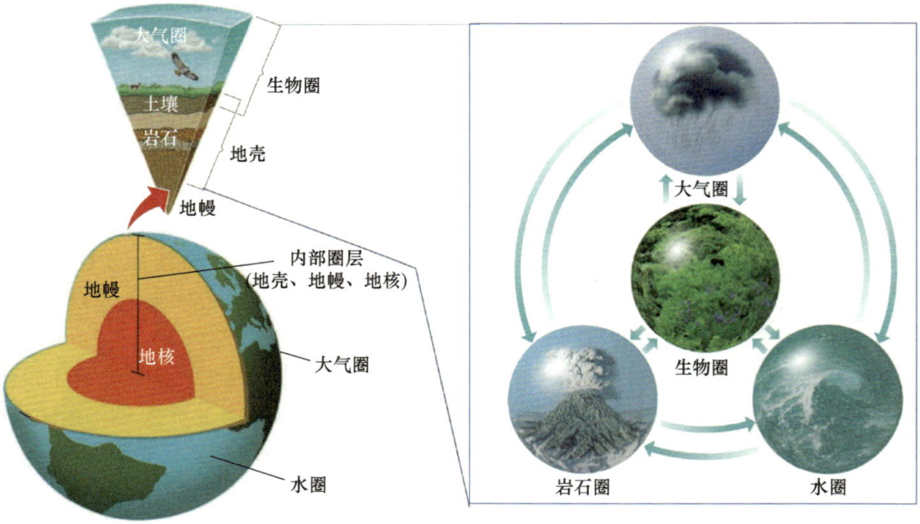

图 1-1　地球的圈层及其相互关联（Miller et al.，2012；Strahler，2013）

地球是一个充满水的星球。水是地球上唯一同时以液态、固态和气态存在的物质，现代地球表面约 71% 为大洋所覆盖，其所容纳的水量占全球水总体积的 97% 以上，除此之外，地球水量的 2% 被以冰的形式固定在南、北极的冰盖和高山的冰川之中；其余的水存在于陆地上的江河、湖泊、沼泽等水体，土壤的孔隙与岩石的缝隙之中、大气之中，甚至生物体内也都含有很高比例的水。水是生命之源，它使得地球成为太阳系中目前人们所认知的唯一的生命之家，没有空气（氧气）可以有生命（厌氧生物体），没有水就没有生命。

包围在陆地和海洋表面之上的大气圈由时刻运动着但看不见、摸不着的混合气体组成，主要为 78% 的氮气、21% 的氧气、0.93% 的氩气和 0.033% 的二氧化碳等微量气体，低层的大气中还含有水汽和尘埃等物质。大气的总重量相当于地球总重量的百万分之一，几乎所有大气（约 97%）都保持在地球表面至 30 km 高的范围内，但大气的总厚度为 1000～1400 km。作为地球系统中最不稳定、变化最快的部分，大气圈在全球尺度上快速地传输和转化地球上的诸多物质，不仅在调节地球系统能量收支平衡及全球能量的分配方面起关键作用，而且还提供了维持陆地上一切生命所需要的碳、氢、氧和氮等主要元素，它们对地球系统的状态是至关重要的。大气圈还像一副无形的盔甲，为地球生物构筑了至少三道重要保护层。首先是通过大气的摩擦作用，每年阻拦数万吨从星际空间坠落入地球的物质，这些物质多是小行星和彗星碎裂的产物，其中的绝大多数在通过大气层时因摩擦作用而被烧毁（有些化为我们肉眼可见的流星），只有少数残留的陨铁或陨石落到地面上。其次是通过分布在距地面 20～30 km 高空的臭氧层吸收紫外线，从而抵挡太阳光中紫外线这一地球生命"杀手"的伤害，保护地球表面上的生命。第三，在地球磁场的作用下于上千千米高空的大气中形成一个电离层，有效地将来自太阳的高能带电粒子拒之地球之外，少数漏网的高能带电粒子被地磁场导引集中到地球南、北两极上空，并与高层大气（热层）中的原子碰撞，产生壮丽的极光景色。如果这些类似于核辐射的高能带电粒子到达地球表面，将如同切尔诺贝利和福岛核电站事故一样对地球上的生命造成极大伤害。

地球是太阳系中唯一有生物圈的星球。地球上的生命界可以划分成不同的层次或组织水平。在微观尺度上从有机大分子、细胞、组织、器官到个体，在宏观尺度上从个体、种群、群落，到植物、动物、微生物等不同的生命形式与其无机的环境一道组成生态系统，直到整个地球生物圈，复杂程度逐级升高，在基因、物种、生态系统等多个层次上表现出生物的多样性（图 1-2）。现今动物、植物和微生物等各种形态的生物有机体数量多得惊人（图 1-2），它们分布在大气圈的下层、整个水圈和岩石圈的上层，厚度约 20 km 的范围里，特别是集中在陆地和海洋表面上下约 100 m 厚度范围内，这个在地球上存在着生物并受其生命活动影响的空间就是生物圈。作为地理环境中有生命现象的有机成分的总量还不足地壳重量的 0.1%，但它的出现与存在却使地球上自然环境发生了极其深刻的变化，各种生物有机体积极参与并调控各种地球系统过程，推动物质和能量的交换，地球的许多独特性质都与生命的存在有关。

共存于地球表层的岩石圈、水圈、大气圈、生物圈等圈层构成了地球系统。地球系统中的每个圈层都是一个复杂的开放系统，有各自的特点和运动、演化规律，而各个圈层之间是相互联系的，既有物质的交换，又有能量的交换，并以十分独特的方式有机地联系在一起，从而使得地球成为太阳系中唯一支持生命活动并受生命调节的星球，地球系统维持的基本机制是太阳能的持续输入、物质循环和生物多样性的调节（图 1-3）。首先，太阳能为地球系统提供了持续而稳定的能源供应，是驱动地球系统物质循环过程的主要能源。其次，地球上的物质通过在各圈层子系统之间有序的交换而完成其水循环、生物地球化学循环、岩石循环和构造循环等循环过程，同时实现能量的传递与转化，通过这些循环过程彼此之间的相互作用，使得地球系统的各个圈层之间和地球系统的物理气候系统、固体地球系统、全球生态系统等子系统彼此有机地联系在一起，成为一个整体。第三，自生命在地球上诞生以来，生命活动一直主导着生物地球化学循环过程，这一过程调控了地球系统的能量收支，在地球系统的稳定中起到了调节器的作用。

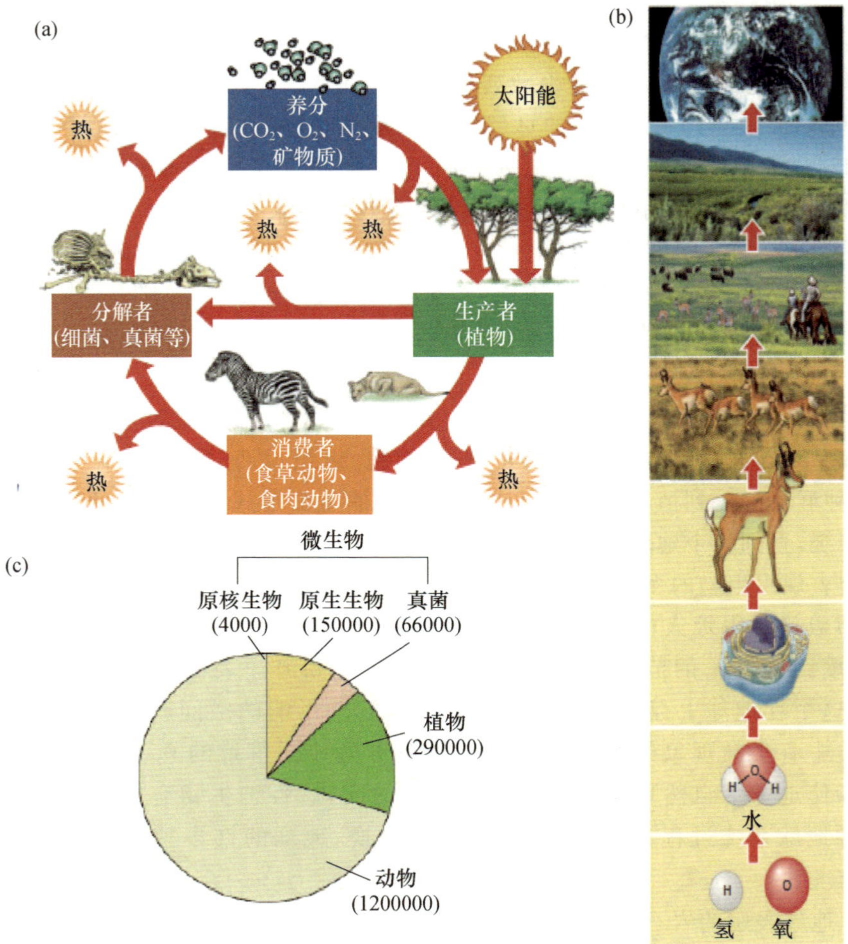

图 1-2 生命界及其组织水平与生态系统(Marsh et al.,2012; Miller et al.,2012)

(a)生态系统的组成及其物质循环与能量转换；(b)生物的组织水平(个体以上为宏观世界，以下为微观世界)；(c)动物、植物和微生物物种的数量及占比

图 1-3　地球系统维持的三个基本原理(Miller et al. ,2012)

1.1.2　地球系统能量的供应

地球主要有两台“发动机”提供动力。一台是地球外部的“发动机”——太阳能；一台是地球内部的“发动机”，主要来自于岩石圈之下的地球内部的放射性和内部深处的原生热，它对地球系统的影响主要体现在驱动岩石圈的板块运动与构造循环，正是这些过程决定着地球海洋和陆地的分布及宏观地貌格局，并实现地球内部与外部圈层之间的物质和能量交换。地球内能的能量是十分巨大的，其温度足以熔化岩石，但地球的岩石圈就像隔温层一样，使得地球内部的热量极少能到达地球表面，地球内部的热量到达地面的能量占地表能量的份额只有 0.026%(图 1-4)。地球表面能量的 99.97%是由太阳能提供的。虽然地球获得的太阳辐射量仅为太阳总辐射量的 22 亿分之一，但其对地球来说却是非常重要的，为地球系统提供了持续而稳定的能源供应，是驱动地球系统物质循环的主要能源。

到达地球大气上界的太阳能中，约 30%被反射及散射回太空，其余大约 70%的太阳辐射被地球表面吸收利用，它直接或间接驱动的各种运动、循环过程发生在臭氧层以下、岩石圈之上，维持着各种发生在地球系统中的外力过程。太阳辐射集中分布于地球表层，太阳能的转化亦主要在地表进行。为大气、海洋和陆地吸收并转化的热能，被用于加热地球并驱动几乎所有在地球表面运行的各种尺度的系统及其过程，其中包括大气运动、蒸发、暴雨、河流、波浪、洋流和支持地球生命系统(图 1-4)。尽管到达地球表面的太阳能只有 0.023%被直接用于光合作用，但它却支持着地球上所有植物和动物的生存。陆地和海洋中的绿色植物是一个巨型的能量转换站，通过植物的光合作用，太阳能被转化为化学能并储存在所形成的有机化合物中，这些化学能为植物本身和全部异养生物提供了能源，也是人类营养和活动的能量来源，地球上人类生产和生活中消耗的能量，除原子能和地热能外，都直接和间接地来自于太阳。每年光合作用所同化的太阳能约为人类所需能量的 10 倍。

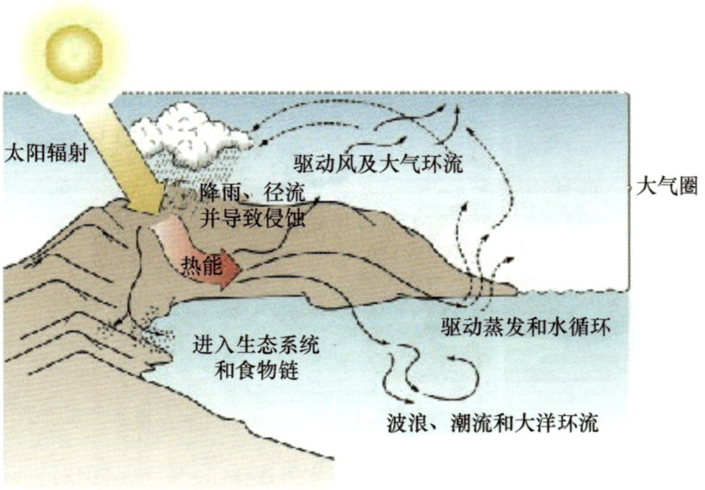

图 1-4　地球表面的能量来源及吸收太阳辐射产生的热量驱动的几个大型系统(Marsh et al. ,2012)

1.1.3　地球系统中的物质循环

地球跨圈层的物质循环主要包括水循环、岩石循环、构造循环和生物地球化学循环，其中生物地球化学循环是生物主导的化学循环过程，而前三种循环虽然可能有生命活动参与，但主体并非生命主导。太阳能是驱动水循环、生物地球化学循环和岩石循环中侵蚀堆积过程等物质循环过程的主要能源；而构造循环和岩石循环的其他过程主要受地球内能驱动。物质循环与系统的自我调节是地球生命活动得以维持的重要原因。

构造循环通过受地球内力驱动的板块运动完成。地球表面岩石圈不是整体一块，也不是固定不变的，而由若干大小不等、不断相对运动的刚性板块镶嵌在一起。板块有大陆板块与大洋板块之分，大陆板块的岩石圈厚度约 125 km，由花岗质岩、玄武质岩和超基性岩组成，质量较轻、历史更为古老；而大洋板块的岩石圈厚度约 75 km，是大洋软流圈物质通过巨大扩张带涌出所形成的，不但缺失花岗质层，形成年代也新。坚硬的岩石圈板块像漂浮在水上的木筏一样，漂浮在上地幔有塑性的软流层之上，在地幔中缓慢的对流运动驱动下，岩石板块发生分离、聚合或平移等形式进行大规模的水平运动，称为板块运动。板块运动的主要过程是：在大洋中脊，软流圈地幔物质向上涌出，冷凝成新的大洋岩石圈(大洋板块)，新的大洋板块由于扩展作用离开大洋中脊而逐渐冷却、密度增大，大洋板块最终插入大陆板块之下，沉入地幔之中被吸收，从而构成板块的循环过程(图 1-5)。这一过程使得大洋板块处在不断更新的过程中，大洋板块的平均寿命为 7000 万年，最老的约 1.8 亿年。相比之下，大陆板块虽然也在运动，但大陆板块的岩石更轻些，不能沉入地幔中被吸收，因此，大陆表面可以破裂、移动、聚合、变形和遭受侵蚀，但并不消亡。大陆板块是十分古老的，甚至可以找到38亿年以前的大陆。伴随着大洋与大陆不断形成、演化和消亡的过程，构造循环往复地进行着。作为构造循环表现的板块运动是一种长期、缓慢的运动过程，它带动了大陆的漂移和大洋盆地的开合，实现了地球内部与地球表层之间的物质和能量交换与转化，并能引发进一步的地球系统过程。板块运动决定了地球的洋盆和陆地的形态及分布，造就了海底与陆地表面起伏巨大、形态各异的地貌。板块运动同时控制着断裂带、火山、地震等在地球表面的分布，世界上的主要火山带同主要的地震带和断裂带(断层是岩石中发生过运动的破裂处或断裂处)吻合，它们存在于板块的会聚带，也是温泉分布的主要地带；另一类火山带发生在板块的分离带，如大西洋的中央。受控于板块运动的海洋和陆地分别为海洋生命和陆地生命提供了栖息的场所，如果没有陆地，人类和众多的陆上动、植物都将无处生存。板块运动导致的海陆分布格局变化、高原和山地隆起能够影响大气环流的运行，从而改变全球或区域气候及自然环境特征；火山活动，特别是强烈的火山喷发不仅在地表留下火山地貌，而且会把大量的水分、挥发性气体、火山灰等抛向高空，是影响地球大气层对太阳辐射的吸收、导致气候变化的重要驱动力之一。

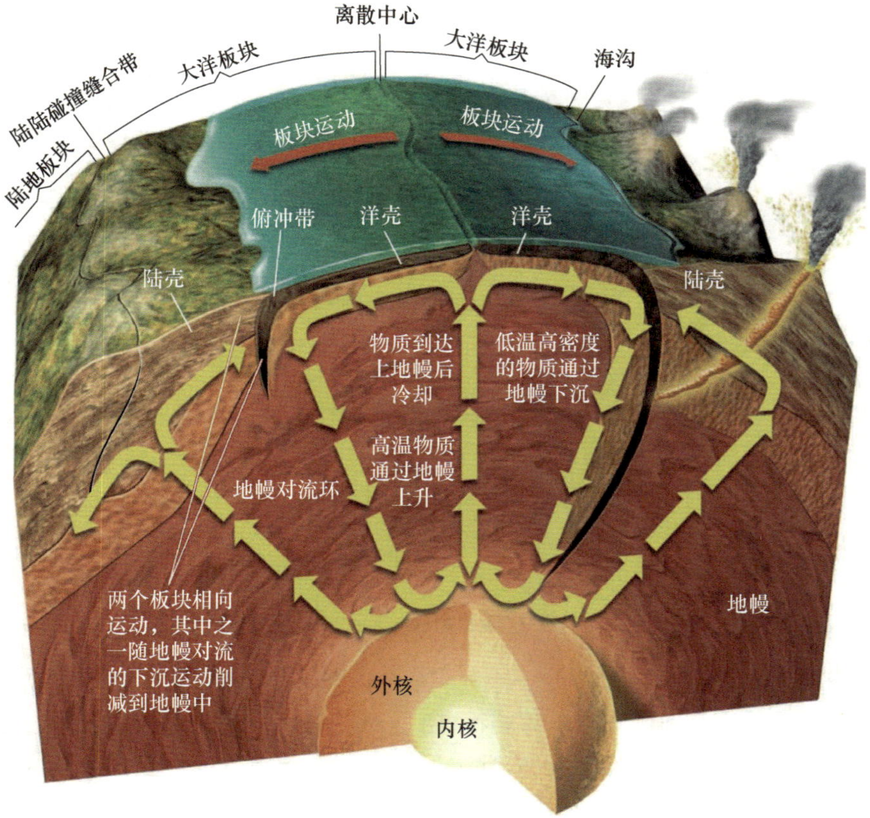

图1-5　地球内部圈层、岩石圈与板块运动(Miller et al. ,2012)

岩石循环是指构成地球固态表面的岩石圈的岩浆岩、沉积岩和变质岩三大类岩石之间的物质转换过程(图 1-6),这一过程受构造循环与外力作用下的风化、侵蚀和堆积过程共同影响,其主要环节包括构造抬升过程,风化、侵蚀、搬运、堆积过程,沉积岩成岩作用过程,岩浆入侵、喷发、冷却和固结成岩过程,岩石熔融、变质过程等。岩石循环过程跨越了多种时间尺度,其结果不仅产生了沉积岩、岩浆岩和变质岩三种基本的岩石类型,形成了地球上丰富的矿产资源和塑造了千姿百态的地貌景观;更重要的是,它使得生命所需的营养元素得以反复循环,风化和侵蚀作用使得众多的矿物元素不断从岩石中释放出来,这些元素中的大多数是生命活动所必需的营养元素,如磷、钾、钙、镁、锌、铁等,它们在岩石圈表面松散的土壤层中富集,供生命体使用。如果岩石圈中的元素释放过程终止,生命体所需的营养元素将很快被消耗尽,生命活动也无法进行。

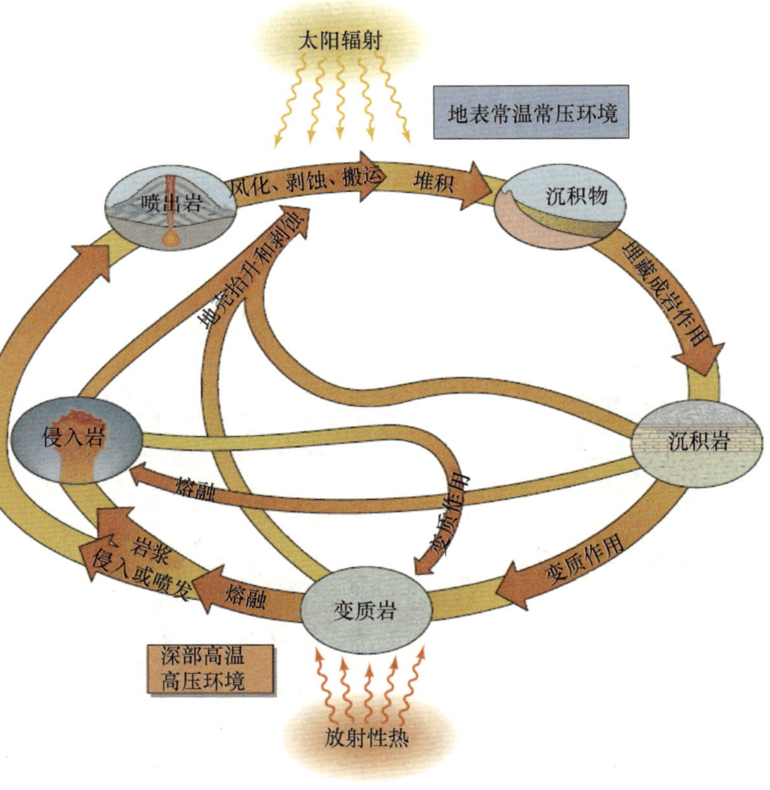

图 1-6 岩石循环示意(Strahler et al. ,2013)

水循环是指存在于海洋、大气、冰雪、陆地上的河湖与井泉、土壤孔隙与岩石缝隙和生命体内的水之间的相互迁移转换(图 1-7)。陆地和海洋表面的水通过蒸发或蒸腾进入大气,大气中的水汽或以云凝结形式降落在陆地和海洋上。降落在陆地之上的降水中,在寒冷环境下长期不融化的积雪可形成冰川,从而把淡水固定在陆地

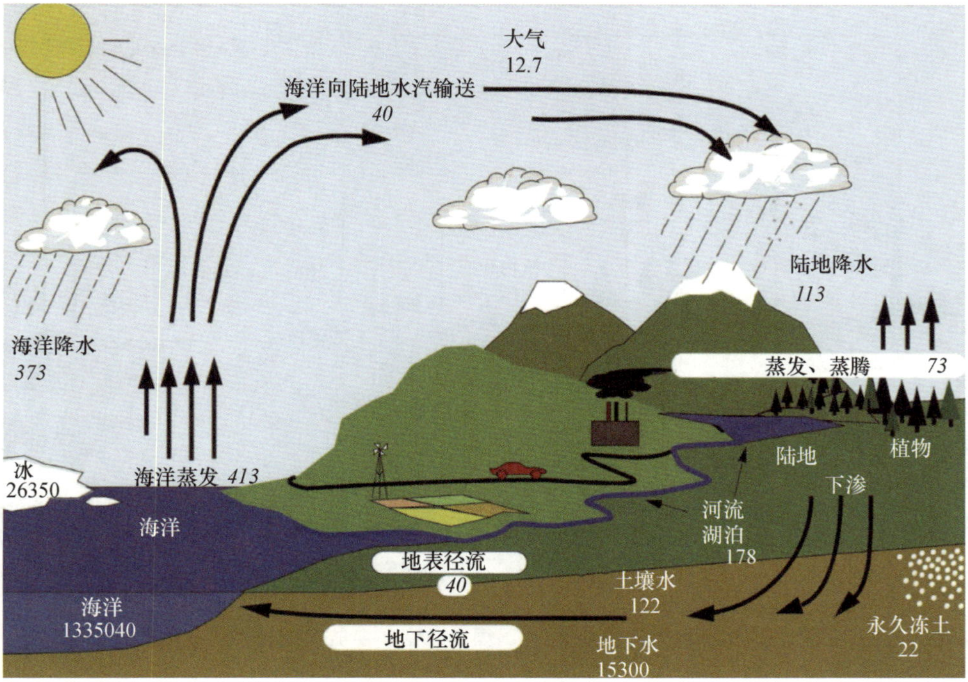

图 1-7 长期平均的全球水循环(Trenberth et al. ,2007)

(图中正体数字的单位为 $10^3 km^3$;斜体数字表示交换量,单位为 $10^3 km^3/a$)

上;雨水和冰川融水汇聚形成河流、湖泊,渗入土壤孔隙之中并为生物所利用;它们被重新蒸发或蒸腾到大气,或通过河流最终流入大海。水循环过程受太阳能驱动,一般在几年之内就可循环一次,但不同部分循环更新的速度有快有慢,通常南极冰盖中的水循环更新一次要 20 万年以上,大洋水要 4000 年,深层地下水要 1000 年,湖泊水要 10 年,而大气水只要 10 天。除此之外,在岩石圈循环过程中,地球表面的水与地球内部的水之间也存在循环过程,其循环周期可达数百万年。水循环过程的意义不仅是水在不同圈层之间的迁移与气相、液相和固相之间的状态转换,而且还在于,水是地球系统许多子系统必不可少的成分,地球系统的许多过程都是在水的参与下才得以实现的。水在循环过程中起到了传输和转换能量和物质的作用,是连结地球各子系统的纽带。水循环的重要功能之一就是提供可利用的淡水,淡水是许多陆地上的生命所必需的,水的存在使得地球成为太阳系中唯一的生命之家,没有空气(氧)可以有生命(厌氧生物体),没有水就没有生命。广阔的海洋,丰富的生命物质,甚至可漂浮的、塑性的、富硅的大陆,这些地球所独具的、区别于其他行星的独特性质,都可归因于水的存在与循环。

生物地球化学循环是指氢、氧、碳、氮、磷、硫等元素在岩石圈、大气圈、水圈和生物圈中的传输转换过程(图 1-8),在有生命的行星上,地球化学循环演化为生物地球

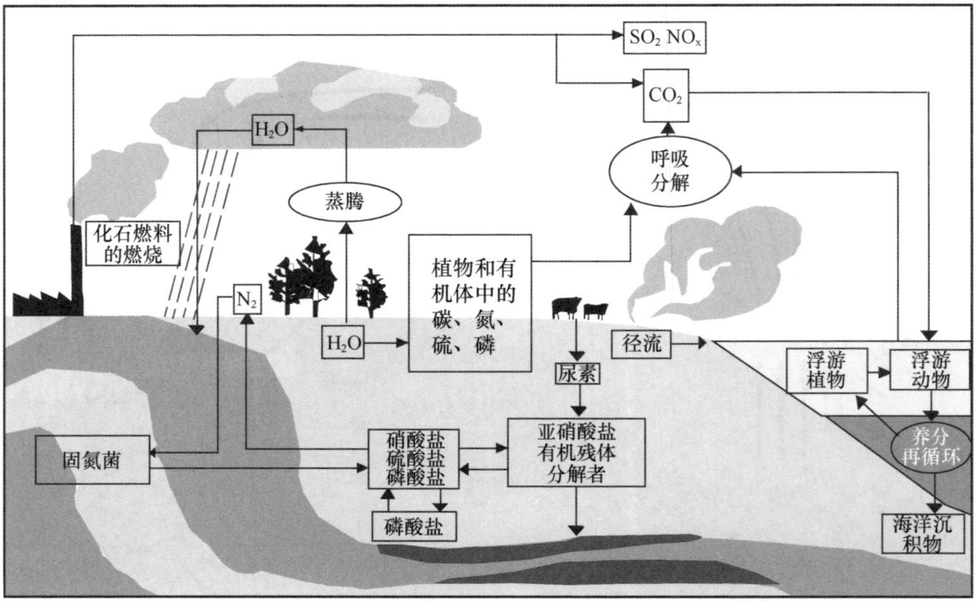

图 1-8　关键元素的生物地球化学循环(美国国家航空和宇航局地球系统科学委员会,1992)

化学循环。生物地球化学循环是受控于生物的物质循环过程,在生态系统中,物质是被循环利用的(图 1-9)。绿色植物从周围环境中吸收二氧化碳、水和其他无机养分,利用太阳能将这些原料合成构成植物体的有机化合物,释放出氧气;所有的动物(包括人在内),都直接或间接地以这些植物作为食物、吸入氧气,通过新陈代谢呼出二氧化碳,生物体死后被微生物或细菌分解释放二氧化碳和无机养分到周围环境中去,这些二氧化碳和养分又可以被植物重新利用。上述由于生物的生长、死亡和分解,化学元素从周围环境中进入生物体内又回到环境中去的过程构成了生态系统的养分循环过程。生物地球化学循环是生态系统实现其养分循环及能量流动的基本方式,氢、氧、碳、氮、磷、硫等有机质的基本化学组分,随着元素结合成生命组织,将增加能量状态;然后随生命组织的分解而降低能级,从而形成一个封闭的循环。自生命在地球上诞生以来,生命活动一直主导着生物地球化学循环过程,通过生物地球化学循环过程,维持地球生命所必需的化学元素可以得到重复利用;没有生物地球化学循环,大气中的氧气会被耗尽,海洋沉积物中对生物有毒的化学物质会很多,并变得营养贫乏,以致不能维持生物的生命。生物地球化学循环过程调控了地球系统的能量收支,在地球系统的稳定中起到了调节器的作用,借助于这一过程,地球上的生命在很大程度上调控着大气和海洋的成分、地壳的风化速度,调节物理气候系统和固体地球系统的过程,影响大气、海洋化学和全球能量平衡以及地表环境特征,使自然环境适合于生命的存在。

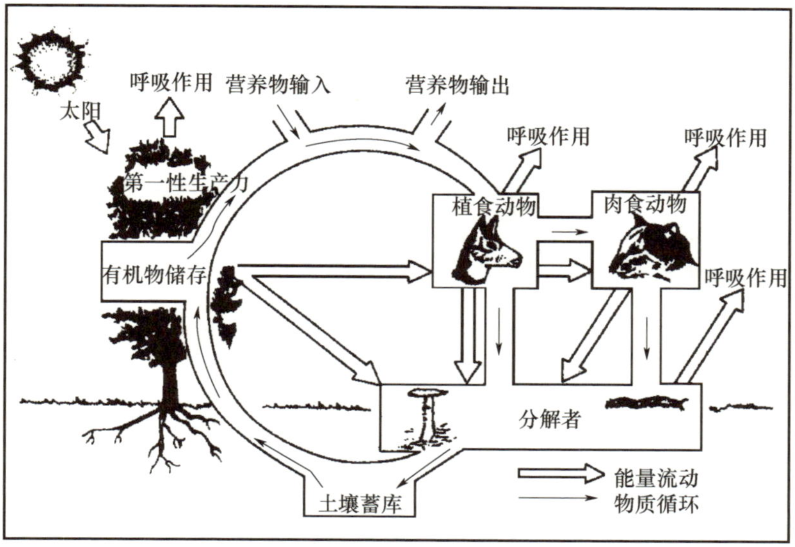

图 1-9　生态系统中的物质和能量流动

水循环、岩石循环、构造循环和生物地球化学循环之间是有机联系的(图 1-10),地球上的物质通过在各子系统之间有序的交换而完成其循环过程,同时实现能量的传递与转化,使地球成为一个有机的整体。

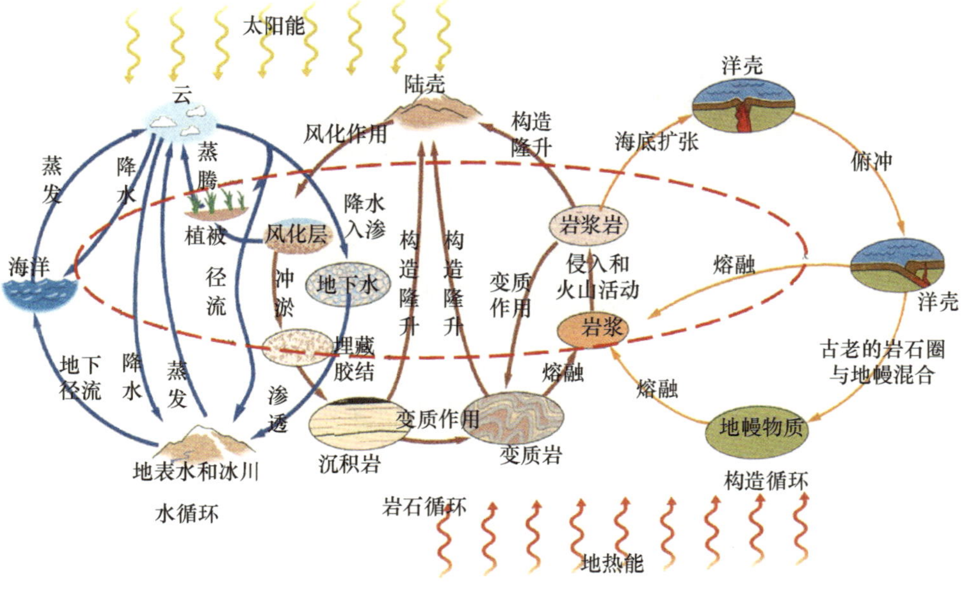

图 1-10　地球系统各循环的相互关联(虚线为生物地球化学循环)
(Skinne et al. ,2012;张兰生 等,2017)

1.2 碳循环

1.2.1 地球的碳库、碳源与碳汇

碳是组成生命组织的基本物质，也是地球上最重要的环境地球化学元素之一。碳循环是指碳元素在大气圈、水圈、生物圈及岩石圈之间迁移、转化所构成的循环。碳在海洋和陆地生命系统与大气、水圈和岩石圈之间的运动与转换是地球上生命活动的基本过程之一，也是连接地球各个圈层的一个主要环节（图 1-11）。碳循环是生物地球化学循环关注的中心，通过了解碳循环过程可以进一步增进对氮、磷、硫等生物地球化学过程中各个主要环节的理解。

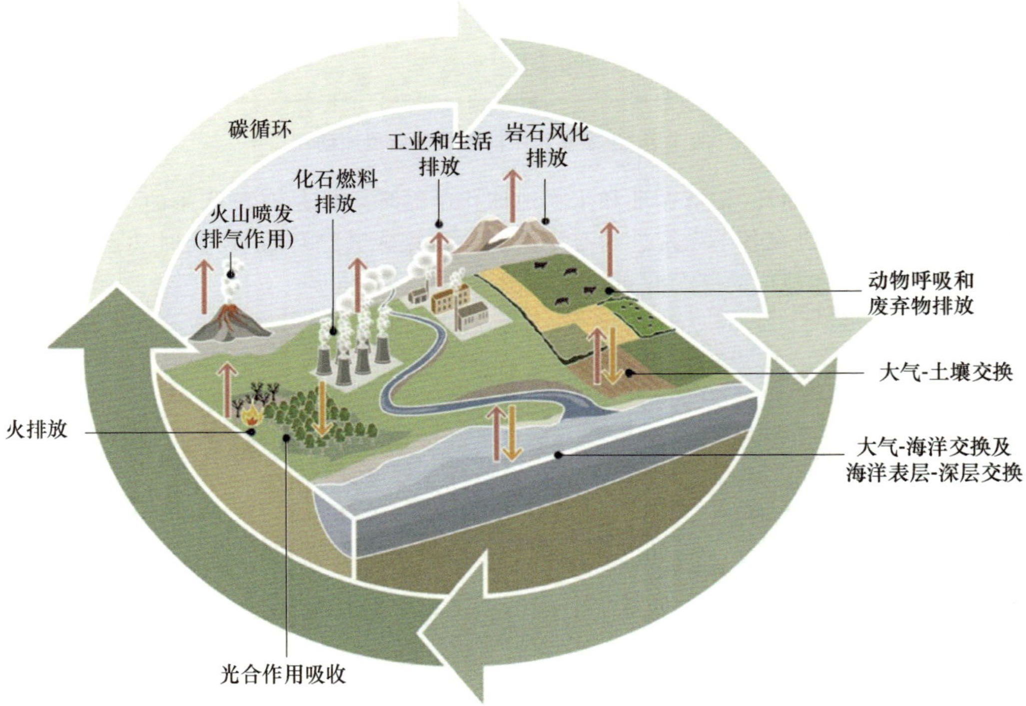

图 1-11 全球碳循环示意

地球上碳储存的场所称为碳库，碳从一个库到另一个库称为碳通量，其中流出的碳库称为碳源，流入的碳库称为碳汇，碳在一个库中从移入到移出所需要的时间称为存留时间，碳库和碳通量构成了碳循环的两个基本方面，一个碳循环就是由大小不等的碳库和发生在不同时间尺度上的过程（途径和通量）构成的，地球上的碳通过在各子系统之间有序交换而完成其碳循环过程。

构成地球系统的各个圈层都是碳库。全球碳的含量为 10^{23} g，除一小部分外，绝

大部分以有机化合物（1.56×10^{22} gC）和碳酸盐（6.5×10^{22} gC）的形式埋藏在沉积岩中。地壳岩石中平均含有 0.27%的碳，其中 73%是以碳酸盐岩（海相碳酸盐岩、沉积碎屑岩中碳酸盐胶结物以及泥质岩中碳酸盐矿物）和幔源碳的形式存在，其余部分以石油、天然气、煤等各种有机碳形式存在。全球近地表活动碳库中的总含碳量约为 40×10^{18} g，可提取的化石燃料含碳量约 4×10^{18} g。

海洋碳主要有 3 种存在形式：溶解无机碳（DIC）、溶解有机碳（DOC）和颗粒有机碳（POC），其含量分别为 37000 Gt、685 Gt 和 13～23 Gt。溶解在海洋中的无机碳是近地表最大的碳库，平衡状态下，海水中的含碳量是大气中的 56 倍，它对大气二氧化碳（CO_2）的变化具有重大的缓冲作用。

陆地生态系统是全球碳循环中的一个重要碳库，对大气中温室气体的含量有重要的影响。土壤有机碳（soil organic carbon，SOC）是陆地生态系统碳库的主要组成部分，是大气和植被碳库的 2～3 倍，如果不计根系的呼吸量，全球平均土壤碳的周转时间为 32 年，因而在陆地碳循环过程中起着重要作用。

土壤是陆地生态系统中最大的碳库。陆地生态系统蓄积的碳量约为 2×10^{12} t。其中土壤有机碳库蓄积的碳量约是植被碳库的 2 倍（从热带森林的 1∶1 到北方森林的 5∶1 不等）（图 1-12）。从全球不同植被类型的碳蓄积情况来看，陆地生态系统碳蓄积主要在森林地区，森林生态系统在地圈、生物圈的生物地球化学过程中起着重要的“缓冲器”和“阀”的功能，约 80%的地上碳蓄积和约 40%的地下碳蓄积发生在森林生态系统，余下的部分主要贮存在耕地、湿地、冻原、高山草原及沙漠半沙漠中；从不同气候带来看，碳蓄积主要发生在热带地区，全球 50%以上的植被碳和近 1/4 的土壤有机碳贮存于热带森林和热带草原生态系统；另外约 15%的植被碳和近 18%的土壤有机碳贮存在温带森林和草地，剩余部分的陆地碳蓄积则主要发生在北方森林、冻原、湿地、耕地及沙漠和半沙漠地区。

地球上的海洋、大气、陆地生态系统和岩石圈等各碳库之间是互为源汇的。在许多情况下，碳库之间的碳通量与其碳库的大小完全不成比例。例如，巨大的碳酸岩库与其他碳库之间的碳通量远小于大气和陆地生物圈以及大气和洋面之间的碳交换。在人类活动明显干预之前，全球碳循环存在于陆地、海洋和大气组成的有机系统中，受气候变化和其自身内部动力控制或驱动，各圈层的碳排放量与碳吸收量是彼此大致相等的，但自然的碳收支平衡已被人为碳排放所破坏（图 1-11）。

碳循环的重要作用之一是调控大气中的二氧化碳、甲烷等温室气体的含量，维持大气中温室气体含量的相对稳定。通过大气环流的作用，全球海洋上空与陆地上空大气中的 CO_2 含量大体一致。大气中及溶解在河流、湖泊和海洋等水体中的 CO_2 是可供生物圈利用的主要无机碳源，陆上植物和海洋浮游植物等有机体通过光合作用而合成有机物质，捕获太阳能并固定二氧化碳，同时释放出氧气。氧气被动物呼吸、微生物分解及其他自然过程所消耗，再生成二氧化碳，重新返回到大气中。这样，大气中的二氧化碳和氧气等气体不断地被使用消耗，又不断地生成，构成了一个

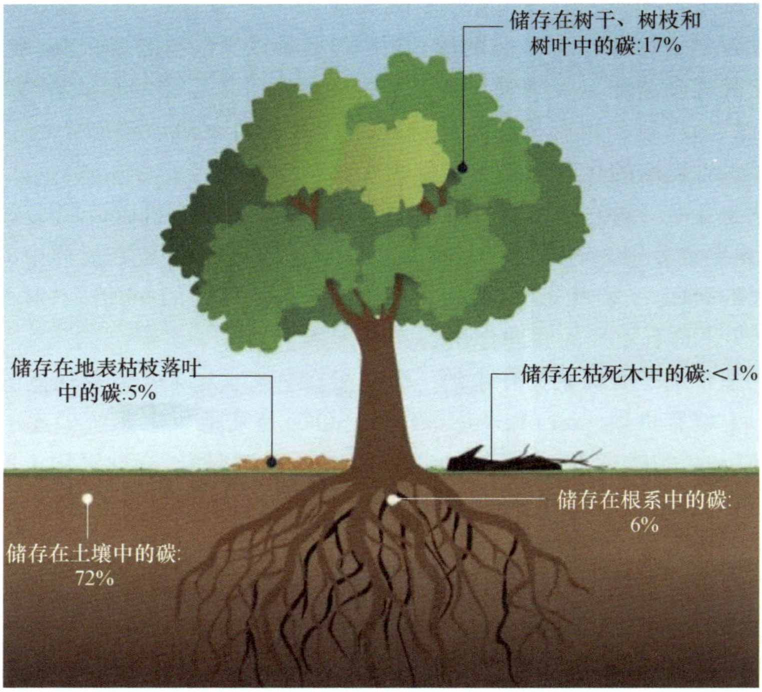

图 1-12　储存在温带森林生态系统中的碳

连续不断的循环过程。生命活动维持着大气中氧气和二氧化碳含量的平衡，因此，在相当长的时间内，它们在大气中的含量是相对稳定的。通过自然碳循环去除大气二氧化碳的过程有不同的时间尺度，几十年至上百年的时间尺度主要是陆地和海洋的吸收；百年至千年尺度以深海的吸收为主；千年至万年尺度与海底碳酸钙沉积进行的化学反应有关；万年至十万年尺度是陆表岩石参与的非常缓慢的风化作用。

陆地生物圈主要由陆地植物、动物、微生物、土壤和碎屑物组成，通过短时间尺度的有机碳循环与大气交换二氧化碳。在陆地的碳循环过程中，大气中的二氧化碳通过光合作用被植物吸收，大部分通过生物的呼吸和分解作用而从植物、动物或土壤释放到周围环境中去；有些贮存在有机体中被长期埋藏。以上过程是陆地碳循环的最重要途径，陆地植被的净初级生产力为 60 Pg①/a，如果只考虑陆地植被的作用，每 12.5 年大气中的每一个 CO_2 分子均可能被利用一次。

海洋通过表层界面的扩散作用与大气交换 CO_2，海洋与大气之间的 CO_2 交换量比陆地更大。海洋中所溶解的 CO_2 是大气中 CO_2 含量的 50 倍，海洋生物利用海洋中溶解的 CO_2 进行光合固碳作用，其中一部分生物残体分解释放出 CO_2，另一部分形成生物碳酸盐沉积，与无机碳酸盐一同固定在岩石圈中，直到受地质作用被抬升到地

① 1 Pg$=10^{15}$g。

表经风化作用而重新释放出 CO_2，如果无海洋生物存在，全球大洋-大气系统中 CO_2 的浓度将比现代升高两倍。CO_2 在海洋与大气之间的交换只发生在大洋表面，在大洋表面的平均滞留时间约为 11 年，但在整个大洋中的循环则缓慢得多，大约为 350 年。海洋和陆地生态系统对大气中 CO_2 的吸收是平衡大气 CO_2 的重要的因素，大气中 CO_2 的平均滞留时间大约为 5 年，此时间只略长于大气混合的时间。

除上述过程外，火山活动所释放的 CO_2、自然火灾、人类活动引起的化石燃料燃烧和森林破坏等对大气中 CO_2 的含量及碳循环过程亦有重要影响。

1.2.2 大洋碳泵

海洋是地球表面上的重要碳库，是全球碳循环系统的一个重要子系统。海洋与大气 CO_2 的交换是平衡大气 CO_2 含量的重要因素，存储于海洋中的碳只要释放 2%，就将使大气中的二氧化碳含量增加 1 倍。

海洋和大气之间互为碳的源和汇，在区域上，低纬度海区释放 CO_2，中纬度海区吸收 CO_2，高纬度海区如北极附近以吸收 CO_2 为主。太平洋赤道区域是最大的 CO_2 源，在一般的年份，每年释放进入大气中的 CO_2 量为 0.8～1.0 PgC。全球海洋主要的汇区分布在较冷的大洋区域，如北太平洋、北大西洋、南大洋等，表层海水温度越低，其吸收 CO_2 的量越大，汇的强度也就越大。北大西洋是全球海洋最大的天然 CO_2 汇区，这个区域可强烈地吸收大气中的 CO_2，南大洋通常情况下每年净吸收 0.2～0.9 PgC，也是一个重要的海洋汇区(图 1-13)。大洋中溶解有机碳和颗粒有机碳，基本上都是通过初级生产过程实现的，海洋中总的光合作用为 126 PgC/a，有充足铁供应的大气沙尘沉降区，也是海洋浮游生物活动旺盛的地区，因此成为碳汇区。

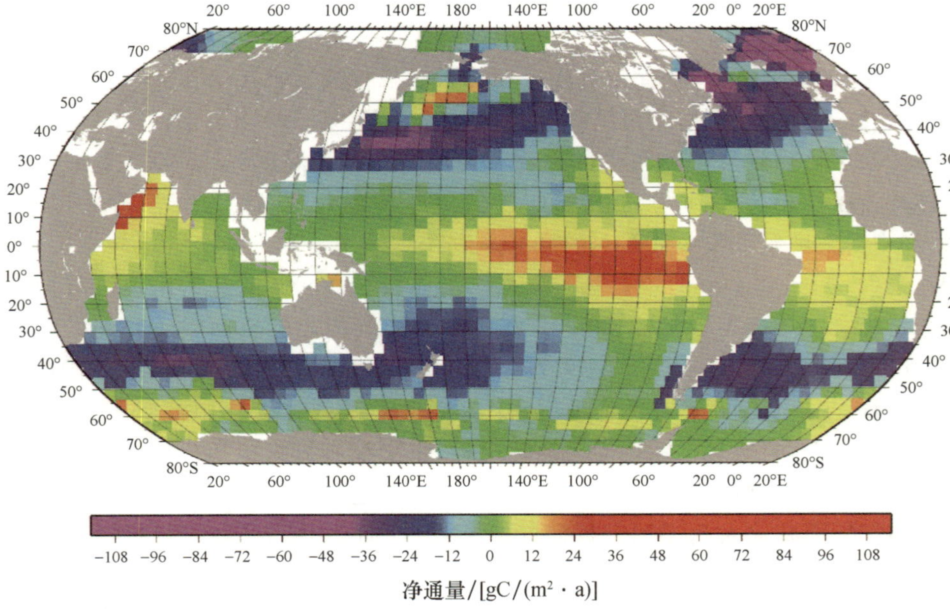

图 1-13 海洋-大气碳通量(IPCC,2013)

海洋通过海水、浮游植物、浮游动物、海洋微生物、颗粒物、底栖动物、沉积物等途径以无机碳及有机碳的方式吸收或转移从大气进入海洋中的碳，碳在大洋中迁移的方向是从大洋表层到深海，再到海底沉积物(图 1-14)。由于大洋深水的密度较表层水大，因此，除了在有上升流的海区(如东赤道太平洋)之外，进入大洋深水的碳不再参与同表层水的交换，在几百年、几千年内它们不再进入碳循环过程。

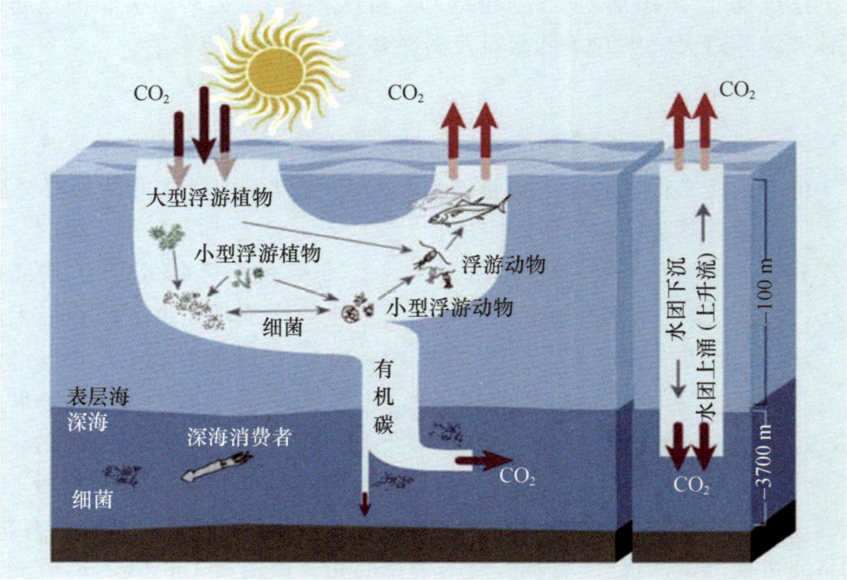

图 1-14　海洋碳循环示意图(焦念志 等，2012)
(图左侧表示生物过程，右侧表示物理过程)

大气中 CO_2 进入海洋储库的过程可理解为有某种抽气泵在工作，这种抽气泵可分为两大类。一类是“溶解度泵”(solubility pump)，这是一种物理泵，是将溶解无机碳从海洋表层传输到海洋体系中的过程。物理泵受海洋温度、盐度等因素影响，并与海洋环流密切相关，其原理是在高纬度低温海水将大气中的 CO_2 溶解并带入深海，海洋中溶解度泵吸收大气 CO_2 的海域一般在高纬度地区。与溶解度泵相关联的碳酸盐泵(carbonate pump)主要基于海水 CO_2 体系平衡和碳酸盐析出及沉降，其中碳酸盐析出会释放出等当量的 CO_2，只有碳酸盐的沉积才构成储碳。另一类为“生物泵”(biological pump)，是指以一系列海洋生物为介质，将碳从大气层传输到海洋深层的过程，主要包括生存在海洋上层水体中的生物通过光合作用将 CO_2 固定为颗粒有机碳(POC)，再通过一系列的食物链过程，将颗粒有机物包括死亡的生物体、植物碎屑和聚合颗粒物从上层水体运输到下层水体的过程，是全球碳循环的重要组成部分。溶解度泵在北大西洋和南极海区非常高效，而在中、低纬度的海区则效率不高，因为海洋水柱有显著的层化作用，阻碍了水体混合和输运，表层海洋所吸收的 CO_2 不能有效地进入深海。而基于生物泵形成的 POC 沉降可以突破海水层化作用，构成了表层向深海碳转运的主要机制。

海洋生物泵的净效果是将表层水中的碳转移到海洋深层。由于海洋表层水中含碳量的减少，使得它可以从大气中获取更多的 CO_2 以恢复表层碳平衡。一般认为，近 100 年来生物泵的运转非常稳定，并未受到大气 CO_2 浓度上升的影响。生物泵转移颗粒有机碳（POC）的过程主要分为 3 个阶段（孙军 等，2016）：第一阶段发生在表层海洋，浮游植物通过光合作用将 CO_2 固定为有机碳（称为软组织泵，soft tissue pump），海洋中微小的浮游植物承担着当今地球上光合作用任务的一半，通过吸收海水中溶解态的 CO_2，调控大气 CO_2 的浓度。同时，一些海洋生物如颗石藻、有孔虫等以碳酸钙（镁）为骨架或细胞壁，会将海水中充足的钙离子和溶解碳酸盐（碳酸根和碳酸氢根）结合形成碳酸钙颗粒物作为自己身体的一部分，将大气中 CO_2 气体转化为海水中的碳酸盐形式（称为碳酸盐泵，carbonate pump），这将改变海水碳酸盐体系，直接作用于海洋对大气 CO_2 的吸收。

第二阶段发生在海洋真光层，海洋表层水中生命系统所产生的颗粒有机物和碳酸钙（镁）在沉降过程中部分被分解和氧化而重新回到海水中，未被氧化分解的颗粒物在重力作用下通过沉降向海底输送，主要有 4 种沉降途径：①浮游植物细胞直接沉降，尤其是大细胞、群体的和链状的浮游植物死亡后快速沉降至海底；②浮游植物被浮游动物摄食，变成浮游动物的粪球颗粒，迅速沉降至海底；③浮游植物细胞会产生胞外多糖分泌物，在物理、化学和生物作用下形成胶体状的透明胞外聚合颗粒物，后者吸附聚集各种有机或无机颗粒物碎屑形成凝聚体沉降至海底；④浮游植物及其碎屑、动物、微生物和粪球颗粒等其他有机物聚合在一起形成直径大于 500 μm 的有机物，在重力作用下沉降至海底。

第三阶段，生物形成的颗粒物最终到达海洋底层，由于生物成因的颗粒物在水中沉降时被海水中的溶解氧氧化分解，颗粒有机碳向深海的输出是十分有限的。只有约 0.4%的初级生产力有机碳进入深海，到达海底埋葬的有机碳量大约只有海洋初级生产力的 0.1%，但其处于不断沉降的动态，即起着向深海及沉积物输送碳的作用，海洋沉积物中有机碳的储存量据估计有 10^{22} gC。深海有机碳沉积物的早期成岩作用中又有一部分有机碳被氧化分解，因此沉积物中有机碳的含量仅有 0.4%～6.0%。然而这些有机碳可以认为是被永久地从碳循环中移出到岩石圈，被作为气候变化与大气 CO_2 含量变化的重要历史信息保存起来。

海洋中除颗粒物有机碳外，更主要的是以溶解态有机碳（dissolved organic carbon，DOC）的形式存在，海洋浮游植物死后形成的沉降颗粒物、浮游植物和动物都能产生溶解态的有机碳。溶解态有机碳是海洋中重要的碳库之一，占海洋总有机碳的 95%以上。在溶解态有机碳中，约有 95%是生物难以利用的惰性溶解有机碳（recalcitrant dissolved organic carbon，RDOC），惰性溶解有机碳的碳库巨大（约 650 Gt），可与大气 CO_2 总碳量相媲美。^{14}C 测定表明海洋中的惰性溶解有机碳的年龄可达 4000～6000 年，构成了海洋的长期储碳碳库。微型生物是海洋中与溶解有机碳联系最密切的生物组分，自养微型生物可以产生溶解有机碳，异养微型生物不仅利用溶解有机碳，而且产生溶解有机碳，并且其中一部分就是惰性溶解有机碳，正是这部分惰性溶解有机碳逃逸了生物的利用和操控，进入水体长期积累，构成了海洋水体储碳。这种把活性溶解有机碳转化为惰性溶解有机碳的微型生物生态过程被称为微型生物碳泵(microbial carbon pump，MCP)。与经典"生物泵"相比，微型生物碳泵是不依赖于沉降过程的储碳机制，微型生物碳泵不仅储碳，而且释放氮、磷元素，保障了海洋生产力的可持续；与"溶解度泵"相比，微型生物碳泵的产物——惰性溶解有机碳不存在化学平衡移动，不会导致海洋酸化。

现代大洋 CO_2"生物泵"的效率与浮游生物的组成关系密切，例如，硅藻的骨骼是蛋白石($SiO_2 \cdot nH_2O$)，它只会吸收碳向海底输送；颗石藻的骨骼是方解石($CaCO_3$)，除了吸收碳(形成有机质)之外还会放出碳(形成碳酸钙)，因而硅藻与颗石藻量的比值影响浮游生物将大气 CO_2 送入海底的能力，也就是大洋生物泵的效率。而硅藻与颗石藻量的比值很大程度上取决于硅元素(Si)的供应。充足的 Si 是硅藻繁盛的前提，冰期时风尘搬运加强，带给大洋的 Si 增多，助长了硅藻的勃发和硅藻量/颗石藻量的增大，使得沉降带海底的有机碳/无机碳的比值升高，使表层海水的 pH 上升，导致大气 CO_2 含量下降。这便是所谓"硅质碱度泵"假说，它并不要求冰期时生产力增高，只要求浮游植物的种类变化。目前虽然冰期旋回中大气 CO_2 浓度变化的原因远未查明，但是铁元素(Fe)、Si 通过海陆物质交换，通过生物圈与岩石圈的相互作用影响冰期旋回中地球系统的变化已经十分明显。

1.2.3 陆地生态系统碳收支

陆地生态系统是全球碳循环中的一个重要碳库，对大气中温室气体的含量有重要影响。陆地生态系统碳循环可形象地比喻成一个生物泵，植物通过光合作用吸收大气中的 CO_2，将碳储存于植物体内，固定为有机化合物。其中，一部分有机物通过植物自身的呼吸作用(自养呼吸)和土壤及枯枝落叶层中有机质的腐烂(异养呼吸)返回大气，有些储存在有机体中被长期埋藏。这样就形成了大气—陆地植被—土壤—大气的陆地生态系统碳循环。

在陆地生态系统中，植被分布和生长受环境条件特别是气候因素的制约，光、热、水是植物生长所必需的气候条件，其中，温度和有效水分是两个最主要的限制因子，气候的区域差异制约着植被的地域分布，不同的生态系统具有不同的生物生产力。生物生产力是指从个体、群体到生态系统、区域乃至生物圈等不同生命层次的物质生产能力，它决定着系统的物质循环和能量流动，也是指示系统健康状况的重要指标。表示生态系统生物生产力的指标主要有总初级生产力(gross primary productivity，GPP)、净初级生产力(net primary productivity，NPP)、净生态系统生产力(net ecosystem productivity，NEP)和净生物群系生产力(net biome productivity，NBP)，简称"4P"，四者是陆地生态系统碳循环过程中不同环节的具体表现，它们之间的相互关系如图 1-15 所示。

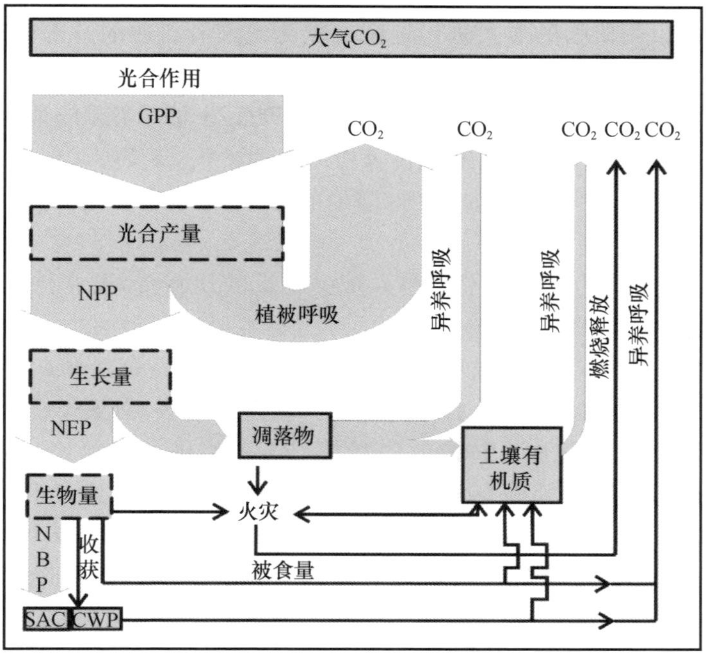

图 1-15 陆地生态系统“4P”的动态和碳的流动过程(方精云 等,2001)

(虚线框部分表示有机碳的暂时库(光合产量、生长量和生物量);实线框部分表示有机碳的相对稳定库(主要包括凋落物和土壤有机质、现存量以及收获量);SAC 为现存量;CWP 为粮食、林产品收获量)

总初级生产力(GPP)是初级生产者在单位时间内通过光合作用形成的所有光合产物,这是以生物量形式捕获并储存到生态系统的初始物质和能量,是陆地生态碳循环的基础,全球陆地 GPP 的估算多在 90～120 Pg/a(Schlesinger,1997)。GPP 随不同植被类型而异,一般来说,热带、亚热带森林为 2000～4000 g/(m^2 · a),温带森林为 1000～2000 g/(m^2 · a),而草本植被一般为 1000～2500 g/(m^2 · a)。

净初级生产力(NPP)是生物所生产的生物量与其为维持生存所消耗的生物量之差,它表示单位面积中用于植被净生产的有机体量,即总生长量。在 GPP 中,约有一半成为 NPP,即形成植被的生长量(有机碳),而另一半通过植被自身的呼吸(自养呼吸)重新释放到大气中。生物净生产力在生态系统发展的前期由于植物的快速生长而呈逐渐增大的趋势,在达到最大值之后,随生长量减小而减小。一般认为,全球净初级生产力在 45～60 Pg/a,每年全球净初级生产力的 59%来自陆地植物,但不同生态系统的净初级生产力有很大差别,其中热带雨林单位面积的净初级生产力最高,其在全球净初级生产力中所占的份额仅次于海洋;温带森林单位面积的净初级生产力及其在全球净初级生产力中所占份额均很高。

净生态系统生产力(NEP)是生态系统中植物的生物量,指单位面积上活有机体的干物质重量，一般用"t/hm²"表示。植物生长形成的有机碳(NPP)主要有两种流向，其中大部分以凋落物的形式进入地表或成为土壤有机质的一部分(从较长的时间尺度看，它们又通过土壤呼吸(soil respiration)而释放到大气中)，或以凋落物分解的形式回到大气；另一部分则成为生态系统的NEP。土壤呼吸是陆地生态系统NEP的决定因素，目前全球土壤呼吸的碳估算值一般为50～68 Pg/a，即与全球NPP大致平衡或稍大，因此，在平衡状态下全球陆地的NEP为0，而由于人类活动的影响可能甚至为负值。

净生物群系生产力(NBP)是生态系统生物量的现存量，通常进行的生物量调查实际上是现存量(NBP)。在生物量中，有机物主要有4种去向，即被食量(被动物啃食)、自然干扰消耗量(如被野火燃烧掉)、人类生产经营活动(如粮食、林产品收获等)以及净生物群系生产力(NBP)。在野火多发地区，自然干扰所消耗的有机质可以占很大比例，是陆地系统向大气释放 CO_2 和黑碳的重要途径；人类生产经营活动所收获的有机碳量成为人类可以直接使用的农林产品；NBP累积成生态系统的现存量。从全球尺度讲，人们常用NEP的数值来代表NBP，即1.5～2.0 Pg/a。但由于非呼吸代谢所消耗的光合产物(NR)随空间和时间变化显著，因此，在区域尺度上NBP常显著小于NEP，并显示出较大的区域差异。当草原植被为森林植被所取代时，植物的生物量增加会导致更多的 CO_2 被固定到植物活体中，减少大气中 CO_2 的含量，使温室效应减弱；反之，森林减少或人为清除森林植被会减少对大气中 CO_2 吸收，使大气中 CO_2 的含量相对增加，增强温室效应。尽管在光合产物中只有很少一部分通过NBP储存在生物有机体中，但它在生态系统维持和演替过程中至关重要，因为它是光合再生产的资本，维持和决定着系统的再生产。

陆地土壤有机碳总储量为1400～1500 Pg。土壤碳库可区分为活性、缓性和钝性三部分。活性碳库由活的土壤微生物及其代谢产物组成，周转迅速，存留时间小于1年；缓性碳库包括植物材料中经生物代谢难以分解的成分，存留时间为几十年；钝性碳库包括化学代谢反应中不能够分解的有机质成分，如木质素和部分纤维素，存留时间一般在几百年至数千年(耿元波 等，2000)。

土壤的成土过程是一个由生物调控的生物地球化学过程，它与风化作用过程发生在相同的时间和空间内，既彼此对立又相互依赖。风化作用的化学过程虽有生物参与，但本质上是受无机化学平衡调控的，其结果是使化学元素被溶解，并随继之发生的侵蚀过程而移到其他地区；成土作用过程则是把在风化作用下从岩石中释放出来的众多的矿物元素富集在土壤层中，形成一定的土壤肥力，成为生命活动所必需的营养元素，如磷、钾、钙、镁、锌、铁等，成为陆地生态系统正常运转的基础。土壤具有储存转化有机碳的作用，土壤的矿化作用(包括根的呼吸、土壤动物和微生物的代谢作用)是自然生态系统中重要的 CO_2 释放过程。在平衡状态下，土壤异养呼吸量应等于植被净初级生产力。通常在样地上所观测到的土壤呼吸量

(R_s)是土壤异养呼吸量(R_h)同植物根呼吸量(R_r)之和。其中根呼吸量约占大多数森林呼吸量的 40%,对草地及灌木而言则占 20%~30%,所有植被平均约为 24%(杨昕 等,2001)。

1.2.4 陆地上的无机碳收支过程

发生在陆地岩石圈的无机碳状态的转化也是全球碳循环的重要一环,对全球碳循环过程有深刻的影响。

在风化、侵蚀、堆积的过程中会发生碳酸盐岩与硅酸盐岩间的转化,化学风化中非生物反馈机制可以深刻地影响碳循环,从而对稳定地球气候起重要作用。岩石的暴露对提高化学风化作用具有非常重要的作用。构造隆升运动可引起 CO_2 的释放。但如果:①在造山带山脉地区发育着丰富的易风化陆源碎屑岩;②在抬升的高原和山脉地区边缘具有丰富的降水,有利于岩石的溶解和水解反应;③抬升的高原和山脉边缘斜坡坡度较陡,有利于不断暴露新鲜岩石,则以上区域的地表化学风化程度将提高,可以吸收较多的 CO_2,从而成为重要的碳汇。

全球陆地碳酸盐岩体碳库容量估计近 1×10^{17} t,分布面积为 2.2×10^{7} km²。岩溶碳循环是全球碳循环的重要一环,岩溶动力系统和碳酸盐岩在生物作用和传统概念的无机岩溶作用的协同下,积极参与全球碳循环,成为大气 CO_2 源与汇的重要环节。岩溶作用在全球变化中既具有长时间尺度作用,也具有短时间尺度作用。岩溶作用是岩溶水系统内可溶岩、水、空气、生物界面之间的地球化学场上能量、物质交换的表现及结果,在岩溶作用过程中存在 CO_2-H_2O-碳酸盐岩三相动态平衡过程。碳酸盐岩的溶蚀过程是从大气中吸收碳的过程,钙华凝结的过程是碳的排放过程。当大气中 CO_2 浓度降低时,岩溶系统中将出现钙华凝结沉降,并向大气中排放 CO_2,反之则吸收 CO_2。在目前全球 CO_2 浓度普遍过高的状况下,岩溶系统对碳的调节作用主要以吸收碳为主,其中,中国岩溶作用回收大气中 CO_2 的量为 3.5×10^{6} tC/a、全球岩溶作用回收大气 CO_2 的量为 $(2.2\sim6.08)\times10^{8}$ tC/a。

1.3 温室效应与地球的气候

1.3.1 气候与气候系统

"气候"对应的英文是"climate"。在近现代科学中,中、英文词的含义是对等的。而从两个词的古代起源看,它们的含义有显著的区别(王乃昂,1998)。中文"气候"一词源于对季节性物候现象的归纳,指一年中的二十四节气与七十二物候。中国地处东亚季风气候区,季节变化是最为重要的气候现象,它决定着农业活动的日程与收获的丰歉,在以农立国的中国,气候的季节性及其变异对农业生产的影响一直受到特别关注。而英文"climate"来自于古希腊语"climata",意为"倾斜"。古希腊人认为,地球上由于受到太阳光线倾斜角度的不同,才产生气候状况随纬度和季节的差异，并据之建立了关于热带、温带和寒带的概念。因此，“climate”更强调气候的空间差异性，而中文“气候”关注时间韵律性，两者的不同体现了世界不同区域对“气候”认知的差异（图 1-16）。相对而言，“cliamte”更符合传统气候学对气候的理解，而中文“气候”更符合现代气候学对气候的理解。

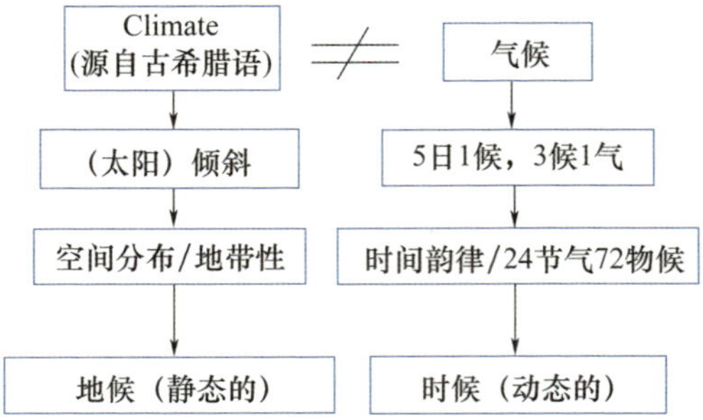

图 1-16　中西“气候”的本源

气候与天气密切相关，但又分属两个不同的概念。天气是在大气圈内发生的冷、热、干、湿、风、云、雨、雾等各种大气现象。气候是自然环境特征在大气圈的表现，气候现象是通过一系列的天气过程来表现的，但气候的概念在不同时期有不同的表述。

气候学作为一个独立学科，其发展始于 19 世纪，由近代地理学的奠基人、德国地理学家 A. von 洪堡（Alexander von Humboldt，1769—1859 年）开创。1817 年，洪堡首次绘制了世界等温线图，指出气候不仅受纬度影响，而且与海拔高度、距海远近、风向等因素有关。他进行了气候带分布、大陆性气候和海洋性气候、大陆东西岸的温度差异、地形对气候形成的作用、温度垂直递减率等研究，论述了气候对植物分布的水平分异和垂直分异的影响。

气候学的发展历程，可划分为 19 世纪初到 20 世纪中期为经典气候学阶段和 20 世纪 70—80 年代以来的现代气候学阶段。在气候学发展的不同阶段对气候的定义和研究主体有显著变化（王绍武，2001）。

经典气候学定义的气候为地球上某一地区多年的天气和大气活动的综合状况，用长时期（一般为 30 年）内有关变量的平均值或变率从统计上来表征。经典气候学有三个基本概念：①气候主要包括 3 个基本要素，即温（气温）、湿（降水量）、压（地面气压）；②一个地区的气候特征可以用“温、湿、压”这 3 个基本要素的 30 年平均值来描述；③一个地区气候的形成主要取决于 3 个因素，即太阳辐射（地理纬度）、海陆分布及大气环流。

现代气候学将气候定义为气候系统的状态，包括平均气候状态和气候变化与变率，对气候关注的重点从传统的统计平均转变为以气候变化和变异为主。气候系统由大气圈、水圈、冰雪（冰冻）圈、陆地表面和生物圈组成（图 1-17），以大气圈和水圈为其主体，冰雪（冰冻）圈是固态的水。现代气候学强调气候不仅仅是大气圈本身的产物，其形成与变化取决于进入气候系统中的能量及气候系统各成分的相互作用，其中不仅有气候的物理过程，而且与化学过程、生物过程有密切关联。在包括人类活动影响在内的外强迫作用下，由气候系统决定的气候平均态是可以发生变化的，并在某些条件下可以发生突变（非线性）和出现不可逆的状态，气候变化具有全球性，区域气候变化与全球气候变化密切相关。

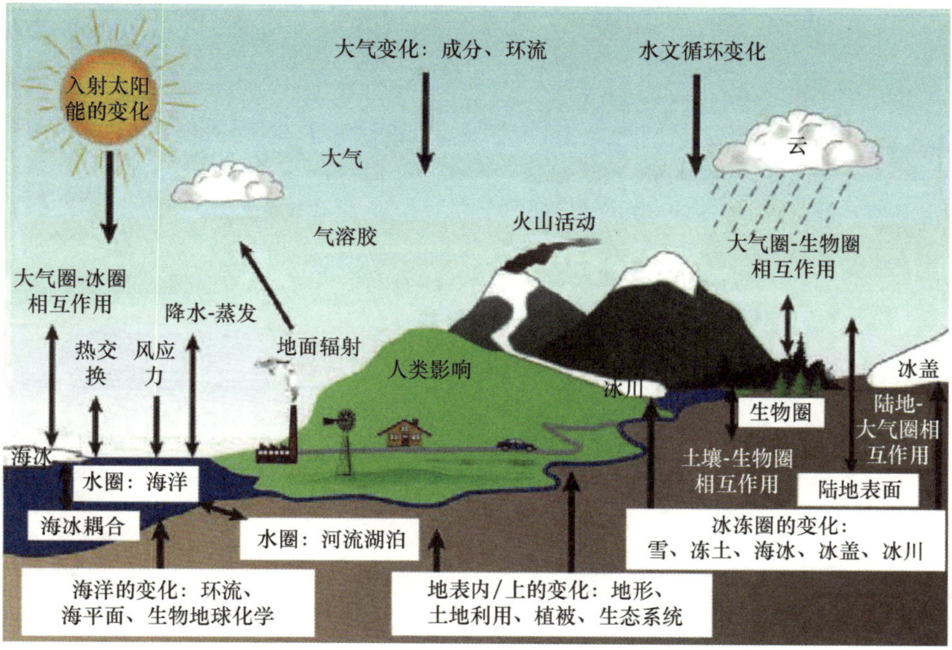

图 1-17　气候系统(IPCC,2007)

大气圈是气候系统中最不稳定、变化最快的部分，它在调节地球系统能量收支平衡及全球能量的分配方面起到了关键作用，决定着气候系统能量的多少并深刻地影响着能量的地域分布特征。气候系统的能量来自于太阳辐射，但受到大气成分中若干可变组分的影响，如二氧化碳、甲烷、水汽等气体，液态和固态水(云)，粉尘、硫酸盐气溶胶以及火山灰等各种悬浮物等。大气有相对大的可压缩性、小的比热和密度，使大气更易于流动，也更不稳定，大气运动主要由太阳的不均匀加热引起，并受地球旋转和地球表面条件等许多因子影响，从随机的湍流到为期数天的天气系统，再到常年维持的全球大气环流系统，大气运动存在于不同的时空尺度(图 1-18)。行星尺度的大气环流受大尺度条件制约，它使得地球上不同地区的大气行为之间相互联系，成为一个整体。

水圈由分布在地球上的所有液态水构成，包括海洋、内海、湖泊、河流及地下水。海洋的面积约占地球表面的 71%，水量占地球水量 97%以上，它是气候系统中一个充满活力的成分，是气候系统能量的储存和调节器，是地球水汽之源，是调节生物地球化学循环过程的关键场所。地球的陆地表面和海洋表面在吸收太阳能的性质方面存在明显差异，与陆地相比，入射到海洋表面的太阳辐射大部分都能被吸收；海水热容量大，海水受热升温和冷却降温的速度慢，变化的幅度小，能够把所接收的太阳能储存在海洋之中。正是海洋储藏了地球所接收的太阳能并将其转化为驱动物理气候系统的动力。

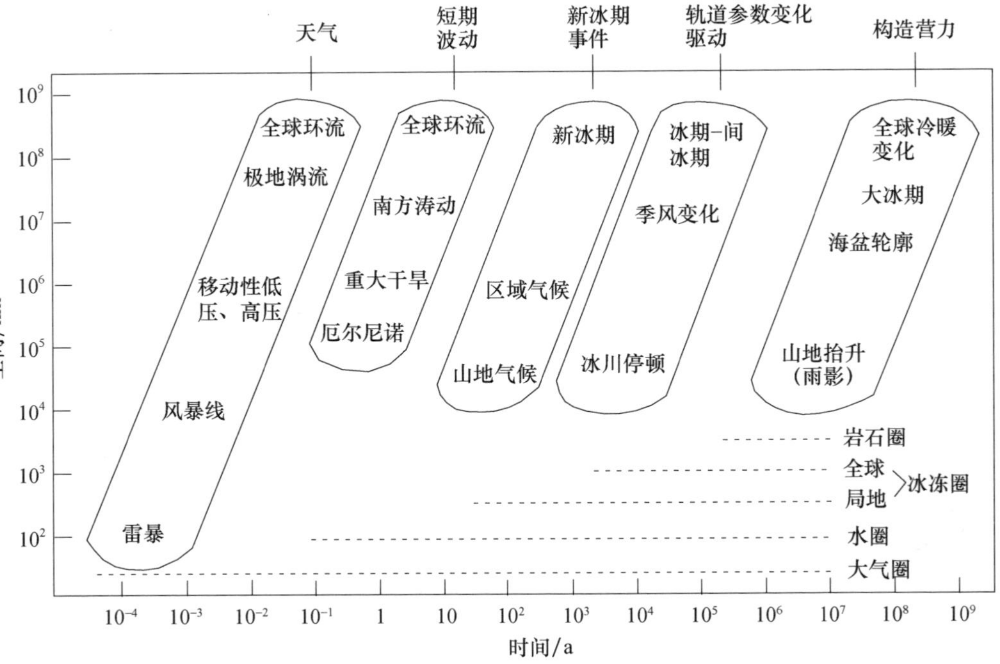

图 1-18　大气状态的时间谱

约占地球表面 29%的陆地表面是一个非常复杂的系统，除起伏的地形外，地表还有诸如森林、草地、耕地、积雪和冰川等多种覆盖物，陆地表面是大气、土壤和生物圈之间相互作用过程活跃的界面，同时也是地球系统中受人类活动影响最强烈的部分。陆地系统是气候变化的积极参与者，而非被动的响应者，在全球气候变化中扮演一个极其重要的角色。陆面过程是影响气候变化的基本物理过程之一，陆地下垫面状况在很大程度上决定了陆地表面的能量和水分平衡，从而深刻地影响着局地、区域乃至全球大气环流和气候的基本特征。从地球系统的物质循环系统来看，陆地系统是那些支撑地圈-生物圈中物质流和能量流过程的一个重要的源与汇，其中包括温室气体以及陆面的水文循环，它在相当程度上影响了地圈、生物圈及大气圈之间的物质交换过程，也是影响陆地与海洋之间物质交换的一个重要因素。从生态系统多样性来看，陆地生态系统的生物多样性影响着关键生态系统过程的幅度，如生产力，并且对变化环境中生态系统运行的长期稳定有所影响。

冰冻圈指地球或其他星球上处于 0 ℃以下状态、连续分布且具一定厚度的冻结水圈层系统。在地球上，冰冻圈包括大气圈内位于 0 ℃线高度以上的对流层和平流层，在岩石圈内是地面向下一定深度（数十厘米至上千米）的表层 0 ℃以下岩土。冰冻圈可简单地看作是地球上各种雪和冰的形成物，或者说它是地球系统中由冻结水所组成的地球圈层，它们存在于陆地、海洋和大气之中，包括陆地上的冰川（含冰盖)、冻土(含季节冻土、多年冻土和地下冰)、积雪湖和冰与河冰,海洋中的海冰、冰架、冰山和海底多年冻土;大气圈内处于冻结状态的雪、冰晶等水体。冰冻圈既是气候系统的组成部分,也是气候的产物,在受气候变化影响的诸环境系统中,冰冻圈对全球气候变化高度敏感,同时强烈地影响大气圈、水圈、生物圈和岩石圈等地球圈层。冰雪是地球上最大的淡水储存库,它在气候系统中的作用主要在于其对太阳辐射的高反射率和很低的热传导性,它们在白天有效地反射太阳短波辐射,夜间则以近乎完全的黑体形式向外发射地面长波辐射,通过相对高的反射率及大的融解潜热,扮演着大气和海洋有效热汇的角色,全球冰雪分布的变化对行星尺度反射率有重要的影响(图 1-19);冰雪的热传导率低,是良好的绝缘体,能减少大气、海洋以及陆地之间的热交换。在气候系统中,冰冻圈过程的重要性还表现在其强烈的反馈放大作用,冰雪与大气温度之间的相互作用可导致冰盖—反照率—温度的正反馈过程,温度降低(升高)→冰雪覆盖增大(减小)→地表反射率增大(减小)→吸收太阳辐射减少(增多)→温度降低(升高),通过反馈作用,微小的扰动有可能被放大,并最终导致全球气候变化。冰冻圈变化在全球尺度影响大洋环流和海平面变化、地表反照率和碳收支,在区域和流域尺度影响水循环过程。其中,大陆雪盖和海冰有显著的季节性变化;冰川和冰原则变化较慢,它们的体积变化与海平面变化有密切的联系。随季节变化的积雪是陆地表面的覆盖形式之一,它具有三个主要的气候效应,即高反照率、低传导率和积雪水分效应,雪盖面积的变化直接影响地表接收太阳短波辐射,具体表现为地-气能量和水分通量交换的改变,从而影响云和降水过程。

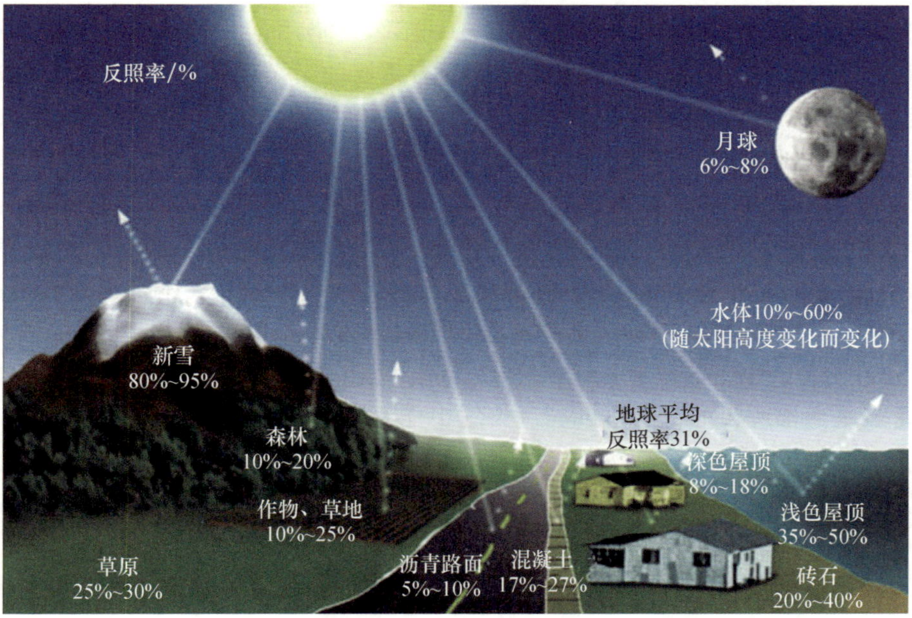

图 1-19 不同地表对于可见光辐射的反照率(Farmer et al. ,2012)

根据现代气候学的概念，气候在某种意义上可理解为天气振动和对地球表面影响的平均。天气和气候可以从时间尺度加以区分。天气是特定区域日与月以下尺度的大气运动现象，主要由大气的初始条件决定，进一步可区分为短期天气(5 d之内)、中期天气(5～10 d)和长期天气(10 d～3 个月)；气候则是以季一年以上尺度的气候系统状态，更多地由海洋、冰雪、陆地等边界条件所决定。具体的天气振动是随机过程，而这些过程的统计特性则是气候学研究的问题，对气候统计量求平均的方法要加以规定，可行的方法是在一较长时段(通常指数十年)内取时间平均，世界气象组织(WMO)规定，用来统计有关气候变量平均值或变率的参考时期是 30 年。气候是不断“变化”的，这种变化发生在从年到千年以上各种时间尺度上。

描述气候的要素通常与用来描述大气状况的天气要素相同，如温、湿(降水和蒸散)、压、风、辐射、云、日照等，其中气温和降水是最常用的气候要素。

1.3.2　温室效应与地球的能量收支

气候系统的能源来自于太阳能，地球被来自太阳的短波辐射加热，通过向空间发射红外辐射冷却，地球能量平衡是大气层和地表吸收的太阳辐射能与地球向太空发射的热红外辐射之间的平衡。气候形成和维持的物理过程主要与气候系统的加热率和输送过程有关。其中，地球的加热率或表面温度取决于入射太阳辐射的多少、行星反射率和大气的温室效应。

温室效应的概念被认为源自法国数学家傅里叶，他提道，大气的介入可以增加(地表)温度，因为阳光的热量在穿过空气时遇到的阻力要比在转化为不发光的热(红外辐射)时遇到的阻力小。温室效应一词形象地借用了人们利用花房温室繁殖花卉、种植农作物的行为。在温室顶棚覆盖着透明的玻璃或薄膜，来自太阳的短波辐射几乎无阻挡地透过玻璃并被里面的植物和土壤吸收。但是，由植物和土壤发射的热辐射却被玻璃吸收并部分再发射回温室中。实际大气与温室中的玻璃或薄膜具有某些相似的属性，到达地球的太阳辐射在穿过大气圈达到地球表面的过程中，有部分被大气反射和散射回太空，其余的太阳辐射被地球表面吸收(图 1-20)，再以长波的红外辐射形式返还到空间，而地球对流层大气中的部分气体吸收由地球表面向外的红外辐射并将其中的一部分能量再辐射回地表并加热地球。地球上的大气就像罩在地球表面上的玻璃一样，对地表起着保温作用，使地球变得像温室一样温暖，这就是通常所说的“温室效应”。大气中能够产生温室效应的水汽、二氧化碳、臭氧、甲烷等气体因此被称为温室气体，这些温室气体对地球表面长波辐射的吸收是决定地面温度的一个关键因素，水汽(H_2O)以及二氧化碳(CO_2)、氧化亚氮(N_2O)、甲烷(CH_4)和氯氟烃等温室气体对太阳的短波辐射进入地球影响不大，却能强烈地吸收地球的长波辐射，从而在地球的表面形成一层保温层，阻止地球向外散发能量，使地球所接收的太阳能不是马上就散失掉，而是在其返回宇宙空间之前反复地加热地球。

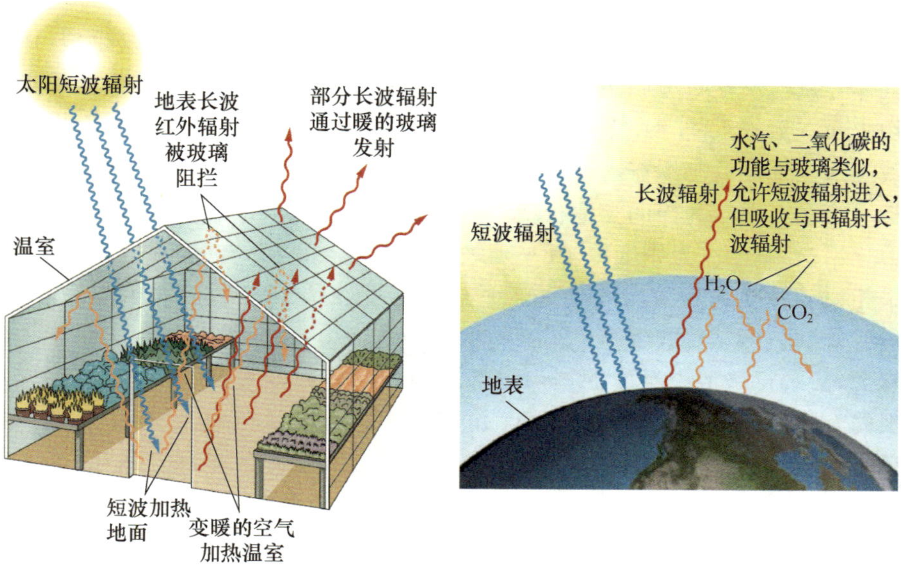

图 1-20　温室与温室效应示意图(Strahler,2013)

大气的温室效应是决定地球平均温度的关键过程之一，地球的温度就是由这些温室气体所产生的温室效应来维持的。温室气体的多少决定着地球温室效应的强弱，进而影响地球的气候。如果没有这些温室气体存在，即不发生温室效应，地球的表面温度将较现代低 32 ℃(表 1-1)；如果不考虑云的反射作用，地面温度也将较现代低 21 ℃。如果真是如此，地表平均温度将会低于水的结冰温度，地球上的水循环将因此而停止，地球上的生命也将毁灭。

表 1-1　不同温室气体和云假设条件下全球平均温度变化的估计(霍顿,1998)

温室气体	云	与现代平均全球地面温度相比较的变化/℃
同现在	同现在	0
无	同现在	−32
无	无	−21
同现在	无	4
同现在	同现在但+3%高云	0.3
同现在	同现在但+3%低云	−1.0
加倍的 CO_2 浓度，其他方面同现在	同现在(没有附加云的反馈)	1.2
加倍的 CO_2 浓度+反馈的最佳估计值	包括云反馈作用	1.2

在自然状态下，地球上的生命过程与地球的温度状态之间维持一定的动态平

衡。维持适度的温室气体含量是受生物调控的碳、氮等生物地球化学循环的重要功能。自然状态下,陆地和海洋生物主要通过全球碳循环调控大气二氧化碳、甲烷等温室气体含量与温室效应强度,从而使得地球维持适当的温度,这对包括人类在内的一切生命在地球上的存在至关重要。

液态水是生命的基本需求,而地球则是目前发现的太阳系中唯一表面存在液态水的行星。在与地球为邻的类地行星中,内侧的金星太热,平均表面温度达 474 ℃,足以熔化铅;外侧的火星则太冷,其平均表面温度达−53 ℃,与地球南极历史最低气温纪录相当。凭直觉,人们容易把地球适宜的温度归结于地球正好处于距离太阳的适中位置(因此,能够接收到不多不少的太阳能),而金星距太阳太近、火星距太阳太远。然而,决定行星地表温度的不仅仅是入射太阳辐射能量,还有与行星大气温室效应强弱有关的减少热量散失的能力。正是地球独特的大气组成和密度,使其拥有适度温室效应与相对温和的气候,因此成为适于生命生存的星球。相比之下,金星大气密度过高(比地球大气质量大两个数量级)且主要成分为 CO_2(占 98%),因温室效应过强而使表面温度很高;火星的大气虽也以 CO_2 为主(占 95%),但大气密度低(比地球大气质量小两个数量级),温室效应严重不足而致使温度很低(表 1-2)。

表 1-2 金星、火星和地球的温室效应的比较(Kump et al. ,2004)

行星		火星	地球	金星
距太阳的距离/10^6 km		228	150	108
表面温度/℃		−53	16	474
半径/km		3390	6371	6049
大气压力/atm*		0.007	1	92
大气质量/g		2.4×10^{19}	5.1×10^{21}	5.3×10^{23}
大气组成/%	CO_2	95	0.036	98
	N_2	2.5	78	2
	O_2	0.25	21	0
	H_2O	0.10	<1	0.05

注:* atm 为标准大气压,1 atm=1.01325×10^5 Pa。

阳伞效应指对流层大气中悬浮的气溶胶颗粒对穿过大气层的太阳辐射有削弱作用,导致地面接收的太阳能减少。阳伞效应是影响地球行星反射率的重要过程,其功能与温室效应相反,使地面和底层大气的温度降低。气溶胶是指悬浮在大气中的固体和(或)液体颗粒与气体载体共同组成的多相体系,一般粒度尺寸为 0.01~10 μm,可分硫酸盐气溶胶、硝酸盐气溶胶、黑碳气溶胶和矿物(沙尘)气溶胶等类型。气溶胶只是地球大气成分中含量很低的成分,它以两种途径影响进入地球的太阳辐射,一种为直接气候效应,它可增加行星反照率,把一部分太阳辐射散射回太空而引起地面冷却;另一种为间接气候效应,它作为凝结核,促使周围水汽在它上面凝结,导致低云、雾的增多,使云的反照率增大，同样具有减少入射辐射，使地面和底层大气的温度降低的作用。

地球大气温室效应与阳伞效应均受控于地球系统的物质循环，且两者在同一循环过程中存在着一定的彼此消长关系，制约着进入气候系统能量的多少，从而也调控着地球气候的冷暖程度。以大气粉尘气溶胶产生的阳伞效应为例，大气粉尘所形成的气溶胶又称矿物气溶胶，是对流层气溶胶的主要成分，大气粉尘主要来自于陆地表面干旱裸露地区的风力侵蚀，全球每年被风力搬运进入大气的沙尘气溶胶达 10 亿～20 亿 t，约占对流层气溶胶总量的一半，在对流层中的沙尘气溶胶可停留数日至数星期，搬运距离可达数百至上万千米，进入平流层中的沙尘气溶胶停留的时间可达数年，搬运的距离也更远。一方面，大气中粉尘气溶胶含量增加会强化大气的阳伞效应，增大地球的反射率，减少入射辐射、增加散射辐射，总体上使地球接收的能量减少；另一方面，沉降到大洋中的粉尘通过其中所含铁离子对大洋生物生产力的制约作用来影响碳循环，进而影响温室效应的强度，每年由风直接从陆上带到海洋中的物质有 16 亿 t，粉尘气溶胶在长距离传输过程中发生从 Fe^{3+} 变为 Fe^{2+} 的还原过程，从而大幅度增强 Fe 在海洋气溶胶及雨水中的溶解度，并最后提供给大洋表层海水中浮游生物作为其所必需的营养物质，导致海洋生物生产力增大，从而从大气中吸收更多的 CO_2、降低大气的温室效应。以上两种与大气粉尘相关的过程均使气候变冷，增加陆地提供沙尘的能力，再进一步增加大气中的沙尘含量，上述过程体现了陆地—海洋—生物—大气之间环环相扣的因果关系（图 1-21）。

气候系统的加热率取决于地球气候系统能量的收支平衡。地球辐射平衡通常定义为全球年平均大气层顶入射太阳辐射和射出辐射（包括地-气系统向外发射的长波辐射和反射的太阳短波辐射）之差（图 1-22）。当大气层顶辐射平衡时，地球通过红外辐射失去的能量等于由入射太阳辐射得到的能量，地球气候将保持稳定；反之，当大气层顶辐射平衡被打破，地球气候将随之发生变化直至达到新的平衡。

影响地球辐射平衡变化的因素可归结为三个方面。一是与太阳辐射强度及地球轨道要素相关联的到达地球的太阳辐射能的多少，它们的变化会引起到达大气层顶的太阳辐射的变化，是影响地球能量收支平衡的外在因素。二是地球的行星反射率，决定了到达地球的太阳能被直接反射回太空的份额的多少。云量、大气气溶胶、冰雪覆盖面积、陆地植被、地貌形态以及海陆分布格局等都对地球行星反射率产生影响。上述因素的改变所引起的反射率变化均可导致地球实际接收到的太阳辐射的份额相应改变。三是进入地球系统中的太阳辐射在地球系统中滞留的时间，与地球的温室效应相联系。

对流层大气的温室效应和阳伞效应在调节气候系统能量收支平衡方面起到了关键作用，气候系统能量的多少取决于保持能量的温室效应与阻挡能量进入的阳伞效应之间的强弱消长，这对气候系统的状态是至关重要的。总体而言，尽管阳伞效应能在某种程度上抵消温室效应，但地球以温室效应为主，大气圈就像盖在地球表面的被子一样，对地球起保温作用。

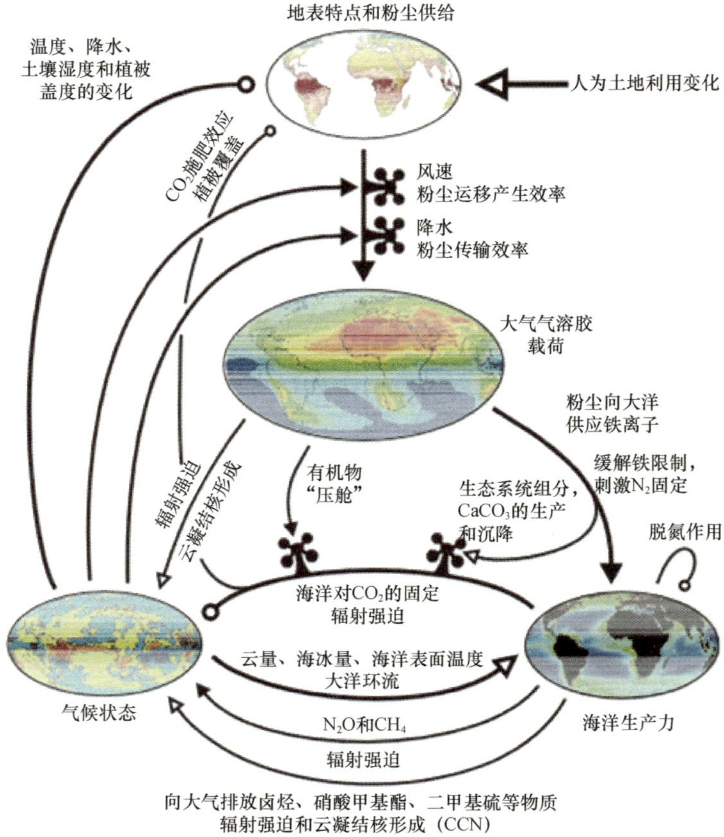

图 1-21　陆源粉尘影响全球气候的不同路径(张兰生 等,2017)

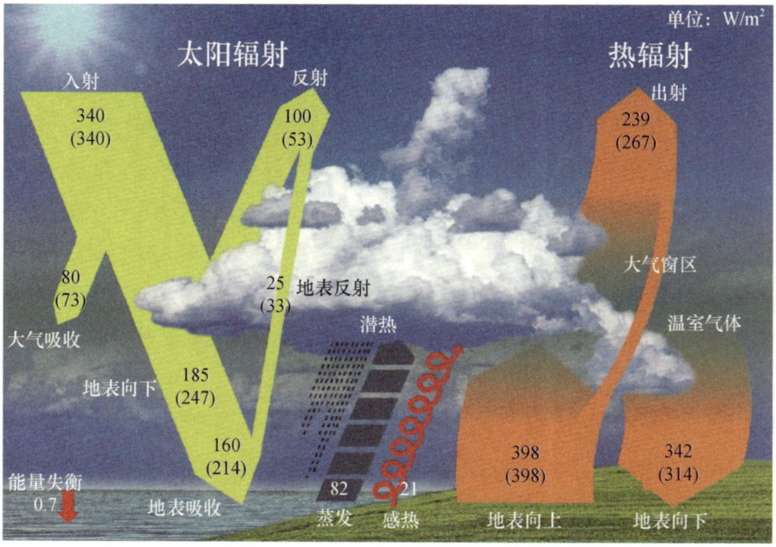

图 1-22　21 世纪初地球能量收支示意图(IPCC, 2021)

（图中数值表示全球平均能量平衡各分量的最佳估计值，括号内数值为晴空条件下能量通量的最佳估计值）

21世纪初期气候条件下对全球平均辐射平衡的估计结果为，大气层顶入射太阳辐射为340 W/m^2左右；在大气层顶射出的辐射中，地-气系统反射的太阳辐射约为100 W/m^2，地-气系统向外太空射出的长波辐射约为239 W/m^2。大气层顶存在不足1 W/m^2的辐射平衡差额。对比全天和晴空下大气层顶的辐射可以看出，在无云情况下，反射回太空的太阳辐射减少了47 W/m^2，向太空发射的热辐射增加了28 W/m^2。两者之间存在约20 W/m^2 的辐射不平衡。这意味着如果没有云，地球将明显变暖（IPCC，2021）。

1.3.3 地球能量的再分配

物理气候系统是由太阳能驱动的，气候形成和维持的物理过程主要与气候系统的加热率和输送过程有关。有了一定的加热率后，气候状态的形成还取决于大气和海洋如何响应（发展为风和洋流），以及风、洋流和大尺度涡旋如何通过对物质和能量的输送到达稳定平衡，维持一定的全球平衡态，即气候。

气候系统的加热和能量分配很大程度上由气、液和固态水所支配，气候系统中的能量循环过程是以水作为能量的载体通过水循环来实现的。对气候系统的加热而言，大气中的水汽是大气中最主要的温室气体，在保持地球表面温度方面起重要作用；海洋作为气候系统能量储存的场所，对调节全球气候具有重要作用。而气候系统能量的再分配主要是通过大气和海洋环流过程实现的，与之相伴发生的是水的空间传输与状态转换。

1.3.3.1 海洋对气候系统能量的调节

海洋面积占地球表面约71%，储存了地球总水量的97%以上，到达地球的太阳辐射的大部分落在海洋上并被海水吸收。海洋有大的质量和比热，能够容纳巨大的热量，是气候系统能量的储存和调节器。海洋对能量吸收引起的海表温度变化比陆地上要小。由于海洋有大的热惯性，它对温度变化起缓冲器和调节器的作用。

海洋向大气提供的热量是气候系统能量的主要来源。虽然地球气候的最终能源来自太阳辐射，但地面是大气的主要热源，大气从地面获得能量是大气直接从太阳获得能量的2.3倍。海洋所吸收的能量绝大部分（85%左右）储存在海洋的表层（混合层）中，这些热量被以潜热、长波辐射和感热交换的形式传输给大气，其中，主要来自海洋的潜热占地面热源的50%以上，比感热多两倍多（23：7）。

海洋是地球水汽之源，大气水汽量的绝大部分（86%）由海洋供给，海洋通过蒸发和凝结过程影响水汽循环过程中能量的传输和转换，从而影响气候及其变化。海洋，尤其是低纬度海洋，是大气中水汽的主要源地。通过海水的蒸发过程，地表的能量被带到大气之中，并通过大气中水汽的运动，把能量输送到其他地区，当大气中的水汽冷却凝结时，再释放出来。从海洋蒸发到大气中的水汽除产生温室效应之外，冷凝水汽形成的云能够反射入射的太阳能使地球变冷，使得温室效应不能无限制地增强。

相对大气而言，海洋的运动比较稳定，运动和变化比较缓慢，海洋通过有效地调节热量的收支和传输、水汽循环以及生物地球化学循环过程，能够对气候系统的状态进行有效的调节，降低气候系统对某些因素变化的敏感性。海洋的热状况及其表面蒸发的强度都对大气运动的能量有重要影响，并调控着大气的温度，缓和了大多数地区温度季节变化的极端程度，沿海地区冬天不是太冷、夏天不是太热，正是海洋对温度进行有效调节的表现。海洋是地球系统中最大的大气水汽的源和 CO_2 的汇，海洋通过改变水汽蒸腾和 CO_2 吸收的强度调节大气中这两种最重要的温室气体的含量，使温室效应的强度得到有效控制。

1.3.3.2　大气环流与大洋环流

驱动地球气候系统的基本动力是热量，它来自太阳短波辐射的加热，地球接收的太阳能在低纬度地区高，高纬度地区低（图 1-23），由此产生全球尺度的大气和海洋环流。通过大气和海洋环流，实现能量从赤道向极地输送，其结果是均衡了地球表面能量的分布，降低了低纬度与高纬度地区之间的温度差异（图 1-24）。

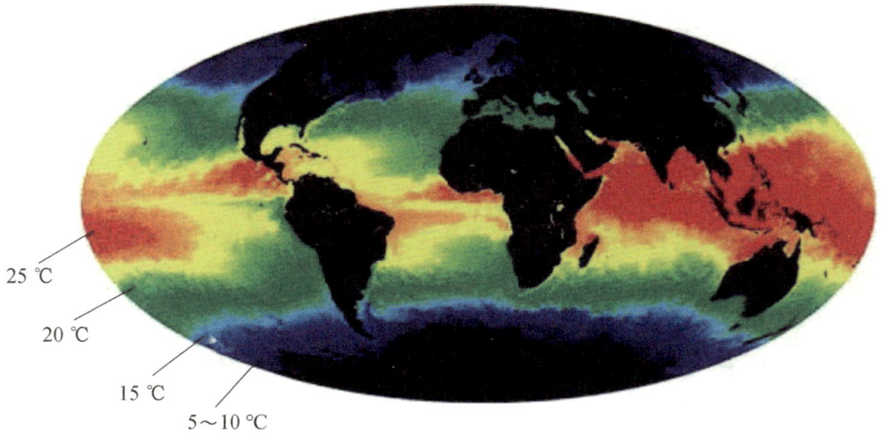

图 1-23　卫星影像显示的热带海洋表面温度分布(Marsh et al. ,2012)

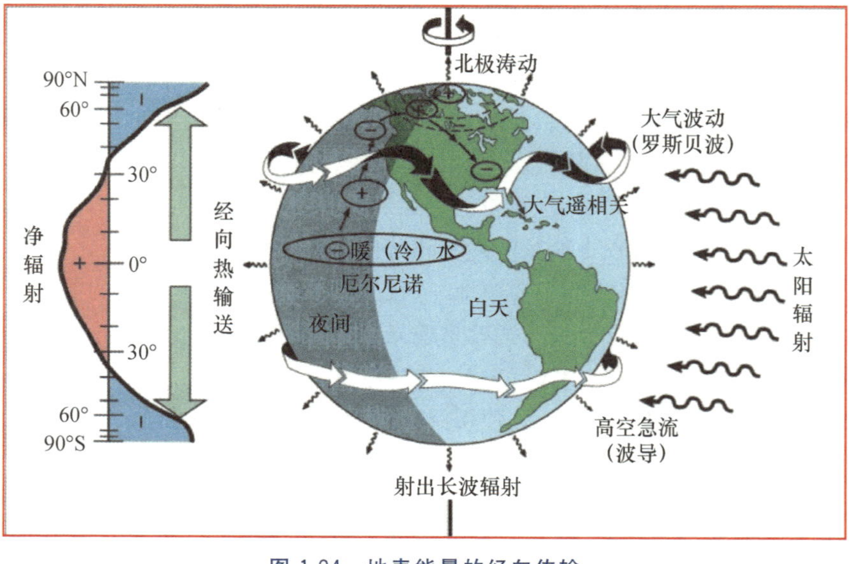

图 1-24　地表能量的经向传输

大气环流是大范围的大气运动，热量和水分通过大气环流进行传输，水分的传输影响到陆地上降水的分布、冰盖的发展和海水的盐度。大气环流的主要状况(形式)往往决定着全球的或区域的天气和气候类型及其变化。气候的异常(如大范围旱涝的发生)往往都同大气环流的某种持续异常有关。在全球尺度上，主要有以下三种相互关联的大气环流形式。

(1)平均经圈环流。地球在低纬度地区接收的太阳能高于其长波辐射所放出的能量，而高纬度地区接收的太阳辐射低于长波辐射所放出的能量，受赤道—极地能量梯度的作用，赤道地区上升的暖空气到达高空向南、北移动，受地转偏向力的作用发生偏转，到副热带地区变为自西向东的气流，来自赤道的气流在此辐合下沉形成副热带高压带，下沉后的气流分别向赤道和极地方向流动。返回赤道的气流与赤道上升气流共同构成了哈得来环流，流向极地的气流与来自极地冷却下沉向低纬度流动的气流在纬度 60°附近相遇，形成锋面，称为极锋。沿锋面辐合上升的空气，到高空后分为两支，向极地一支与地面流向低纬气流构成直接热力环流圈，又称极地环流圈，向赤道一支与地面流向高纬度气流构成间接热力环流圈。三圈环流在南北半球分别形成了赤道低压带、副热带高压带、副极地低压带和极地高压带，气流从高压区向低压区流动过程中，在地面摩擦力和地球自转偏向力的共同作用下，形成了低纬度信风带、中纬度西风带和极地东风带(图 1-25)。

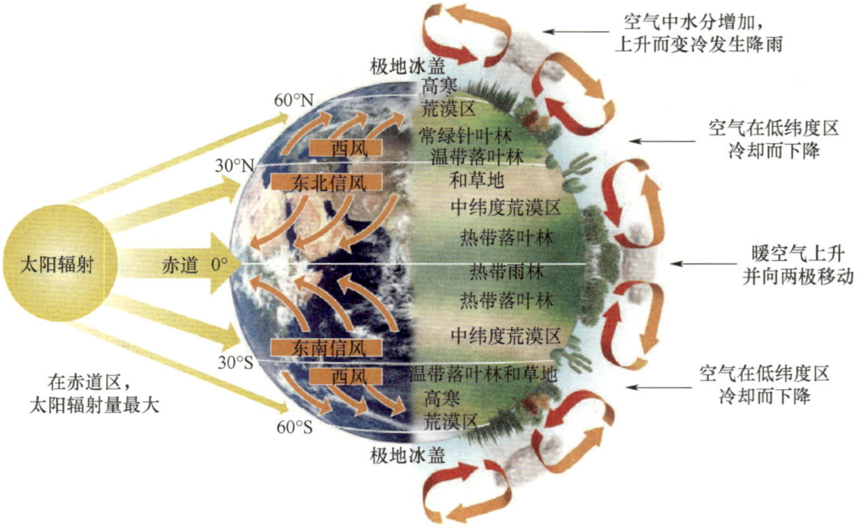

图 1-25 地球的经圈环流与气候的纬度地带分异(Miller et al. ,2012)

由于太阳直射点季节变化和海、陆对此响应的差异，实际的情况要比图 1-25 复杂得多，并未出现环绕全球的高压或低压带，而是形成若干个高压或低压中心(表 1-3)。这些中心不仅有季节变化，而且存在着明显的年际变化，这些年际变化成为广大地区气候变化的直接原因。

表 1-3　全球大气活动中心(王绍武,1994)

半球	1月	7月
北半球	冰岛低压、阿留申低压、北大西洋高压、北太平洋高压、西伯利亚高压、北美高压	北大西洋高压、北太平洋高压、印度低压、北美低压
南半球	南大西洋高压、南太平洋高压、印度洋高压、澳大利亚低压、南大西洋低压、南印度洋低压	南大西洋高压、南太平洋高压、印度洋高压、澳大利亚高压、南大西洋低压、南印度洋低压

(2)沃克环流。赤道地区大洋的东侧是上升作用最强的地区。在东赤道太平洋地区强烈的冷水上翻使得其海洋表面温度与西赤道太平洋地区的“暖池”之间形成强烈的对比。在赤道东太平洋冷水域的上空大气强烈下沉,赤道西太平洋印度尼西亚附近的海洋与大陆上空大气对流强烈,大气以上升为主,在地面为东风信风,高空对流层上层为西风,这样就形成一个闭合的东西向环流圈,称为沃克环流。在整个赤道纬圈均存在沃克环流(图 1-26)。由于在外海有冷的上升流的区域,其上空为下沉气流,因而与其邻近大陆地区往往出现干旱气候。赤道太平洋地区海-气作用异常所导致的沃克环流异常造成厄尔尼诺和拉尼娜现象。

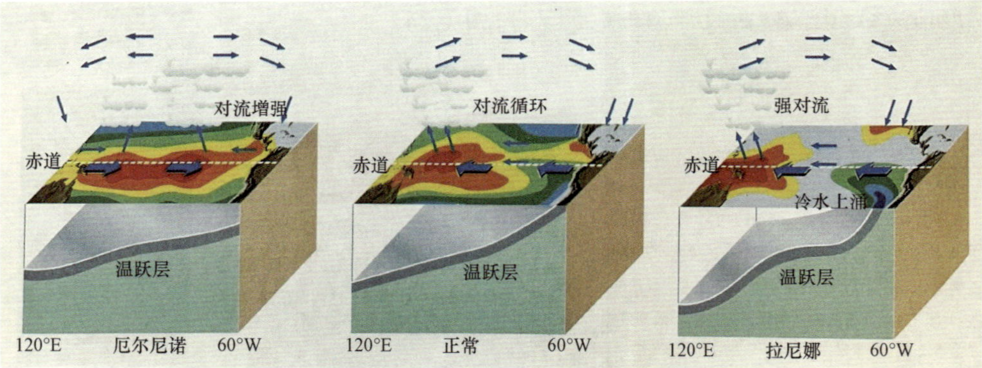

图 1-26　赤道太平洋地区海气相互作用与沃克环流示意图(威廉・伯勒斯,2007)

(3)季风环流。对理想大气环流发生影响的有四种最基本的周期性定常扰动:即太阳直射纬度、海陆分布热力差异、大地形作用,以及南、北半球间大气热力差异的季节变化所导致的扰动。这四种定常的扰动虽然都是以一年为周期的振荡,但由于海、陆分布及其物理性质的不同,对太阳高度季节变化的反应也不同,由此产生的热力差异所导致的大气运动状况即是季风。季风现象在亚洲表现最为显著,冬季,由于大陆比海洋冷,在西伯利亚形成强大的冷高压,给东亚带来了东北季风;夏季,由于大陆比海洋暖,在印度半岛的西北部形成热低压,产生著名的印度西南季风。季风环流是在大气环流的直接影响下产生的,青藏高原的存在对季风的形成有重要影响,而季风环流的产生破坏了地面行星风系的分布,产生了独特的天气、气候现象。

大气环流使得地表的能量通过水的蒸发或蒸腾过程被带到大气中，并通过大气中水汽的运动，把能量输送到其他地区，当大气中的水汽冷却凝结时再释放出来，通过上述大气运动过程实现能量的传输和转换。

海洋表层在向大气输送热量驱动大气运动的同时也受到大气运动的强烈影响，大气运动所产生的风导致海洋表面的波浪运动，同时驱动着海洋的表层环流（图 1-27）。通过表层洋流，海水也像大气一样进行热量输送，将低纬度地区的能量输送到高纬度地区。大气和海洋共同承担着地球上能量的传递作用，是热量从赤道向较冷的中纬度和极区传输的重要方式。对卫星遥感资料的分析表明，全球有超过30％的经向能量输送是由海洋来完成的，在中低纬地区，海洋主要通过海洋环流把低纬度多余的热量向高纬度输送，其中，在 0°～30°N 的低纬度地区海洋输送的能量超过大气的输送；在中纬度的 50°N 附近，通过海-气的强烈热交换，海洋把相对多余的热量输送给大气，再由大气环流将能量输向更高纬度。海洋输送的热量约等于大气由赤道向极地输送的热量。

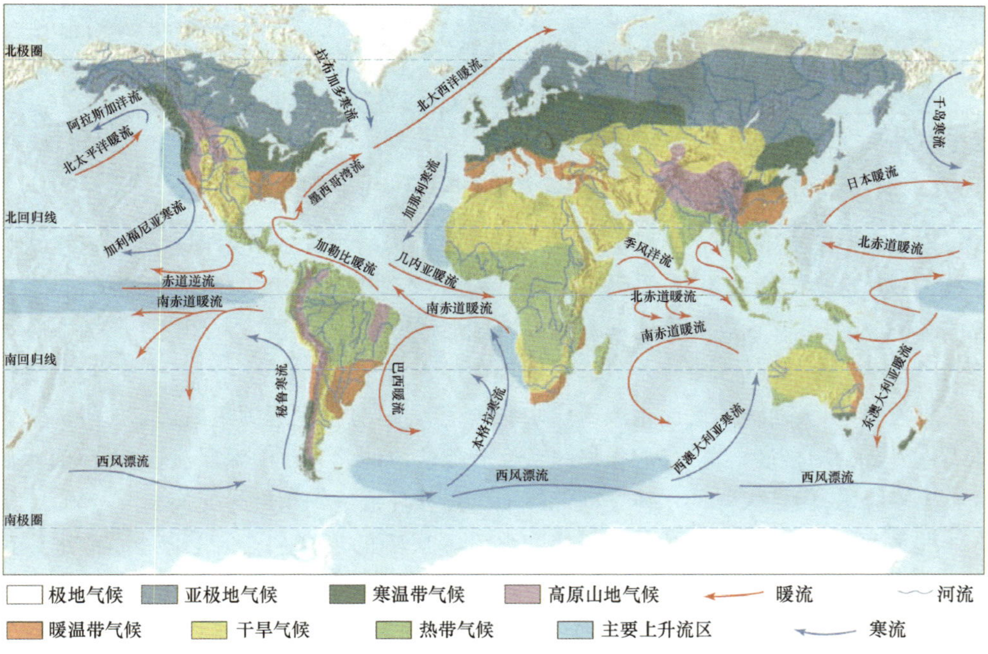

图 1-27 世界主要气候带及主要大洋表层流(Miller et al. ,2012)

大洋中除表层风海流之外还存在由海水的密度分布决定的海洋环流，由于海水密度又取决于温度和盐度，所以也称为热盐环流（thermohaline circulation，或译为温盐环流）。全球热盐传送带（thermohaline conveyor belt）或全球大洋传送带（conveyor belt）简明形象地描绘了全球深海环流的基本特征（图 1-28）。大洋传送带是全球尺度的深海流动现象，它控制着全球大洋 90％的水体及其对地球物质和能量在三维空间上的混合与交换，对地球气候系统起着至关重要的调节作用，且可能是触发气候突变的因素之一。

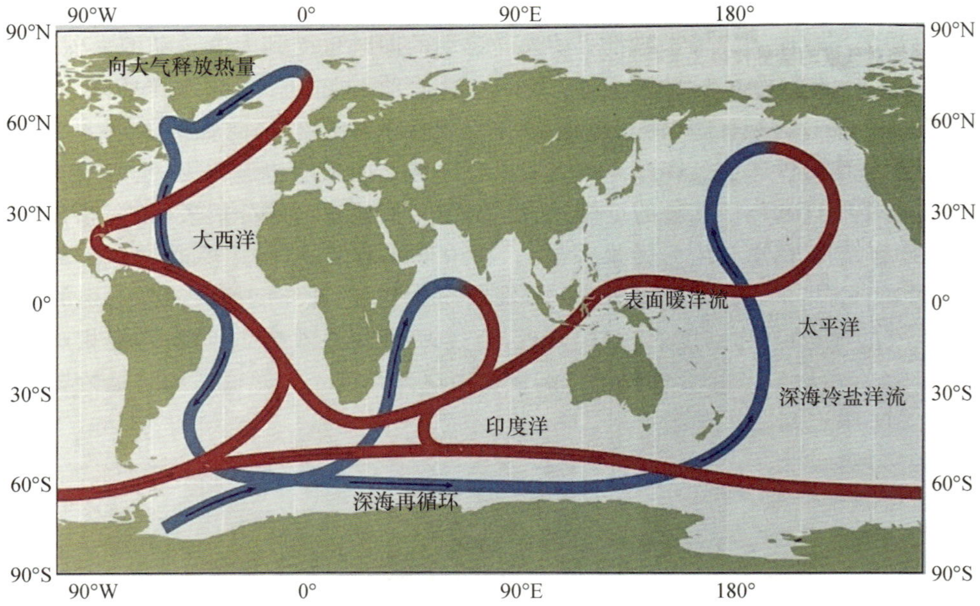

图 1-28　全球大洋传送带示意图(威廉·伯勒斯，2007)

海洋垂直环流的形成依赖于由海水温度和盐度的不同造成不同密度的海水成层分布。极地区域因辐射冷却等因素而形成的寒冷、高盐、高密度的海水强烈下沉，在南极地区形成底层流，而在北大西洋高纬度海域形成深层流；深层冷水团之上是一系列中层水团，低纬度区域的低密度水只能下沉到中等深度区。印度洋和太平洋都没有底层水的单独源地，大西洋的底层水或深层水有 4 个源地，分别是起源于威德尔海等南极大陆周边海域的南极底层流、起源于格陵兰海和挪威海的北大西洋深层流、地中海海水和拉布拉多海水，但各大洋的水体之间能够通过热盐环流的作用进行交换。

北大西洋高纬度海域下沉的高盐度水以深层流的形式向南流，越过赤道进入南大洋，与威德尔海和罗斯海的深水汇合，再流进广阔的印度洋和太平洋海域，海水密度受温暖和注入淡水的稀释作用而降低并上升到表面，然后向西运动返回大西洋，以平衡外流的水体。上述水体流动构成了一个跨越大洋的海洋“传送带”(图 1-28)，通过此传送带，温暖、低盐的表层水被从东到西传送到大西洋，而深层的、高盐度的冷水被从西向东传送入太平洋。现代大洋完成一次循环的时间尺度为千年量级。世界大洋正是靠着这种复杂的热盐环流连接并调节洋盆间的海水交换，由此造成的水汽交换量达 2000 万 m^3/s；并由此将热量从低纬度输送到高纬度地区，其经向热量输送可占海-气耦合系统总贡献的 1/3～1/2。

位于大西洋的经向垂直环流是全球大洋传送带的重要组成部分。它由暖的低纬度表层海水北向输送，位于表层海水之下的北大西洋深层冷水南传，高纬度高密度水团的下沉，以及低纬深层低密度水团的上升组成。海水密度主要取决于温度和盐分浓度(其中北大西洋的海水盐分较高且温度较低，而热带与亚热带的海水温度较高且盐分较低)，故这一海洋环流圈又称大西洋热盐环流(Atlantic thermohaline circulation)。由于在这一环流圈中表层海水的北向输送和深层海水的南传都是经向的，故这两个南北反向的海水输送流被称为经向翻转环流(meridional overturning circulation，MOC)。大西洋经向翻转环流(AMOC)将大量的热量自热带输送到北大西洋的高纬度海洋中，对于保持全球气候的相对稳定具有非常重要的作用。向北流动的表层水平均温度为 10 ℃，向南流动的深层水为 2 ℃，每形成 1 cm^3 的深水将释放 33.45 J 的热量，一年中由此释放的总热量达 2.09×10^{22} J，相当于 35°N 的北大西洋地区每平方厘米的大气每年可获得 1.05×10^5 J 的海洋热，占该地区所获得的所有热量的 25%。受热盐环流不对称的影响，北大西洋海表的平均温度高于同纬度北太平洋海表温度，导致北大西洋可以向其上方的大气释放更多的热量和水汽，在盛行风的影响下，极大地改变了处于北大西洋东岸的北欧地区的气温状况，使其比同纬度其他地区的气候要温和宜人得多。北大西洋深水形成区域及其周边区域的气温比同纬度的平均气温高出 10 ℃，显示了热盐环流经向热输运所产生的气候效应。

大洋传送带强弱变化或开启与关闭对地球系统的状态有深刻的影响。北大西洋深层水与南极底层水之间呈跷跷板式变化。现代大洋传送带的环流形式或正向传送带下，北大西洋深层水占优势，热量向北半球传递；而末次盛冰期(Last Glacial Maximum，LGM)两半球之间的能量交换近似平衡，大洋传送带关闭。

1.3.3.3 海-气相互作用

受海洋独特的热力学和动力学性质影响，海洋的运动和变化有明显的缓慢性和持续性。海洋的这一特性使海洋具有较强的“记忆”能力(尤其是在热带海洋)，可以在长时期内通过海-气相互作用影响大气的变化，成为自然气候变率的源。

海洋向大气提供的热量是驱动大气环流的主要因素，大气环流中的四大涛动，即 ENSO(El Nino & Southern Oscillation)、北大西洋涛动(North Atlantic Oscillation，NAO)、北太平洋涛动(North Pacific Oscillation，NPO)及南极涛动(Antarctic Oscillation，AAO)等均与海-气相互作用有关。海-气相互作用发生在从天气到气候的各种时间尺度以及从区域到全球的各种空间尺度，在地球气候系统中起着十分重要的作用，对年际、年代际的周期性气候变化有重要影响。

以 ENSO 为例，在赤道东太平洋中发生的厄尔尼诺(El Niño)和拉尼娜(La Niña)现象(即该区域海表温度反常升高或降低的现象)是由海洋产生的最显著的自然变率，对全球的气候异常产生深刻而广泛的影响。厄尔尼诺是指赤道东太平洋地区海表温度(SST)持续 1～2 年异常升高，是一种海洋异常现象；而当赤道东太平洋地区海表温度出现较强负距平时，发生反厄尔尼诺现象，又称拉尼娜。

当赤道太平洋海温的变异引起厄尔尼诺或拉尼娜现象发生时，通过海-气作用使沃克环流发生异常，在厄尔尼诺年，环流发生反转，赤道东太平洋地区海洋表面温度持续升高，沃克环流的上升气流和下沉气流地区向东移动（图 1-26），这种大气环流跷跷板式的异常变化就是南方涛动（Southern Oscillation）。南方涛动一般用南方涛动指数（SOI）表示，SOI 为负时表示东太平洋海平面气压低于印度洋海平面气压，SOI 为正时表示东太平洋海平面气压高于印度洋海平面气压。厄尔尼诺与南方涛动存在密切联系，它们是大尺度海-气相互作用的突出反映，负 SOI 往往对应东太平洋海表温度正距平，反之则相反。

ENSO 以 3～7 年的准周期在暖状态（厄尔尼诺和负 SOI）与冷状态（拉尼娜和正 SOI）之间循环转换，可以认为是海-气系统通过自身物理过程变化和相互反馈而激发和驱动的一种振荡。此外，ENSO 也存在 10～20 年的年代际振荡。

ENSO 现象本身发生在热带地区，但其影响可以通过大气环流异常而扩展到全球，北大西洋涛动（NAO）、南极偶极子（Antarctic dipole）等均可能受到 ENSO 的影响，ENSO 通过对生产力的调控，成为在年际尺度上影响全球碳循环最强的天然因素，在 ENSO 发生的年份地球碳汇的吸收能力明显减弱。

在厄尔尼诺年，降水发生区域异常，例如，澳大利亚北部、印度尼西亚和菲律宾因雷暴区从印度尼西亚东移到中太平洋而发生严重干旱；干旱也发生在非洲的东南部和巴西北部；在北半球的夏季，印度季风雨趋于变少，在西北部尤其明显；变湿的区域包括南美洲热带地区的西海岸、北美洲的亚热带地区（墨西哥湾海岸带）和南美（巴西南部和阿根廷中部）。南亚、东南亚等许多地区的温度在厄尔尼诺年也表现出显著的异常（图 1-29）。

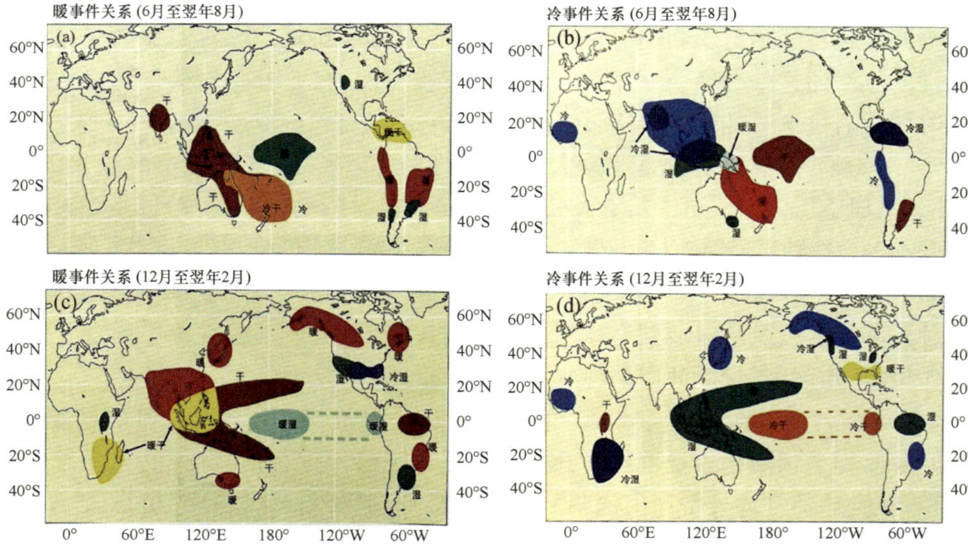

图 1-29　厄尔尼诺（暖事件）年和拉尼娜（冷事件）年的世界主要气候异常区（威廉·伯勒斯，2007）

（a）厄尔尼诺年 6—8 月；（b）拉尼娜年 6—8 月；（c）厄尔尼诺年 12 月至翌年 2 月；（d）拉尼娜年 12 月至翌年 2 月

1.3.3.4 冰雪对地球能量的调节

地球上的冰雪覆盖主要分布在极地地区，包括有很大的季节性变化雪盖和海冰以及变化较慢的冰川和冰原。冰雪通过其高反射率和融化成为有效的热汇，它们在大气热量平衡中起着冷却面的作用；陆地上的积雪和冰原均可充作其下层陆面和水面的热绝缘层，阻止陆地和水体向大气中散失热量，海冰亦具有阻碍大气和海洋之间的水汽和动量交换的作用。大陆雪盖和海冰存在季节性变化，季节变化大的地区分别是北半球大陆上的雪盖，环绕南极的南部大洋上的海冰覆盖，它们可以导致大陆地区和海洋表面混合层的能量收支有较大的季节变化，有时也造成较大的年际变化。冰雪过程导致的高纬度地区的降温作用导致赤道与极地的温度梯度增大，使得大气经向环流及从赤道向极地能量输送的强度增强。

从长时间尺度看，冰川体积大小的变化也能调节地球表面的能量收支和温度平衡，冰盖范围的变化直接影响到地球表面所能接收到太阳能的多少，而结冰过程中释放的大量热量和冰川融化所消耗的大量热量均减缓了地球变冷或变暖过程。海洋水体与陆地冰川之间存在此消彼长的关系，冰量变化可造成地球表面自由水体和海平面较大幅度的变化，从而对能量的收支和传输产生重要影响。

1.3.4 世界气候的地带性分异

气候地带性分异源自于能量在地表空间分布的不均衡，受其驱动的大气和海洋环流对能量和水分进行再分配，并造成地球表面的热量和水分组合状况呈现出有规律的空间分布(图 1-27)。因气候地带性分异的特点及其主要控制因子的不同，可分为纬度地带性、经度地带性和垂直地带性。

气候的纬度地带性分异以热量随纬度变化的分异为基础。从赤道向两极，地球表面接收到的太阳辐射热量逐步减少，尽管有通过大气和海洋环流的低纬度地区对高纬度地区的热量补偿，但气温仍出现从低纬度到高纬度逐渐降低的分异特点，从赤道至极地可分为热带、亚热带、暖温带、温带、亚寒带、寒带等不同的热量带。

经度地带性主要与陆地降水随经度变化从沿海到内陆的衰减有关。由于海陆分布的不同，引起了海陆间气温、气压、风向、降水等气候要素随季节的变化，同一纬度带内产生了海洋性气候和大陆性气候的分异，海洋性气候和大陆性气候在气温和降水两方面具有明显的差异，以降水差异最为明显。海洋性气候区海洋影响大，降水多且季节差异相对小，气温季节变化(年较差)小；大陆性气候区受大陆影响显著，气温年较差大，降水相对少且季节集中度高。由于降水总量由沿海向内陆逐渐减少且越来越明显地集中在夏季，造成了在同一温度带内呈现出从湿润至干燥的多种气候类型的有序分布。其中，终年降水丰沛的地区形成湿润气候，降水不足的地区形成半湿润或半干旱气候，降水严重缺乏的地区则形成干旱气候。气候的经度地带性在高纬度地区不很明显，在中低纬度表现得十分典型，与之对应，自然景观也呈现从沿海的森林逐渐向内陆过渡为草原、荒漠的经向更替。

气候呈现垂直地带性分异源自于山地中从山麓至高山顶部受海拔高度变化影响而导致的热量或水分条件差异。垂直地带性分异的特点与山地所在区域的纬度地带和经度地带类型及山地的海拔高度有关。垂直地带以所在区域的纬度地带为基带，随着海拔的升高温度逐步降低，依次出现与纬度地带从低纬度到高纬度分异类似的垂直热量带类型；气候干湿随海拔高度升高的变化因地而异，一般在达到山地最大降水带之前，气候因降水随着山地高度升高而增多是变湿的，而在最大降水高度之后气候随山地高度升高降水减少而逐步变干。此外，在山地的两侧，同一垂直带分布的高度可能存在差异。

受所处的纬度、大气环流、海陆相对位置、地形等因素的共同影响，地球表面不同区域具有不同的热量和水分组合，呈现有规律的区域气候分异特征。

低纬度地带比其他纬度带接收到更多的太阳辐射，大气和海洋储存的热量比地球其他地区加起来还要多。低纬度地带的热量常年处于盈余状态，是地球热量净输出区和最主要的水汽源地。低纬度的气候常年处于高温状态，四季常夏。常年受赤道低压带(赤道辐合带，ITCZ)控制的地区是空气上升区，气候常年高温而多雨，形成热带雨林气候，在陆地上集中分布在南美的亚马孙河流域、西非的刚果盆地及南亚和东南亚的半岛和岛屿等三个核心区域。在南纬 30°与北纬 30°附近的副热带高压带是高空大气下沉区，形成亚热带干旱气候，撒哈拉沙漠、阿拉伯沙漠和澳大利亚沙漠等世界上最著名的大沙漠均分布于此。在两者之间的地区，气候总体上呈现从湿润气候到干旱气候逐步过渡的特点，在此区域内，气候主要受随太阳直射点的季节变化而南北摆动的赤道辐合带(ITCZ)影响，在北半球的夏季，ITCZ 北移并增强，副热带高压扩大并北移，冬季的变化则相反，与此对应，夏季受 ITCZ 影响而多降雨，冬季受副热带高压控制，少雨或无雨，气候干湿季的差异显著，形成热带干湿季或热带季风气候。此外，在位于南、北纬 10°—25°的大陆东岸和热带海洋的一些岛屿，正当信风带迎风区，全年受热带海洋的影响，气温年较差和日较差都较小，呈现热带海洋性气候；而大陆西岸有冷洋流经过地区，受副热带高压东侧下沉气流区及冷洋流影响，常形成多雾少雨的干旱气候。

中纬度地带兼受低纬度和高纬度两大区域的影响，热量收支的年内变化较大，春、夏、秋、冬四季表现最为明显，是地球上气候季节性最强、最多样化、最多变的地区。中纬度地区的气候主要受地处副热带高压带和副极地低压带之间的西风带影响，从大陆东、西两岸向内陆，气候的海洋性减弱、大陆性增强。在常年受控于西风带输送的海洋气流并有沿岸暖洋流影响的大陆西部，形成冬暖夏凉、全年湿润多雨温带海洋性气候，主要分布在欧洲西部、阿拉斯加南部、加拿大西部和美国西北部等。而位于夏季受副热带高压带下沉气流控制与冬季受西风带温带气旋影响的副热带大陆西岸地区，形成夏季少雨、冬季降水多的地中海气候，除主要分布在地中海沿岸外，在美国加利福尼亚州沿岸、南美南端、南非南端以及澳大利亚南端均有分布，其中靠近冷洋流的海岸地区为夏季凉爽的凉夏型地中海气候，而距离海岸较远的区域为具有较高夏季温度和较大气温年较差的暖夏型气候。在亚欧大陆东部的副热带和温带地区是季风气候最为显著的地区，温度和降水季节差异显著，冬季盛行偏北风，受来自高纬度极地大陆性气团控制，气温偏低、降水少；夏季盛行偏南风，受来自低纬度海洋的热带海洋气团控制，气温偏高、降水多。除亚欧大陆东岸以外的其他中纬度大陆东岸，由于所处陆地面积小，季风气候不如欧亚大陆东岸显著或未形成季风气候，形成大陆性明显的副热带或温带湿润气候，其气温年较差较季风气候小，年降水量与季风气候相当，但季节分配更为均匀。从大陆东、西两岸向内陆，降水逐步减少，从湿润气候过渡到干旱气候，中纬度地带的干旱气候区主要分布在亚洲、北美、南美洲阿根廷西部等内陆地区，此外，青藏高原和高大山脉的影响也是一个重要的因素。

高纬度地带的热量常年处于亏缺状态，是地球热量净输入区和冷空气源地。该区域气候寒冷，长冬无夏；降水量少，但蒸发弱。由低纬度向高纬度寒温带、苔原和冰原气候依次呈带状分布。

1.4 温室效应与全球气候变化的协同性

协同性是包括全球气候系统在内的一切非平衡系统所共有的特征。在气候系统中，生物和物理过程相互作用，按照一定的协同关系相互依存，形成有机的整体，决定全球气候的状态。地球生命能够通过调控大气温室气体的含量自动调节全球温度，使其变化在生命活动能够维持的幅度之内。因此，在地质历史上，温室气体含量的变化与地球气候变化存在密切的对应关系。

1.4.1 气候变化及其驱动力

1.4.1.1 气候变化的表现形式

全球气候系统存在多个稳定状态，每种状态与气候系统特定的构成方式、能量状态或驱动机制相对应，在特定的气候阈值内表现出稳定的气候状态或行为特征。气候变化存在于从年到万年甚至上亿年的各种不同时间尺度上，气候变化表现为气候系统状态随时间的整体改变或部分调整，不同状态之间的变化是气候系统的固有特征。气候变化所关注的不是地球气候的平均状态，而是发生在各种时间尺度上的状态变化。

气候状态的改变是通过均值或方差的变化来表征的，具体可以分为三种情况：①均值不变，方差及概率分布变化，这时气候的变异性表现为波动振幅的加大或减小；②均值变化，其方差及概率分布不变，这时虽然方差及概率分布没有变化，但均值的增减将导致概率分布位置的偏移，从而加大或减小极端事件发生的频率；③均值变化，方差及概率分布亦变化，这时气候波动的周期与振幅及极端气候事件发生的频次都将随着均值的变化而加剧或减弱(图 1-30)。

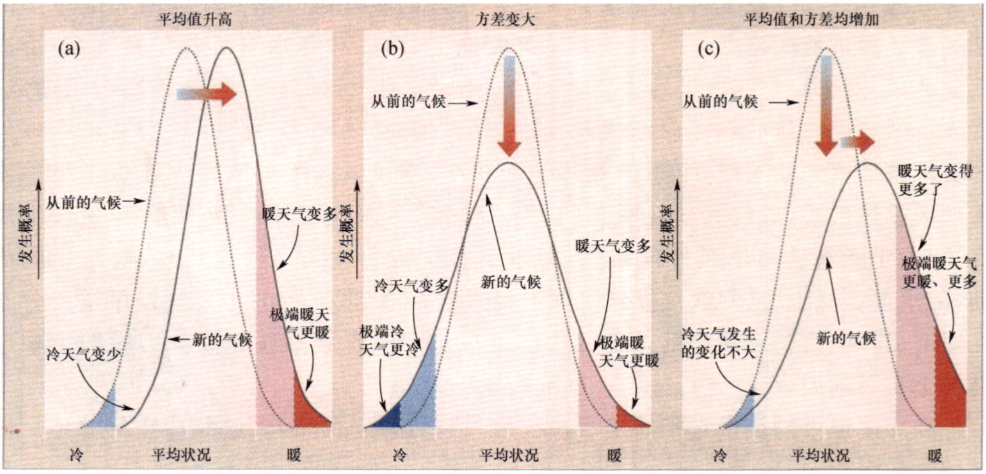

图 1-30　全球变化的方式与极端事件的概率变化示意图(威廉・伯勒斯,2007)

(a)均值增加,方差不变;(b)均值不变,方差减小;(c)均值增加,方差增加

气候变化的形式可以是周期性的、趋势性的,或是在短时间内由一种气候状态取代另一种气候状态的突变(图 1-31)。气候变化可分为可逆性变化和不可逆性变化,可逆的气候变化呈现“一开一合”的特点,表现为气候围绕某一平均状态的波动(涨落),其过程是可重复的;而不可逆变化呈现出“裁旧化新”的特点,表现为当从一种状态到另一种状态的不可逆转的变化。一般来说,准周期性变化可以看作是可逆的,突变和趋势性变化是不可逆的。

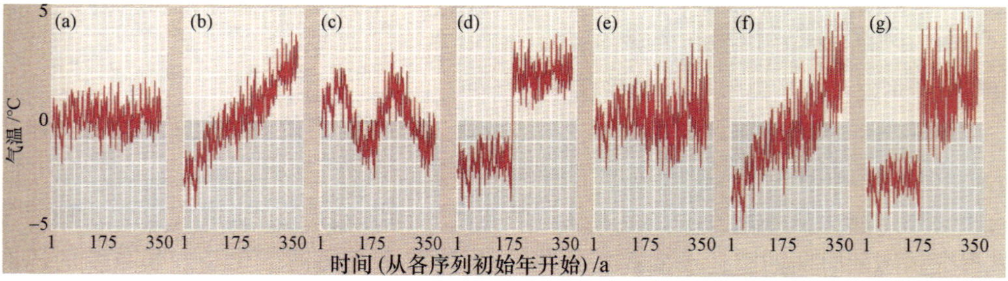

图 1-31　气候变化的基本表现形式(威廉・伯勒斯,2007)

(a)随机波动;(b)趋势变化;(c)周期变化;(d)均值突变;(e)变率变化;

(f)趋势变化+变率变化;(g)均值突变+变率突变

1.4.1.2　气候变化的时间尺度

全球气候变化自地球诞生以来一直延续至今,这种变化存在于年际、年代际、百年际直至亿年际的各种时间尺度。所谓时间尺度是指用来度量一个过程或一种环

境状态的基本时间单元，通常用10^n年(年、年代、世纪、千年、万年等)表示，气候的变与不变是相对于一定的时间尺度而言的，不同时间尺度的变化过程相互交织，形成了多种多样的变化方式和不同幅度的变率。

1.4.1.3　气候变化的驱动力

全球气候变化的原因是维持气候系统平衡的关系发生了变化。这种变化是通过维持气候系统状态的某些过程的变异来实现的，初始的变化在过程中通过一系列复杂的驱动与响应的反馈作用而放大，并最终导致各圈层性质与全球气候状态的相应改变。在不同时间尺度上，驱动气候变化的因素、所要考虑的系统成分、导致变化的过程、变化的幅度、空间尺度等均不相同。

全球气候变化驱动力来源于系统外和系统内因子两部分。系统外因子包括天文因素和地球内力因素两大类，系统内因子则来自于气候系统自组织过程中所产生的各种反馈作用。近年来，人们还逐渐认识到人类活动对全球气候变化的影响在不断增大，因此，人类活动也被看作是驱动全球气候变化的重要因素(图 1-32)。

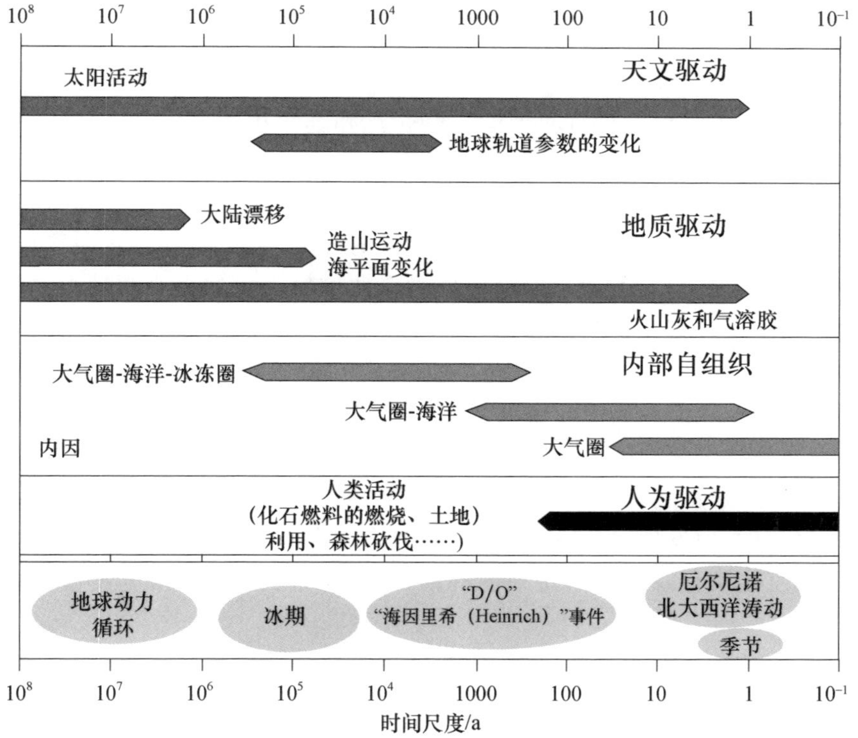

图 1-32　全球变化驱动力的来源、特征时间尺度上的主要过程与地球系统的响应示意图(PAGES,2009)

影响地球气候系统的天文因素主要为太阳辐射输出的变化和地球运动轨道参数的改变。其中，太阳辐射输出的变化存在于从亿年尺度的太阳演化到年际尺度的太阳活动，太阳辐射直接驱动了发生在地球表面的各种过程，其变化会直接影响到达大气层顶的太阳辐射及地球系统的能量收支平衡，进而引起全球气候变化。地球运动轨道参数的变化，包括偏心率、地轴的倾斜度(即黄赤交角)和岁差(即春分点的移动)等，其特征时间尺度主要为 10^4 ～10^5 年，亦称为轨道尺度；10^3 年尺度上的影响也存在，被称为亚轨道尺度，轨道参数的变化会改变地球接收太阳辐射的季节变化和地区分布的变化。

地球内力对全球气候变化的驱动主要通过受地球内部过程驱动的板块运动而起作用。板块运动所造成的海陆分布形式的变化、海底地形与陆地地形的变化、火山活动等，均能引发进一步的地球气候系统过程，导致全球气候变化。其中，大陆漂移及海、陆分布格局变化的影响发生在 10^6 年以上的时间尺度上；火山活动，特别是强烈的火山喷发会把大量的气体和火山灰抛向高空，不但影响地球大气层对太阳辐射的吸收，而且还造成大气层化学过程的异常，其影响从亿年尺度到年际尺度都有发生。

系统内因子对全球气候变化的驱动是通过地球气候系统内部大气圈、水圈、冰冻圈、陆地表面及生物圈之间复杂的相互作用来实现的，各圈层中任何一个要素发生变化均可能引起系统不同程度的重组，从而发生全球气候变化。其中海-气相互作用的影响发生在 10^1 ～10^3 年时间尺度，海-陆-气相互作用的影响发生在数百至数万年时间尺度。

随着地球人口的不断增多和人类活动规模的不断扩大，人类对地球的一些物理、生物和化学过程的影响已经达到了不可逆的程度，甚至超过自然因素成为控制这些过程的重要因素，人类活动也因此成为全球气候变化的主要驱动力之一，其影响主要发生在 10^2 年以下的时间尺度上。

按发生特点，导致全球气候变化的因素可以分为三种类型：①周期变化的因素，如太阳活动、地球轨道参数的变化，其作用是连续变化的，可导致全球环境的周期性变化；②非可逆性变化的因素，如太阳长期演化、板块运动，其作用是持续性的，可能导致气候的非可逆性变化；③随机发生的因素，如火山活动、小行星碰撞，其发生的时间是不确定的，但发生的频率服从一定的统计规律，其作用的过程是暂时的，但所导致的全球气候变化既可能是短期的扰动，也可能是长期的不可逆的变化(张兰生等，2017)。

全球气候变化受控于太阳辐射、地球轨道参数和地球构造运动(大陆漂移)，同时也与地球气候系统内部分量(包括表层水圈中的海洋、冰冻圈中的大陆冰盖、生物圈中的海洋浮游生物和陆地植被，以及大气圈中的温室气体、粉尘气溶胶、水汽和云等活跃组分)的多尺度复杂反馈过程密切相关。在同一时间尺度上，气候变化机制可能具有可比性；但在不同时间尺度上或者在不同边界条件下，气候系统的驱动力和内部相互作用机制可能是迥异的。目前尚不存在能够解释所有时间尺度变化的理论，不同时间尺度的全球变化可能有不同的原因。厄尔尼诺现象一类的变化发生

在 10^0～10^1 年尺度上。类似小冰期的气候变化发生在 10^2～10^3 年尺度上。在 10^4～10^5 年尺度上，受地球轨道参数变化驱动的冰期-间冰期变化表现显著。在 10^6 年尺度以上，构造运动对气候变化的驱动作用处于主导地位。

1.4.2 太阳演化与地球气候长期变化的悖论

太阳辐射是地球气候系统的根本能量来源，而太阳是一颗不断演化的恒星，其辐射输出随着太阳年龄的增长而变化。在地球诞生之初，太阳的辐射输出较现代低 25%～30%，在此后的 45 亿～46 亿年历史中，太阳的辐射输出不断增大到现代水平。

如果按照现代大气成分估算，地球的平均温度在 20 亿年以前应处于冰点以下，自 7 亿年前以来地球应已变暖到脱离冰期环境，且随着时间的推移而不断变暖（图 1-33，表 1-4），但地球历史上的实际情况并非如此。距今 39 亿～38 亿年以前开始出现的太古代绿色岩沉积是多种沉积岩的总称，它具有与现代相同的沉积结构，并有明显的沉积相的分异。沉积岩的存在表明，早在距今 39 亿～38 亿年以前，已存在风化作用和与现代过程相似的侵蚀、搬运与堆积过程，以及作为这种过程的营力与载体的河流、海洋或大湖，也就是说，存在水分的蒸发、降落与径流形成的循环过程。水循环过程的存在也就意味着该阶段末期地球表面的温度维持在 0～100 ℃。其原因在于，地球系统的温室气体含量、海陆位置等许多特征及反馈作用的强度均不同于现代。

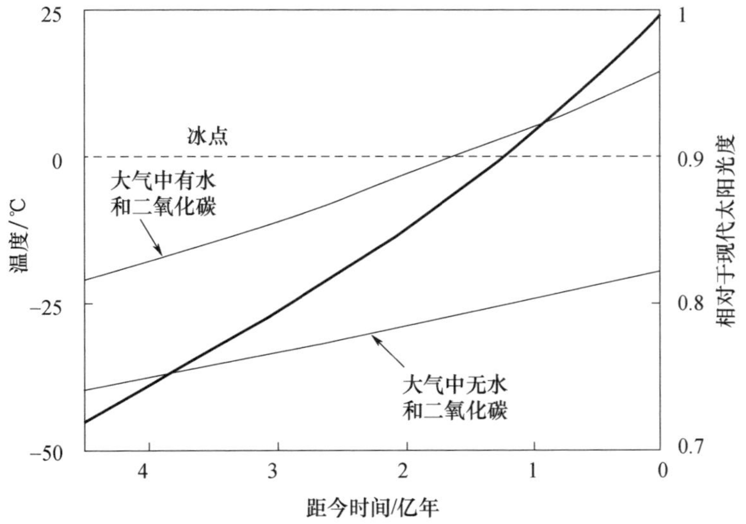

图 1-33 太阳辐射的长期演化（Turekian，1996）

表 1-4　过去 45 亿～46 亿年太阳演化与地球气候长期变化的悖论(Rind,2002)

地球上应该发生的变化	地球上实际发生的变化
直到 20 亿年前水呈冰冻状态	水和生命已存在了约 40 亿年
自 7 亿年前以来地球变暖到脱离冰期环境	7.5 亿、6 亿和 3 亿年前以来低纬度地区发生冰川作用
地球随时间的推移不断变暖	6000 万年来地球在变冷
发生的其他变化	
可能高浓度的温室气体(CO_2、CH_4、NH_3)随时间减少,到约 6 亿年前可能达到很低的浓度 还原性气体(CH_4、NH_3)可更好地解释生命的起源 太阳紫外线(UV)可在短时间尺度上光解还原性气体 大陆的位置随时间变化 可能黄赤交角是随时间变化的	

自地球诞生以来,地球大气经历了从原始大气、次生大气再到氧化大气的阶段性演变。地球刚形成时可能有一个以氢气、氦气为主的原始大气圈,它可能是地壳内的大量气体和水(以水蒸气的形式)通过强烈的产气作用排出地表后逐渐形成的。原始大气可能只存在了几千万年,由于当时地球引力很小,再加上受威力强大的太阳风的作用而丧失了,现代大气中的惰性气体(Ar、Ne、Kr、Xe 等)可能是其残余。第二代大气(即次生大气)最晚在地球形成之后不到 1 亿年的时间就已开始形成,其主要成分来源于地幔,为 CO_2、H_2O 和 N_2 等,可能与现代火山喷发物的成分相近,次生大气中没有自由氧,因此是还原性的。许多证据表明,至少在 40 亿年前地球大气圈已是富含 H_2O 和其他温室气体(CO_2、CH_4、NH_3)的大气,因此会产生降水、温室效应等现象。40 亿年前地球大气圈中 CO_2、CH_4、NH_3 等温室气体的含量高于现代 2～3 个数量级,当时地球的温室作用远强于现代,使地球得以保持在冰点以上的相对温暖状态。

地球大气从还原性大气到氧化大气的转变发生在距今 20 亿年前后,这一转变与通过光合作用释放氧气的生命物质的出现与不断繁盛互为因果。距今 7 亿～6.8 亿年前后,大气中氧气的浓度达到现代的 6%～10%,大气中自由氧的含量在 1 亿多年前达到现代水平,此后在生物的参与下维持大体平衡。大气中自由氧的增多与 CO_2 的减少是同步的。只有碳被转化为含碳的无机或有机岩的形式而永久地固定下来,自由氧才能富集,否则光合作用产生的自由氧又会被生物死亡后分解的有机物重新结合成 CO_2。距今 20 亿年前之后石灰岩沉积明显增多,大量的 CO_2 被固定。如果 20 亿年前大气中氧气的含量只有现代大气水平的百分之几,则当时大气中 CO_2 的含量可能不超过现代大气水平的 10 倍。由于温室气体随时间推移而不断减少,抵消了太阳辐射随时间不断增强的影响,使得地球在其地质历史上并未随时间不断变暖。

1.4.3　温室地球与冰室地球

尽管不同时间尺度全球变化的特征变量、驱动力、具体表现方式是不同的,但地球系统在每种时间尺度上至少存在两种以上的稳定模态。在整个地质历史时期,地球的气候存在全球无冰盖的温暖状态（温室地球）和在高纬度地区（甚至低纬度地区）存在冰盖（冰室地球）两种状态（图 1-34）。

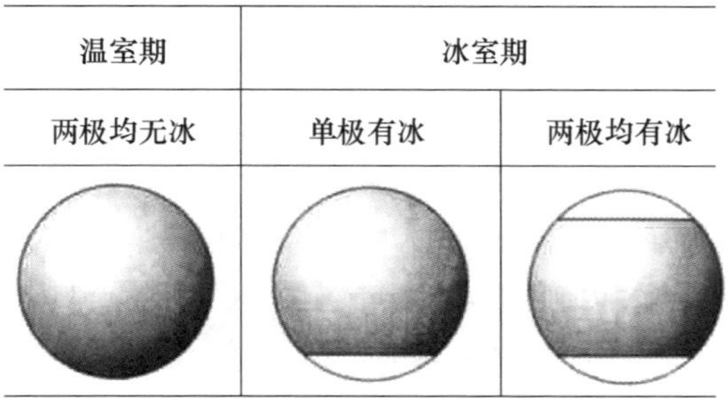

图 1-34　温室期和冰室期的地球气候状态（汪品先，2002）

过去 40 多亿年间，地球总体上以温暖为主。在距今 9 亿年之前，仅在距今 28 亿年和 24 亿～23 亿年发现寒冷冰期存在的遗迹，其中南非智水滨（Witwatersrand）发现的 28 亿年前的冰川遗迹可能是目前已知最古老的冰川活动记录；而距今 9 亿年以来，全球气候以冷暖交替的旋回变化为特征，分别在新元古代（距今 7.5 亿～5.8 亿年）、奥陶纪晚期、古生代晚期（距今 3 亿年前后）和新生代晚期（距今 300 万～200 万年）出现大冰期环境，大冰期也是二氧化碳浓度低的时期（图 1-35）。

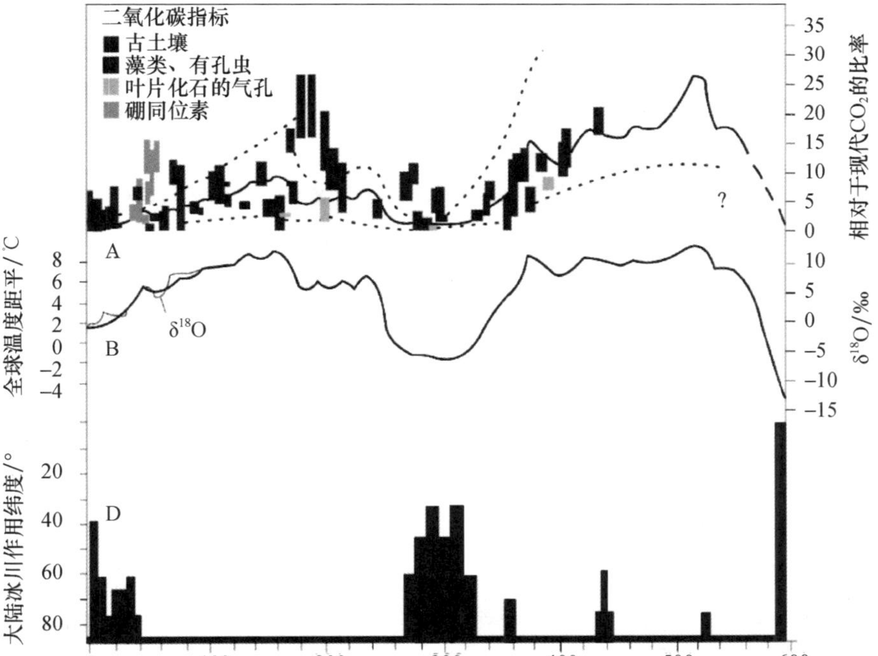

图 1-35　地球气候的长期演变与过去 6 亿年地球气候和 CO_2 含量的变化（Erba，2006）

1.4.3.1　前寒武纪冰期

距今 7.5 亿～5.8 亿年期间曾发生过 4 次，至少也发生过两次（距今 7.2 亿年左右和距今 5.9 亿年左右）全球性冰川活动，每次延续近 1000 万年。冰川作用曾推进到赤道附近的海平面（即低纬度和低海拔地区），许多冰碛岩出现在古纬度 10°以内的赤道附近。对此次冰期有不同的假说与解释，如地轴倾角过大（大于 56°）使赤道降温，但以 1992 年 Kirschvink 首次提出、1998 年 Hoffman 重提的“雪球地球”最为流行。“雪球地球”假说认为，新元古代冰期的发生与聚集在赤道附近的罗迪尼亚（Rodinia）超大陆在新元古代晚期（距今 10 亿～6 亿年）的裂解有关。超大陆的裂解使大陆边缘海面积迅速增大，大幅度增加了边缘海生物初级生产力和有机碳埋藏量，造成大气中的温室气体 CO_2 含量迅速下降，进而驱动了失控的冰反射灾变，形成了“雪球地球”。当时全球温度骤降至大约 −50 ℃，海洋都被冻住，冰盖推进到赤道，平均厚约 1 km。冰盖使海洋与大气之间的能量与水汽交换几乎停止，大陆风化作用也无从发生，在海水近于停滞和缺氧的环境下，来自洋中脊和洋底沉积物淋滤出的 Fe^{2+} 在底部海水中富集。每次冰期持续大约 1000 万年，期间海底火山释放出的 CO_2 积累在冰盖之下。一旦冰盖破裂，CO_2 便突然释放到大气中，当造成大气中 CO_2 含量高达现在的 350 倍时，就足以产生极端的“温室效应”，全球温度急剧上升至大约 50 ℃，冰川迅速消融、退却，在温暖的海洋中形成全球都出现的帽碳酸盐岩（汪品先，2002）。“雪球地球”假说的提出解释了一些新元古代冰川现象，如低纬度和低海拔冰川沉积，海洋沉积的帽碳酸盐岩、负的碳酸盐 $\delta^{13}C$ 异常和二价铁的 BIF 铁矿等，但对“雪球地球”假说还存在许多质疑。

1.4.3.2　石炭-二叠纪冰期

从早石炭纪末期开始，气候急剧变冷，直至二叠纪初期，存在较强烈的冰川活动，主要集中在南半球的南极周围（图 1-36）。晚石炭纪时极地位于南极洲东部，处在极地附近的南美、南非和南极洲均广布冰盖，冰川沉积物广泛分布在古南纬 60°内，冰盖分布的范围比最近 100 多万年来北半球冰盖的最大范围还要大，但北半球未发现冰川遗迹，可能与当时北极为大洋有关。关于石炭-二叠纪冰期的成因，尚无一致的意见，值得注意的是，冰期时正是大气中 CO_2 减少、温室效应减弱的时期，距今 4 亿年以后，大气中的 CO_2 含量强烈下降，从现代大气 CO_2 含量的 12 倍急剧下降到 3 亿年前的与现代相近的水平（图 1-35）。大气中 CO_2 含量的急剧减少可能是对气候变冷的响应，但也可能是因生物登陆及其在陆地上的繁盛产生的生物固碳作用所致，特别是石炭纪期间北半球大陆上大量有机物以泥炭的形式埋藏（后来形成煤），促使气候变冷。二叠纪时气候有变暖趋势，大气中 CO_2 的含量呈回升趋势，但气候可能一直比较凉爽，南半球仍有冰川活动的记录，只是规模有所缩小。

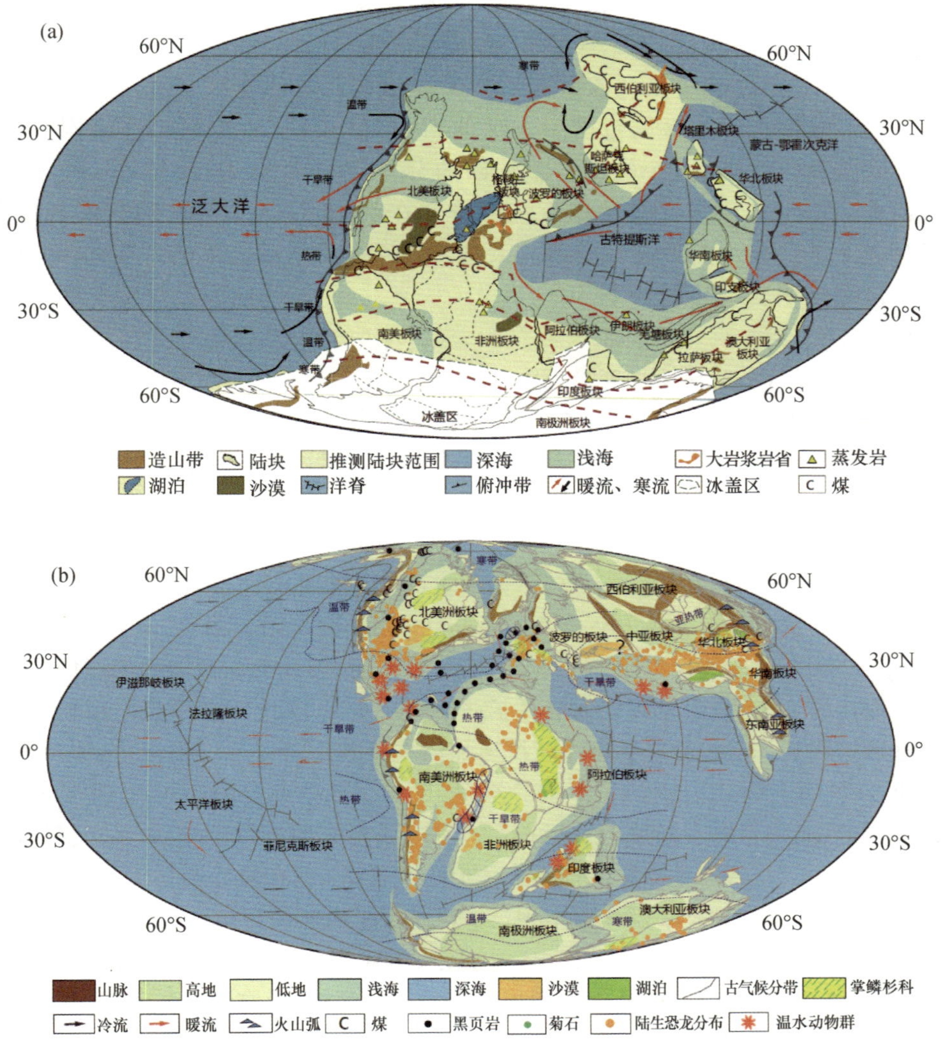

图 1-36 晚石炭世(3.20 亿～2.99 亿年前)和白垩纪(1.45 亿～1.20 亿年前)全球古地理环境图(李江海 等,2013)

1.4.3.3 白垩纪暖期

白垩纪的大部分时间内,大气 CO_2 含量较现代高(图 1-35),是现今 CO_2 含量的 4～10 倍,温室效应较现代更为强烈,全球气温处于极端温室状态,是“温室地球”的典型范例。

白垩纪时期是全球性的温暖期,从赤道到极地的温度都比现代高,气候从整体上较现代更加温暖干燥。最暖时全球平均表面温度比现今高 10 ℃,温度的纬向梯度只有现代的一半。当时两极是无冰的,温带气候几乎延伸到极地,比现代高 20

个纬度，森林带一直延伸到南、北极圈之内，在新西兰 70°S 的地区和阿拉斯加距北极数个纬度的地区均有白垩纪煤层分布(图 1-36)。作为现代热带-亚热带成分的棕榈，当时一直分布到英格兰的南部及北美洲相近纬度的地区。蒸发岩占据的宽度可达 25 个纬度，干旱区的范围一直延伸到 45°N 和 55°S，副热带环流圈下沉区的位置可能比现代高 15 个纬度。生物礁的分布达到南、北纬 30°以外，代表了与信风相关联的上升流区环境的燧石沉积分布在南、北纬 30°纬度线之间。海平面处于过去 2.5 亿年中的最高位时期。太平洋底层水的水温比现代高 5～7 ℃，海洋垂直温度梯度不到现代的一半。

1.4.3.4　新生代气候衰落

新生代期间，全球环境呈变冷、变干的趋势，称为新生代气候衰落。新生代气候衰落的突出表现是新生代以来全球气候在持续不断地变冷，从两极无冰的“温室地球”变为现今两极终年有冰的“冰室地球”，进入第四纪冰期(图 1-37)，与此同期，全球大气二氧化碳浓度从早始新世的 1000 ppmv① 以上下降到第四纪时期的二氧化碳相对峰值时仅 280 ppmv 左右。

中古新世(距今 5900 万年前)到早始新世(距今 5200 万年前)的温暖期被称为早始新世气候最适宜期(Early Eocene Climatic Optimum)。当时大气 CO_2 体积分数在 1000 ppm 以上，全球气候温暖而均一，两极是无冰的，极地和赤道之间的温度梯度可能不到现代的一半，热带较现代向高纬扩张 10°～15°以上，北半球的热带植物在北美洲西海岸扩展到 45°N，温带植物在阿拉斯加湾扩展到 60°N。

约 3500 万年前，大气 CO_2 体积分数约 1000 ppm，而太阳辐射比现在小大约 0.4%，热带、亚热带海表温度的范围在 35～40 ℃(现今约 30 ℃)，南太平洋极区海表温度为 20～25 ℃(现今约 5 ℃)。在约 3400 万年前，全球环境发生重大转折，大气中 CO_2 浓度开始下降，南极冰盖开始出现(图 1-37)，许多现代环境特征都开始形成，包括温度低、有冰盖、温度梯度大、大洋环流加强、出现寒冷的底层水、表层洋流以经向为主(特提斯海关闭，而贯通北冰洋和南大洋的大西洋展宽)等。

中新世中期(距今 2000 万年前后)大规模的南极冰盖已经存在。至中中新世晚期，南极大陆为永久性冰川所覆盖，冰川已扩展到海面，达到现在的规模。晚中新世(距今 1000 万年前)在气候变冷的同时发生大规模的海退过程，全球海平面下降40～50 m。这一海退再加上构造运动对地中海产生巨大影响，使得地中海与世界其他大洋隔绝开来，只留下一个小入口。封闭盆地中的蒸发作用使水位进一步降低，盐分浓缩，最终形成巨厚的蒸发盐矿床。这一事件发生在距今 620 万～500 万年前，被称为“Messinisn 盐度危机”(Messinian 是当地一个地层的名字)。根据盐分沉积的体积推算，该时期被蒸发掉的水的体积是整个地中海水量的 40 倍。海水流入地中海盆后被蒸发掉，全球大量的盐分被集中并储存在那里，导致开放大洋中的盐度下降约

① 体积浓度，1 ppmv＝1×10^{-6}。

6%。由于盐度降低，海水冻结温度升高，有利于高纬度地区的海冰进一步扩展，进而加速变冷过程。

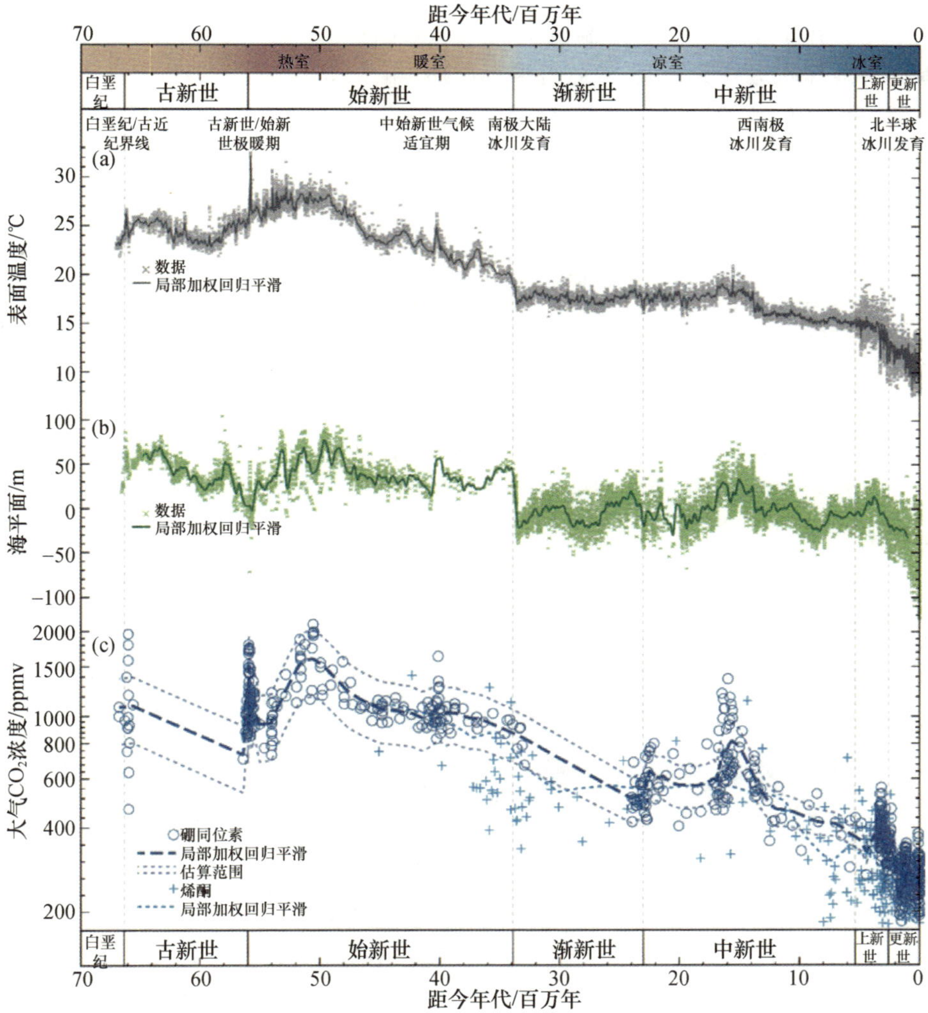

图 1-37　距今 6600 万年来地球表面温度(a)、海平面(b)与大气 CO_2 浓度(c)变化(Rae et al.,2021)

上新世变冷进一步加剧。到晚上新世(大约距今 300 万年前)，北半球的气候变冷导致冰川的显著扩展。自此以后，作为第四纪特征的冰盖迅速增长与消融开始出现。至第四纪开始的 260 万年前，北半球冰盖已达到中等规模，其影响已在海洋沉积中有所反映，由于冰川漂运的陆源硅质碎屑的输入，碳酸盐的比例出现显著、不规则的下降。

1.4.4 第四纪冰期-间冰期气候与温室气体含量的协同变化

第四纪时期(距今 250 万年以来)地球处于两极有冰的“冰室地球”状态。在第四纪期间,全球气候系统受 10^4 ~10^5 年时间尺度上地球轨道参数的周期性变化驱动,周期性地变化于寒冷的冰期与温暖的间冰期之间(图 1-38)。第四纪气候变化的主要周期与地球轨道参数周期(米兰科维奇周期)相一致,包括 0.4 Ma、0.1 Ma 的偏心率周期,41 ka 的地轴倾斜率周期,以及 23 ka 和 19 ka 的岁差周期。第四纪期间,不同阶段的主导周期有明显的差别,距今 250 万~160 万年期间 0.1 Ma 的周期很明显,0.4 Ma 的周期也很突出,其他周期成分的比例则很低;距今 160 万~90 万年期间波动幅度较小,冷暖环境变化以 41 ka 的周期最为显著,与黄赤交角的变化周期相对应,岁差和偏心率的几个周期成分不显著;距今 90 万年以来不仅波动幅度增大,而且变化频率降低,100 ka 周期取代 41 ka 周期成为主要周期,这一变化周期与地球偏心率的变化周期相一致,之上叠加着 41 ka 以及 23 ka 的周期(接近地球岁差变化周期)。第四纪冰期-间冰期周期变化与地球轨道周期一致,但冰期-间冰期环境变化的幅度远大于地球轨道参数变化所引起的太阳辐射改变,同时冰期与间冰期转换过程存在着不对称性,说明地球系统内部的反馈机制在第四纪冰期-间冰期旋回变化过程中起重要的作用。

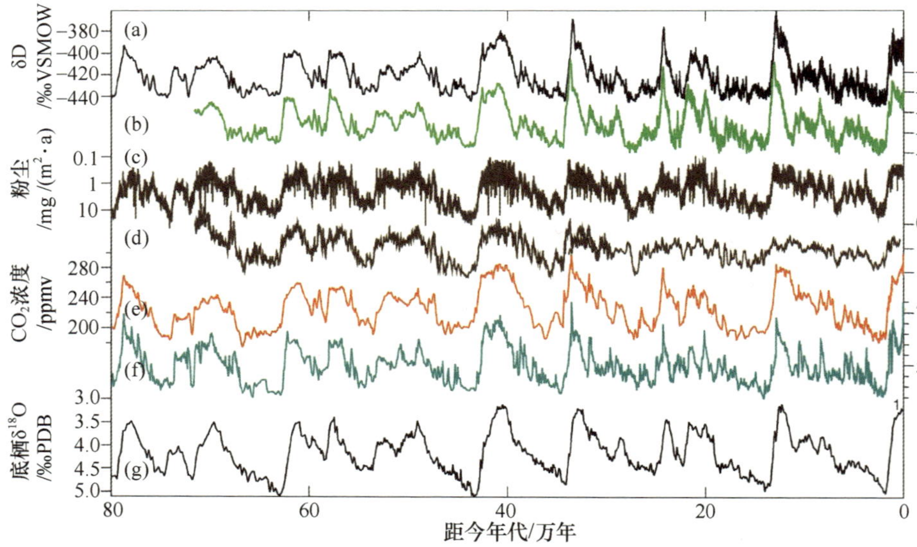

图 1-38 过去 80 万年冰期-间冰期旋回中温室气体、粉尘与气候的协同变化(Brook et al.,2018)

(a)南极 Dome C 冰芯氢同位素比值,指示温度变化;(b)南极 Dome F 冰芯氧同位素比值,指示温度变化;(c)南极 Dome C 冰芯粉尘含量;(d)南极 Dome F 冰芯粉尘含量;(e)南极 Dome C 冰芯 CO_2 含量;(f)南极东方站冰芯 CH_4 含量;(g)底栖氧同位素比值,指示全球冰量

距今 80 万年以来,全球气候经历了 8 个完整以 100 ka 为主要周期的冰期、间冰

期旋回（图 1-38）。其中，间冰期持续的时间为 10 ka～30 ka，从间冰期向冰期的变冷过程可能会持续 70 ka～90 ka，其间会发生数次轻微回暖的阶段；而从冰期向间冰期的变化是迅速的，从冰期到间冰期只需要数千年的时间。

在过去 80 余万年间，温室气体与全球温度表现出规则的同步周期变化，与冰期和间冰期周期相对应，大气温室气体 CO_2 体积分数以大约 10 万年的周期波动于 190～290 ppm 之间。寒冷的冰期时温室气体 CO_2 和 CH_4 的含量下降，粉尘浓度上升，与气候变化存在正反馈关系，冰期最盛期的 CO_2 体积分数只有 190～200 ppm、粉尘浓度是冰后期的 70 倍，均显示强化变冷过程的特征；在温暖的间冰期，温室气体含量增加，粉尘减少，强化变暖过程。早中全新世大气中 CO_2 浓度较低，从距今 6000 年后有上升的趋势，升高 20～30 ppmv；在工业革命前的几十年至上千年中，大气 CO_2 浓度相当稳定，平均为 280 ppmv。

2
人为碳排放

内容概要

与自然生态系统的物质循环不同，人类的影响建立在由人为控制的大量自然资源输入、废弃物输出的物质和能量单向流动基础上。现代人类对资源的消费和废弃物的排放数量剧增，其中的一部分通过自然循环得到消纳，未被消纳的部分残留在自然环境中，破坏了自然状态下的物质循环。环境问题就是由人类对自然环境的干扰或影响超过其所能承受的极限(阈值)造成的，环境污染和生态退化是发生在局地和区域尺度上的环境偏离正常自然状态，而全球气候变化则是发生在全球尺度上的从一种状态向另外一种状态的系统性变化。

“碳排放”具体指人为碳排放。工业革命以来，人类活动极大地改变了全球碳循环过程，主要通过使用化石燃料和土地利用两种方式向大气中排放二氧化碳。其中，人类大量使用煤炭、石油等化石燃料，将漫长地质时期固定的碳以二氧化碳等形式重新快速释放到大气中；而通过森林砍伐和焚烧、农田开垦等土地利用，人类将陆地植被和土壤中的碳以二氧化碳等形式快速释放到大气中。

上述过程中向大气排放的二氧化碳，只有部分能够通过碳循环过程被海洋和陆地缓慢吸收，其余自然界无法吸收的部分会在大气中长期存留100～200年，大气中二氧化碳等温室气体含量因此而不断增加。自1750年以来，大气中的二氧化碳、甲烷和氧化亚氮等温室气体的浓度分别升高了40%、150%和20%。当前大气中的温室气体浓度已上升到过去80万年以来前所未有的水平。

2.1 将地球改造成为人类之家

2.1.1 从自然空间到人类的社会文化空间

一般承认人类进化系统的顺序是从前人(以南方古猿为代表)到能人(距今250万年前后)，再到直立人(距今约200万年以后)、早期智人和晚期智人。从古猿进化到人是一个漫长的过程，其开始的标志是直立行走，完成的标志是开始制造和利用工具。与地球及地球上生命演化的历史相比，人类在地球上出现的时间是非常晚的。

如果把地球有生命的历史(约 40 亿年)比作一天,则生命登陆在 22 时前后,恐龙出现在 23 时 30 分左右,而能人(距今约 250 万年)则是在最后 1 分钟内才出现的。

人类历史在地球历史的长河虽然短暂,但却是地球上的动物中唯一能够制造和使用工具的有"文化"的特殊动物。人类以"文化"作为其对环境适应的形式,所谓文化是指人类特有的对所处环境的适应方式的表现。人类不是通过改变自身的生理特性来适应环境,而是通过创造一种既适应于环境又适合于人类的文化来达到适应环境的目的,因此,人的进化主要不是自身的生理进化,而是"文化"的进化,人类的发展过程就表现为人类文化的进化过程,也是人类对作为人类之家的地球持续改造的过程。

与其他动物不同的是,人类无论是个体或是群体,都从价值体系和目的性的倾向出发决定其行为方式,复杂的社会更是如此。自然环境为人类的生存与发展提供了潜在的条件,没有适宜的自然环境人类就无法生存。但人类对环境并不是被动地适应,而是通过建造人造环境主动地开发利用自然环境,从而将地球改造成人类之家(图 2-1)。在地球、人类和家三个概念中,"家"居于中心的位置,是连接地球与人类的纽带。"家"是寄居其间的人类在自然环境基础上营造的、被赋予文化意义且具有使用功能的空间,是自然空间、生产空间和生活空间的整合体(图 2-2)。家既是人类实现目标的工具,又能够制约人的行为和意识。与自然意义的地球空间不同,作为人类之家的地球空间同时具有自然、经济和社会文化三重属性。

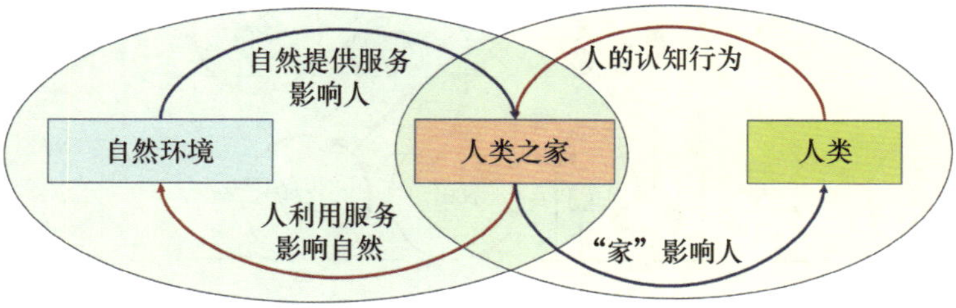

图 2-1 人类将自然的地球改造为"家"

图 2-2 作为人类之家的地球是自然空间、生产空间和生活空间的整合体

人类把地球营造为人类之家的过程本质是将自然的空间转化为具有文化意义与使用功能的空间。从自然环境的视角看,这一过程的本质是利用自然环境提供的服务,通过把自然资源转换为人类所需求的物质产品,从而抵御不利的自然环境,满足人的生理、生活需求,维系社会的运转(图 2-3)。因此,人类把大自然改造为“家”(具有文化意义和使用功能的空间)的过程就是人类影响自然环境的过程(文化景观替代自然景观)。通过上述过程人类系统与自然系统成为相互影响、相互联系的一个整体。

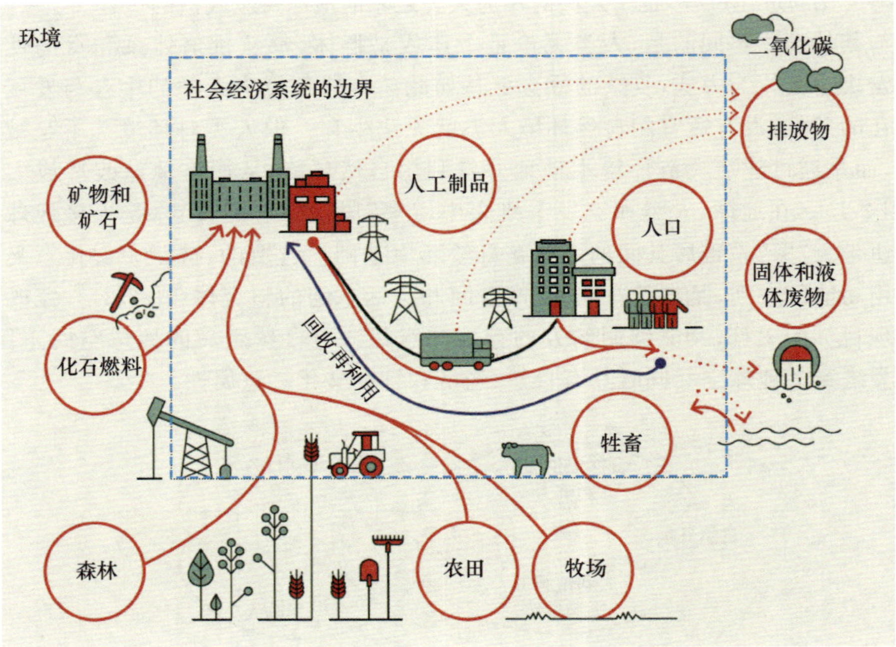

图 2-3 人类社会嵌入于自然环境并靠自然环境支撑其运转(UNDP,2020)

“人”和“地”的相互作用或人-地关系的基本内涵包括以下几个方面。

(1)自然环境是人类活动的基础,关注自然如何调控社会,从最初级的创造人类及提供社会因素用以形成文化原始材料,到对诸如经济发展等社会过程构成限制与提供物质潜力。这体现的是自然环境对人的影响。

(2)人类活动将地球改造为人类之家,关注社会如何塑造、改造以及日趋增加地改变自然环境,在原始的自然基础之上增添文化的形态,使社会文化因素融入其中、叠加其上,直到形成自然-社会的复合体。这体现了人通过主动开发利用自然环境,构建人文(经济与社会文化)环境,从而将地球改造成为人类之家,并由此而对自然环境产生影响。

(3)人对人文环境的影响以及自然环境变化的认知及调适行为,体现了人类在维系自然环境与人类系统之间平衡方面所特有的主动性。

2.1.2 人-地耦合系统

人类系统(人类圈)是社会-生态耦合系统或人类-环境耦合系统(图 2-4)。人类系统可以划分成三个层次的子系统:第一个层次是环境和资源系统,是由地球系统提供的、对人类生存和发展产生直接影响的部分,其突出表现是为人类提供资源及形成各种限制(极端情况下表现为灾害)、同时容纳和消化人类所产生的废弃物;第二个层次是支撑系统,包括人为构建的生产系统和基础设施系统,其功能是为人类提供消费产品和基础设施与防护设施;第三个层次是人文系统或社会经济系统,包括人口系统、经济系统和社会系统。

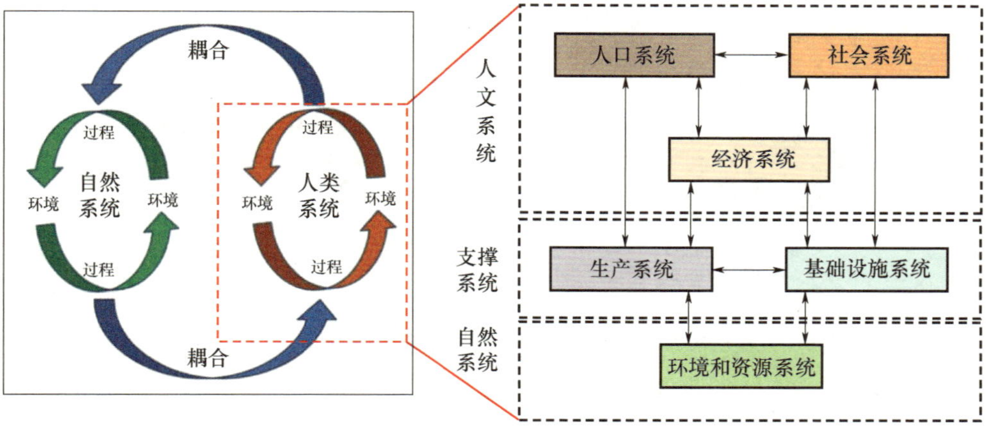

图 2-4 人-地耦合系统与人类系统

2.1.3 人类系统与自然系统的区别

从自然系统的角度看,人类系统是人类利用自然环境提供的服务所建立起来的生产空间和生活空间,其功能是把自然资源转变为人类生存与发展所需求的物质产品。人类系统的建立与维持可以归结为两个方面:一是用人类建造的农业系统和城市等人为生态系统替代自然生态系统,即用人类的生产和生活空间替代自然的生态空间,从而在很大程度上改变地表覆盖;二是强制性地将人类生态系统的物质和能量流动纳入地球系统的物质循环和能量流动的环节之中,从多方面改变了自然过程。

人类自诞生至今,先后建立了采集-狩猎系统、农业系统和工业化城市系统。利用这些系统,人们从自然环境中获取大量自然资源,并将这些资源转化为直接或间接满足人类需求的消费品,而被人们认为无用而丢弃的废弃物(垃圾)则被排入自然环境。与自然生态系统的物质循环不同,人类的城市、农田等人工系统的运行建立在由人为控制的从自然资源输入到废弃物输出的大量物质和能量单向流动的基础上,它的能量和物质转化、迁移都不是闭合的循环过程(图 2-5)。从一定意义上讲，人类从生产到消费的整个过程就是一个把资源转换为垃圾的过程，所有被开发利用的资源都以垃圾的方式返还到自然界。尽管这种过程是维持人类社会发展所必需的，但由于其违背了自然生态系统的基本原理，对于地球这样一个有限的维持生命生存的系统来说，其中的任何一个过程如果持续下去，其后果都是不堪设想的。

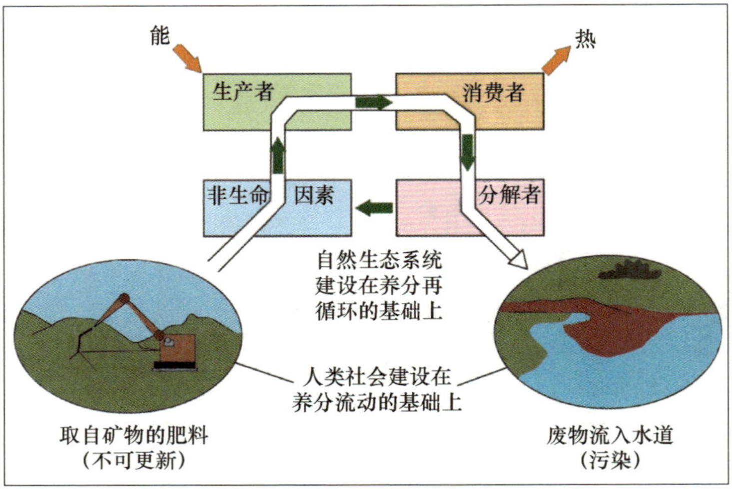

图 2-5　人类生态系统是靠物质和能量流动来维持的系统（内贝尔，1987）

（1）能量来自于化石能源的释放与天然能源的转化。人类本身并不产生能量，但能够主动地根据自然规律开发和利用自然界的能量，并借此作为人类驱动的各种过程的动力。然而，流经工业社会的能量不是来源于无穷无尽的太阳能，而是主要来源于储量有限、不可恢复且正在迅速减少的石油、天然气和煤炭等矿物燃料，它们是非可再生的能源，存在枯竭的风险。

（2）人为控制下大量物质的非闭合输入与输出。从地壳中开采出来的有限资源，经过人类选择性利用之后，在它们不能重复利用的地方被排放到环境之中，整个物质流动过程都是人为控制的，都不是闭合的循环过程，在数量上甚至已超过自然循环的数量，它们所造成的环境影响需要自然环境通过自身的调节和净化功能来消除。然而，人类活动对地球系统中许多物质循环过程的改变已超过自然可调节的能力，对于地球这样一个有限的维持生命生存的系统来说，是难以无限制地持续下去的。

（3）单一的食物网络结构。维持人类自身生命活动所需的食物主要来自于其他生态系统（农田、森林、草原、海洋等生态系统），人类把自己的食物来源建立在少数驯化动植物之上。与被替代的自然生态系统相比，由人类驯化的动植物所构成的生态系统的生物多样性明显减少，其稳定程度也明显降低。

（4）打破时空限制的物质和能量流动过程。人类生态系统的物质和能量的输入与输出过程超越了空间和时间的限制。从空间角度看，人类对资源的利用不再受资源自然分布的限制，借助于各种传输手段，人类能够实现物质和能量在空间的迁移与重新配置，根据需要来决定在什么地方使用资源、在什么地方排放废弃物，以及物质和能量在人类生态系统中的空间流向。从时间角度看，现代工业化系统所依赖的是地质历史时期形成的矿产资源，而人类资源开发和废弃物的排放对自然过程的改变，有可能从根本上改变未来全球环境变化的进程。

大自然本身一直就存在着环境的自我污染和自我净化这样一对彼此平衡的矛盾过程，对所受到的干扰有一定的恢复能力。但人类废弃物的排放增加了自然净化的压力，而自然资源的开发造成了对自然系统的扰动，影响到自然系统的功能。人类对自然的扰动与污染早就有之，但从总体上看，在相当长的历史时期内人类的污染和扰动并没有超过自然环境的承受能力。只是到了工业革命以后，持续增多的人口数量和消费需求使人类社会的物质和能量的输入与输出不断增加，人类的影响正在产生着对于环境的压力并威胁着地球支持生命的能力。特别是 20 世纪 50 年代以来，人类改变自然环境的程度明显加速，现代人类对资源的消费和废弃物的排放数量剧增，尽管其中的一部分通过自然循环得到消纳，但未被消纳的部分破坏了自然状态下的物质循环。环境问题就是由人类对自然环境的干扰或影响超过其所能承受的极限(阈值)造成的。其中，环境污染或生态退化是发生在局地和区域尺度上的环境偏离正常自然状态，而全球气候变化则是发生在全球尺度上的从一种状态向另外一种状态的系统性变化。

2.1.4 自然环境服务与自然资本

2.1.4.1 自然环境服务

地球是人类的家园，它为人类的生存发展提供了必要的自然环境和资源，不仅包括新鲜的空气、清洁的饮用水、安全的食品、用于生产各种物资的原材料和能源等，也包括质量良好的环境、舒适的气候以及娱乐和审美体验等。人类所有的政治、经济、文化活动都依托于其所栖息的自然环境所提供的各种服务(图 2-6)，或称为生态系统服务。以经济活动为例，没有森林就没有木材交易，没有鱼就没有渔业；如果没有一个稳定的气候、没有可以饮用的水和可供呼吸的空气，这个世界上根本不会有“经济”的存在。“经济”(economics)与“生态”(ecology)两个英文单词的词根都是 eco(来自希腊语 oikos＝house，意为“家，居处”)。

自然环境所提供的生态服务包括供给、调节、支撑和文化服务 4 种，它们可以概略地分为两类：一是生态系统产品，如为人类提供食物、水、能源等物质服务，表现为直接价值；二是支撑与维持人类赖以生存的环境，如维持自然环境本身的正常运转、调节气候、涵养水源、稀释环境污染和满足社会文化需求等，从而表现为间接价值。人类系统主要通过物质循环、能量流动以及信息交流等方式利用上述服务，与自然系统实现交互作用。

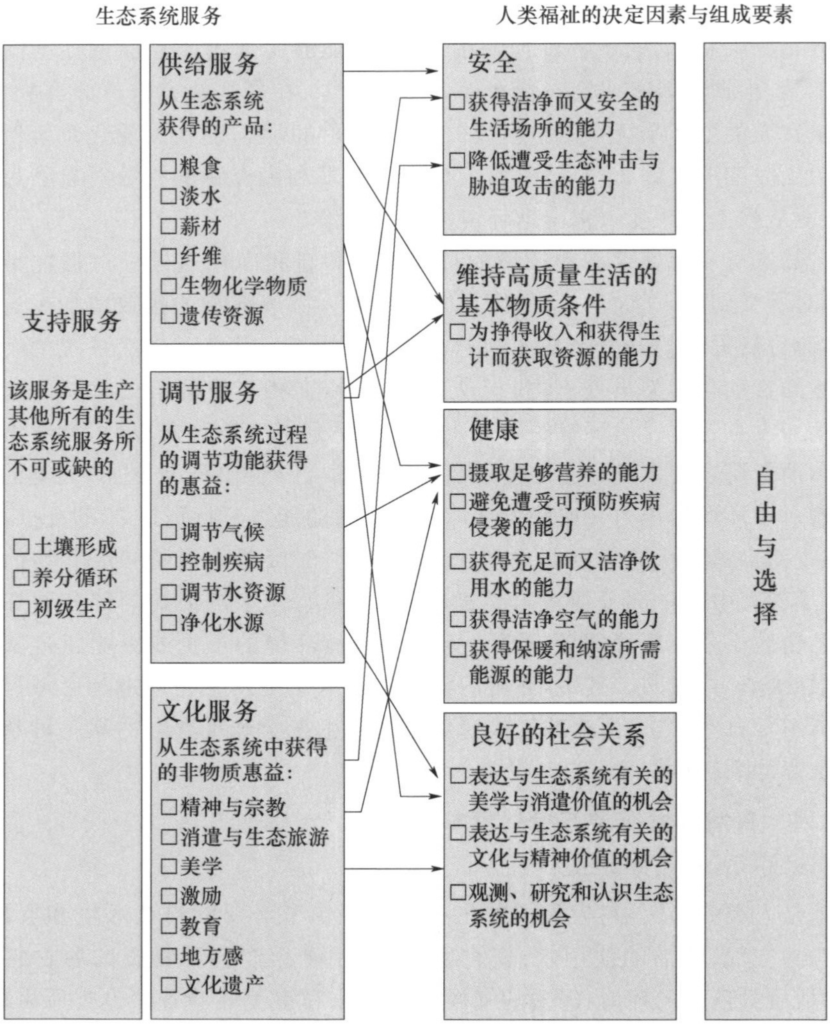

图 2-6　自然环境的服务功能(千年生态系统评估委员会,2007)

(1)供给服务。自然环境满足人类生存和发展的空间与物质需求,提供人类所需的基本物质和能量。气候、土地、水、矿产资源等自然资源为人类从事生产、生活等基本活动提供了必要的物质条件。自然资源如何被使用取决于人类对其使用价值的认识,这是受特定发展阶段人们需求和科学技术水平的影响,随着经济社会发展,人类从自然环境中获取自然资源的种类和数量不断增加。例如,支撑农业社会发展的主要自然资源是土地资源、气候资源、水资源、生物资源等可再生资源,而到工业社会则扩展到金属、非金属、石油、煤等非可再生资源;在数量上,用于支撑现代工业社会的资源数量也远大于农业社会。人类从自然生态系统中获取各种产品,如食物、水源、燃料、建材、天然生化药剂等物质和化石燃料、地热、潮汐、风能等能源。

这种因地制宜地开发和利用生态系统所赋予的资源，在满足人类基本生存发展需求的同时，也有助于形成（而非支配）人类的生活方式，即人类充分发挥主观能动性以适应和改造自然地理环境。例如，自然资源的有效性很大程度上由自然地理环境特征所决定，但是资源如何被认识和利用也受到人类经济和技术条件乃至文化等因素的影响。

（2）调节服务。自然环境的调节服务为人类提供良好的生存环境，例如，维持空气质量、调节气候的波动幅度、调控水分和土壤侵蚀、容纳和降解人类排放的废弃物、净化水质以及滤除和分解废弃物等，这得益于自然生态系统是一个具有自我调节能力，能够维持自身系统（物质和能量）平衡和稳定的自组织复杂巨系统。自然环境的调节服务是维持自然环境的相对稳定和物质能量平衡、保障人类可持续发展的基础，人类从自然环境中获取生存发展所需的物质和能量作为系统输入，经过谋求价值最大化的充分利用后，将没有（或很小）利用价值的废物输出到自然系统中（图 2-5）。人类系统的维持依赖于这一建立在人为控制的、大量的物质和能量输入与输出基础之上的过程。该过程至少自农业出现以后就已开始，工业革命以来，特别是 20 世纪 50 年代以来，人类改变自然环境的程度明显加速，由此带来的环境问题，都需要通过自然环境的调节服务来化解。

（3）文化服务。自然环境的文化服务是指人类从自然环境中获得的精神满足、审美体验等非物质收益（如能力和经验）。文化服务可以陶冶人们的情操，丰富人类的精神世界。文化是人类社会所特有的现象，是在长期适应和改造复杂多样并不断变化的自然环境的过程中逐渐形成的，具有多元性的特点。自然环境的文化服务功能因生态系统关系而产生，与人类的价值观与行为以及社会、经济及政治组织方面的人类制度与模式紧密相联。自然生态系统的文化服务功能最重要的体现是对社会关系塑造的影响。自然系统可以对建立在特定文化基础之上的多种社会关系产生影响。比如农耕文化同游牧文化和海洋文化之间在诸如生活习惯、价值观等诸多方面表现出明显的差异，并由此产生“地方感”这种文化价值判断。除上述功能外，还表现在精神与宗教价值、美学价值、生态旅游价值、文化遗产价值等方面。

（4）支撑服务。自然环境支撑服务的作用是维持自然环境自身的相对稳定状态。作为一个有生命的星球，地球这种稳定是靠太阳能的持续输入、物质循环和生物多样性的调节来实现的（图 1-3）。支撑服务是为生产其他所有自然环境服务而必需的基本服务，是其他所有服务的基础。与供给服务、调节服务和文化服务对人类产生相对较为直接的短期影响不同，支撑服务对人类的影响是通过间接或长期的方式来实现的。例如，土壤形成过程是在超长时间尺度上通过影响农业生产方面的供给服务来对人类系统产生间接而至关重要的影响。支撑服务方面的其他例子包括初级生产、大气中氧气的生产、土壤形成与保持、养分循环、水分循环和提供栖息地等。如果自然环境的支撑服务功能出现问题，其他服务功能也会受到影响。

人们利用自然环境服务需要在自然环境的不同服务功能之间进行综合权衡，在保证自然环境服务能可持续利用的前提下，选择最优的利用方案，以获取最大化的服务效益。一方面，自然环境的各种服务功能是同时存在的，例如，水提供生态服务的方式有直接方式的蓝水和通过植物的绿水之分，蓝水只占约 1/3(图 2-7)；一条河流的水体(蓝水)同时兼有数种功能：提供饮用水功能，泄洪、排水、补给地下水功能，灌溉和运输功能，发电功能，调节小气候、净化大气和水质等环境功能，陶冶情操和美化景观等休憩功能，某些河流有地域分界功能，等等。自然环境的不同服务之间在许多情况下是相互冲突的，人们在从一种服务(如作物种植)获益时，可能危及到其他服务(如蓝水被作物灌溉挤占)。另一方面，人类获取各种服务不能超出自然环境所能提供服务能力的极限，特别是不能超出自然环境的支撑能力。如果人类利用自然资源的数量和速度超过自然环境的供给能力，就会威胁自然资源的正常更新，使自然资源的正常供给难以为继；如果排放的废弃物超过自然环境的调节能力，有毒、有害物质就不能完全得到净化；如果自然环境的支撑服务能力受到损害，有可能打破自然环境的稳定状态，甚至使得环境向不利于人类生存的方向变化，自然环境的供给和调节服务功能也会受到影响。

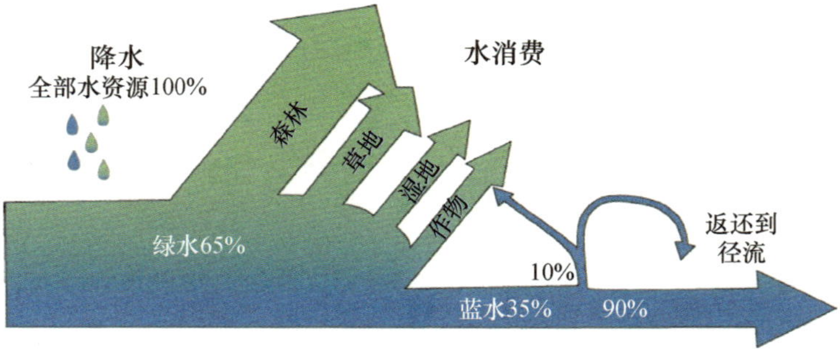

图 2-7　蓝水与绿水

2.1.4.2　自然资本

自然环境服务以长期服务流的形式出现，而能够带来这些服务流的是自然资本。自然资本(national capital)把自然环境看作一种资本，强调自然环境在支持人类经济发展和人类福祉方面所具有的价值。保罗·霍根(Paul Hawken)主笔的《自然资本论》指出(霍根，2002)，自然资本是经济运转和创造价值所需的资本，包括常见的为人类所利用的资源——水、矿物、森林、鱼类、土壤、空气等，也包括草原、大平原、沼泽地、港湾、海洋、珊瑚礁、河岸走廊、苔原和雨林在内的生命系统。生命系统除了像木材、鱼类或食物一样是必不可少的物资源泉外，它们还具有更重要的提供服务的作用，而这种服务对于人类繁荣来说，远比不可更新资源更为重要。

“千年生态系统评估”认为，社会的生产基础是由制造资本、人力资本、社会资本和自然资本 4 种资本构成的，并且自然资本(它的生命资源和非生命资源)是决定人类福祉状况的关键因素。自然环境的服务能力取决于其资本存量(a stock of capital),即在现在或未来提供有用的产品流或服务流的自然资源及环境资产的现存数量。如果把自然环境视为一个银行,自然资本就相当于存入银行的本金,人类每年从自然环境中索取的自然资源和造成的自然环境破坏相当于从自然银行中支取的利息收益。如果人类索取的自然资源和造成的自然环境破坏局限在自然环境提供的服务范围内,则自然资本具有足够的增值能力维持自然环境的支撑服务和调节服务正常运转,为人类提供所需的自然资源;否则,人类将耗尽自然环境的"本金",陷入不可持续的危机当中。"绿水青山就是金山银山",一个国家的自然资本的存量越大,环境越好,经济安全系数就越高,可持续发展前景就越大。但自然环境不能完全等同于货仓里的存货或者银行里的存款,现金花了一半剩下一定还是一半;而自然环境的情况就要复杂得多,如果某片雨林被砍伐掉一半,还会剩下一半的木材,同时保留大部分的生物多样性,但它却毁坏了这片雨林吸收温室气体调节全球气候的能力。

"自然资本"倡导从经济的视角来保护环境,并产生经济和社会效益。它认为人们只有认识到自然的真正价值,才会有动力来保护自然。正如现代管理学大师彼得·杜拉克所言:"没有度量就没有管理(If you can't measure it,you can't manage it)。"但在长期以来,自然环境中除资源以外的其他维持经济系统持续运转的自然环境因素几乎全部被经济系统排除在外。即使承认这些环境因素也是把它们视为"外部性"的,反映不出商品或服务的价格。更糟糕的是,人们往往在"自然资本"消失了才意识到其存在。即只有当温室气体增加造成的全球变暖威胁迫近、失去了红树林的海岸线遭到了侵蚀或干涸的湿地失去了缓冲洪水能力的时候,人们才能认识到"自然资本"的存在。

"自然资本"长期被忽视的原因之一是"自然"不为任何人所有。绝大部分的自然资源都是人们所共享的。生态学家加勒特·哈丁教授(Garret Hardin)1968 年在《科学》上发表的一篇著名文章中指出:为人们所共享的,并且可以为人们所自由使用的资源必将很快耗尽,因为每个人都会竭尽所能抢夺他们所需要的一切,他将这种现象命名为"公地悲剧"(The Tragedy of the Commons,或译"公共资源悲剧"或"哈丁悲剧")(Hardin,1968)。在现实世界中,人们可以很容易地看出森林滥伐、土壤侵蚀、过度捕捞等行为的愚蠢之处,但这些形式的"公地悲剧"却不断发生,截至 2019 年,人类利用的自然资源等于地球生态系统所能再生资源的 1.75 倍。

2.2 从人类诞生到人类世对自然环境改变的历史

人类文明发展进化过程是其对自然地理环境认知和开发利用自然能力不断提高的过程,以工具和火的使用、农业文化的出现、文明社会的产生和工业革命为标志,人类文化进化的进程有四次划时代的飞跃,先后建立起了采集-狩猎系统、农业系统和现代工业系统，这些系统在满足不同时期不断增加的人口与消费需求的同时，也对自然环境构成了不同程度的影响，特别是农业和工业等人为系统的建立，更是造成了自然环境前所未有的改变(图 2-8)。

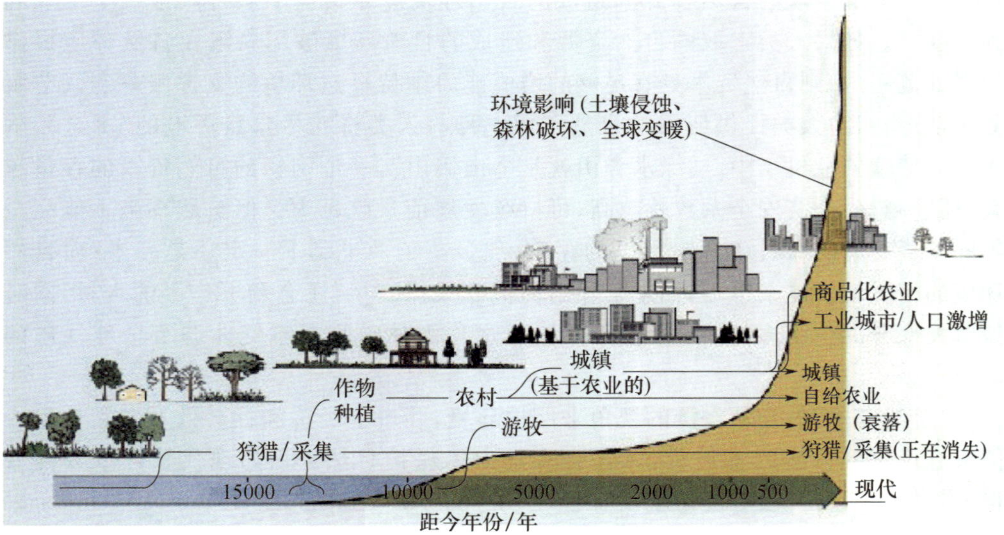

图 2-8　人类生产系统的发展阶段及其对环境的影响(Marsh et al. ,2012)

2.2.1　采集-狩猎文明对自然环境的影响

距今 250 万年前后出现能够制造简单工具的能人，距今大约 200 万年以后出现的直立人制造了手斧、刮削器、尖状器、双面刮削器等多种用途的石器，创造了利用工具从自然界捕获和采集食物的生存模式。在此之前，生活在距今 400 万～300 万年的人类可能的直接祖先是南方古猿(Australopithecus)，它们以野生植物和被食肉动物杀死的动物的腐尸为食，与其他动物没有严格的差别，在生存竞争方面并不占优势。

工具的使用使人类成为一种高级的捕食者，在与其他动物的竞争中处于明显的优势地位，成为主宰生态系统的因素。直到距今约 1 万年前后农业革命以前的近 200 万年时间里，采集/狩猎是人类唯一的生产、生存方式，工具和火是该时期人类从自然界获取食物并影响自然的基本手段。但采集/狩猎者的人口密度一直很低，1 万年前世界人口可能不超过 1000 万。所用工具与其后的水平相比十分低下，人类对自然环境的影响十分有限，绝大多数生态系统均保持自然状态。因此，采集/狩猎的人类虽已能够改变周围的环境，但这种改变一般只是短期的干扰，而不是长期的改变，只有那些早期人类经常用火的地区，或遭到大规模屠杀的动物群，才可能会发生显著的变化。

可能与人类的采集/狩猎活动有关的大事件是发生在更新世末期的动物灭绝浪潮。猛犸象、乳齿象、披毛犀、巨鹿、美国马等大型动物灭绝主要发生在更新世结束之际(距今1.4万～1.0万年),是从冰期向间冰期转换的气候快速变化时期,因此,有人认为这些大型哺乳动物的灭绝是因为它们不能适应变化后的气候环境,但在更新世发生的其他许多次快速变化事件中并没有类似的灭绝事件发生。因此,有些学者(如Paul Martin)注意到人类文化变化与动物灭绝在时间上的一致性,提出了“更新世滥杀”导致动物灭绝的假说。他们认为,作为一种新的捕食者的人类,应该对那些已因环境变化导致数量减少而又没有防御性适应行为的动物灭绝负责,支持这一假说的典型例子是北美洲许多大型动物的灭绝发生在克洛维斯(Clovis)文化于距今1.15万年在北美洲出现之后不到1000年的时间里。但“更新世滥杀”假说难以解释的是,在更新世末期哺乳动物衰亡之前,欧洲和澳大利亚的狩猎者与哺乳动物一起共处了数千年;另一个难以解释的现象是,许多种在考古遗址中大量发现的动物事实上并未灭绝,如北美洲的野牛、欧洲的驯鹿。这些现象表明,人类活动的间接影响可能像滥杀一样重要,从动物的角度看,气候变化导致动物与动物之间、动物与人类之间对日益紧缺的资源的竞争加剧;作为狩猎者,更新世晚期的人类可能已部分地取代了食肉动物的生态位,可能也对其所不喜爱的食草动物构成威胁,相反,野牛、驯鹿等人类所喜爱的动物受到保护,使得它们与人类之间形成一种共生的关系。

2.2.2 农业文明对自然环境的影响

大约1万多年前出现的农业是人类发展史上的一次重要革命。在从冰期到间冰期环境巨变的气候背景下,人类尝试着有意识地进行谷类和块根作物栽培,在世界不同地区几乎是同时发展起农业。其中,近东地区(欧洲通常指地中海东部沿岸地区)可能是世界上最早的、最重要的驯化中心,小麦、大麦、黑麦、豌豆、小扁豆、牛、羊、山羊、猪、狗等的驯化可能均源于此地;中美洲是玉米的驯化中心,其驯化的时间不晚于距今7000年;中国的史前农业独立起源,黄河流域是以粟为代表的旱作农业的发源地,长江流域是稻作农业的发源地。

随着农业的出现,人类的食物不再依赖于野生的动植物,而是主要来自于由人类管理的农业生态系统的食物生产,这一转变为人类提供了稳定的食物来源,维系了人口的持续增长,仅在1万年前,世界人口可能不足1000万。到公元初年世界人口达到约1.7亿,公元600年时约2亿,至1500年达4.25亿,而工业革命之初的1800年达9亿。农业不仅维系了人口的持续增长,也使得较复杂的社会形态的出现成为可能。社会分工推动了社会进步,人类文化进化的速度从此大幅加快,作为农业文明社会的组织形式,国家随着农业的发展经历了从方国[①]到帝国的演化过程。

农业使人类从自然环境中逐步分离出来,成为导致全球变化的一个重要营力,并在地球表面形成了一种凝聚着人的劳动投入、具有向人类供给食物的功能的新型景观——农业景观。农业的出现标志着人类干扰自然时期的开始,自农业出现直到

① 指古代的联合城邦制国。

公元1800年工业革命以前，农业一直是导致环境变化的主要人为动力。农业区域的扩展和农业土地利用强度的增大，使被转变为农田的陆地表面由区域尺度扩展到全球尺度（图2-9），随之而来的是森林的破坏、水域湿地等自然景观的退缩和消失、土地退化和土壤侵蚀的加剧、动植物数量减少以至灭绝等一系列环境问题。

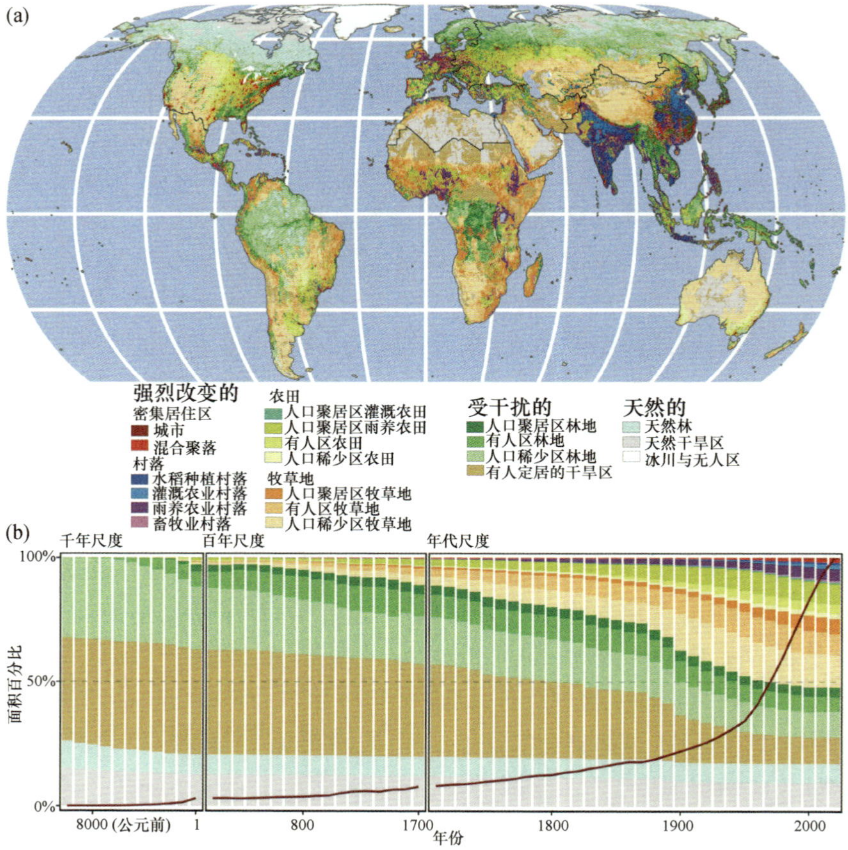

图2-9　人类活动导致的全球土地覆盖变化（Ellis et al.，2021）

（a）现代土地覆盖格局；（b）过去12000年的变化历史（红线为人口变化）。土地覆盖类型采用人口密度和主导土地利用类型的组合划分为三大类：天然的（Wildlands，指无人和无城市＋农田＋牧场等强烈改变），受干扰的（Cultured，指人口密度低和被城市＋农田＋牧场等强烈改变的比例小于20%）；强烈改变的（Intensive，城市＋农田＋牧场的土地利用强度大于20%）。受干扰和强烈改变的类型进一步根据人口密度（人/km^2）划分亚类：人口稀少区（0～1）、有人区（1～10）、聚居区（10～100）；有人定居区（0～100）；村落和混合聚落（100～2500），城市（≥2500）。强烈改变类型进一步根据面积≥20%的主导利用类型区分强度（城市＞水稻种植村落＞灌溉农业村落＞雨养农业村落＞畜牧业村落）。林地包括所有森林和林地群落；干旱区包括从稀树草原到苔原其他生物群落，但不包括冰盖和冰川。

一般认为，初期发展农业的地区有限，被原始农业生产者开发作为耕地的部分在整个自然环境中只占很小的一部分，且农耕者难以广泛开垦有优质土壤的密林，因此对植被的破坏可能是有限的，由此产生的环境影响并不足以威胁到整个地球系统的运转。但也有观点认为，旧大陆[①]早期农业和人类活动对植被的直接和间接影响可能是巨大的。例如，全新世早中期包括中国北方在内的人类农业活动，造成大范围森林衰退，可能影响了全球碳循环，使大气中温室气体（主要是 CO_2）的浓度大幅明显上升，相当于在几千年内 CO_2 体积分数上升 5～10 ppm；Ruddiman(2003)提出的假说认为，这已足以影响全球气候变化趋势，使得已经出现的自然降温趋势由此得到扭转，本应始于距今 5000 年前后的新一次冰期，迟至今日仍未到来（图 2-10）。Ruddiman(2003)估计，由于早期人类农业活动的影响，在进入工业社会之前，地球的气温相比背景值（排除人类影响之后的气温）高了 0.8 ℃，这个数字超过了过去一个世纪以来由于快速的工业化导致的气温上升值（0.6 ℃）。Ruddiman(2003)进而认为，从距今 8000 年前后开始，人类活动已经成为全球变化的主要驱动力之一。

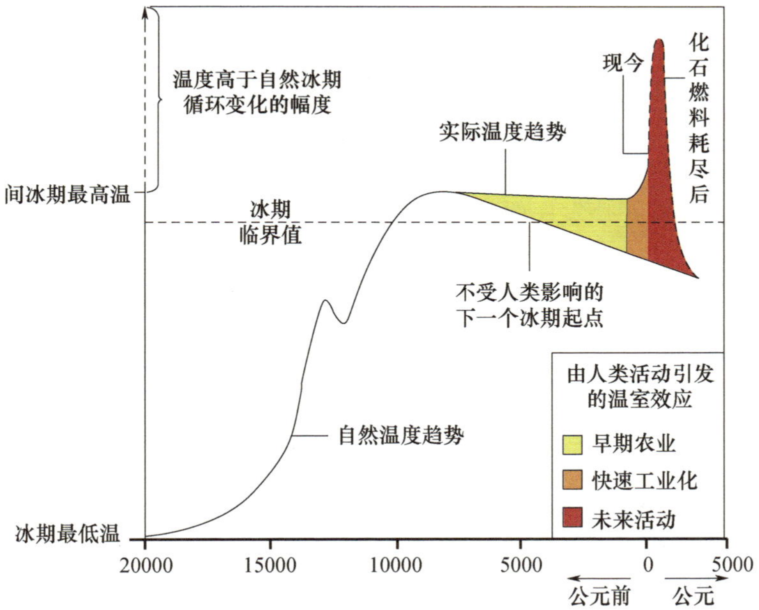

图 2-10　人类活动对气候变化影响的 Ruddiman 假说(Ruddiman,2003)

2.2.3　工业文明对自然环境的影响

在 15 世纪末地理大发现以来的 500 年中，人类社会变化的显著特点是工业兴盛和与此相关联的资本主义经济及殖民主义在全球扩张。资本主义世界出于生存空间、资源、市场等多方面的需求，不断向外扩张及殖民，他们用强硬的手段征服或控制了新、旧大陆上众多的小国和帝国，在实行殖民统治的同时，将被征服者重组到其

① 指哥伦布发现新大陆之前，欧洲所认识的世界，包括欧洲、亚洲和非洲。

以西方为中心的资本主义经济系统之中，至19世纪下半叶形成了世界范围的资本主义世界经济系统。被征服者在被迫接受征服者的生产方式的同时，也被迫接受了他们带来的文明。

在公元1500—1800年的早期工业阶段，人类生产活动与农业社会一样仍主要依靠人力，辅以畜力、风力和水力。在此阶段，人类开矿、冶金和采石等活动对区域环境的改变已经存在。在欧洲、东亚和西非等文明比较先进的地区，尤其是在工业革命前夜的欧洲，城市和工业污染已经开始给人类带来一定危害，尽管这种危害程度还不足以与之后的200年相提并论。例如，在英国，至迟在13世纪末，由于燃烧高硫型海煤引发的烟雾问题就已经出现；在荷兰，公元1500—1800年，飞速发展的工业，尤其是制糖、印染、酿造、蒸馏、榨油、造纸等行业排放的废水，造成了严重的水体污染，植物、动物和人类因此而遭到伤害。

18世纪晚期蒸汽机的改良和广泛应用是工业革命的标志，工业革命促进了资本主义的发展，并给欧洲资本主义向世界范围的扩张以巨大的推动。从公元1800年前后开始到第二次世界大战之后的约150年间，人类经历了蒸汽化和电气化两次生产领域的革命，确立了以煤、石油等化石燃料为主的能源结构，西方主要国家相继实现了工业化，并通过殖民扩张把殖民地的经济纳入以西方为中心的资本主义经济系统。工业革命以后，飞速发展的工业，尤其是采矿、冶金、化学、水泥、造纸等行业的“三废”排放，污染了大气、土壤和水域；加上城市化的推进，人们的消费需求急剧上升，自然生态环境受到的压力越来越大，各种环境公害事件开始涌现。如19世纪末，由于大量燃煤，英国伦敦曾发生过3次毒雾事件；公元1890年，日本足尾铜矿排放的废水随洪水漫溢，污染了数万公顷土地，使沿岸数十万人流离失所；公元1930年12月4—5日，由于气候反常，比利时重工业区马斯河谷工厂排出的二氧化硫等有毒有害气体集聚在靠近地表的浓雾中经久不散，致使几千人中毒，60多人丧命。人类活动对环境的影响不仅仅局限在局地性的公害事件，更开始改变地球系统的物质和能量循环过程，正是从这时起，地球大气中的二氧化碳等温室气体浓度开始明显上升。除温室气体排放之外，化学肥料的发明和应用在满足粮食增产需要的同时也在人为地改变地球物质能量循环过程。20世纪初，德国化学家哈伯成功地解决了利用空气中的氮气合成氨的难题，并将其应用于大规模工业生产，这一技术发明使农业生产发生了根本性的变革，一方面提高了作物的产量，另一方面也带来了农田污染和土地退化等问题，且严重干扰了地球正常的氮循环过程，其干扰程度随氮肥产量的不断增多而持续增强。但这一时期的人类陶醉于工业革命的伟大胜利之中，对潜伏的环境危险缺乏足够的认识。

第二次世界大战结束以来，在以原子能、电子计算机、空间技术为标志的新技术革命的推动下，人类进入了一个空前的高速发展时期。1960年世界人口达到30亿，1999年达60亿，2011年突破70亿，2020年达77.5亿。满足所有居民对水、食物、住所、公共健康和就业的基本需求，以及富裕人群在基本需求之外的奢侈品、娱乐、移动性、通信等更加广泛的物质和服务需求，构成了人类改造自然环境的主要活动，成为各种尺度的环境变化的关键驱动力，由此所诱发的诸多自然变化，在幅度、空间尺度以及速率上均是前所未有的。

图 2-11 总结了过去 250 年间人口、经济增长(GDP)、对外投资、水坝建设、水资源利用、化肥使用等 12 个关键性全球尺度人类活动因子的变化，它们均呈现显著加速变化的特点，其中绝大多数因子变化的明显加速发生在公元 1950 年前后。

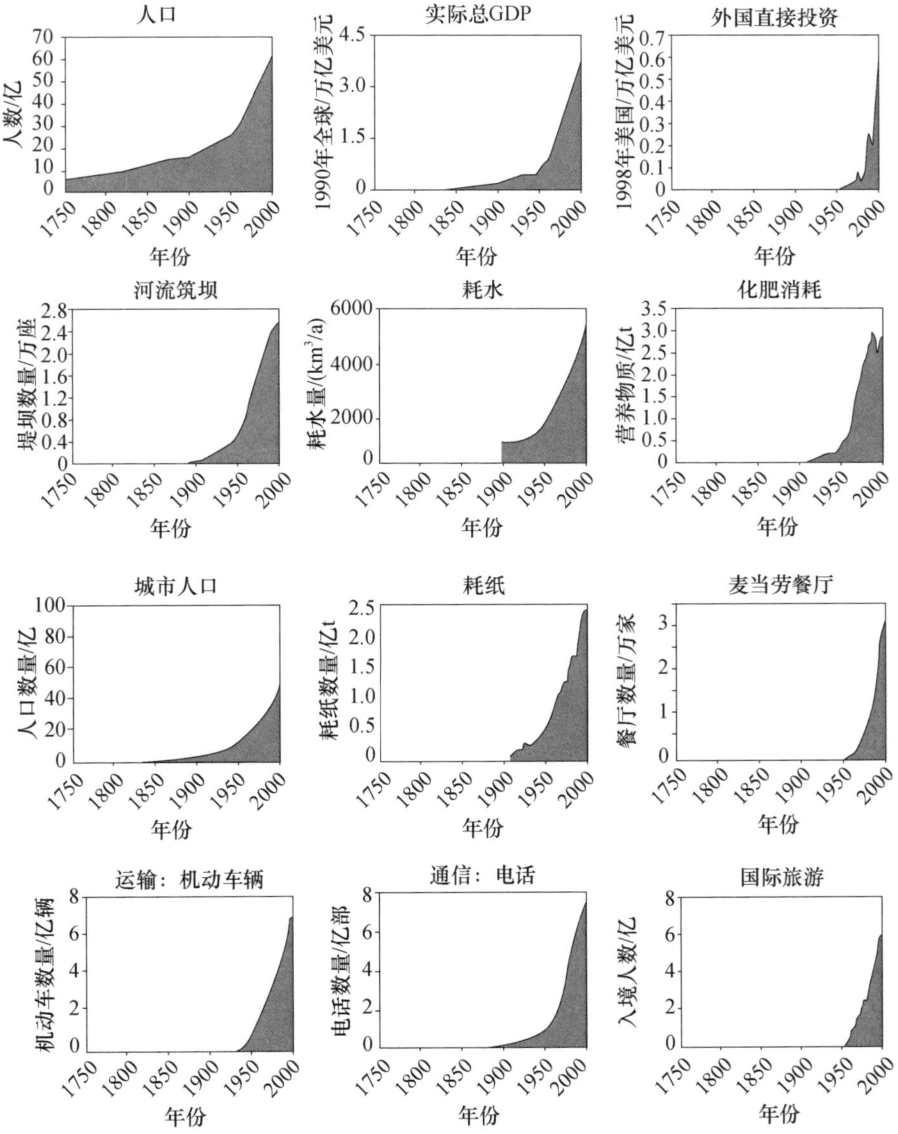

图 2-11　过去 250 年全球尺度人类活动因子的变化(Steffen et al.，2004)

2.2.4 人类世

“人类世”(Anthropocene)是地质学上一个拟议中的“世”(Epoch),指在地球地质历史上一个由多种形式的人类影响造成的,以快速而显著且深远变化为标志的时期。

“人类世”从一个非正式使用的词汇变成正式科学用语是从大气化学家保罗·克鲁岑(Paul J. Crutzen)开始的,他曾因对大气臭氧洞形成机制的突出贡献而成为1995年诺贝尔化学奖的3位获奖人之一。在“国际地圈生物圈计划”(IGBP,国际全球变化研究计划之一)于2000年2月在墨西哥库埃纳瓦卡(Cuernavaca)举行的科学委员会会议上,因不满来自过去全球变化(PAGES)核心计划的科学家在报告中反复提及“全新世”(Holocene)一词,时任IGBP副主席的克鲁岑突然站出来打断他们:“不要再提全新世了,地球系统已经不在全新世了。我们已在……人类世(Anthropocene)了”(姜礼福,2020;许林玉,2021;Steffen,2021;Zalasiewicz et al.,2021)。其后,他先后在IGBP的*Global Change Newsletter*(《全球变化通讯》)和*Nature*(《自然》)上撰文正式提出并阐释“人类世”概念及其内涵(Crutzen et al.,2000;Crutzen,2002),认为人类活动已经对地球系统造成了不可逆转的变化,提议将工业化以来的现代划作一个人类主导的新地质时期,叫作“人类世”,以区别于冰期后(距今11700年以来)自然主导的“全新世”。

人类世概念的核心观点是认为人类活动对地球的影响已远超过自然变化的影响。作为一个由人类活动而形成的独特地质时代,人类世意味着地球从此终结了完全由自然主导地球的历史,进入一个人类影响地球“自然”演变的时代,人类作为地球45亿年历史上唯一可以决定地球未来的物种,对于地球来说已经不是无足轻重的成员了,而是影响地球系统的一种强大地质营力。

判断人类世起始时间的重要标准是,人类活动是否产生了全球性影响,对地球环境的改变是否具有“不可逆性”。从人类世开始,人类活动的痕迹将成为一种永久性存在被记录在陆地或海洋沉积物、冰层之中,成为从地质学角度判断人类世的标志沉积物。由于判断指标的不同,对人类世开始的时间有不同的看法,各时间点均与人类社会发展演化的重大阶段相对应,均带来人类活动影响强度的重大改变。克鲁岑将18世纪后半叶工业革命(1784年瓦特发明蒸汽机)作为其开始的时间,其沉积标志是18世纪末极地冰芯中所捕获的当时大气中CO_2和CH_4全球性的异常增高(Crutzen,2002)。此外,学术界也曾有其他观点,例如,中国“黄土之父”刘东生(2004)建议以全新世的开始或者以人类文化的新石器时代的到来作为人类世的开始,相当于以农业文明出现、人口剧增为界;有的提出以1610年为界,因为1610年空气中二氧化碳的浓度是全新世时期的最低点,代表全球化时代的降临以及“殖民主义、全球贸易和对财富、利润的欲望将地球推向新的阶段”(Lewis et al.,2015)。Steffen等(2007)将人类世划分为两个阶段:1800—1945年为第一阶段,以空气中的二氧化碳超过全新世空气二氧化碳的上限为标准；1945 年以来为第二阶段，是人类-环境关系变化最剧烈的“大加速时期”。Waters 等(2016)认为 20 世纪 50 年代作为人类世开始，其主要标志包括在自然界中可检测到核武器(核辐射)、化石燃料(导致二氧化碳含量急剧上升)、新材料(水泥、塑料和铝)、地层改变、肥料、全球变暖和生物灭绝等 7 个方面。

国际地层委员会的第四纪地层学小组委员会于 2009 年正式设立由 34 名科学家组成的人类世工作组(Anthropocene Working Group，AWG)，由英国莱斯特大学的简 · 扎拉斯维奇担任主席，负责考察和界定人类世。2019 年，AWG 投票确认，人类世为“一个清晰可见且与众不同的地质时间单位”，地球已进入新地质时代——“人类世”。

按照流程，由人类世工作组提议的人类世最终成为一个正式的地质年代单位需要首先由第四纪地层分会(SQS)投票通过，再交由国际地层委员会(ICS)及国际地质科学联合会(IUGS)做出决定。根据相关规则，一旦提议被否决，至少 10 年内设立人类世的议题将不会再被讨论。

AWG 把 20 世纪中期作为“人类世”的起点，其基本沉积标志中，最为显著的标志是遗留在地层中的核试验造成的人为核辐射，其次是塑料、碳同位素和工业粉尘等。诸多证据表明，20 世纪 50 年代是人类活动对地球系统影响的大加速时期。迅速增长的人口加快了工业生产、农用化学品使用和其他人类活动的步伐，人类活动正显著地改变大气、海洋、海岸带等地球系统的所有成分，人类对地球系统结构(如土地覆盖、海岸带结构)和功能(如生物地球化学循环)在全球尺度上的影响程度已相当于甚至超过许多自然驱动力的作用(Steffen et al.，2007)。目前大气 CO_2 含量上升的速率至少比过去 80 万年中自然上升的速率快 10 倍，甚至可能快 100 倍，其含量已超出过去 80 万年自然变化的范围；2020 年，地球上砖瓦、钢铁、塑料、玻璃等人造物总量首次超过地球上自然生长的生物总量(图 2-12)。

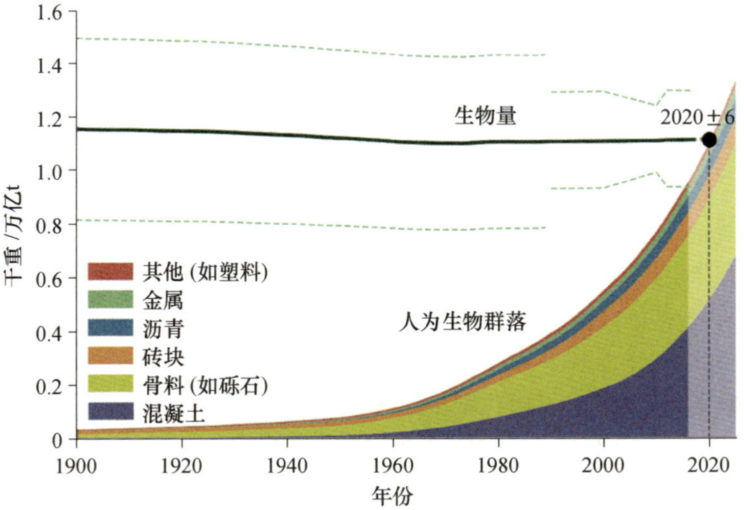

图 2-12　地球上人造物总量变化(Elhacham et al.，2020)

至少从大加速时期开始，人类活动已从仅仅以某些途径影响地球环境转变为成为地球系统动力学的一种显著强迫，正影响甚至主导着地球环境及其运行的许多方面，其中一些过程的变化在某种程度上已达到与自然变化相同量级的规模，甚至已经达到了不可逆的程度，人类活动所造成的全球变化有些已经开始显现。综合而言，对人类世开始于20世纪中期具有突出标志意义的人类驱动的地球系统功能性变化主要有以下几方面。①化石燃料消费剧增而造成的大气温室效应增强正使地球脱离冰期-间冰期旋回的轨迹朝热室地球的状态演变。在人为导致的大气CO_2含量增加量中，1950年以来的增加量占2/3以上(Waters et al.，2016；Zalasiewicz et al.，2021)。温室气体增加导致的全球变暖正在使地球系统脱离过去260万年来由米兰科维奇(轨道)周期所主导的冰期-间冰期演变轨迹(Steffen et al.，2016；Ganopolski et al.，2016；IPCC，2021)。②地球水循环过程被显著改变。高强度农业生产、城市化和工业化给陆地水环境带来极大的压力，远超出当地水资源的供给和自净能力。地球可获得的淡水中有一半以上已直接或间接被人类使用，在许多区域，地下水资源正在迅速枯竭。水资源问题在全球气候变化背景下不断加剧。③人类搬运和制造的物质量已显著超过自然过程(Zalasiewicz et al.，2021)。1950年前后70年对比发现，主要由城市化和农业驱动的侵蚀和沉积速率增大了一个数量级以上，人类开采矿床和岩石、建筑等活动所运移和重塑的地表岩石及沉积物比其前的70年多30倍(Cooper et al.，2018)，约是同期地球河流输送到海洋的泥沙量的7倍，比同期世界火山的岩浆喷发量大约2个数量级(Zalasiewicz et al.，2021)。20世纪初，地球上砖瓦、钢铁、塑料、玻璃等人造物总量相当于生物总量的3%；而2020年，地球上人造物总量达1.1万亿t，首次超过地球上自然生长的1万亿t的生物总量(图2-12)，降解过程极其缓慢的水泥、塑料和铝等作为现代技术化石(technofossils)将长期存在于地球环境之中。④化肥施用等大尺度农业活动令土壤中的氮、磷含量翻了一番，显著增强了全球碳、氮、磷等生物地球化学循环过程。1950年氮化合物(主要是化肥)的总量不足400万t，2015年达8500万t(约翰·麦克尼尔，2021)，比所有陆地生态系统自然固定的氮还要多，活性氮的总量比全新世增加了120%；目前全球每年生产2350万t的磷，是全新世的2倍(Waters et al.，2016)。⑤核试验产生了大量人工放射性物质。公元1952年以来，越来越多的地上热核武器被引爆测试，造成的核辐射已在全球范围的沉积物中留下印记，其中的某些长半衰期放射性元素的残迹在自然界中至少能保存10万年以上(Waters et al.，2016)。⑥全球生物正处在由人类所造成的大灭绝事件中。近50%的陆地表层已直接被农业和城市发展等所改变，并伴随着显著的生物多样性减少。海岸带和海洋生境正被大规模改造，50%的红树林消失，湿地面积萎缩了近1/2；海洋渔业资源约22%被过度开发或已经耗竭，超过44%已经达到了开发的极限。20世纪以来，生物多样性和生态系统功能迅速降低，伴随着不可逆转的生物种群趋同，全球海洋与陆地生态系统的物种灭绝速率增加；20世纪中期以后，脊椎动物种群急剧减少、灭绝速度增加，75%的物种将因生物栖息地丧失、物种入侵和生物多样性减少而在未来数个世纪中消失。

2.3 工业革命以来的人为碳排放

2.3.1 碳在人类经济系统中的流动

人为碳排放主要来自于人类燃烧化石燃料和改变土地利用等行为，它始于人类的生产端，终于人类的消费端，在人类系统的各个生产和消费环节均可能发生。碳排放是社会经济发展过程中的一个附带产物，为维持人类社会的正常运转，不可避免地要造成一定数量的碳排放，正是这些碳排放，满足人类社会的各种物质和非物质的需求，维持着现今人类社会的正常运转。进入人类生态系统的碳主要可分为两类：一类是由人类使用煤炭、石油、天然气这三种化石能源燃烧所排放的碳，这些碳是地质历史时期所固定的，被人类利用后人为释放到大气中，对现代碳循环而言是额外增加的；另一类来源于各种绿色植物光合作用从大气吸收二氧化碳所固定的碳，它们在人类消费由这些绿色植物及其生产的粮食、蔬菜、畜产品、木材等以后又被释放回到大气，这类碳是现代碳循环过程的一部分，但可改变各自然碳库中碳的存留时间及碳库间的通量，人类通过与此相关的土地利用/土地覆盖变化可改变人为碳排放的净收支量。

人类系统是建立在人为能源输入基础上的，人类文明发展史也是一部人类能源利用史，每次能源转型都会带来社会的重大进步。工业革命以来，人类使用的主要能源经历了从木柴（生物能）到煤炭（化石能源）、从煤炭到油气为主的阶段性变化（图 2-13）。能源活动（主要是化石燃料燃烧）是现代工业社会中最主要的碳排放源，主要来自于煤炭、石油和天然气 3 种化石燃料，在提供等量热能的情况下，燃煤、燃油、燃气排放的 CO_2 量比值为 1 ∶ 0.813 ∶ 0.561，煤炭排放更多的 CO_2；水能、核能、太阳能等清洁能源基本没有碳排放。除能源外，工业生产过程也是 CO_2 的重要排放源，主要来源于水泥、石灰、钢铁、铝、硝酸、己二酸等生产，其中水泥生产（制造水泥熟料过程中产生的 CO_2）是工业生产过程中最大的非能源 CO_2 排放源。

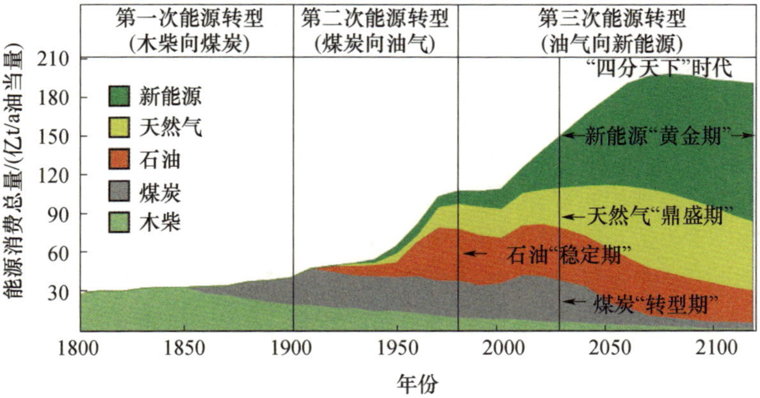

图 2-13 世界能源消费结构的变化（邹才能 等，2021）

化石能源满足了现今世界大约85%的能源需求，碳通过人类采掘煤炭、石油和天然气3种一次能源而进入人类系统的能源活动，其后，随着能源的加工使用，碳主要按两条路径转移。一条是能源加工转化、燃料提取和制备的工业过程，一次能源经过加工转化而形成二次燃料产品(二次能源)，如石油产品、电力、热力、燃气及其他加工转化产品等。由于能源部门对燃料的自用需求，部分碳经燃烧排放CO_2到大气中，这其中包括生产中由于分配/传输而损耗的二次能源的碳排放，如电力、天然气等网络传输和分配中的损耗，高炉、焦炉气及石油产品在管道配送中的可能损耗等，在全球总排放中，电力生产中的能源排放占比最大且逐年升高。第二条途径是最终供应的能源(一次能源和二次能源)用于满足最终消费需求而产生碳排放，消费需求的结构及数量的多少会影响碳排放总量，最终消费需求将决定能源的总供应量，从而影响碳源总量。最终消费又包含能源利用和非能源利用消费两部分，能源利用是其中最重要的能源消费需求部分，也是最主要的CO_2排放源，它又分为3组:工业部门、运输部门和其他部门(农业、商业和公共事业、居民消费和其他)，在能源消费部门中，工业排放占比最大，道路交通增长显著已超过居住与服务业，仅次于工业。燃料的非能源利用消费主要是指作为制造非燃料产品的原料，以及利用燃料的物理属性(如润滑剂、润滑脂)和溶剂属性等的消费量，这部分消费量未燃烧产生CO_2排放。

碳通过能源利用进入行业部门后，在各行业能源利用过程中产生的直接碳排放以隐含碳的形式附着于各行业部门形成的产品之中，而后还将在部门间生产技术联系的影响下，在部门行业间转移，即按照产品生产制造的生命周期转移流动，每个最终产品的隐含碳排放是其全生命周期中各环节隐含碳排放的总和。生产技术不仅通过影响能源利用效率、能源加工转化效率、分配/传输损耗率等途径影响碳的流动转移，也会影响工业生产过程中的单位产品生产的碳排放系数，从而影响工业生产过程中的CO_2排放。

对比生产端到消费端，各行业间在生产端直接产生的碳排放与在最终消费端产生碳排放的差异很大。其中，有些行业从生产端看对碳排放贡献大，有些行业从最终消费端看对碳排放贡献大，还有些行业部门对碳排放的贡献主要体现在中间的加工环节(图2-14)。从生产端看，电力行业贡献了全球近一半的CO_2排放，但其产出主要是为了生产加工其他产品，比如说钢筋、水泥等，这些建筑材料主要是为了满足建设需求，而从消费端看，建筑业和政府服务就是最大的行业碳排放贡献者了。图2-14中左侧显示了在最终生产端2004年31个生产部门直接贡献的CO_2排放量，总计22.8 Gt(2004年全球CO_2总排放量为27.3 Gt，另外4.5 Gt的CO_2排放量来自于家庭)，其中单独列出贡献排放CO_2最多的前10个部门，全球电力生产和分配主导了生产端的CO_2排放，占比为45%(10.1 Gt)。图2-14右侧显示了从最终消费端角度看22.8 Gt CO_2排放量在各部门的分布情况，其排在前10位的部门及占比与生产端有很大不同，其中，建筑业占16%(3.7 Gt)最高，电力生产和分配占14%(3.1 Gt)居第二位，第三至第五位分别是政府服务部门占12%(2.7 Gt)、零售和贸易占6%(1.4 Gt)、餐饮业占6%(1.4 Gt)。图2-14的中间部分显示了从最终生产端各部门

的 CO_2 排放量如何经过各中间消费环节传递到最终消费端各部门，从中可以看出不同部门的生产端与最终消费端碳排放的显著差异，例如，电力行业最终消费碳排放量的 88.0%来自于电力生产部门的直接排放；而建筑业最终消费端的碳排放中，组装或生产最终消费品时直接产生的 CO_2 排放量仅占 7.7%(0.28 Gt)，其排放更多是由其他行业的间接排放贡献的，如来自于其前一阶段加工环节的贡献中，非金属矿产行业占 37.0%(1.35 Gt)，金属生产及铸造业为 16.3%(0.59 Gt)，金属制品行业为 7.7%(0.28 Gt)。而从最终消费端看，金属生产和铸造行业对碳排放的贡献很小，它们往往很少为最终消费端提供产品。

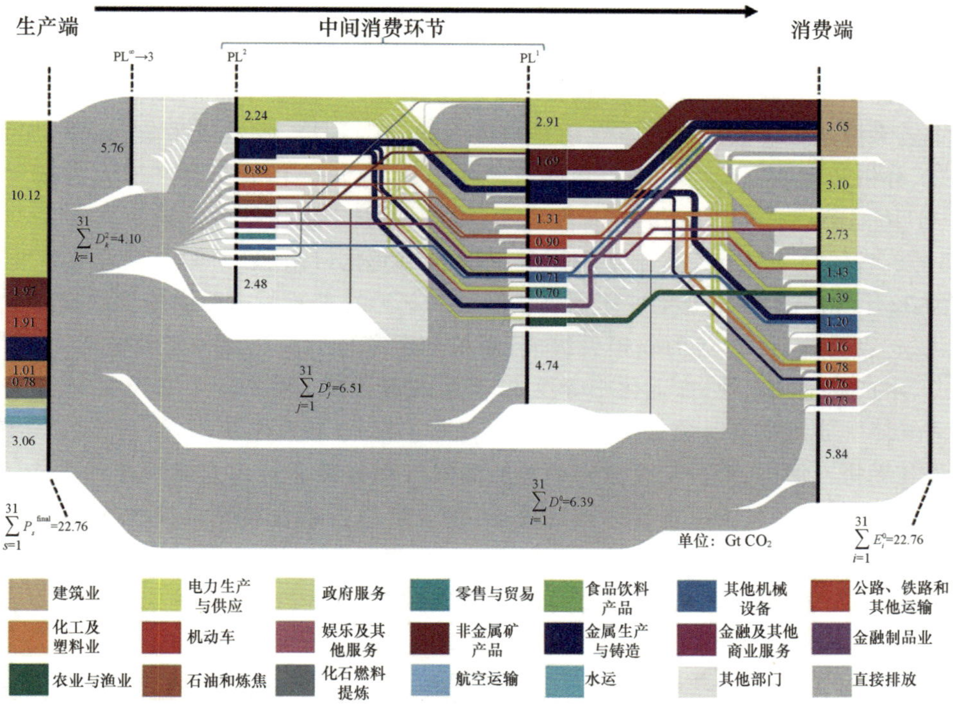

图 2-14 2004 年全球主要部门的 CO_2 排放流量图(Skelton et al. ,2011)

中国碳排放主要来源于电力、建筑、工业生产、交通运输、农业等领域。其中，能源电力占比为 40%左右，中国供电结构目前仍以燃烧煤炭的火力发电为主，导致电力领域碳排放量居高不下；建筑领域占比超 20%，其碳排放的最大来源是建筑使用电力、热力导致的间接碳排放，目前约占中国碳排放总量的 17%；另一个主要来源是建筑运行过程中炊事、生活热水、燃煤采暖等活动造成的直接碳排放；工业生产、交通运输、农业领域各自占比为 5%～10%，其中工业领域近一半的碳排放来自生产水泥、钢铁、合成氨、化工等的原料生产过程，工业生产中高温加热的燃料燃烧、生产中间产品、低温供热等，公路交通所产生的碳排放占中国交通领域碳排放总量的 82%，农业领域的碳排放主要来源于包括生产过程在内的粮食系统以及包括加工、分销在内的后农业系统。

在人类社会经济系统中,不同国家和地区的商品贸易还导致碳以能源产品或各非能源行业产品进出口贸易的形式在不同国家及地区之间流动。能源产品贸易中,出口的能源产品既包括一次燃料的直接出口,也包括一次燃料产品经加工转化为二次燃料后的再出口;而出口的能源产品可能用于能源利用,也可能用于非能源利用。其他行业的产品进出口意味着生产制造该产品的隐含碳也在国家或区域间发生了转移。如果一个国家生产的碳排放总量大于该国消费的碳排放总量,则意味着这一国家通过国际进出口贸易替其他国家或地区排放了碳。从 2004 年到 2017 年,发展中国家生产出口商品所产生的二氧化碳排放量增加了 46%,中国作为全球最大的外贸生产国,为西方消费者的产品消费付出了巨大的环境代价。

除化石燃料和工业产生的碳排放外,土地利用和土地利用变化也是全球温室气体排放的重要来源,它们主要与粮食生产活动有关,是粮食系统的温室气体排放的最主要来源。粮食系统的温室气体排放涉及粮食的种植、收获或采集、运输、加工、包装、分销和烹饪以及最后剩余物处理的各个环节,每个环节都会产生人为温室气体(GHGs)的排放。2015 年,全球粮食系统对人类温室气体排放总量的贡献为 34%(25%~42%)。其中,来自土地利用和土地利用变化(LULUC)约占粮食系统排放量的 32%(相当于该年温室气体排放总量的 11%),这些排放主要由森林砍伐和土壤退化(包括泥炭地)造成的碳损失组成;而粮食生产环节即从育种到种植活动(包括渔业、水产养殖和农业,加上化肥等投入)产生的占 39%,两者合计,基于土地部分的温室气体排放占粮食系统总排放量的 71%(图 2-15)。粮食系统中,分销(包括运输、包装和零售)、加工、消费和废弃物处置的温室气体排放合计占总排放量的 29%,其中,包装比运输产生的温室气体排放更高,排放量约占粮食系统总排放量的 5.4%;而制冷设备(包括工业制冷和家用制冷)贡献的温室气体排放占全球粮食系统总排放量的 5%。在整个全球粮食系统中,与能源相关活动的排放占近三分之一。

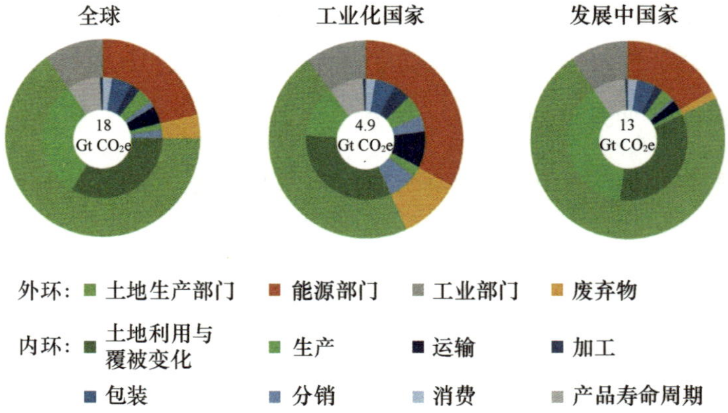

图 2-15 2015 年粮食系统不同部分的温室气体排放量占比(Grippa et al. ,2021)
(总温室气体排放量(包括 CO_2、甲烷、一氧化二氮和氟类气体)以 CO_2e(CO_2 当量)表示,具体转换用到 IPCC AR5 采用的 GWP100 进行计算,其中甲烷为 28,一氧化二氮为 265)

2.3.2 碳排放与经济发展的关系

2.3.2.1 碳排放与消费需求的关系

人类社会的福祉依赖于生态系统可持续地提供各种服务，而作为一个靠物质和能量流动支撑的系统，人类系统的维持以对自然环境的改变为代价，碳排放和全球气候变化就是人类改变自然环境的主要过程与表现之一。驱动这些改变的动力可能源于社会、文化、经济、人口和政治等人文因素，目的是为满足人类各种方式的需求(表 2-1)。从本质上说，人类的消费需求是包括碳排放和全球气候变化问题在内的环境危机的核心。

表 2-1　人类活动改造地球环境的过程和潜在驱动因子举例(据 Steffen 等(2004)修改)

被改变的系统组分	大型人类活动过程	可能后果	潜在的驱动因子
陆地	森林砍伐、燃烧，农业实践(如耕地、施肥、灌溉、控制虫害、高产作物等)，放牧，城市和乡村居住、道路交通	自然植被破坏/退化，陆地生物多样性变化，地表反照率和水热交换特性，碳、氮等生物地球化学过程变化，水污染，沙尘暴	食物需求(饮食偏好)，休闲，其他生态系统物资与服务
大气	化石燃料燃烧，土地利用变化(如农业实践)，生物量燃烧，工业技术，飞行器(飞机)	大气污染，气候变化	机动性，消费者产品，食物需求
水	大坝和堤防，蓄水，引水工程和水网系统建设，废弃物处理技术，管理措施	水污染，陆地水文循环，海陆物质交换，水生和湿地生物多样性	水(直接供人类使用)，食物(灌溉)，消费者产品(工业过程的水利用)需求
沿海/海洋	土地覆盖转换，地下水运移，捕鱼强度与技术，沿海建筑格局，污水处理技术，城市化，浅海养殖	海洋污染，海洋生物多样性	休闲，生活方式，食物，就业需求
生物	森林/自然生态系统清除，外来物种的引进	生物入侵和生物灭绝	食物，安全，舒适，景观舒适性需求

人类总的需求数量可归结为人口数量和人均需求数量两个方面，人口数量随时间的增长是需求与日俱增的来源之一，为养活不断增长的人口，需要开垦更多的土地以提供食物，需要使用更多的能源、水资源、矿产资源；而消费量增长的影响更有甚于人口数量的增长，在人类的各种需求中，有些是所有人均需要的基本需求，如水、食物、住所、公共健康和就业等；在这些基本需求之外，另外一些是相

对富足人群还会有奢侈品、娱乐、移动性、通信等更加广泛的物质和服务需求，那些为了更好的生活、不受生理限制的消费需求的增长速度远超过那些基本需求的增长。

对原始人类而言，获得足够的食物是人类需求的全部；采集-狩猎的现代人类，开始有少量食物以外的家庭或非家庭能量消费；在农业出现以后，用于生产的能源消费开始出现，随着农业的进一步发展和产品交换的产生开始出现用于交通运输的能源消费。就能源消费的数量而言，传统农业社会是原始人类的13倍，但直接用于食物的能源消费在农业社会只是原始人类的3倍；现代工业社会是传统农业社会的8.85倍，但食物消费部分只有1.67倍，家庭消费为5.5倍，工农业生产环节为13倍，运输环节为63倍(图2-16)。

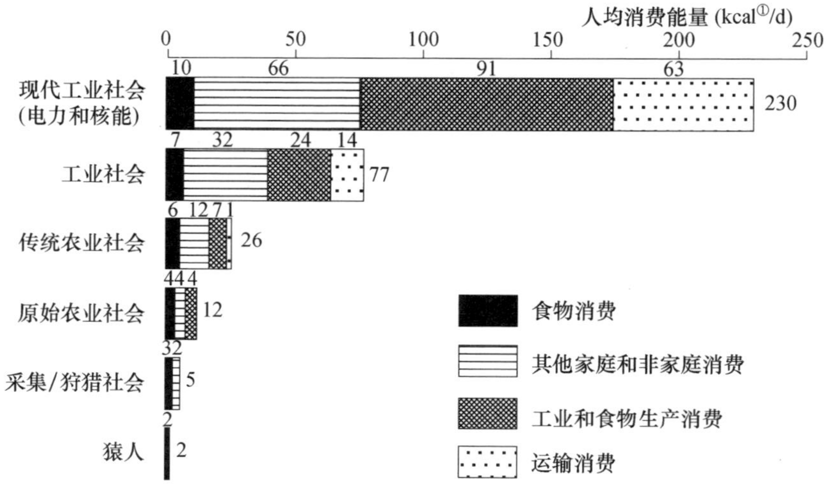

图2-16 不同阶段人均能量消费(Ellen，1982)

2.3.2.2 贫困与富裕的碳排放差异

工业革命以后人类社会经济发展主要依靠化石能源，相应地会在大气中排放二氧化碳等温室气体，碳排放的多少与经济发展水平存在密切的关系，20世纪，代表世界各国经济发展指标的人均GDP与人均累计碳排放量成正比，发达国家普遍高于发展中国家(图2-17)。发达国家发展的历史表明，任何国家在其从不发达到发达的发展过程中，均不可避免地出现一个人均能耗和CO_2排放快速增长的时期，如美国1901—1910年的人均CO_2排放增长率平均为5.04%，德国在1947—1957年为9.89%，日本在1960—1970年达11.98%。

“富裕和贫困”或者更切中要害地说是“工业化和不发达”，导致世界各主要国家和地区化石燃料的消费很不均衡，对全球碳排放的贡献也存在差异(图2-17)。富裕

① 1 kcal＝4.186 kJ。

的发达国家在世界占少数，但其人均资源消费量高、人均碳排放量大。对于发达国家的富人们，营养不良的时代早已离他们远去，他们在追求着除了基本生存需求之外的更高层次的需求，如更高品位的心理享受、良好的生活氛围和环境，例如私人小汽车、豪华别墅、去国外的风景名胜旅游等。人口只占世界人口的24%左右的发达国家，消耗了世界四分之三的能源，同时排放的污染物占世界的四分之三。由于发展历史长，其累积碳排放数量十分巨大。美国人口不到世界的5%，但其消费的能源长期占世界三分之一以上。美国人每年开高能耗汽车浪费的能量，相当于贫困的非洲一年的用电量。而不发达国家恰恰相反，人均碳排放量和历史累积碳排放量都比发达国家低得多，其所产生的碳排放也主要是为了生存，他们不得不大肆砍伐森林、破坏草场、扩大耕地，以扩大生产和获取食物，来维持当前生存的最低需求。

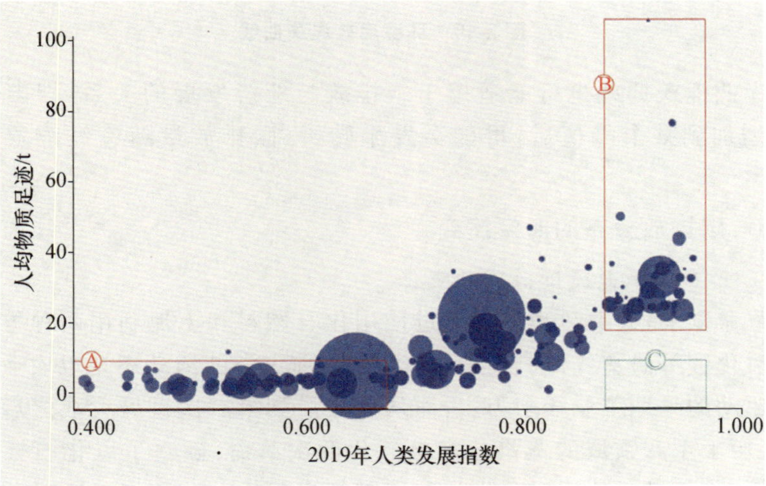

图 2-17 发展水平与人均资源使用数量的关系(UNDP,2020)

(A:低人类发展水平国家;B:高人类发展水平国家;C:可持续发展的目标范围。仅包含人口超过100万的国家;气泡的大小与人口数量成正比)

2015年由粮食系统产生的全球温室气体排放量中有27%来自工业化国家，73%来自非工业化国家，两者不同部门排放占比差别较大，大多数与土地利用及其变化相关的排放发生在非工业化国家，而工业化国家的排放大多与粮食消费有关。甲烷排放主要来自于非工业化国家的水稻种植，而氟氯烃类气体的排放主要来自工业化国家零售阶段的制冷设备。

2.3.2.3 经济发展与碳排放的环境库兹涅茨曲线

一个地区经济发展与环境问题的关系随不同发展阶段而变化。环境库兹涅茨曲线是衡量一个地区环境问题的严重程度与人均GDP关系的模型，呈倒U型(图2-18)。以人均收入来衡量一个国家经济发展水平，当经济发展水平较低时，环境问题较轻，但随着人均收入的增加，环境问题也渐趋严重，环境恶化程度随经济的增长而加剧；当经济发展达到一定水平后会到达某个临界点或称“拐点”，之后随着人均收入的进一步增加，环境问题反而越来越低，环境恶化程度亦逐渐减缓，环境质量逐渐得到改善。

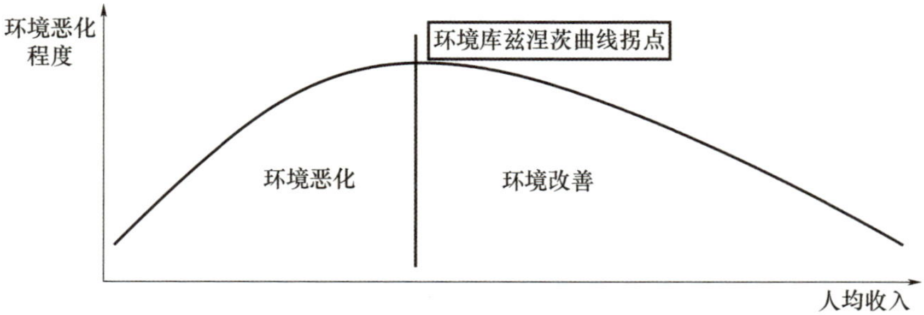

图 2-18　环境库兹涅茨曲线

环境库兹涅茨曲线也可能适用于碳排放与经济发展的关系，即碳排放随着经济发展增加到某个峰值后，可能会发生转折，碳排放量随着经济发展而逐渐降低。

2.3.3　碳排放分布的时空演变

2.3.3.1　碳排放总量随时间的变化

工业革命以来，人类活动主要通过使用化石燃料和土地利用两种方式向大气中排放二氧化碳等温室气体。其中，1800 年以前人类的活动还是以农业与用生物能和水能驱动的早期工业活动为主，而从此之后到第二次世界大战之后的 150 年间，人类经历了生产领域的蒸汽化和电气化两次革命，确立了以化石燃料为主体的能源结构，化石燃料使用对碳排放的贡献越来越大。化石燃料碳排放的加速增长主要来自于化石燃料消费的增加，现代人类能源消费量的 85%来自于煤、石油、天然气等化石燃料，2019 年化石燃料碳排放量约 9.9±0.5 Pg，是 1850 年的 1000 多倍；2010—2019 年平均的森林砍伐和其他土地利用变化的碳排放量为 1.6±0.7 Pg/a。从长期观测的大气 CO_2 变化情况看，化石燃料碳排放已主导了大气 CO_2 浓度的年际变化量。

在 1751 年到 1850 年的约 100 年中，化石燃料排放的二氧化碳量远低于人为土地利用改变引起的碳排放。但是，化石燃料消费的持续增加使得碳排放量加速增长，1850 年以后化石燃料排放的二氧化碳量逐渐接近并最终超过人为土地利用改变引起的碳排放量(图 2-19)。在 1850—1900 年，全球因土地利用变化和化石燃料燃烧引起的碳排放总量从 0.73 Gt 升至 1.64 Gt，在此期间土地利用引起的碳排放仅少量增加，而化石燃料碳排放则由 0.05 Gt 增长至 0.53 Gt，增长近 10 倍。这一时期虽然化石燃料排放增长明显，但是碳排放量还略低于土地利用引起的碳排放。1900—

1950 年，尽管受战争和经济危机的影响，碳排放变化表现出较大的波动，但总体上因各国工业化进程加快，全球碳排放总量比此前明显增加，至 1950 年，全球碳排放总量较 1900 年增加约 1 倍，达到 3.18 Gt，其中，1950 年化石燃料碳排放达到 1.61 Gt，首次超过土地利用引起的碳排放。20 世纪 50 年代以来碳排放进入加速增长阶段。若进一步细分可再划分为三个阶段：20 世纪 50 年代至 70 年代的高速增长时期，增速约为 0.13 Gt/a；20 世纪 80 年代至 90 年代的增速放缓时期，增速约为 0.07 Gt/a；2000 年以后的再次高速增长时期，增速约为 0.16 Gt/a。经过三次不同增速的增长阶段，化石燃料消费所引起的碳排放量从 1950 年约 1.6 Gt/a 增长到 2019 年的约 9.73 Gt，增长 5 倍多；而土地利用引起的碳排放在这一时期甚至经历了 1960 年至 20 世纪 90 年代末的下降过程，直到进入 21 世纪以后才恢复至 20 世纪 60 年代排放水平，但土地利用碳排放在总排放中的占比由 1960 年的 39%下降到 2010—2019 年的 14%。

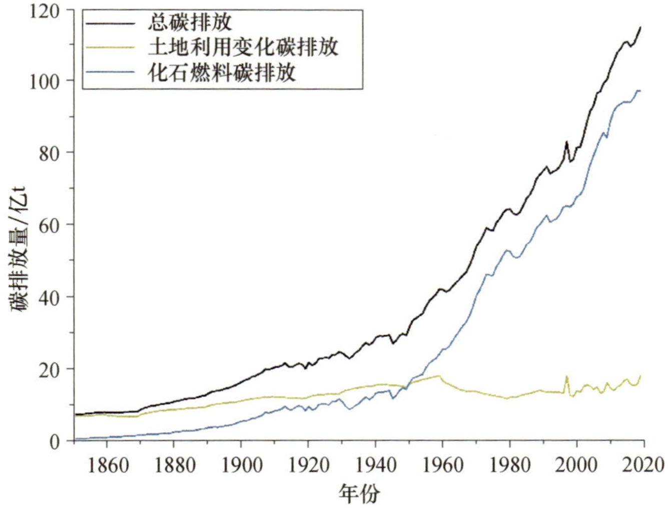

图 2-19　1850—2019 年全球碳排放总量、化石燃料排放量及土地利用排放量的历史演变

目前大气中人为增加的 CO_2 是工业革命以来长期人为排放累积的结果，截至 2019 年全球累积碳排放达到约 446±20 Gt，这个数量大约已经相当于地表植物碳库（450～650 Gt）所储存的碳量。碳排放累积量的增速在 250 年间不断增大，截至 2019 年累积碳排放量的 99%以上来自于 20 世纪，其中有三分之二左右来自 1970 年以后的排放。从 1751 年以来，人类累积碳排放达到 1000 亿 t 是在 1966 年，累积速率大约是 4.65 亿 t/a（图 2-20）；而达到第二个 1000 亿 t 的累积是在约 21 年后的 1987 年，累积速率大约是 50 亿 t/a；从 1987 年起到 2014 年的 27 年间，人类累积碳排放再次翻倍，累积速率大约是 74 亿 t/a。

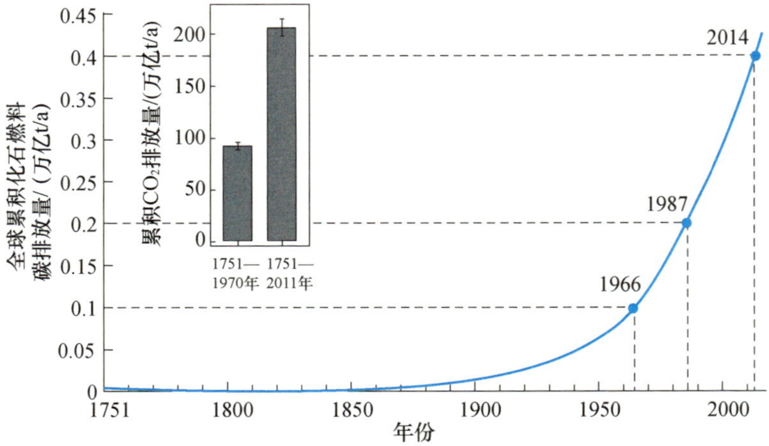

图 2-20　1751—2019 年的全球累积碳排放

（主图中使用圆点和虚线标注的年份排放量，子图为截至 1970 年及截至 2011 年的 CO_2 累积量及其不确定性（子图转引自 IPCC，2014a））

2.3.3.2　碳排放空间分布的变化

1900 年以前，欧洲和美国就是主要碳排放国家和地区（图 2-21），1900 年欧洲和美国对全球碳排放的贡献分别是 37％和 28％，其他国家和地区汇总合计贡献 35％。美国和欧洲在过去 150 多年中一直是主要的碳排放国家和地区。

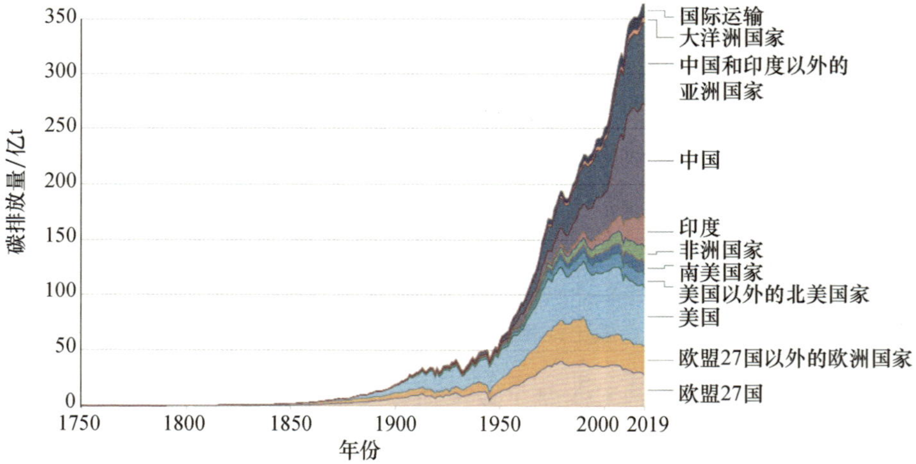

图 2-21　世界主要国家地区化石燃料导致的年碳排放量变化（World Bank Group，2021）

1950 年处于全球人类活动进入大加速时期的前夜，中国的工业化刚刚起步。1950 年全球每 0.1°网格碳排放的区间为[0，33.2]万 t，全球平均为 780 t/0.1°网格，高于平均值的网格面积占比为 9.65％。1950 年的主要碳排放区（网格碳排放值高于 2000 t/网格的集中区域）为美国的东部和欧洲西部的英国、法国、德国、波兰、捷克和斯洛伐克等地区（图 2-22）。碳排放量排前五的国家和地区合计贡献了全球 77％的碳排放量，分别为美国贡献约 43%、苏联贡献约 12%、英国贡献约 9%、东德与西德合计贡献约 9%、法国贡献约 4%。

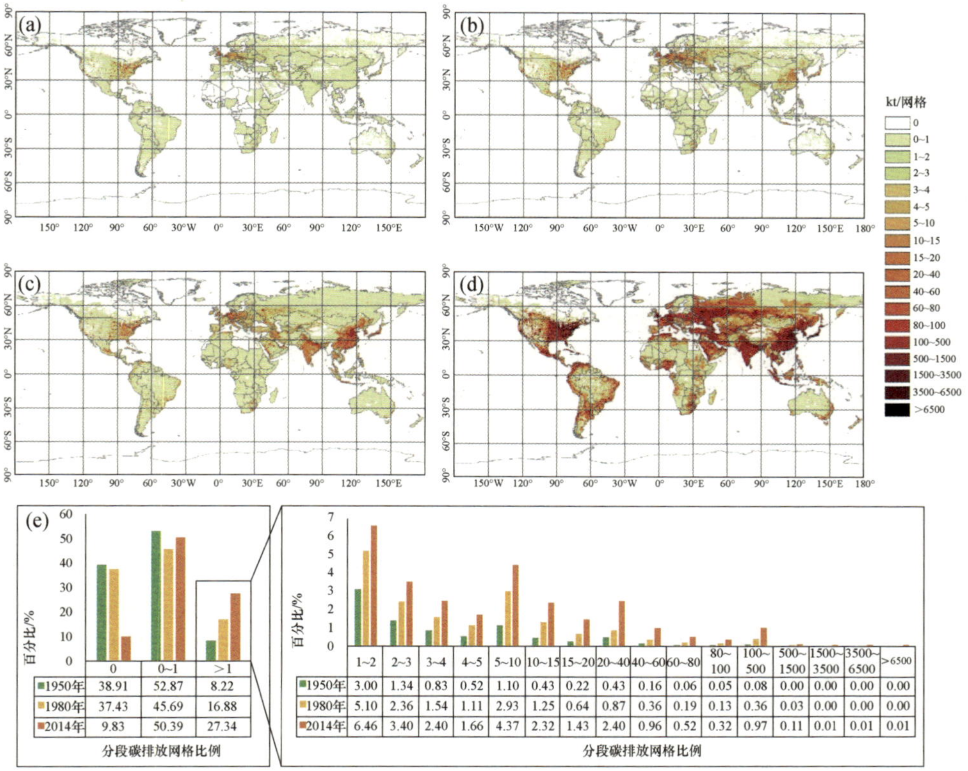

	0	0~1	>1
1950年	38.91	52.87	8.22
1980年	37.43	45.69	16.88
2014年	9.83	50.39	27.34

	1~2	2~3	3~4	4~5	5~10	10~15	15~20	20~40	40~60	60~80	80~100	100~500	500~1500	1500~3500	3500~6500	>6500
1950年	3.00	1.34	0.83	0.52	1.10	0.43	0.22	0.43	0.16	0.06	0.05	0.08	0.00	0.00	0.00	0.00
1980年	5.10	2.36	1.54	1.11	2.93	1.25	0.64	0.87	0.36	0.19	0.13	0.36	0.03	0.00	0.00	0.00
2014年	6.46	3.40	2.40	1.66	4.37	2.32	1.43	2.40	0.96	0.52	0.32	0.97	0.11	0.01	0.01	0.01

分段碳排放网格比例

图 2-22　基于人口密度分配的全球碳排放与累积碳排放格网化(0.1°×0.1°)分布(范志欣 等,2018)

(a)1950 年碳排放;(b)1980 年碳排放;(c)2014 年碳排放;

(d)1850—2014 年累积碳排放;(e)各时段不同碳排放量网格比例的对比

1980 年是发达国家开始大规模产业转移、中国改革开放初期的时间节点。从 1950 年到 1980 年，全球大部分区域碳排放呈增加趋势，增加最显著地区在欧洲，其余地区增加趋势相对较小(图 2-22)。1980 年全球每 0.1°网格碳排放区间为[0,68.4]万 t，全球平均为 2290 t/0.1°网格，高于平均值的网格面积占比为 11%；主要碳排放区域为英国、法国、德国、波兰、捷克、斯洛伐克、匈牙利、罗马尼亚、荷兰、比利时，亚洲东部的中国东部、日本、韩国等和南非地区新增为高排放区。1980 年世界碳排放量前五的国家和地区合计贡献了全球 61%的碳排放，其中美国贡献约 25%、苏联贡献约 18%、中国贡献约 7%、东德与西德合计贡献约 6%、日本贡献约 5%；至 2000 年时，碳排放量前五的国家和地区未变，排序变化为美国贡献约 23%、中国贡献约 14%、俄罗斯贡献约 7%、日本贡献约 5%、德国贡献约 3%，它们合计贡献了全球 52%的碳排放。

2014 年处在经济全球化的背景下，时值《巴黎协定》签署之前。1980 年到 2014 年，增加幅度最大的地区在亚洲东部，主要为中国东部地区、印度、日本、韩国等，亚洲南部和非洲的南非、尼日利亚、阿尔及利亚和摩洛哥北部地区也有明显增加;而北美洲和欧洲部分地区为减少区域(图 2-22)。2014 年全球 0.1°网格的碳排放区间为[0,793.6]万 t,全球平均值为 6210 t/0.1°网格,高于平均值的网格面积占比为 12%;碳排放为 0～1000 t/0.1°网格的陆地格网占的比例约为 61%。2014 年全球碳排放高于平均值的主要区域为美国东部、中国东部、日本、韩国、印度、东南亚、欧洲等地区,其中印度、东南亚为新增主要排放区,并且由于人口密度、经济发展等原因,在这些区域内部碳排放也存在空间差异(图 2-22)。至 2019 年,全球的碳排放格局与 2014 年基本一致,主要取决于中国、美国、欧盟、印度和俄罗斯等主要排放国家和集团。全球 57%的碳排放来自碳排放量排前五的国家,其中中国贡献约 28%、美国贡献约 15%、印度贡献约 7%、俄罗斯贡献约 5%、日本贡献约 3%。

对比 1950 年、1980 年、2014 年网格碳排放数值区间所占比例(图 2-22),3 个时段分布最多的数据区间均为[0,1000]t,1950 年碳排放量小于 1000 t 的网格所占比例为 91.78%,1980 年为 83.12%,2014 年为 72.66%,网格碳排放量逐渐向更高的排放值转移,表明全球更多地区碳排放量增加,且更高排放区间比例越来越高。

从 1950 年到 2014 年历史碳排放空间变化差异与不同国家所处的工业发展阶段不同有关。1950 年以后全球人类活动进入大加速时期,与 1950 年相比,1980 年碳排放增加最显著地区在欧洲,其余地区增加趋势相对较小,最主要的原因是欧洲地区最先完成现代工业化进程,中国等发展中国家的工业化刚刚开始。1980 年到 2014 年增幅最大的地区在亚洲东部,主要原因是大部分发达国家在此期间基本完成了工业化初级阶段的发展,已经完成了高碳排放的累积过程,开始走向工业转型,高能耗、高污染产业向外转移;而发展中国家正好进入工业快速发展的阶段,承接了发达国家的产业转移,成为世界工厂。

2.3.3.3 主要国家的历史累积碳排放

1850—2014 年历史累积碳排放网格化分析结果表明,欧洲西部与中部,俄罗斯西南,印度恒河平原,中国北京、长三角地区、珠三角地区,日本全境以及美国东部的城市群等地区历史累计碳排放量较大(图 2-22)。

不同时期世界各主要国家和地区发展水平不同,化石燃料的消费非常不均衡,累积碳排放量存在巨大差异,但美国和少数欧洲国家在全球累积碳排放中一直贡献了较大的比例(图 2-21)。

1850—1910 年处于第二次工业革命时期,绝大多数的累积碳排放都来自于欧洲西部的英国、德国和法国以及美洲的美国。截至 1910 年,全球 80%左右的累积碳排放量都由上述国家贡献。值得注意的是,1880 年至 1910 年,美国取代英国成为累计排放最多的国家,至今仍然是世界上累积排放量最多的国家。

至 1940 年,经历第一次世界大战、经济大萧条和第二次世界大战爆发等重大全球性事件,全球累积碳排放量达到约 700 Gt。主要国家的累积碳排放变化中,美国相对于 1910 年增长了 8 个百分点,而英国则下降了 9 个百分点;其他国家中累积碳排放变化明显的来自苏联，约占全球累积碳排放量的 4%。

1940—1970 年发生明显变化，人类累积碳排放量首次超过了 1000 Gt，期间主要国家累积碳排放的格局变化不大，但其中首次出现了日本和中国等亚洲国家。

相比 1970 年，2010 年美国累积碳排放占比下降了 7 个百分点、英国下降 6 个百分点、德国下降 4 个百分点，俄罗斯小幅度增长 1 个百分点。中国累积碳排放量迅速增加，2010 年中国对全球累积碳排放量的贡献占 10%左右，仍然落后累积排放第一的美国 16 个百分点左右，且并没有改变维持了超过 1 个世纪的由美国和少数欧洲国家为主累积排放的格局。

2.4 人为碳排放导致的温室气体浓度上升

2.4.1 工业革命以来的温室气体浓度的上升

煤、石油、天然气等化石燃料是地质时期所捕获的太阳能，人类在消耗这些化石燃料的同时，也将地质时期所固定的碳以二氧化碳等形式重新快速释放到大气中；而土地利用造成的土地覆盖变化损害了现代陆地生态系统作为碳汇固碳的能力，导致碳的净排放，通过上述人类活动过程向大气中排放的二氧化碳等温室气体打破了自然碳循环过程中各碳库之间的通量平衡，极大地改变了全球碳循环过程（图 2-23）。工业革命以来人为排放进入大气的 CO_2 通过海-气和陆-气界面参与全球碳循环而不断从大气中去除，但人类活动排放的二氧化碳量已超出了自然“吸纳”的量，由此导致二氧化碳在大气中逐渐累积（图 2-24）。累积在大气中的二氧化碳等温室气体会在大气中存留 100～200 年，使得大气中二氧化碳等温室气体含量因此而不断增加。

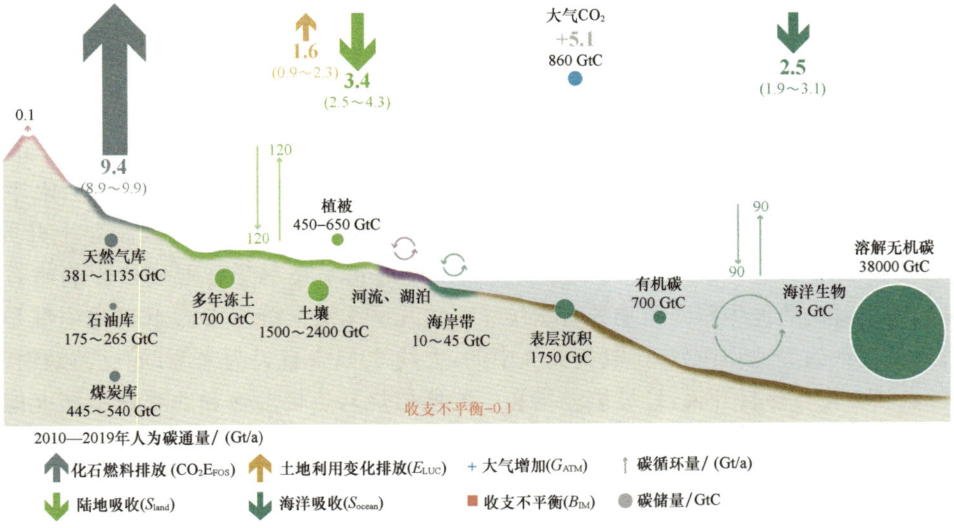

图 2-23 人类活动对全球碳循环的改变(Friedlingstein et al. ,2020)

（2010—2019 年全球平均，单位：$GtCO_2$/a）

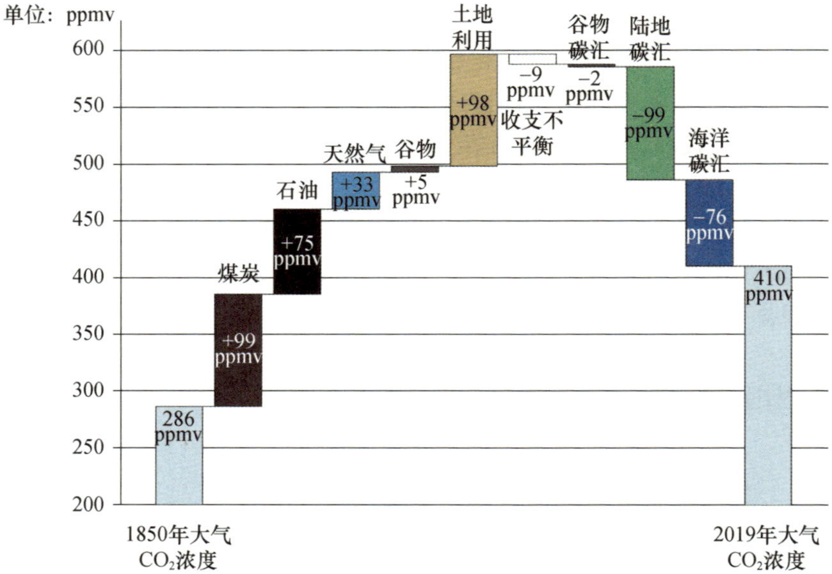

图 2-24　1850—2019 年各类人为排放的累积排放量、陆地和海洋碳汇的吸收量以及大气累积量(引自 Global Carbon Budget 2020,https://globalcarbonbudget.org/archive/)

工业革命以来(1850—2017 年),人类活动(化石燃料使用和土地利用)导致的累积碳排放的增加与存留在大气中的碳及全球平均大气 CO_2 浓度的升高存在密切的对应关系,1850—2017 年的存留比例为 38%,20 世纪 50 年代以后升高为 45%(图 2-25)。在过去 10 年(2010—2019 年),人类活动每年平均向大气排放约 40 Gt 的二氧化碳,其中 14%来自土地利用,86%来自化石燃料利用。海洋和陆地生态系统是吸收大气 CO_2 的两个主要的汇,2009—2018 年人类活动的碳排放总量中,约 44%积累在大气中,23%积累在海洋中,29%积累在陆地上,未归因的部分占 4%。

工业革命前(1750 年之前),全球大气温室气体 CO_2 浓度(体积分数)约为 280 ppm、CH_4 浓度(体积分数)为 715 ppb①、N_2O 浓度(体积分数)约为 270 ppb。由于人类活动的影响,2019 年,二氧化碳、甲烷和氧化亚氮的浓度分别为(410.5±0.2) ppm、(1877±2)ppb 和(332.0±0.1)ppb,分别为工业革命前(1750 年之前)水平的 148%、260%和 123%。21 世纪的第 2 个 10 年中,全球 CO_2 的人为排放每年上升约 2 ppm 以上(图 2-26),2020 年大气中二氧化碳浓度的年增长率受新冠疫情影响略有下降,但与主要由陆地生物圈驱动的自然年际变化几乎无法区分。大约 40%的甲烷是通过自然来源(如湿地和白蚁)排放到大气中的,大约 60%来自人为来源(如反刍动物、水稻田、烧烤、化石燃料开采、垃圾填埋场和生物质燃烧),热带湿地和北半球中纬度地区人为源的甲烷排放有可能是导致过去十多年甲烷排放增长的原因。排放到大气中的 N_2O 的自然来源约 60%,人为来源约 40%,包括海洋、土壤、生物质燃烧、肥料使用和多

① 1 ppb$=10^{-9}$。

样的工业过程。全球人类诱导的 N_2O 排放主要是由于向农田添加氮，施氮量在过去 40 年里增加了 30%，这种增加是导致大气中 N_2O 浓度升高的主要原因。

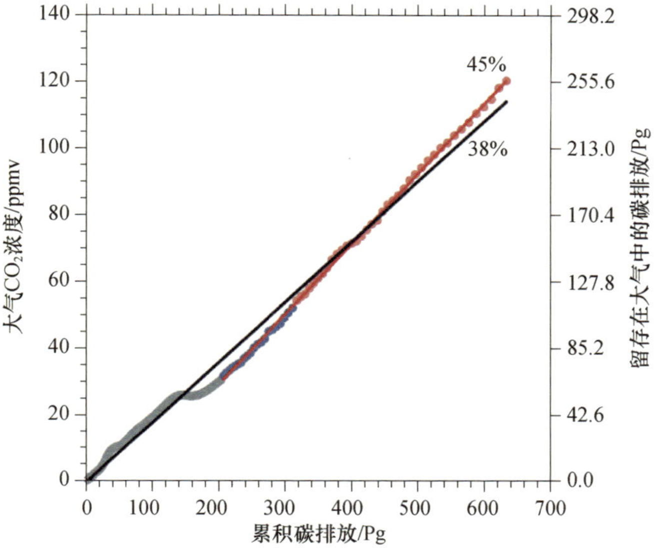

图 2-25　1850—2017 年人类累积碳排放与全球平均大气 CO_2 浓度变化及存留在大气中的碳的对应关系（IPCC，2021）

（碳排放仅考虑化石燃料和土地利用；图中 CO_2 浓度为相对于 1850 年 285 ppmv 的差值，灰色部分为 1850—1958 年全球平均估计值；蓝色部分为 1959—1979 年冒纳罗亚（Mauna Loa）站的观测数据；红色部分为 1980—2017 年全球观测值，根据同期 Mauna Loa 与 NOAA 全球监测值之间关系换算；黑色直线为 1850—2017 年数据的线性拟合，红色线为 1959—2017 年的拟合，对应数字为存留在大气中的碳占累积碳排放在相应时段的百分比）

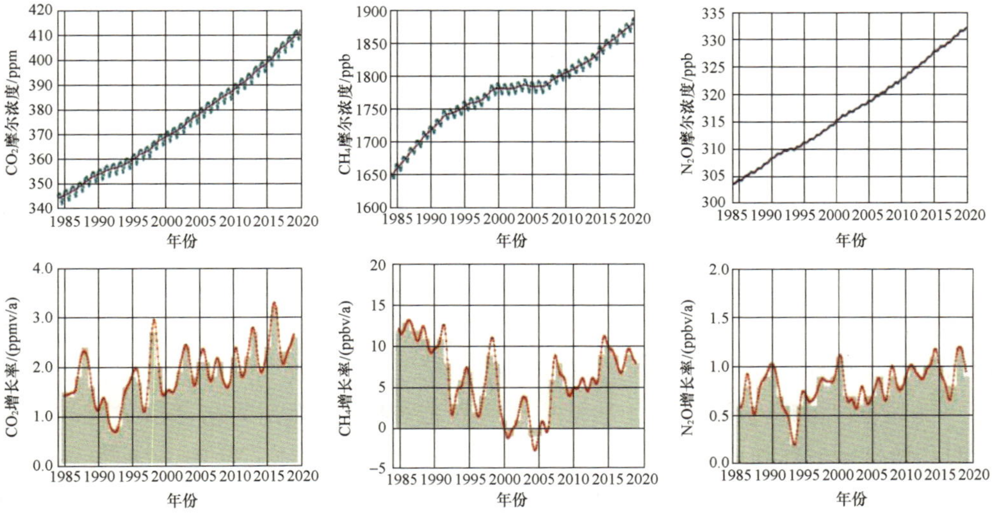

图 2-26　1984—2019 年全球温室气体变化（WMO，2021）

（上排：温室气体的全球平均摩尔分数图，红线为消除季节变化的月平均摩尔分数；蓝点和线显示每月平均数；下排：温室气体每年摩尔分数的增长率）

此外，HCFCs、HFCs 和六氟化硫（SF_6）也是非常重要的温室气体，尽管它们的数量仍然较低（在 ppt① 量级），但人为排放使它们在大气中的浓度正在以相对较快的速度升高。

与根据冰芯记录得到的过去 80 万年以来的浓度值对比，当前大气中 CO_2、CH_4 和 N_2O 等温室气体浓度已上升到过去 80 万年以来前所未有的水平，2017 年的二氧化碳浓度与 300 万年前相当（图 2-27）。20 世纪 CO_2、CH_4 和 N_2O 浓度上升的平均速率是过去 2.2 万年来前所未有的。地球系统目前正运行在一个过去近百万年来温室气体含量无可类比的状态下。

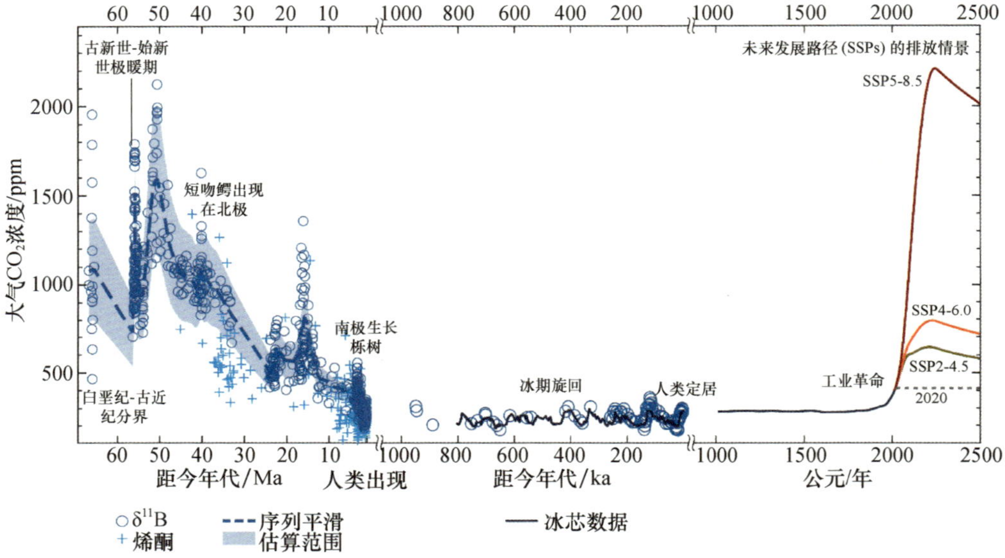

图 2-27 新生代以来大气二氧化碳浓度的变化（Rae et al. ,2021）

2.4.2 人类活动导致大气中温室气体增加的主要证据

人类活动引起大气中二氧化碳增加的证据主要来自以下四个方面。

（1）1958 年“国际地球物理年”进行了一系列地球观测，其中之一是在美国夏威夷岛冒纳罗亚（Mauna Loa）山的 CO_2 观测，其后这一观测一直坚持下来。根据夏威夷冒纳罗亚及南极等地的大气二氧化碳含量观测数据，全球范围内的二氧化碳含量每年都在增加。1958 年大气 CO_2 浓度为 315 ppm，到 2019 年已达到 420 ppm，与同时期人类活动排放的二氧化碳增多的趋势相一致。

（2）格陵兰和南极冰盖下的冰层中含有气泡，这些气泡是当初冰形成时被包进去的。通过钻取深处的冰层，科学家获得含有古老空气的冰芯样本。测量表明，18 世纪以前的 80 多万年里，大气中 CO_2 含量长期波动于 190～280 ppm，这一范围代表

① 1 ppt＝10^{-12}。

了过去 80 多万年中自然界 CO_2 含量波动的幅度。但从 19 世纪开始，CO_2 含量持续上升，已远超过过去 80 万年来自然波动的范围，应是人类燃烧化石燃料和破坏森林所排放的温室气体的结果(图 2-27)。

(3)燃烧矿物燃料而排放出来的二氧化碳的碳原子与自然条件下排放的二氧化碳的碳原子在核特征方面是不同的。碳除了原子量为 12 的 ^{12}C 之外，还有原子量为 13 和 14 的 ^{13}C 和 ^{14}C 两个同位素，它们的含量都很低。其中，^{14}C 是放射性同位素，由于衰变作用，每经过约 5730 年 ^{14}C 原子的数目减少一半。自然条件下所排放的二氧化碳含有放射性碳原子，使大气中 ^{14}C 的含量维持一定的平衡，而在几千万年至数亿年前在地下深处形成的煤、石油、天然气中，放射性碳原子经过长期衰变已不再存在。由于矿物燃料的燃烧排放不含 ^{14}C 的二氧化碳，使得大气中具有放射性的碳含量降低了。通过测量 1800—1950 年每年的树木年轮中放射性 ^{14}C 的减少量，证明矿物燃料的燃烧增加了大气中的二氧化碳含量。

(4)观测表明，北半球的二氧化碳含量比南半球要高一点。这种南、北半球二氧化碳含量的差别是因为产生二氧化碳的人类活动大部分在北半球进行，北半球所排放的二氧化碳要花 1 年左右的时间通过大气环流才到达南半球。

3

全球变暖

内容概要

20世纪以来，全球气温虽有波动，但总体上呈现上升的趋势，20世纪50年代以来的升温尤其明显。

全球变暖是全球气候变化的突出表现，但不仅仅是全球温度的升高，而是整个气候系统状态的变化。随着全球变暖，降水格局也发生了很大变化，一些地区降水增多，很多地区出现了变干的情况；自然系统中冰川、冻土、积雪、水文、动植物等变化都表现出和气候变暖相吻合的变化特征。与主要发生在局地和区域尺度上的环境偏离正常自然状态的环境污染和生态退化不同，全球气候变化代表的环境问题类型是全球尺度上的系统性变化。

20世纪以来的全球变暖是人为碳排放导致温室效应增强的具体表现。20世纪全球气温的波动可能受自然因子驱动，而变暖的趋势被以政府间气候变化专门委员会(IPCC)为代表的国际主流观点认为是工业革命以来人类活动造成的，其成因机制是：人为碳排放导致大气中二氧化碳等温室气体的含量不断升高，温室效应增强。

相比于其他自然和人为因子，过去百年二氧化碳对气候变暖的贡献更大。观测表明，二氧化碳含量增加的趋势和全球气温升高的趋势存在对应关系。气候模式模拟的结果显示，如果只考虑太阳活动和火山活动等自然变化的影响，模拟不出20世纪50年代以来的增暖；如果考虑温室气体和硫酸盐气溶胶等人为因素，模拟的结果能够与观测数据相吻合。

未来20年全球平均温度较之1850—1900年的升温幅度将会达到或超过1.5 ℃，2021—2040年全球平均温度升幅非常可能的范围是1.2～1.9 ℃。如果快速减少温室气体排放，在2050年前后实现二氧化碳净零排放，到21世纪末，非常可能的是全球平均温升幅度有望被控制在2 ℃以内；多半可能的是，全球平均温升幅度将低于1.6 ℃，并且在21世纪末下降到1.5 ℃以内。

3.1 政府间气候变化专门委员会(IPCC)评估报告

国际社会对全球气候变化的科学认识的主流观点，主要来自于政府间气候变化专门委员会(IPCC)对全球气候变化的历次评估报告。政府间气候变化专门委员会(IPCC)是由世界气象组织(WMO)和联合国环境规划署(UNEP)于1988年联合建立的政府间机构，对联合国各国政府负责，其责任是：依据经评审发表的科学/技术文献，对全球气候变化的研究进展和科学认知进行分析与评估，为《联合国气候变化框架公约》(UNFCCC)和各国政府制定相关政策提供有关气候变化的严格而均衡的最新科学、技术和社会经济咨询。

IPCC是气候科学与政治决策合作的重要产物，其成立过程一方面依赖于气候科学本身的发展与进步，另一方面也依赖于决策者对气候变化概念的认可与行动。IPCC既不是严格的科学机构，也不是严格的政治机构，而是独特的混合体。IPCC遵循的基本原则为，只有在基本得到世界上所有主要气候科学家的坚定同意以及所有参与国政府的一致同意的情况下才颁布规则和报告，这满足了各种团体的不同需求。这种达成共识的要求以及相关程序和原则，被许多其他新成立的采用科学研究解决环境问题的国际制度决策所效仿。

IPCC下设三个工作组和一个国家温室气体排放清单小组。第一工作组评估对气候系统和气候变化的科学认识；第二工作组评估社会和自然系统对气候变化的脆弱性、气候变化的不利和有利后果，以及适应气候变化的机会；第三工作组评估限制温室气体排放和减缓气候变化的响应战略；排放清单小组负责各国温室气体排放的统计(图3-1)。

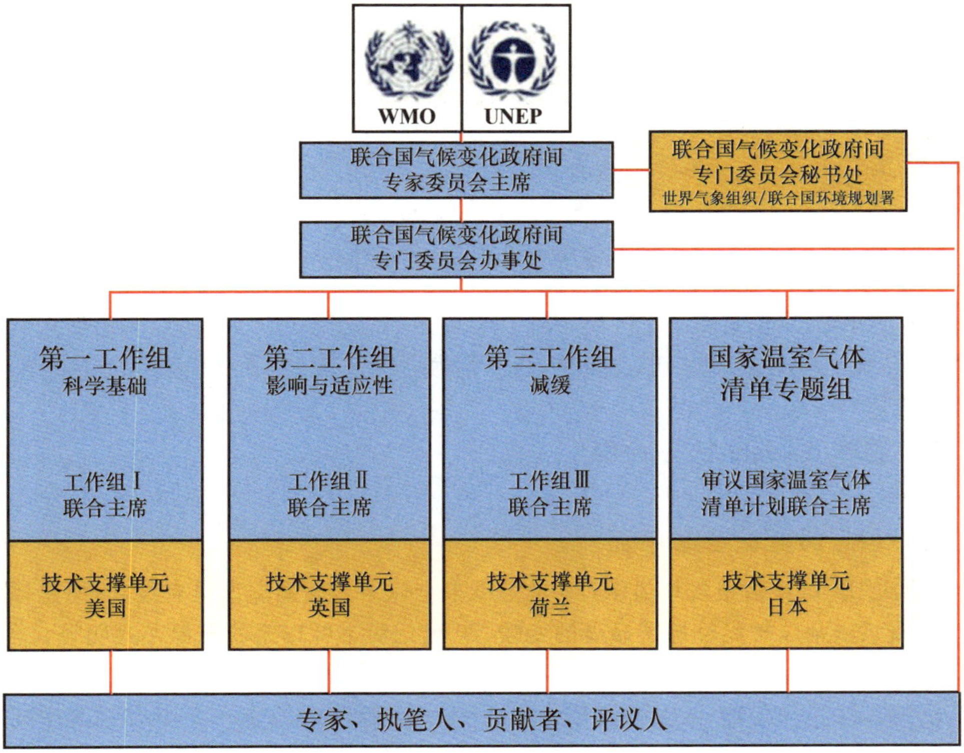

图3-1 IPCC的基本框架

作为全球气候变化评估的权威机构，IPCC 发挥着全球气候变化知识加工与再生产的功能，通过知识权威影响政治博弈，将知识转化为话语权，形成了近于垄断的影响力。IPCC 自建立以来，截至 2020 年已发布了 5 次评估报告(图 3-2)，大致每 6 年发布一次。第六次评估报告的《气候变化 2021：自然科学基础》于 2021 年 8 月发布，《气候变化 2022：减缓气候变化》和《气候变化 2022：影响、适应和脆弱性》于 2022 年发布。此外，IPCC 还出版了一系列特别报告、技术报告和方法学报告。IPCC 的报告科学、系统地评价了气候变化的历史事实、成因、未来趋势、影响和对策，汇集了世界上有关气候变化的最新研究成果和主流观点，为决策者提供有关气候变化严格而均衡的科学信息。总体来看，IPCC 评估报告的影响主要表现在：一是越来越明确地确定人类活动是导致全球变暖的主要原因；二是科学与政治形成良性互动，通过气候变化知识的生产、传输以及消费，有力地支撑了国际社会气候制度建设与应对气候变化行动为 UNFCCC、《京都议定书》、升温 2 ℃上限、《巴黎协定》等决策提供了科学依据，直接影响了气候变化谈判进程；三是在满足国际社会需求的推动下，全球气候变化科学研究得到了前所未有的发展进步。

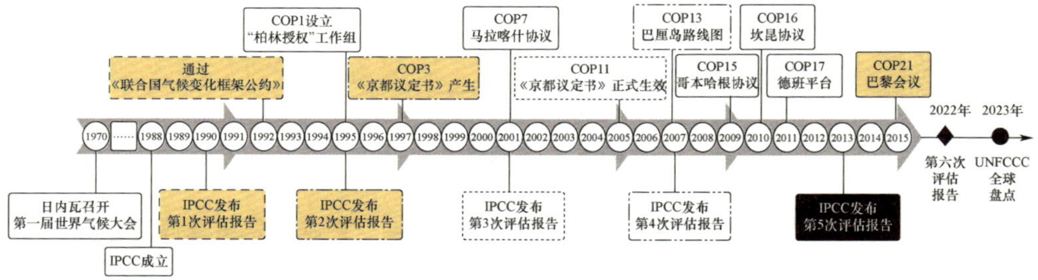

图 3-2 IPCC 的历次评估报告及其对国际应对全球气候变化的作用
(曾静静 等，2015；陈其针 等，2020)

2007 年的“诺贝尔和平奖”授予 IPCC 和美国副总统阿尔·戈尔，以表彰他们努力建立和传播更多有关人为气候变化的知识，并为采取应对气候变化措施奠定了基础。

3.2 全球变暖的主要表现

3.2.1 20 世纪全球变暖趋势

历次 IPCC 评估报告均显示，20 世纪以来全球平均表面温度虽有波动，但总体上呈上升趋势，全球气候经历了显著的变暖，20 世纪后半叶以来的升温尤其明显。

21 世纪前 20 年(2001—2020 年)的全球表面温度要比 1850—1900 年高 0.99(0.84～1.10)℃；2011—2020 年比 1850—1900 年高 1.09[0.95～1.20]℃，其中陆地上温度的升幅为 1.59[1.34～1.83]℃，大于在海洋上 0.88[0.68～1.01]℃的升温幅度(图 3-3)。

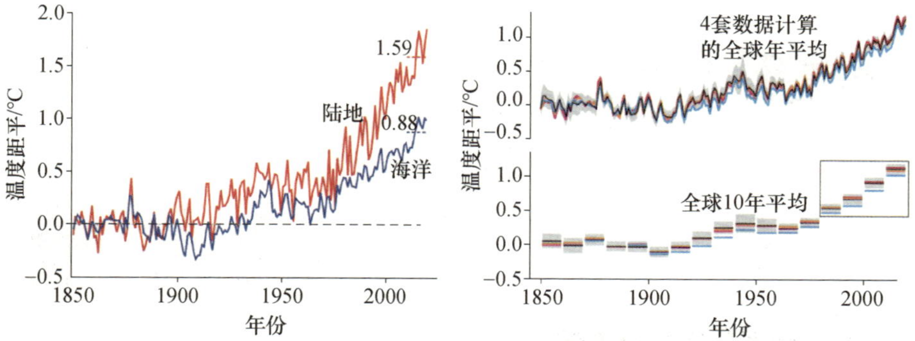

图 3-3 全球表面温度的变化(相对于 1850—1900 年;IPCC,2021)

自 1850 年以来地球升温具有阶段性,其中 1910—1945 年和 1976—2000 年两个时段的升温速率相对较大,特别是后一时段的升温速率更大,以北半球中高纬度地区最为明显,个别地区的升温速率超过 1.0 ℃/10a;而 1946—1975 年,北半球大部分地区的年平均气温存在下降趋势。1997/1998 年超强厄尔尼诺事件后的 10 余年中全球变暖趋缓(停滞),这一现象在国际科学界曾引起对气候变暖是否“停滞”或“减缓”的激烈辩论。此后,显著变暖的特点再次显现,自有观测记录以来 3 个最暖的年(2016、2019、2020 年)均出现在 2016 年以后,2016、2019、2020 年较 1850—1900 年高 1.2±0.1 ℃;而 2016—2020 年和 2011—2020 年分别是有观测记录以来最暖的 6 年和最暖的 10 年(图 3-3)。过去 40 年中的每个 10 年都比 1850 年以来的任何 10 年都要温暖。1970 年以来全球表面温度上升的速度超过了至少过去 2000 年的任何其他 50 年。

全球增暖存在季节差异与昼夜差异。最近 100 年北半球的变暖在冬季和春季最为明显,夏季和秋季略弱。自 20 世纪 70 年代末以来北半球冬季平均温度升高最为显著,特别是中高纬度地区更为明显,春季升温幅度次之,秋季升温最弱,在某些地区还表现为降温趋势。从陆地上地表气温的日变化看,变暖程度在夜间比白天明显。升温主要发生在夜间,即日平均最低气温上升明显,而最高气温升高并不显著。但气温日较差的变化在各地区存在较大差异,欧洲和北美洲地区气温日较差的减小一般发生在 20 世纪早中期,中国等地区近 50 年气温日较差减小明显。

工业革命以来全球地表变暖发生在全球绝大部分地区,但不同地区升温的幅度存在差异。总体上,陆地比海洋显著(图 3-3),高纬度地区变暖程度比低纬度地区明显(图 3-4)。年平均气温最明显的升温出现在北极圈内、欧亚大陆北部、北美大陆北部、非洲撒哈拉等地区,自 20 世纪 80 年代中期以来,北极地区变暖的速度至少是全球平均水平的两倍。但由于低纬度地区的自然变率小于高纬度地区,从相对于各自变率看,低纬度地区的温度变化同样显著,其均值变化超出 1 倍或 2 倍方差的时间甚至早于高纬度地区(图 3-4)。

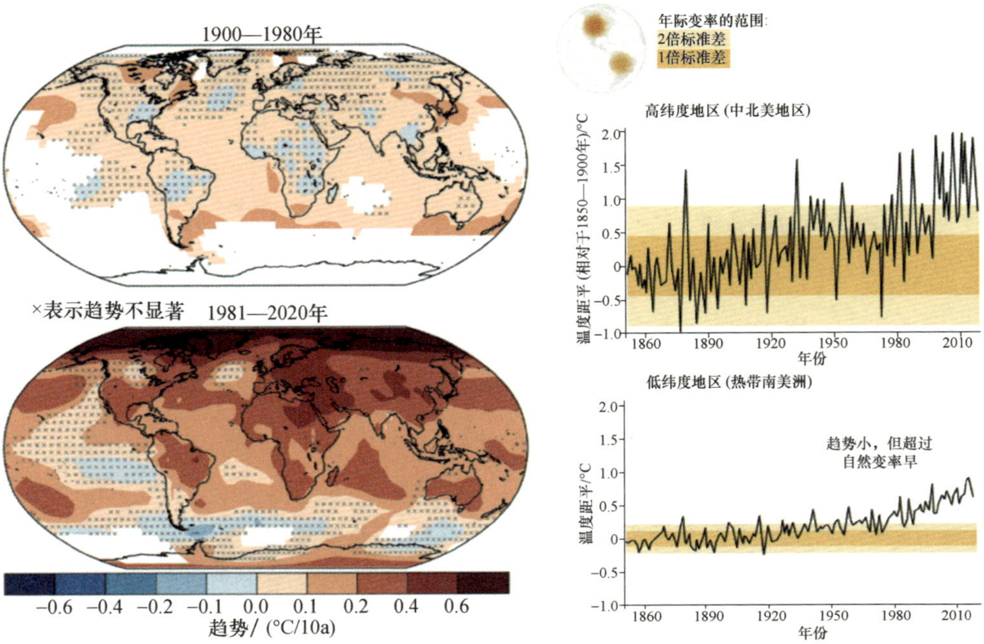

图 3-4　全球表面温度变化的空间分布(IPCC,2021)

中国升温速率明显高于同期全球平均水平。20 世纪以来中国年平均气温呈明显的升高趋势(图 3-5),特别是 20 世纪中叶以来,升温速率明显增大,1951—2020 年,中国地表年平均气温呈显著上升趋势,升温速率为 0.26 ℃/10a,高于全球平均值(约 0.12 ℃/10a)和 1951—2019 年全球陆地平均值(约 0.18 ℃/10a)。1901 年以来的 10 个最暖年份中,除 1998 年外,其余 9 个均出现在 21 世纪头 20 年。1951—2019 年升温速率约为 0.24 ℃/10a,中国各季的温度均表现为上升趋势。但各季的升温速率有较大差异,其中,冬季升温速率最大,夏季最小,春季与秋季相似。20 世纪 40 年代和 80 年代中期以后是两段温度明显偏高的时期,后者更加温暖;前一个暖期是以春、夏、秋三季偏暖为主,后一个暖期的四季均偏暖明显。中国升温最显著的地区是在较高纬度的北方或高原地区,尤其是东北地区中北部、华北地区北部和西北地区大部分区域以及青藏高原;华东、华中、华南等中低纬度地区升温相对较缓,西南地区东部升温速率最小(图 3-6)。与两个半球的气候带随全球变暖向两极移动一致,20 世纪 80 年代以来中国的气候变暖已造成气候带的摆动。1951—1980 年和 1981—2010 年相比,中国寒温带界线西缩、北移;暖温带北界东段北移,其中最大北移幅度超过 1 个纬度;北亚热带北界东段平均北移 1 个纬度以上,并越过淮河一线;中亚热带北界中段从江汉平原南沿移至江汉平原北部,最大移动幅度达 2 个纬度;南亚热带北界西段北移 0.5～2.0 个纬度;青藏高原亚寒带范围缩小,高原温带范围增大。

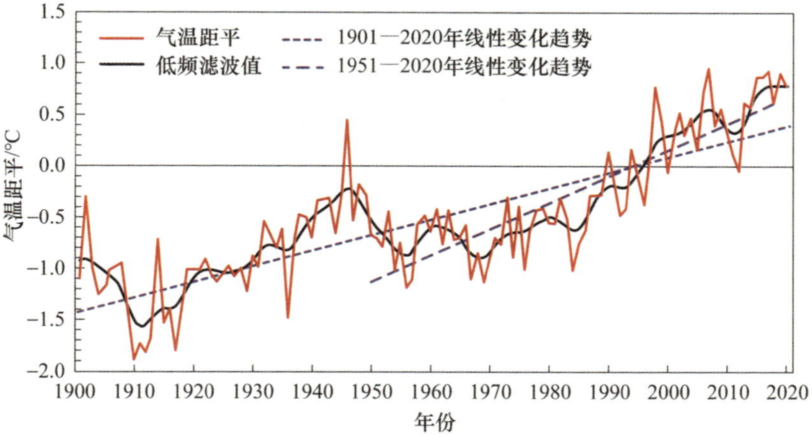

图 3-5　1901—2020 年中国大陆地表年平均气温距平(1981—2010 年为气候基准期)
(中国气象局气候变化中心,2021)

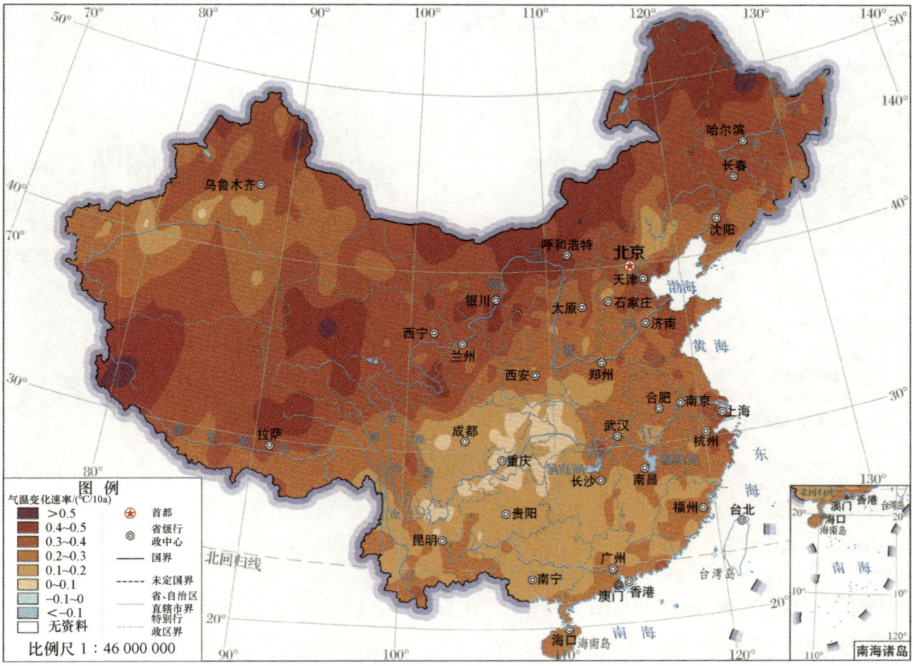

图 3-6　1961—2020 年中国大陆地表年平均气温变化速率分布
(中国气象局气候变化中心,2021)

3.2.2　降水变化

20 世纪 80 年代以来,降水随全球变暖主要体现在差异性的区域降水增减,一些地区降水增多,很多地区出现了变干的情况(图 3-7)。

图 3-7　1980—2019 年全球年降水量变化趋势分布(IPCC,2021)

(GPCP V2.3 降水数据集,x 表示趋势不显著)

1900 年以来全球陆地平均降水量总体存在不显著的增加趋势,主要是因为北半球降水的增加(图 3-8)。由于早期观测资料的不完整及在部分地区的系统性偏差,全球降水的变化在 1950 年之前可信度较低,对过去百年全球降水变化趋势的认识还有一定的不确定性。自 1950 年以来,全球陆地平均降水可能有所增加,尤以 20 世纪 80 年代以来增加速度更快。

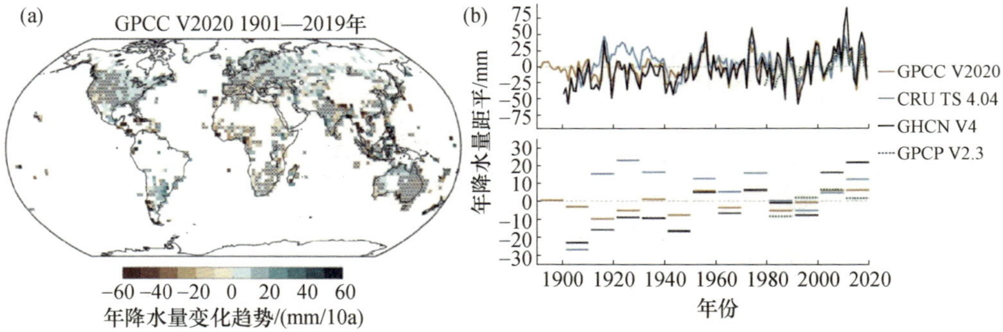

图 3-8　过去百年全球降水变化的时空变化(IPCC,2021)

(a)1901—2019 年年降水量变化趋势的全球分布(GPCC V2020 降水数据集,× 表示趋势不显著);(b)1891—2019 年全球陆地逐年和 10 年平均的年降水量距平变化(4 套数据集)

中国近 100 年来降水变化序列的建立同样受到 1951 年之前降水量观测记录不完整的限制,特别是西部地区缺少观测资料,全国平均的年降水量序列主要反映中国东部的长期变化情况;由于中国西部大多处于干旱地区,降水量对全国降水量的贡献较小,东部的降水量序列对中国还是有代表性的。与温度变化存在明显升温趋势不同,中国近百年的年降水量的趋势变化很不明显,中国东部降水的年代际变化明显;中国西部降水量相对增多明显,20 世纪的前 50 年连续少雨,以 20 世纪 20 年代少雨最为显著;20 世纪后半叶以来降水增多,呈变湿的趋势。1961—2020 年,中国平均年降水量呈波动增多趋势(图 3-9),平均每 10 年增加 5.1 mm;20 世纪 80—

90 年代中国平均年降水量以偏多为主，21 世纪最初 10 年总体偏少，2012 年以来降水持续偏多。1961—2020 年降水量变化趋势的空间差异显著，降水量呈减少趋势的地区主要分布在从东北地区南部，经华北平原到云贵高原的东北—西南向的地带内；在此带两侧的西北地区至青藏高原和江淮至江南大部分区域、此带以北的东北地区中北部降水量呈明显的增加趋势(图 3-10)

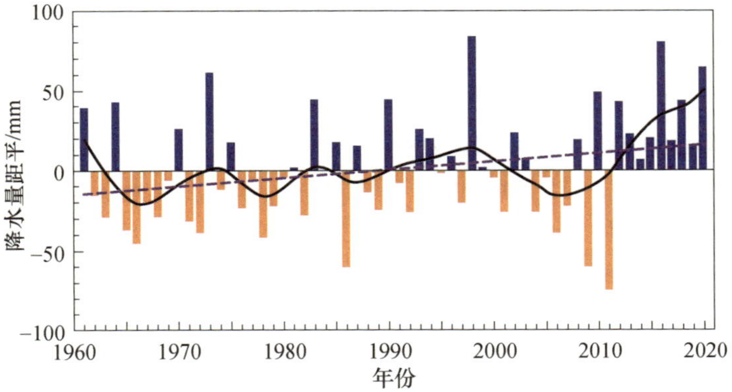

图 3-9　1961—2020 年中国平均年降水量距平
(中国气象局气候变化中心，2021)

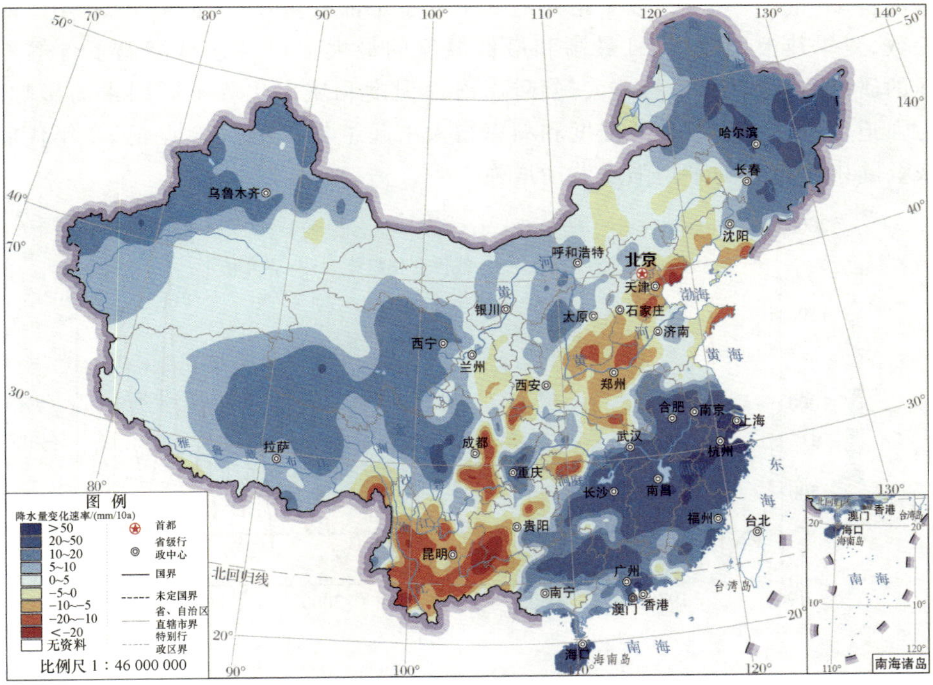

图 3-10　1961—2020 年中国年降水量变化速率分布(中国气象局气候变化中心，2021)

3.2.3 极端气候事件变化

全球变暖可能会引起高温热浪、干旱、强降水和强热带气旋等极端天气气候事件的发生。在全球尺度上，冷昼和冷夜的天数在减少，而暖昼和暖夜的天数在增多。在欧洲、亚洲和澳大利亚的大部分地区，热浪的发生频率呈现增大的趋势，它们并不一定完全是全球变暖造成的，但全球变暖后极端高温可能会成为常态。多数陆地区域强降水事件的频率和强度增大了，强降水事件增多的区域多于减少的区域，北美洲和欧洲增多比较显著。20 世纪中叶以来全球尺度上旱灾或干旱的趋势不明显，但极端干旱区域的面积趋于扩大；北半球中高纬度一些地区干旱化主要是由气候变暖引起的，降水减少引起的干旱发生于东南亚及南欧等地。在过去的 40 年里，全球主要热带气旋发生的比例很可能有所增大，并且北太平洋西部热带气旋达到峰值强度的纬度向北移动。复合极端事件是导致社会或环境风险的多种驱动因素和/或危险因素的组合，自 1950 年以来，复合极端事件呈增多趋势，包括全球范围内热浪和干旱并发频率增大，所有有人居住大陆的一些地区的复合火灾天气（如炎热、干燥和多风的组合条件），以及某些地方的复合洪水（如风暴潮伴随着极端降雨和/或河流流量增加），或者在不同的地点同时出现极端情况。

1961—2020 年中国的变暖伴随着高温、强降水等极端天气气候事件增多增强，极端低温事件减少，极端高温事件自进入 21 世纪以来明显增多（图 3-11），中国东部自 20 世纪 50 年代以来最热的 5 个夏季全部发生在 21 世纪头 20 年。对暖春天数、夏季热浪天数、每日最高和最低温度的最大值以及连续高温事件等不同指标的研究一致表明，虽然有大气环流、海面温度和城市化等不同因素的影响，但人为强迫似乎在高温事件的强度和频率增大中起主导作用。20 世纪 90 年代后期以来登陆中国台风的平均强度波动增强。

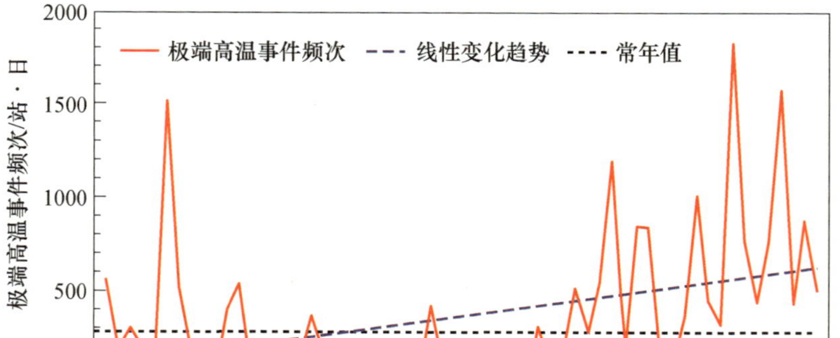

图 3-11 1961—2020 年中国极端事件（中国气象局气候变化中心，2021）

3.2.4 自然系统对全球变暖的响应

自然系统中来自海洋和陆地的众多独立证据均显示，19 世纪以来全球变暖已经影响到气候系统的各个部分。这些证据包括地表、大气和海洋温度，冰川，雪盖，海冰，海面和大气水汽等长期变化，它们都表现出与全球变暖相吻合的特征(图 3-12)。

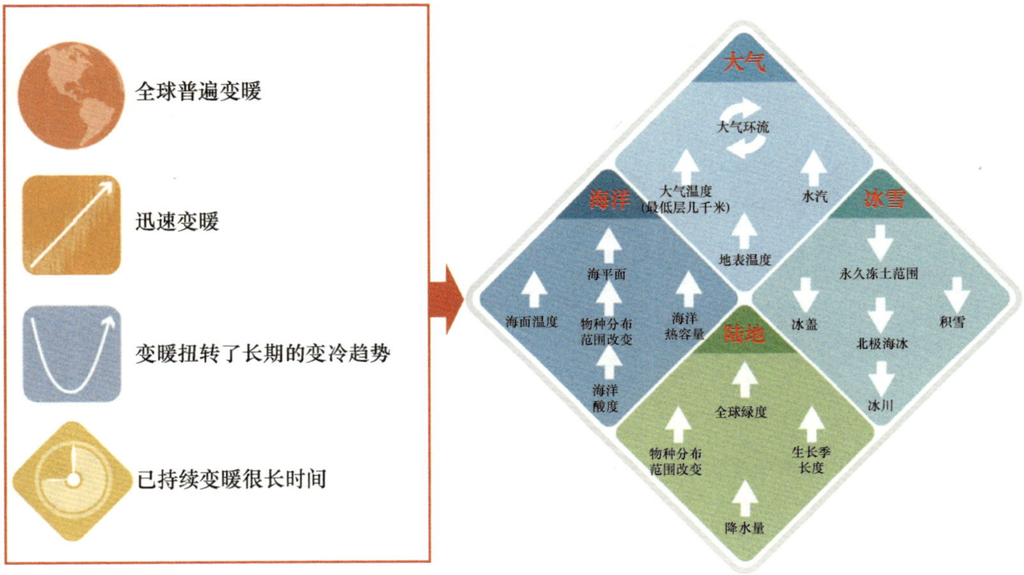

图 3-12　19 世纪后半叶以来全球变暖的特点及支持变暖的自然证据(IPCC,2021)
(箭头朝上表示增加；箭头朝下表示减小)

冰冻圈已随全球变暖发生显著的变化，表现为全球冰川退缩、海冰范围缩小、高纬度和高海拔地区积雪和多年冻土融化，在北半球表现尤其明显。南、北极冰盖减少的速率在 2006 年以后明显加快(图 3-13)。格陵兰冰盖(包括外围冰川)冰量损失率从 1901—1990 年的 120(70～170)Gt/a 增大到 2006—2018 年的 330(290～370)Gt/a，1992—2020 年格陵兰岛冰盖损失的冰量为 4890(4140～5640)Gt；南极冰盖(包括外围冰川)冰量损失率从 1901—1990 年的 0(－36～40)Gt/a 增大到 2006—2018 年的 192(145～239)Gt/a，1992—2020 年南极冰盖损失的冰量为 2670(1800～3540)Gt，南极冰盖冰量损失主要来自于南极西部冰盖，是由温暖的海水导致冰架融化造成的。自 20 世纪 50 年代以来，世界上几乎所有的冰川都在同步消退，这至少在过去的 2000 年里是前所未有的。全球冰川质量损失率从 2000—2009 年的(240±9)Gt/a 增大到 2010—2019 年的(290±10)Gt/a。

1979 年以来，北极海冰面积在所有月份均呈现缩小的趋势，其中最强烈的减少发生在夏季(图 3-14)，2010—2019 年北极最小海冰范围(9 月)较 1979—1988 年减少约 40%，最大海冰范围(3 月)减少约 10%。2011—2020 年，北极海冰年平均面积达到了至少 1850 年以来的最低水平，夏末北极海冰面积至少为过去 1000 年最小。1985 年 3 月多年海冰(超过 4 年)占北极海冰覆盖面积的 33%，到 2019 年 3 月只占 1.2%。1979—2020 年，由于部分区域变化趋势相反和内部变化较大，南极海冰面积总体上没有明显变化趋势(图 3-14)。其中，1979—2015 年南极海冰范围波动增大；但 2016 年以来海冰范围总体大幅度减小。

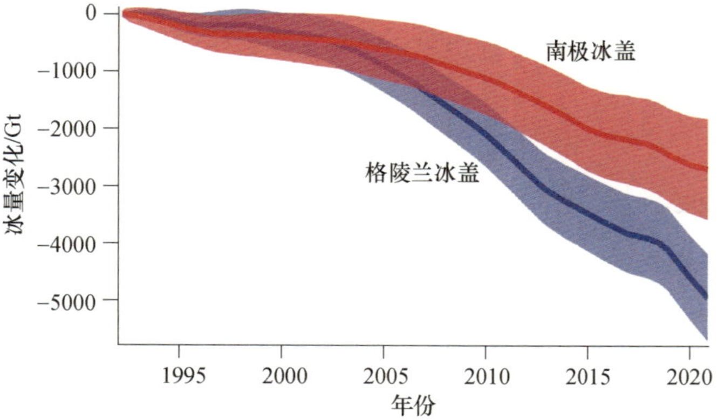

图 3-13　南极冰盖(AIS)和格陵兰冰盖(GrIS)的累积质量变化(IPCC,2021)

(GrIS 的 1992—2018 年和 AIS 的 1992—2017 年为基于卫星的测量值)

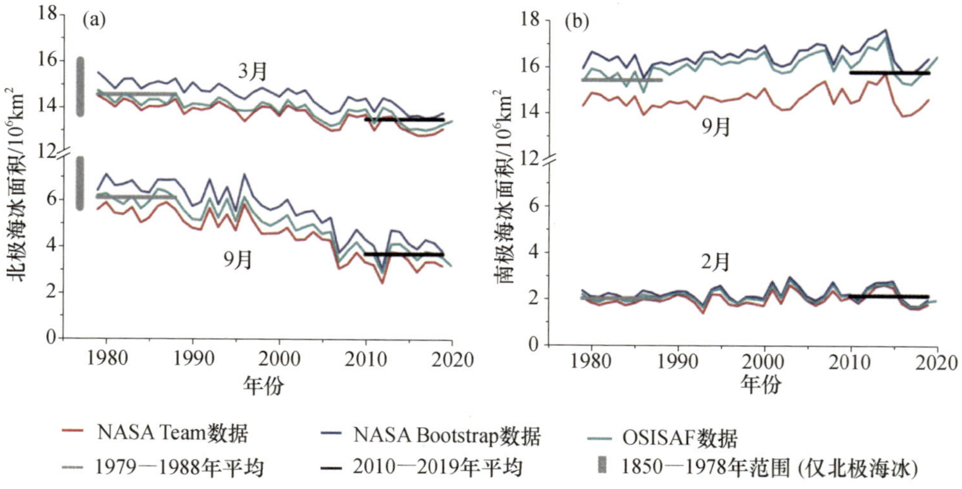

图 3-14　1979—2019 年北极(a)和南极(b)海冰面积变化(IPCC,2021)

地球表面约 71% 为海洋。海洋除了在地球气候系统的自然变异中发挥着重要的作用之外，海洋变暖在增加气候系统能量储存、响应全球变暖中占主导地位。自 1871 年以来，全球海洋很可能像观测到的海表温度上升一样已经变暖，全球海洋在过去的一个世纪里的变暖速度可能比冰消期结束(距今约 11000 年前)要快。1971—

2010 年气候系统增加的净能量中，只有 1%被用于大气圈加热，使全球范围内对流层变暖；3%被用来加热冰冻圈，3%加热陆地；而被海洋吸收的占 93%，其中 60%以上储存在海洋上层，约 33%储存在中层和深海。1961—2020 年，全球海洋中0～2000 m 深度各层均呈现升温的趋势(图 3-15)，且海洋变暖在 20 世纪 90 年代后显著加速，1990—2020 年全球海洋热含量(OHC)增多(上层 2000 m)是 1958—1989 年增暖速率的 5.6 倍，2011—2020 年是有现代海洋观测以来海洋最暖的 10 个年份，2020 年，全球海洋热含量为有现代海洋观测以来的最高值。1961—2019 年，中间深度(700～2000 m)的储热量增加速度与 0～300 m 深度相当。南大洋存储了 1970—2017 年全球海洋摄入热量的 35%～43%。2000 m 深度以下的全球海洋存储了地球系统净能量收入的 19%，1991—2018 年，2000 m 深度以下的海洋也在逐渐变暖，尽管海洋变暖速率可能比 2000 m 以上小一个数量级。由于气候变化，海洋的物理和化学属性也发生了显著变化。自 20 世纪 50 年代以来，海洋表面的蒸发和降水的变化使得以蒸发为主的高盐度海区的海水已变得盐度更高，而以降水为主的低盐度海区的海水盐度已变得更低，大西洋盐度很可能变得更高，而太平洋和南大洋盐度则变得更低。海洋吸收了每年向大气排放的人为二氧化碳的 23%，导致海水的 pH 降低，即海洋发生了酸化，在过去 40 年里，全球开放海洋表面的 pH 每 10 年下降 0.003～0.026，在过去 2～3 年里，所有海洋盆地都观测到海洋内部的 pH 下降，最近几十年开放海洋表面的低 pH 在过去的 200 万年中是不寻常的(图 3-16)，酸化改变了海洋的生态过程，特别是高纬度海区海洋碳酸盐的化学过程。

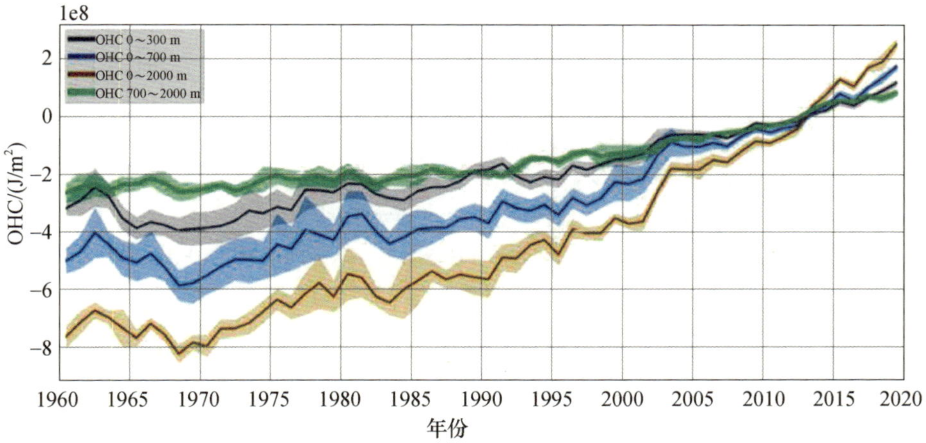

图 3-15 相对于 2005—2017 年气象数据的 1960—2019 年全球海洋热含量(OHC)异常的整体平均时间序列与年标准差

(海洋表面积在 60°S—60°N 之间，且仅限于每种产品的 300 m 水深测量；由冯·舒克曼等人更新，引自 WMO，2021)

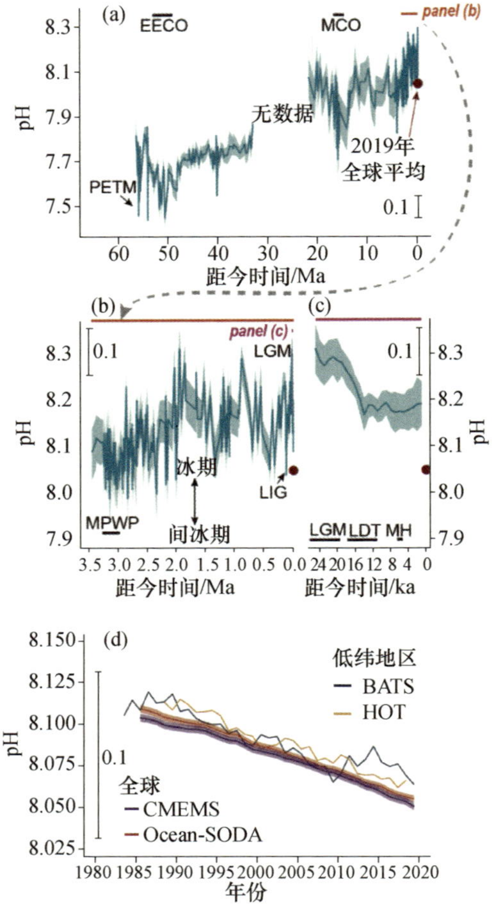

图 3-16　现代海洋表面的 pH 变化与过去的 6500 万年海洋表面 pH 变化的比较(IPCC,2021)

(a)利用孔虫中的硼同位素重建的近 6500 万年低纬度(30°N—30°S)的海洋表层 pH;(b)过去 350 万年的 pH 变化,重建方法与(a)相同,双头箭头表示冰期-间冰期 pH 变化的大致幅度;(c)过去 2 万年多点集成的海洋表面 pH 变化。在(a)~(c)中,阴影带显示置信度为 95%的区间。(d)根据直接观测(BATS,HOT)估算的现代低纬度海洋表面 pH 和间接估算(CMEMS,OCEAN-SODA)的全球海洋表面平均 pH(65°S—65°N)

由于海水热膨胀和冰雪融水增多,自 20 世纪以来,全球的海平面一直在上升,其上升速度可能比至少过去 3000 年中的任何一个世纪都要快(图 3-17)。1901—2018 年,全球平均海平面上升了 0.20(0.15～0.25) m。1901—1971 年海平面平均上升速率为 1.3(0.6～2.1) mm/a,1971—2006 年增大到 1.9(0.8～2.9) mm/a,2006—2018 年则进一步增大到 3.7(3.2～4.2) mm/a。冰川冰量的大量损失对全球平均海平面加速上升的贡献在增大,1901—1990 年格陵兰冰盖融化量相当于海平面当量(SLE)为 0.33(0.18～0.47) mm/a,2006—2018 年的 SLE 为 0.91(0.79～1.02) mm/a;

1901—1990 年南极冰盖融化量相当于海平面当量(SLE)为 0.0(－0.1～0.11) mm/a，2006—2018 年为 0.54(0.47～0.61) mm/a。海平面上升存在区域差异。过去 100 年，中国海平面上升了 20～30 cm，1980—2020 年，中国沿海海平面上升速率为 3.4 mm/a，高于同期全球平均水平。1993 年 1 月至 2020 年 1 月海平面上升趋势最强的区域出现在南半球，如印度洋的马达加斯加东部、太平洋上的新西兰东部；南大西洋的拉普拉塔/南美洲东部。区域海平面变化趋势主要是海洋热含量的变化，但在北极等地区，由于陆地上冰融化的淡水输入，盐度的变化起重要作用。

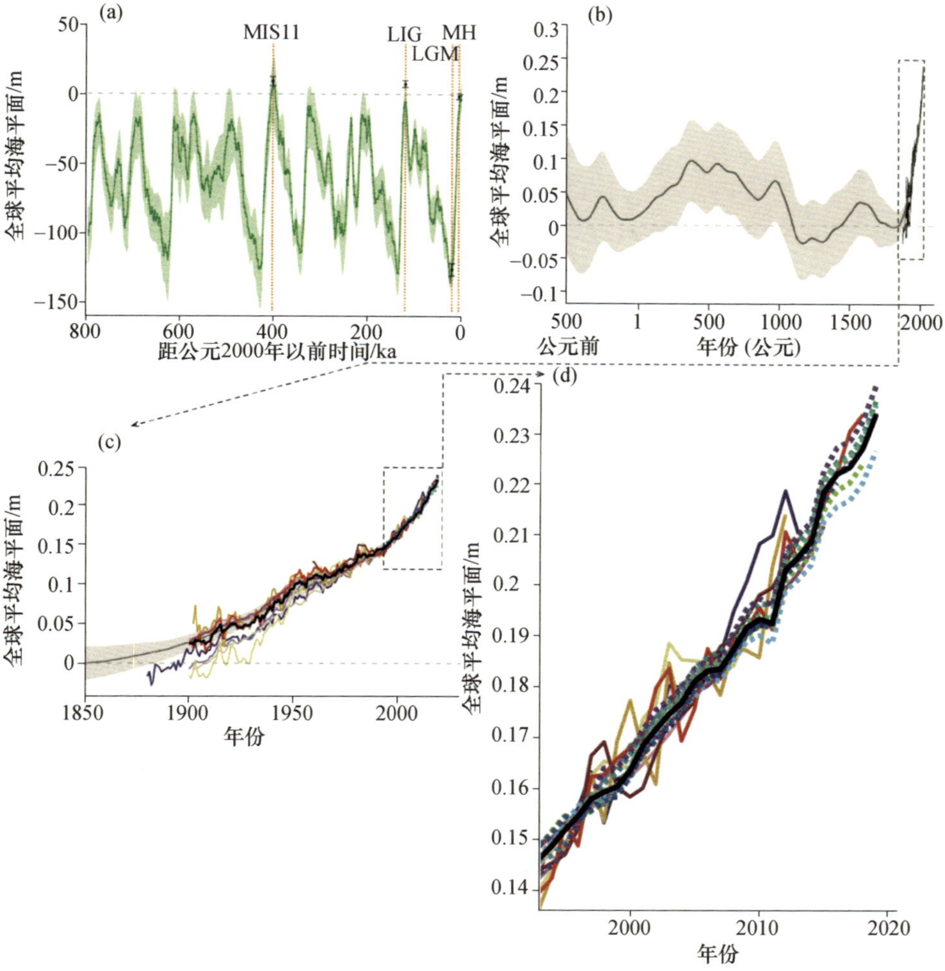

图 3-17 全球平均海平面变化(IPCC,2021)

(a)过去 80 万年冰芯氧同位素重建的海平面；(b)过去 2500 年采用多种代用资料重建的海平面；(c)1850 年以来基于潮汐计和高度计的估计值(图中用不同颜色的线代表不同作者或数据集的结果)；(d)基于潮汐计和高度计的最新记录

气候变化影响着越来越多的物种以及生态系统，动植物种群中喜暖种类数量增多，喜冷种类数量变少。许多陆生和淡水动植物物种的地理范围因气候变暖而发生了移动，移动速率为每 10 年向极地方向移动约 17 km，海拔上升约 11 m。北极冻原生物群正在经历越来越多的火灾干扰和永久冻土层退化的影响，它们都有助于苔原地区木本植物物种的建立。自 20 世纪 50 年代以来，北半球温带地区的生长季平均每 10 年延长 2 d。与北半球动植物物候变化趋势相似，中国绝大部分地区春、夏季物候显著提前，大部分地区秋季物候有推迟趋势。1963—2020 年，北京站玉兰、沈阳站刺槐、合肥站垂柳、桂林站枫香树和西安站色木槭展叶期始期平均每 10 年分别提前 3.4 d、1.4 d、2.3 d、2.8 d 和 2.7 d(图 3-18)；秋季物候期年际波动较大。

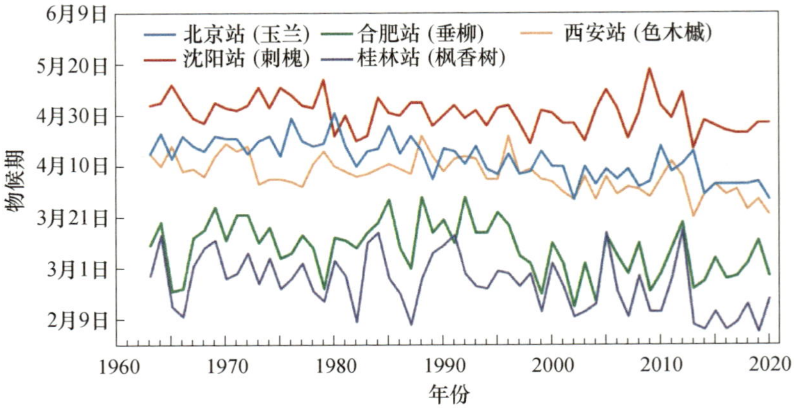

图 3-18 1963—2020 年中国不同地区代表性植物展叶期始期变化
(中国气象局气候变化中心,2021)

3.3 温室气体增加对 20 世纪全球变暖的贡献

20 世纪以来全球变暖被认为是人类活动导致全球气候变化的典型例证。年代至百年尺度上的全球气候变化既有自然原因(主要是火山活动和太阳活动，还有地球系统本身的波动)，也有人为原因(主要源于化石燃料的燃烧，其次为毁林开荒等土地利用的变化)。人类活动对气候变化的影响有三个过程非常重要：一是温室气体增加使温室效应增强；二是大气气溶胶改变之后对于气候的影响；还有就是土地利用改变了地表覆盖之后，引起地表反照率等地表过程的变化。其中，温室效应的主要作用是使地球变暖，而大气气溶胶的主要作用则是使地球变冷。地球气候的变化是自然与人类活动共同作用的结果。

以 IPCC 为代表的主流科学观点认为，人类活动导致大气 CO_2 等温室气体浓度的不断升高，使大气的温室效应增强，是全球气候变暖的主要原因。IPCC 历次评估报告对人类活动引起的全球变暖可能性的结论不断增强(IPCC，1990，1995，2001，2007，2013，2021)。第一次评估报告(1990 年)确信人类排放的温室气体将增强温室效应，使地表升温；第二次评估报告指出，人类活动已经对全球气候系统造成了“可以辨别”的影响，全球变暖“不太可能全部是自然界造成的”；第三次评估报告认为，近 50 年观测到的大部分增暖“可能”（66%以上可能性）归因于人类活动造成的温室气体浓度上升；第四次评估报告认为，全球变暖是不争的事实，近半个世纪以来的气候变化“很可能”是人类活动所致（90%以上可能性）；第五次评估报告（2013 年）进一步认为，1951—2010 年全球地表平均温度的上升，“极可能”（可能性大于 95%）有一半以上是由人为温室气体浓度上升和其他人类强迫共同导致的，只有人为温室气体排放导致全球变暖，才能完整解释工业革命以来的气候系统变异；第六次评估报告（2021 年）认为，人类活动造成的气候变化是毋庸置疑的事实，人为影响正在导致包括热浪、强降水和干旱在内的极端天气气候事件变得更为频繁和严重。

3.3.1 温室气体增加与全球变暖的对应关系

工业革命以来的近 200 年间，全球的二氧化碳等温室气体浓度是一直在上升的。加速的工业化（化石燃料的燃烧和工业过程）和土地利用变化排放的二氧化碳等不断增多，其中一部分被海洋和陆地吸收，存留在大气中的部分，使得大气温室气体的浓度一直升高。二氧化碳在大气中停留的时间可超百年，会加剧温室效应，使得全球变暖（图 3-19）。

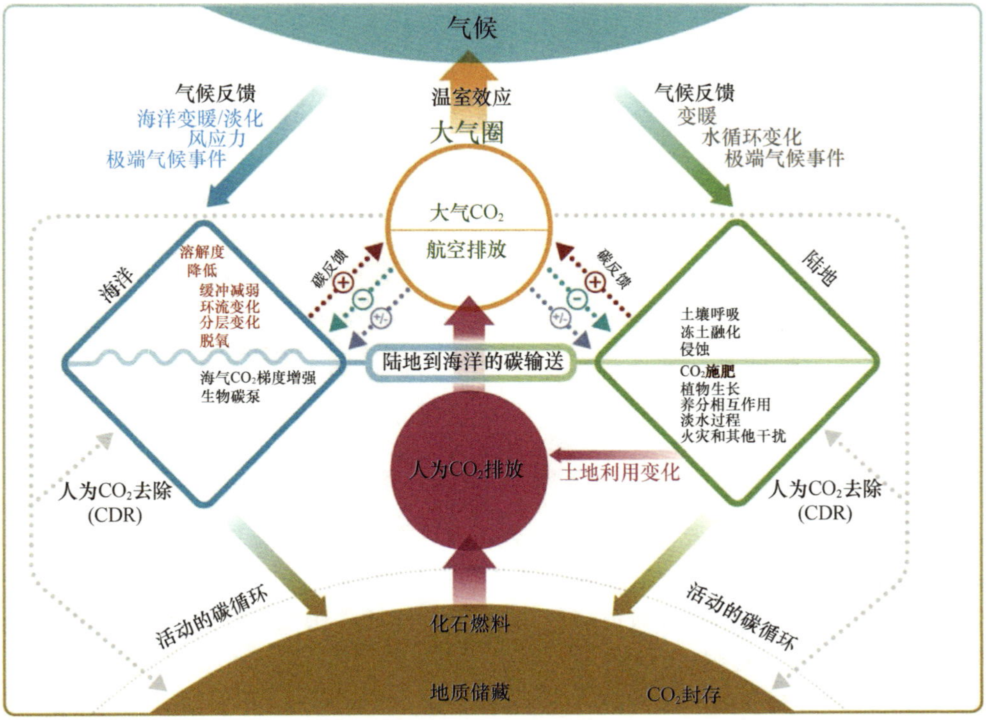

图 3-19 碳排放影响全球气候变化的关键过程和路径（IPCC，2021）

地球能量不平衡(the Earth Energy Imbalance,EEI)是指全球平均太阳辐射吸收和热红外辐射发射到空间之间相对较小的差异,正能量不平衡意味着地球系统正在获得能量,导致地球变暖。各种气候强迫因子的变化可以通过改变太阳辐射在地面和大气中的吸收、散射和反射等影响地-气系统的能量平衡,进而影响全球和区域气候。这些因子造成的地球能量平衡变化一般用辐射强迫来描述。辐射强迫常用“在大气层顶测得的全球每单位面积的能量变化率”来表示,单位是“W/m^2”。如果一个时期内某个因子或一组因子的辐射强迫估算为正值,地球-大气系统的能量将增大,导致系统升温;反之,如果辐射强迫为负值,能量将减少,导致系统降温。

地球系统的热吸收在过去 20 年中加速。基于 2001—2020 年的卫星观测数据显示,地球能量不平衡为 0.38±0.24 $W/(m^2 \cdot 10a)$。这种能量失衡是因为反射的太阳辐射大量减少和拦截的红外辐射少量增多,使得地球获得能量的速度比失去的速度要快,根源在于人类向大气中排放了过多的二氧化碳。由于温室气体浓度升高意味着更强的温室效应,地球向外太空发射的长波辐射量将因此减少,这将导致有更多的热量被积累到地球表面。

自 1970 年以来,全球因能量不平衡而增加的能量被气候系统各成员所吸收,其中,约 91%被海洋吸收,5%用于加热陆地,3%消耗于冰川、冻土融化,1%用于大气加热(图 3-20;IPCC,2021)。

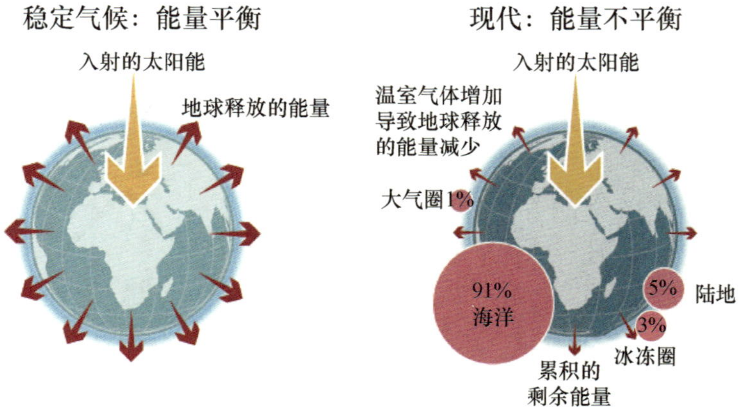

图 3-20 1970 年以来气候系统各成分吸收地球多余能量的占比(IPCC,2021)

工业化(1750 年)以来,人为排放导致大气二氧化碳、甲烷等温室气含量增加的趋势和全球气温升高的趋势存在对应关系(图 3-21)。人为排放增加的 CO_2、CH_4、N_2O 等温室气体导致的辐射强迫持续增大,极可能是造成 20 世纪中叶以来全球平均温度升高的主要原因。2019 年已达 3.14 W/m^2,其中,约 66%来自 CO_2,约 16%来自 CH_4,7%来自 N_2O,其余的 11%来自氯氟烃(CFCs)和卤化气体等其他长寿命温室气体(LLGHGs)。1990—2019 年,长寿命温室气体造成的辐射强迫增长了 45%,其中 CO_2增加的贡献约占 80%。

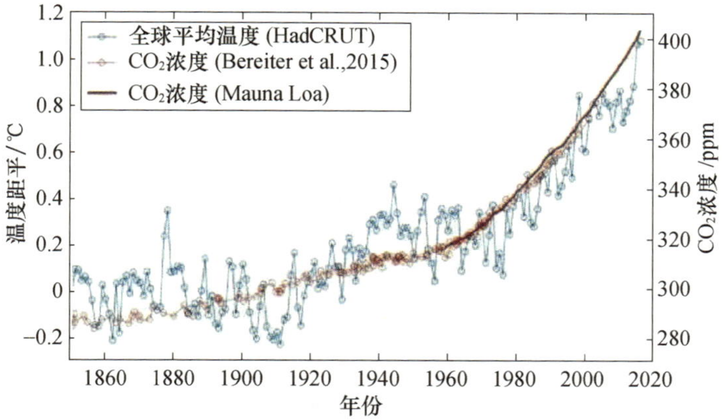

图 3-21　1850 年以来全球温度变化与大气二氧化碳浓度变化(相对于 1850—1900 年)

人类活动在向大气排放温室气体的同时,也向大气排放硫酸盐、硝酸盐、有机碳、黑炭和粉尘等气溶胶;除黑炭气溶胶在雪上沉降和在大气中可能导致气候增暖效应外,其他气溶胶均会产生“阳伞效应”,导致降温。气溶胶及其与云的相互作用已抵消了源于充分混合的温室气体引起的全球平均强迫的很大一部分。20 世纪以来的全球变暖是人为温室气体排放的增温效应、气溶胶排放的阳伞效应共同造成的,其中主要来自温室气体排放增加的贡献,自然驱动因子贡献很小(图 3-22)。

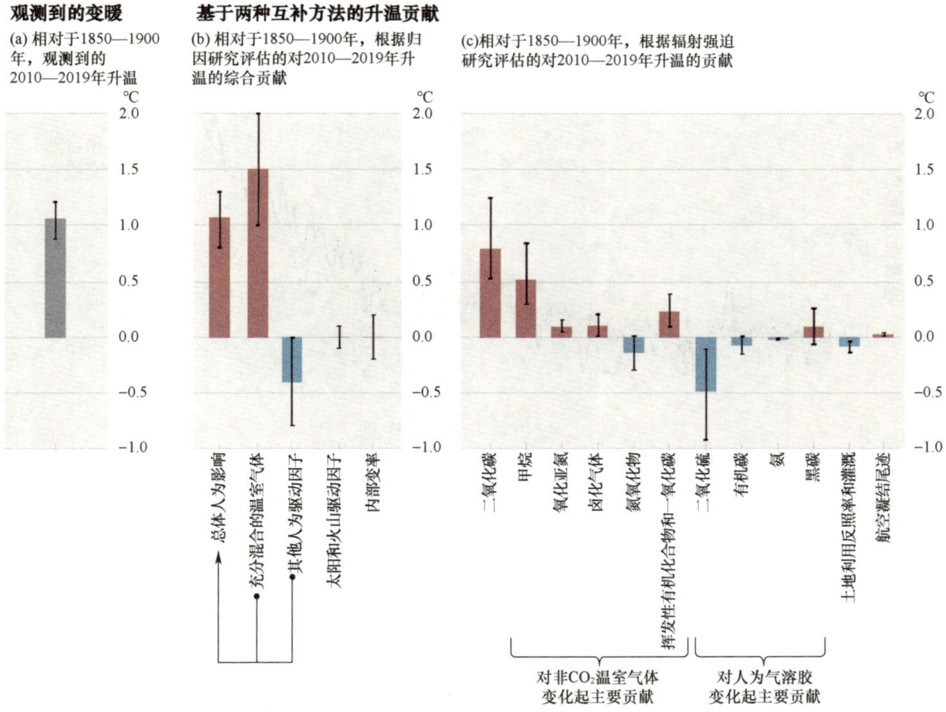

图 3-22　2010—2019 年主要驱动因子对全球变暖的贡献(相对于 1850—1990 年;IPCC,2021)

(a)观测到的全球变暖幅度;(b)归因研究评估的全球变暖贡献;

(c)辐射强迫研究评估的各人为因素对全球变暖贡献;线条表示可能范围

气候模式或者地球系统模式是模拟气候变化的重要工具，气候系统模式或地球系统模式是建立在超级计算机系统上，综合考虑地球系统不同圈层（大气圈、水圈、冰冻圈、岩石圈、生物圈）的性状及其相互关系的一个大型软件系统，是理解和预估全球气候变化不可或缺和最主要的工具。采用一系列全球大气-海洋耦合模式，考虑自然因子，如太阳活动和火山活动，以及人类排放温室气体和硫化物气溶胶，模拟 20 世纪以来全球年平均温度的变化。气候模式模拟的结果显示，如果只考虑太阳活动和火山活动等自然变化的影响，地球的气温应该是下降的，但实际上观测到的结果却是上升的，即模拟不出 20 世纪 50 年代以来的增暖；当只考虑人类活动时，可以基本上模拟出 20 世纪以来全球变暖的趋势，但在 1920—1950 年的模拟与观测差异较大；当同时考虑自然和温室气体、硫酸气溶胶等因素时，模拟结果能够与观测数据吻合（图 3-23）。模拟还显示，相比于其他自然和人为因子，过去百年二氧化碳增加对气候变暖的贡献更大。由此表明，影响 20 世纪以来的主要因子是太阳活动、火山活动和人类活动，而人类活动（包括温室气体和硫化物气溶胶）可能在 20 世纪初以来的全球变暖中起了明显的作用，很可能在最近 50 年的气候变暖中起主要作用。在 20 世纪前 50 年的全球气温变化中，可能自然因素如太阳活动、火山活动及气候系统内部各圈层间的相互作用也有重要影响。

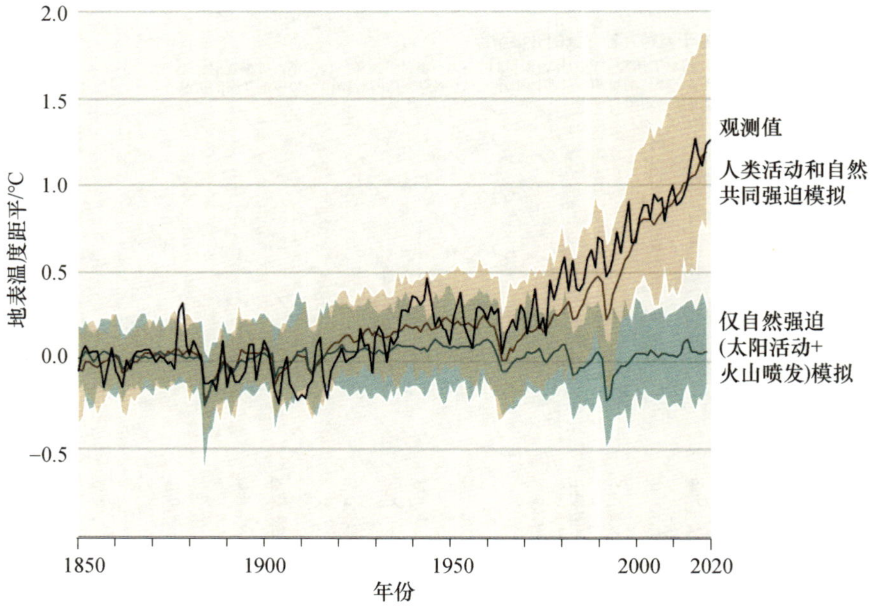

图 3-23　观测到的大陆与全球尺度地表温度与使用自然和人为强迫的气候模式模拟结果对比（IPCC，2021）

（阴影带表示 5%～95% 信度区间）

1961—2013 年中国平均气温上升的三分之二(0.93 ℃)可以解释为温室气体(GHG)、其他人为因素(OANT,包括人为气溶胶和土地覆盖和土地利用的变化)、自然外强迫(NAT,包括太阳和火山强迫)以及城市化(URB)强迫对全球气候系统的综合影响(图 3-24)。温室气体可能对变暖贡献了 1.24 ℃,但其中的 35% 可能被 OANT(主要为气溶胶)的冷却效应抵消(Sun et al.,2022)。

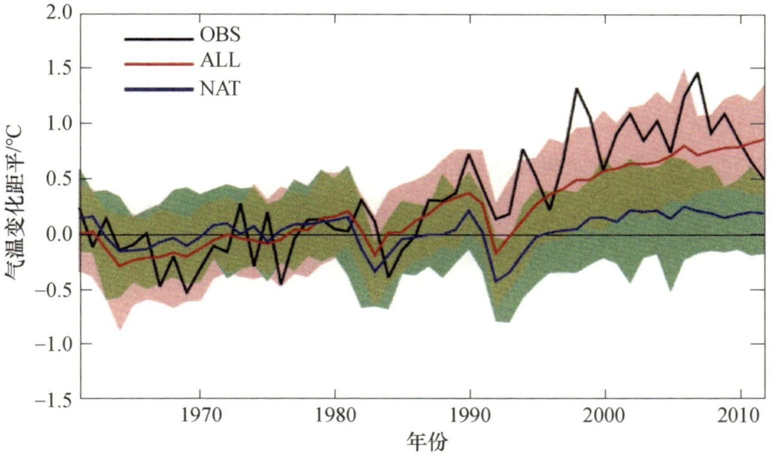

图 3-24 三种不同情况下模拟的中国温度变化的对比(Sun et al.,2022)

(OBS:观测平均温度;ALL:所有外强迫的综合影响;NAT:仅自然强迫)

3.3.2 自然驱动因子对 20 世纪气候变化的可能贡献

全球气候变化还需要考虑太阳活动、火山活动和全球气候系统内部各圈层之间的相互作用和反馈过程(图 1-32),这些自然因素驱动了地球历史上的气候变化,也可能对观测到的 20 世纪以来全球气候变化产生影响。

20 世纪期间,除了几次大规模火山爆发以后的短时期以外,太阳辐照度和平流层火山气溶胶产生的总自然辐射强迫对净辐射强迫的贡献很小(图 3-22)。但仍有不少学者认为,从更长的时间尺度看,太阳活动和火山活动对过去 100 年全球升温的影响可能是很重要的,至少不能把它完全归因于人类活动影响。

海洋-大气系统年代际以上尺度的低频振荡是与自然气候变异有关的一个重要方面。例如,北大西洋涛动(NAO)或北极涛动(AO)对北半球特别是欧亚大陆气候具有重要影响,在其正位相阶段,中高纬度欧亚大陆近地面平均气温一般显著偏高。自 1985 年以来,NAO 正处于强的正位相阶段,显然对北半球特别是欧亚大陆的变暖做出了贡献。太平洋年代际涛动(PDO 或 IPO)及与其相联系的 ENSO 的多年代变异也十分重要。IPO 的正位相阶段一般也对应全球和北半球的偏暖时期。1978 年以来 IPO 处于正位相阶段,表现为西南和西北太平洋海表温度(SST)偏低,但热带、副热带中、西太平洋和赤道东太平洋海表温度偏高。有一种观点认为,即使能够证明海洋-大气系统的低频振荡对全球或北半球近地面气温变化做出了主要贡献，也不能排除人类活动影响的主导作用，因为增强的温室效应可能已经改变了海-气系统振荡的正常变异模态。

1998年以来全球变暖趋缓。这一现象被认为是自然气候变异的一部分，具体的解释主要归因于气候系统（包括海-气耦合系统）内部低频变异和太阳、火山活动等自然因子影响（王绍武 等，2013；刘珊 等，2019；徐一丹 等，2019）。事实上，近100多年来不只一次发生类似的变暖趋缓现象，每次持续数十年，如1880—1910年和1945—1975年全球平均温度也相对偏低。气候系统内部的多年代尺度变异，特别是太平洋年代际涛动（PDO/IPO）与全球变暖趋缓有密切联系。通常气候变暖阶段与IPO的正位相对应，而变暖趋缓时期和IPO的负位相对应。20世纪90年代末以来，IPO频繁出现负位相，相对应的热带太平洋海温偏低，有利于全球变暖趋缓。海洋热量在垂直方向上的再分配可能与海表温度自然变异过程有联系。当全球变暖趋势明显时，全球海洋上层（深度小于300 m）热含量增加大于深层（750 m以下）；而当增暖趋缓时，上层和深层海洋热含量变化情况则相反，上层海水热量向中低层传播，热带太平洋海表温度变低，北大西洋经向翻转流减弱，南极底层水减少。北极海冰减少可能通过大气环流异常影响北半球气候，对全球气候变暖减缓具有一定作用。平流层水蒸气和气溶胶、对流层气溶胶以及太阳活动极小值也有利于减缓全球气候变暖（刘珊 等，2019）。自2000年以来，平流层气溶胶层厚度增加了4%～10%，这种增加可能主要是火山喷发造成的。平流层气溶胶浓度上升可在一定程度上减缓全球变暖趋势。太阳活动可能正进入一个长时期的极小期，其强度可能与1901—1912年相似，这可能是全球变暖减缓的一个重要原因。卫星观测表明，1978年以来在最后一个太阳极小值时的大气层顶太阳辐射低于前两个极小值，2008年与1986年比较减少0.04（−0.08～0.00）W/m^2（IPCC，2013），此后一个周期的极大值年（2013年）黑子数也未能超过100。

年际尺度的气候异常一般和低纬度海表温度有关。厄尔尼诺与拉尼娜事件对全球气温可能造成0.1～0.3 ℃的年际影响，从而在长期变暖趋势上附加了瞬时波动。1963年、1972年、1983年和1997—1998年都是强厄尔尼诺年，均造成了全球性气候异常。1963年冬天，整个北半球的欧洲、亚洲、北美洲大陆，特别是中高纬度地区出现了极端寒冷天气。欧洲和北美洲温度下降幅度之大在历史上极为罕见。1972年被世界气象组织列为历史上气象灾害最为严重的年份之一，该年重要异常事件包括非洲萨赫勒（Sahel）地区的罕见干旱、印度和澳大利亚的干旱、苏联草原地带的少雨、中国华北地区的干旱、秘鲁的大洪水、印度和苏联夏天的酷热、西欧的暖冬等。1983年，南美洲许多地区（哥伦比亚、厄瓜多尔、秘鲁）出现严重洪水，秘鲁北部降水量是多年平均的340倍，澳大利亚、印度、印度尼西亚和非洲则发生干旱，中国华南地区冬、春季异常多雨，英国、美国中西部夏季的酷热为近几十年所未有。1997—1998年厄尔尼诺发生期间，赤道东太平洋海表温度比平常高4 ℃以上。智利、厄瓜多尔、秘鲁和南美东南部再次发生严重洪水，澳大利亚、印度尼西亚、新几内亚等地区出现重大干旱，1997 年中国黄河下游断流持续时间和长度打破历史纪录，1998 年长江中下游流域发生特大洪水。

3.4 20 世纪全球变暖的历史透视

20 世纪全球变温趋势值得关注，但仅从过去 100 多年看尚很难对 20 世纪升温的性质做出全面评价。在人类活动影响气候变化之前，各种尺度的全球气候变化就一直发生，短尺度的气候变化叠加在长尺度变化之上。科学的全球气候变化研究是从对过去全球气候变化研究开始的，过去气候变化的历史对全面认识现代全球变暖是大有帮助的。因此，关于全球气候变化的决定性见识不应只来自对当代过程的研究，而且来自于对过去全球气候变化历史的重建。以史为鉴，从过去气候变化看 20 世纪全球变暖的历史定位，理解 20 世纪全球变暖的表现及成因机制与历史暖期的异同，可以从中获得更为有益的启示。

IPCC(2021)第六次评估报告认为，观测到的许多变化在过去数千年间前所未有。最近 10 年(2011—2020 年)的温度可能超过了全新世暖期(约 6500 年前，数百年平均比 1850—1900 年高 0.2～1.0 ℃)，而位于 12.5 万年前末次间冰期中数百年平均温度的估计区间较 1850—1900 年平均高 0.5～1.5 ℃(图 3-25)。

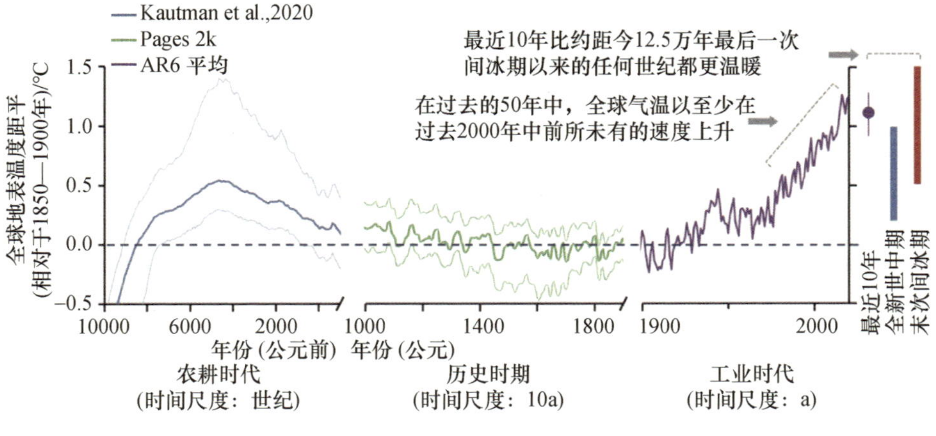

图 3-25　全球表面温度变化的历史对比(IPCC,2021)

准确判断 20 世纪暖期的性质，有赖于各尺度上气候变化重建结果的准确性，然而，由于对过去气候变化历史认识的不确定性，使得其在为认识 20 世纪的全球变暖提供启示的同时，也带来了一定的争议。认识过去气候变化历史的难点在于它已成为过去而未被完整地记录下来。由于对气象要素的仪器观测记录最长不过数百年，目前世界上最长的站点观测气候数据是 4 个欧洲地点(中英格兰地区、荷兰德比尔特、德国柏林和瑞典乌普萨拉)工业革命前(1721 年)以来的年平均温度序列。要认识更早时期的气候变化，只能依赖那些残留下来的树木年轮、冰芯、珊瑚、历史文献等能够保存古气候信息的载体，即所谓"代用资料"。据此重建过去全球气候变化就像组装一个部件已残缺不全且没有样图的智力玩具，所能依靠的仅为那些尚存的有限零部件(相当于过去全球气候变化的各种证据)，复原该智力玩具的全貌或主体结构(相当于对过去全球气候变化进行重建)。正因为如此，过去气候变化重建的结果难免存在一定的信息损失和不确定性，一般而言，时间越向前追溯，代用资料越少，重建结果的不确定性就越高。

3.4.1　20 世纪暖期在过去 2000 年中的历史地位

20 世纪全球变暖一般被认为是年代至百年尺度上的变化，从历史气候变化看 20 世纪全球变暖，重点是要看其与过去 2000 年百年尺度及全新世以来千年尺度变化的关系。特别是过去 2000 年是气候从仅受自然驱动到叠加人类影响的衔接时段，对辨识当代变暖是否超出自然变率、区分自然与人为驱动对气候变化的贡献、诊断气候在年代至百年尺度上的变化机制、预估和应对未来气候变化等有独特价值。

关于 20 世纪气候变暖在过去 2000 年中历史地位的诸多观点中，美国科学家 Mann 等(1999)发表的北半球过去千年温度变化曲线因为被 2001 年 IPCC 第三次评估报告引用而广为人知，同时也在学术界和国际社会引起了巨大的争议(郑景云 等，2013)。

该温度变化曲线因酷似一条横放的曲棍球杆而被称为"曲棍球杆曲线"(图 3-26)。这条曲线颠覆了在 IPCC 第一次评估报告中所引用的经典历史气候变化认识，即过去千年的气候是冷暖波动变化的，经历了从较 20 世纪更为温暖的"中世纪暖期"(Medieval Warm Period，MWP)，到较 20 世纪寒冷的"小冰期"(Little Ice Age，LIA)，再到"小冰期"结束过程背景下发生的 20 世纪暖期。根据该曲线，在过去 1000 年中的前 900 年，全球温度缓慢下降，而后的 20 世纪快速上升，20 世纪是过去 1000 年甚至 2000 年的最暖世纪。它非常直观地向人们传递了一个信息——20 世纪以来的全球变暖打断了 1000 年来温度持续降低的趋势，20 世纪的温暖程度是过去 1000 年不曾发生的，因此这种升温变化是非同寻常的。IPCC 第三次评估报告将其作为论证人类活动导致 20 世纪全球变暖的独特证据之一。

然而，这一颠覆了已有对历史气候变化认识的结论也引发了激烈的学术争论(郑景云 等，2013)，甚至惊动了美国国会。在此之后，国际学界的许多学者在新增资料和改进方法基础上发表了新的全球或半球历史气候重建序列(图 3-26、图 3-27)，包括 Mann 团队自身也曾数次修正其"曲棍球杆曲线"。其中，中国过去 2000 年历史文献的丰富度、连续性和可靠性在世界上是独一无二的，以 20 世纪 70 年代竺可桢先生《中国近五千年来气候变迁的初步研究》的奠基性研究为开端，中国历史气候研究在过去几十年中取得了长足的进步，通过对不同区域重建结果的集成方法，已经重建出了过去 2000 年覆盖中国全境的温度变化序列(图 3-28)。

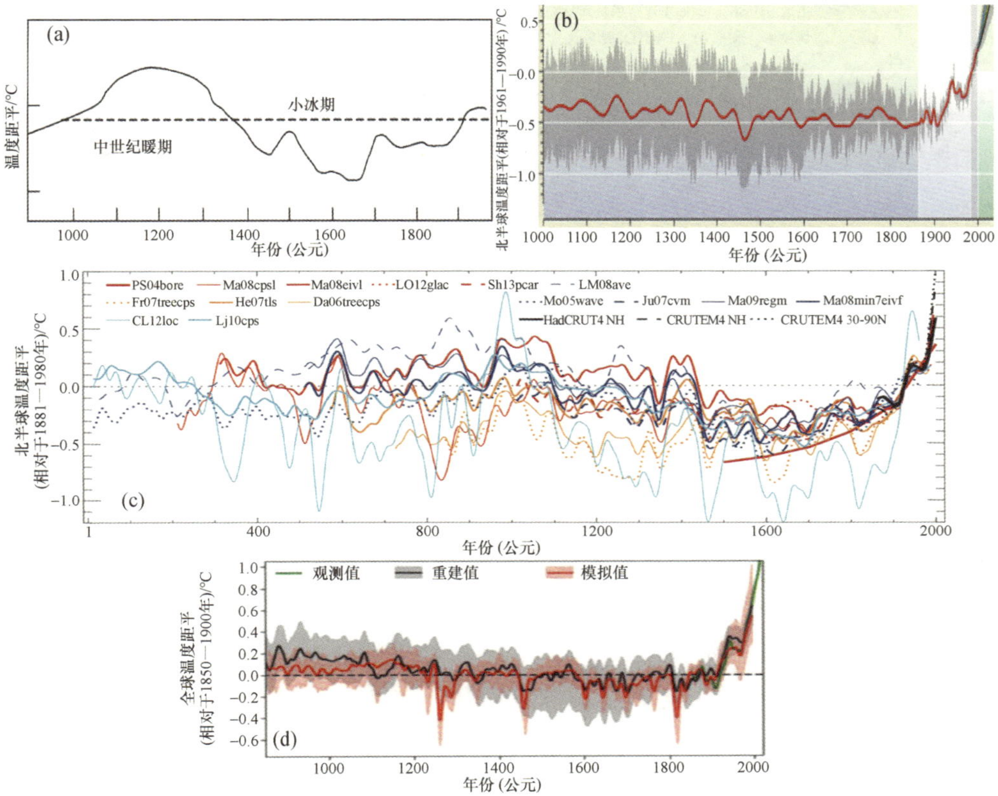

图 3-26　IPCC 第一次到第六次评估报告引用的过去千年温度变化曲线

(a)第一次评估报告(IPCC,1990);(b)第三次评估报告(IPCC,2001);

(c)第五次评估报告(IPCC,2013);(d)第六次评估报告(IPCC,2021)

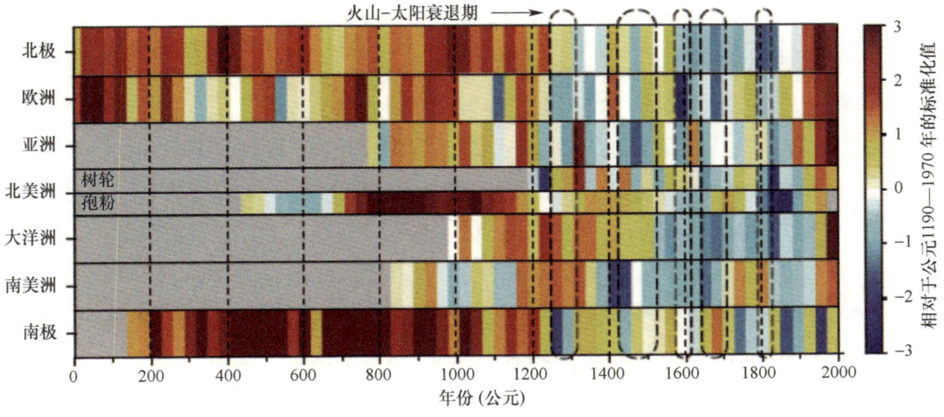

图 3-27　过去 2000 年全球不同区域温度变化(McGregor et al. ,2018)

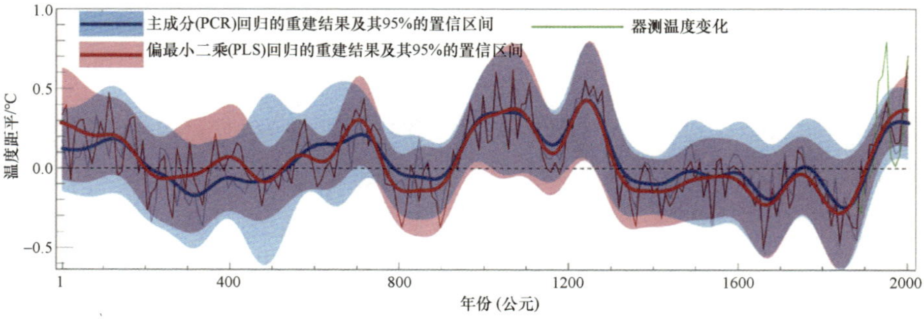

图 3-28　过去 2000 年中国温度距平变化(葛全胜 等,2015)
(相对于 1851—1950 年平均)

虽然仍存在很大的分歧,例如,各条曲线之间温度变幅仍存在较大差异;特别是在公元 500—1500 年的多数时段,这种差异更为显著;其中最高者和最低者之差仍超过 1 ℃,但对过去 2000 年温度变化特征和 20 世纪变暖历史地位认识的共识在增加。北半球、世界各大洲与中国过去 2000 年温度变化的重建成果表明,无论是中国、大洲还是半球尺度上,温度变化均呈现冷、暖交替的周期变化特点,并曾出现过数个显著的温暖时段(图 3-26、图 3-27、图 3-28)。多数北半球温度变化序列显示,公元 1—270 年温暖(罗马暖期);公元 271—840 年冷、暖相间,但总体偏冷(黑暗时代冷期);公元 841—1290 年温暖(中世纪暖期或中世纪异常期);公元 1291—1910 年寒冷(小冰期);1911 年以后再次转为温暖。中国的冷、暖阶段变化也大致与之对应,其中北半球"罗马暖期"和"中世纪暖期"在中国都可以找到对应的暖期(分别是从公元前延续至公元 200 年的"两汉暖期"和公元 941—1300 年的"两宋暖期",但在暖期的起止时间、温暖程度上存在一定差异),特别是后者,鼎盛时段的温暖程度很可能并不逊于 20 世纪;此外,中国还可以识别出一个显著的"隋唐暖期"(公元 551—760 年)。中国公元 1320—1900 年的冷期与北半球其他区域存在的小冰期大致对应。

从世界各大洲看(图 3-27),中世纪的较暖阶段和小冰期(LIA)的相对低温在世界各地均有所反映,但与经典的"中世纪暖期"(Medieval Warm Period,MWP)认识不同,各地温暖的时间和程度是不同步的,可能偏暖和偏冷的区域并存,因此被称为"中世纪气候异常期"(Medieval Climate Anomaly,MCA)。

因此,从过去 2000 年的温度变化看,20 世纪暖期是周期出现的百年尺度温暖时段的其中之一。20 世纪的变暖速率和幅度在过去 2000 年中虽十分显著,但有其自然背景,其中至少可能包含有百年尺度上的从小冰期到暖期的自然气候转折的影响,而不一定完全是人类活动导致的温室效应增强造成的。北半球的多数序列和中国温度变化序列均显示中世纪的最暖百年和最暖 30 年的温度均与 20 世纪持平或略高,证明 20 世纪温暖程度在过去 2000 年中并非空前。IPCC 第五次评估报告也在确认“对北半球平均而言，1983—2012 年很可能是过去 800 年最暖的 30 年，也可能是过去 1400 年最暖的 30 年”的同时，指出：从洲际尺度看，在多年代尺度上，中世纪至少有部分地区的温暖程度与 20 世纪中叶或 20 世纪后期相当。与 IPCC 第四次评估报告的“公元 950—1100 年北半球气候较为温暖，公元 1450—1900 年寒冷，20 世纪（特别是最后几十年）的温暖程度可能已超出过去 1300 年的任何时期”相比，这一新结果在可信度和对区域差异的认识上均有了显著进展。

3.4.2 20 世纪暖期变暖机制与中世纪暖期相比的独特性

尽管历史时期曾经出现与现代温暖程度相近的暖期，但 20 世纪暖期也有与历史暖期（如中世纪暖期）不同的地方。中世纪暖期的变暖在空间上存在幅度和位相差异，20 世纪的气候变暖在时间和空间上都表现出强烈的一致性，而中世纪暖期在时间和空间上都不太同步。如在中世纪暖期（约 950—1250 年），中国东部尽管都有显著的温暖时段，但东北地区和东中部地区的暖期出现时间却不尽一致，同期青藏高原的温暖程度却极弱；类似特征在北半球的各大洲也同样存在。

这种差异可能反映了两个温暖气候形成机制的差异（Liu et al.，2013）。利用地球系统模式，能够较好地模拟过去 2000 年几个重要时段（如罗马暖期、中世纪暖期、小冰期、20 世纪暖期）的气候特征及其驱动机制。模拟结果显示，工业革命之前的中世纪暖期人类活动对自然系统扰动较小，主要受太阳短波辐射变化的影响；短波辐射在到达地球后，通过加热下垫面，特别是被海洋吸收后，再发射长波辐射加热大气，这一物理机制称为“海洋恒温机制（thermostat mechanism）”；由于地球下垫面具有显著的不均质性，因而导致变暖出现非均匀特征。而 20 世纪暖期则可能在自然的背景下叠加了人类活动的强烈影响，主要由温室气体和太阳辐射变化的共同作用所引起，受温室气体浓度大幅升高的控制，温室气体在大气中随大气环流均匀扩散并吸收长波辐射直接加热大气，因此气候变暖在全球具有较强一致性，这一机制称为“大气稳定机制（stabilization mechanism）”。

模拟还显示，自然和人为因子引起的气候变暖都会导致全球平均降水量增多，但增加幅度和影响区域差异显著（Liu et al.，2013）。同样是温度上升 1 ℃的情景下，中世纪暖期在自然因子（太阳辐射增强）强迫下的降水增加量（2.1%）比 20 世纪暖期在人为因子（主要是温室气体增多）强迫下的降水增加量（1.2%）大近 1 倍。在中世纪暖期，全球大部分区域的降水都有增加；而在 20 世纪暖期，降水只是在赤道区域增加较为明显，但其邻近区域的降水却显著减少——换言之，本来就比较湿润的区域会变得更加湿润，而相对干旱的区域则更加干旱。这是由于中世纪暖期在海洋恒温机制作用下，热带太平洋海表温度分布类似于拉尼娜态势，使得东西向的海表温度（SST）梯度增大，气压梯度相应增大，导致赤道东风和沃克（Walker）环流加强，有利于水汽向热带季风及暖池区的辐合，使得全球降水量显著增大。而 20 世纪暖期在人为因子强迫下，尽管也受下垫面分布不均匀影响，且在增暖背景下大气底层增温强，对流层中上层增温弱；但模拟结果显示：与中世纪暖期相比，因温室气体吸收长波辐射加热大气相对均匀，所以对全球平均而言，20 世纪暖期大气上、下层间的温度梯度较中世纪暖期小、稳定度增大，这削弱了沃克环流，导致水汽辐合较中世纪暖期弱；因而使得 20 世纪暖期的降水增幅小于中世纪暖期。

3.4.3 20 世纪暖期在全新世的历史地位

全新世始于寒冷的新仙女木事件（距今 1.29 万～1.15 万年）之后。全新世期间，在经历了全新世之初与气候变暖相伴的冰川快速消融、海平面上升、植被与土壤带北进等显著变化后，地球系统的状况已与现代接近，大气 CO_2 体积分数回升到 280 ppm 左右，作为全球气候系统中快变量的大气-海洋-冰雪系统进入一种新的相对稳定状态，即已维持了近 1 万年的间冰期环境，是第四纪以来万年尺度上相对温暖的间冰期的代表。

一般认为，全新世可分为早期变暖、中期温暖和晚期转冷 3 个阶段，但不同地区对各个阶段划分的时间节点和冷暖程度有不同观点。其中，全新世中期一般称为“全新世大暖期”（Holocene Megathermal）或“全新世暖期”（Holocene Maximum）、“气候最适宜期”（Climate Optimum）等，其温暖程度规定了维持过去上万年来全新世温度变化状态或稳定地球路径的自然阈值的上限。20 世纪全球变暖是在从温暖的全新世中期到晚期变冷的大背景下发生的，如果全新世存在较现代或工业革命前高2 ℃以上的暖期，则意味着未来全球变暖 2 ℃尚在全新世气候自然波动的幅度之内；否则，温度超过 2 ℃阈值意味着超过了全新世自然变化的幅度，全球气候不稳定的风险将大幅度增大。

在 2000 年之前，一般认为全新世中期是一个较现代更为温暖且相对稳定的时期。在 1990 年 IPCC 第一次评估报告所给出的主要源于欧洲的全新世气候序列中，明确地显示全新世暖期（Holocene Maximum）的存在，在距今 7000～4000 年温度高于现代的平均值，最温暖的距今 6000 年前后的温度较现代高 2 ℃以上（图 3-29）。与此对比，20 世纪以来的升温尚在全新世温度波动幅度之内。

但 2007 年 IPCC 第四次评估报告所给出的结果已不再支持全球存在一致全新世暖期的观点。如果以每个地区最暖的时段来定义各个区域的全新世暖期的话，世界不同地区最暖时段不尽相同，温暖程度也存在显著的区域差异；如果把全新世暖期看作是全球气候系统在特定时段的一种状态，则全新世暖期不意味着全球各地都在此时段最暖，不同区域的变化趋势甚至可能是相反的。如格陵兰冰芯记录显示温度峰值出现在距今 8600 年前后，有些地区最温暖的时间不在全新世中期，而是出现在全新世早期；从温暖程度看，暖期最盛期只在某些区域存在高于现代 2 ℃以上的情况，北半球中纬度的中国东部、美国大部分地区，温度高出现代 2 ℃以上；高纬度的欧洲北部、北美洲北部也较今温暖；南半球中纬度的塔斯马尼亚气温高出现代 2 ℃以上；但低纬度的太平洋、北印度洋海域气温可能较今偏低

(图 3-29)。无全球一致的全新世暖期可能意味着 20 世纪全球一致性变暖驱动机制可能与全新世不同。

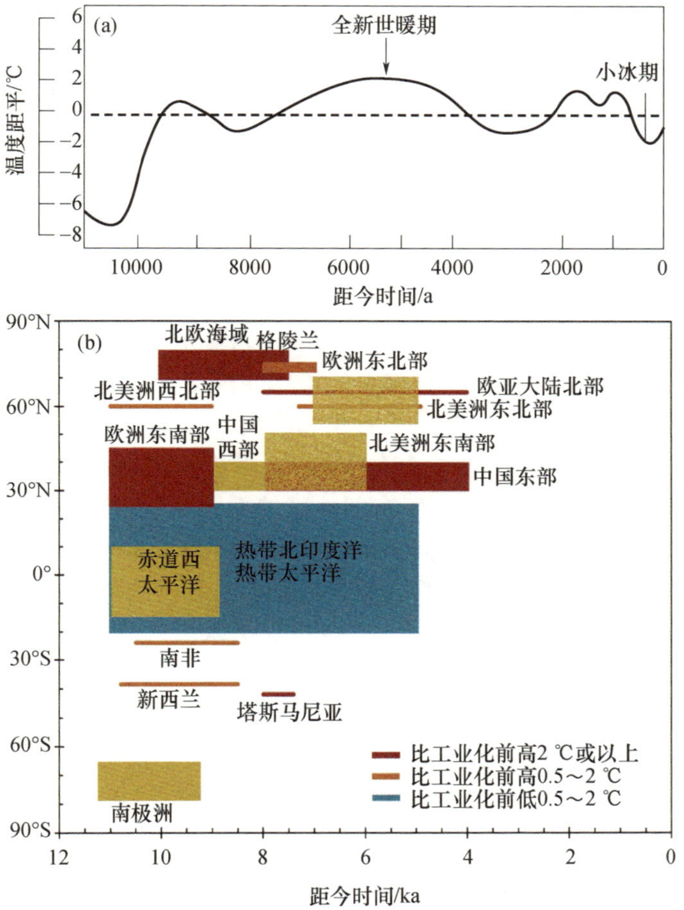

图 3-29　IPCC 第一次和第四次评估报告引用的全新世暖期(IPCC,1990,2007)

(a)IPCC 第一次评估报告引用的过去 1 万年气候变化序列;(b)IPCC 第四次评估报告给出的世界各地在过去 1 万年中的温暖时段及温暖幅度

21 世纪 10 年代以后,各利用代用资料重建的全新世全球平均温度结果均认为,全新世中期暖期的温暖程度不超过 1 ℃。Marcott 等(2013)用全球 73 个点的代用资料重建的全球高温期在距今 9500～5500 年,全球平均温度最高时只比现代(1961—1990 年)平均高 0.2～0.3 ℃,较工业革命前高不到 1 ℃;Kaufman 等(2020)集成重建的全新世全球平均温度和 Bova 等(2021)重建的全球中低纬度地带年平均 SST 均表明,全新世全球年平均温度变化幅度可能不超过 0.5 ℃,Kaufman 等(2020)认为大约距今 7000 年以来温度持续缓慢降低到 20 世纪变暖之前,而 Bova 等(2021)认为自全新世初到现代全球中低纬度地带年平均海表温度持续上升。IPCC

(2021)第六次评估报告认为，距今约 6500 年前的全新世暖期中数百年平均温度比 1850—1900 年高 0.2～1.0 ℃；而 2011—2020 年的平均温度可能高于此值，已位于 12.5 万年前末次间冰期中数百年平均温度的估计区间(较 1850—1900 年平均高 0.5～1.5 ℃)(图 3-25)，这意味着近现代的全球变暖已显得十分异常。

中国对全新世暖期温暖程度的认识过程与国际上相似。竺可桢(1972)基于考古证据，最先估算距今 5000～3000 年前的温度较今高 2～3 ℃。施雅风(1992)依据孢粉、冰芯等多种证据把中国的全新世大暖期划定为距今 8500～3000 年，最温暖时段在距今 6000 年，全国平均温度较今高 2～3 ℃，其中长城以北地区高 3 ℃以上，长城至长江之间高 2～3 ℃，江南地区高 1～2 ℃。王绍武等(2000)估算全新世暖期全国平均温度比现代高出 2 ℃以上。其后对全新世暖期全国平均温暖程度估算的幅度逐步降低，方修琦等(2011)重建的全新世温度序列显示，全新世暖期的盛期出现在距今 8000～6400 年，尽管在百年分辨率的原始序列中存在百年温度高于现代 2～3 ℃的情况，但 300 年滑动平均后最暖百年较现代高 1.5 ℃。吴海斌等(2017)重建的全新世中期中国年均温度比现在高约 0.7 ℃，最冷月温度高约 1 ℃，最热月高约 0.5 ℃。从分区看，东北地区和中部、东部地区的不同年代重建结果的一致性较好，东北地区全新世暖期最暖，比现代高出 3～4 ℃，中部、东部地区比现代高 2～3 ℃；青藏高原地区也存在一定争议，除去部分奇异值后结果显示比现代高出 3～4 ℃；东南地区因为序列太少而难以对比；西北地区各重建结果之间的差异最大，难以有一个较一致的结论。就中国整体而言，20 世纪暖期的温暖程度尚在全新世自然变化范围之内。

总之，自进入 21 世纪以来，全球和中国对全新世暖期温暖程度的估算有越来越小的趋势。但其中仍然存在很大的不确定性，半球或中国全国的估算结果与区域重建结果之间存在矛盾。与早期以孢粉等低分辨率证据相比，后期使用更多的是同位素、化学元素等高分辨率的指标和集成重建的方法，重建方法的多样性在具有相互验证功能的同时，也为结论带来了更大的不确定性；代用资料类型和重建方法对重建结果的可能影响仍有待进一步分析。

全新世期间，存在千年及其以下多个时间尺度的周期变化。其中，千年尺度变化是认识 20 世纪全球变暖的背景。在千年尺度上，全新世气候变化以 Bond 等(1997)根据北大西洋深海沉积物中的冰漂沉积(ice-rafted debris，IRD)辨识出的约 1500 年周期最为显著，1500 年周期的突出标志是自新仙女木事件以来存在的 9 次冷的气候事件(编号 0～8)，分别出现在距今 11100、10300、9500、8200、5900、4300、2800、1400 和 400 年。对距今 10000 年以来中国百年尺度的寒冷事件分析表明(方修琦 等，2004)，寒冷时段按持续时间存在长(400～800 年)和短(100～200 年)两类，其时间分布呈一长一短交替出现的特点，将每个长寒冷时段一般存在的两个冷谷分别视为一个事件，则两个相邻寒冷事件的平均时间间隔约 500 年，间隔一个事件的两个寒冷事件之间的平均时间间隔约 1000 年；包括一长(400～800 年)一短(100～200

年)两个寒冷时段的一个气候旋回约 1300 年(对应于 Bond 等(1997)的 1500 年冷暖变化周期)。从 1300～1500 年周期看,类似过去 1000 年的温度变化只一次地发生过,气候突然转折的过程也不只是过去 100 年才有的。20 世纪暖期前的明清小冰期(对应小冰期)是长(400～800 年)寒冷事件,与此相当的前一个冷期是魏晋南北朝冷期(对应黑暗时代冷期),因此,历史上与 20 世纪暖期相近的暖期可能是持续 200 年左右的隋唐暖期(公元 6 世纪 70 年代至 8 世纪 70 年代);而从百年尺度的温暖程度上,20 世纪暖期已与基本未受人类活动影响的隋唐暖期相当。

3.4.4 新生代以来其他长时间尺度上的暖期

以温度为代表的地球表面热力环境演化是不同尺度上地球气候变化的基本表现形式。除中世纪暖期和全新世暖期外(图 3-25),还有出现在地质历史上各个更长时间尺度上的暖期,尽管这些时间尺度上暖期的边界条件、造成温暖的驱动力和内部相互作用机制可能不同于现代,但对理解 20 世纪暖期及地球气候系统的特征同样有借鉴意义。

在第四纪冰期-间冰期旋回中(图 1-38),末次间冰期(距今 12.9 万～11.6 万年)是在 10 万年周期旋回中距现代间冰期(全新世)最近的暖期,当时温室气体含量与工业革命前相似,全球平均温度较工业化前上升可能不超过 2 ℃,高纬度升高超过2 ℃,最大全球海平面比现代至少高 5 m,但是没有超过 10 m,最佳估计较目前高 6 m。

在进入第四纪冰期之前的上新世中期(330 万～300 万年前)(图 1-37),当时大气中 CO_2 的浓度为 350～450 ppm,全球平均表面温度较工业化前高 1.9～3.6 ℃,高纬度和北冰洋升温幅度更大,北极冰盖尚未形成,全球海平面较现代要高,在最暖期较现代海平面不会高过 20 m。

新生代最暖的时期是古新世—始新世之交(约 5500 万年前)的"极热事件"(Palecene-Eocene Thermal Maximum,PETM)(图 1-37),地球处于全球无冰的状态,全球平均温度较工业化前高 9～14 ℃,高纬度和北冰洋升温幅度更大。当时,大气中 CO_2 浓度超过 1000 ppm,异常偏高的 CO_2 浓度可能来自于全球大陆坡天然气水合物(CH_4)的分解释放。在此之后的漫长地质时期,地球气候呈变冷趋势,但到 300 万年前,地球温度大部分时间高于现代 4.0 ℃以上。

3.5 未来全球气候变化情景

在人们关心的年代到百年时间尺度上,影响未来气候变化的因子包含自然强迫和人为强迫,同时自然气候系统的低频变率仍可能影响未来年代至百年尺度气候变化趋势。影响未来气候变化的外在自然强迫因子主要包括太阳输出辐射的变化、火山活动强度和频率的变化,未来几十年到 100 年的气候变化必然受太阳活动和火山活动的影响,但准确地预测其如何影响尚难以做到。

目前学术界给出的未来全球气候变化是人为温室气体增加后可能造成的全球气候变化情景。这体现了在现有科学认识水平下，人们对未来气候变化趋向的基本判断。值得注意的是，由于未来人类碳排放量、地球系统对碳吸收能力等都存在不确定性，同时受对气候变化机制认识水平、模式模拟能力等诸多因素的限制，目前对未来全球气候变化的情景预估仍存在很大的不确定性。特别是当前对未来气候变化的预估是以地球系统尚未超过临界状态为前提的，而人类活动所引发的环境变化可能已经在诸多方面严重干扰了过去几十万年中地球系统建立起的平衡（如温室气体的含量），这种变化是否已经或能够超过临界状态，从而导致一场无可挽回的环境巨变，目前尚无法给出答案。

3.5.1 气候敏感度

《科学》(*Science*)杂志评选的 2020 年十大科学突破之一是全球气候敏感度（孙颖，2021）。地球的全球“气候敏感度”是衡量地球气候对温室气体排放等人类活动敏感性的基本度量指标，一般指大气中二氧化碳浓度持续上升达到 2 倍时的辐射强度所产生的全球平均温度变化。以上定义的敏感度所关注的是二氧化碳加倍前后气候在平衡状态时的差异，也被称为“平衡态气候敏感度（Equilibrium Climate Sensitivity，ECS）”，主要用于与气候系统能量收支相关的研究。作为估计气候如何对辐射强迫做出反应的一个重要量，气候敏感度是回答“如果人类不断排放温室气体，地球将会变得有多热？”问题的关键，气候敏感度的值越高，意味着温室气体排放对全球气温的影响程度越大，升温越高、越快。

最初讨论二氧化碳与气候变化之间关系的人并非气象学家，但他们对气候变化都很感兴趣（斯潘塞·R. 沃特，2008）。在 19 世纪中期以后，关于第四纪冰期气候的成因是一个广受关注的科学问题，曾提出了诸多假说，其中之一就是大气二氧化碳含量变化。1861 年，丁达尔（John Tyndall）发现大气中含量很少的水汽和二氧化碳等能够产生温室效应，它们的微小改变能够引起气候变化。1896 年，瑞典化学家阿累尼乌斯从温室效应的原理出发讨论二氧化碳变化对气候变化的影响，认为大气二氧化碳含量减半可导致地球 5 ℃的降温。他同时注意到人类活动导致大气二氧化碳含量增加的现象，并做出了如果大气 CO_2 加倍将使地球温度升高 5～6 ℃的气候预估。但那时候每年煤炭燃烧所排放的二氧化碳仅能造成大气二氧化碳含量千分之一的增加，人为碳排放的加倍无论如何需要上千年的时间。1938 年，英国工程师卡伦德（Guy Stewar Callender）把观测到的 20 世纪前期升温与大气温室效应增强联系起来，认为人为排放的大气二氧化碳浓度上升导致了全球气候变暖。但卡伦德的结论遭到了包括时任英国气象局局长乔治·辛普森爵士（Sir George Simpson）的强烈质疑，温度与二氧化碳含量同步上升被认为只是巧合。其后的几十年中，气候也未如卡伦德所预期的那样继续变暖，而是变冷了。第二次世界大战后，二氧化碳与气候变化之间关系的问题再次受到关注。研究红外辐射的美国物理学家吉尔伯特·普拉斯出于对冰期气候之谜的兴趣，利用业余时间研究二氧化碳在大气中如何吸收红外辐射。1956 年，普拉斯计算出如果大气中的二氧化碳含量翻倍，地表气温将会上升 3.6 ℃，如果含量减半，气温将下降 3.8 ℃。普拉斯认为，化石燃料和森林破坏所排放的二氧化碳只有一部分被海洋等吸收，留在大气中的二氧化碳对地表能量平衡产生影响，并最终改变气候。普拉斯指出，人类会导致全球平均气温以 1.1 ℃/100a 的速度上升，他推断，如果到 20 世纪末气温升高且二氧化碳含量也升高，则可肯定二氧化碳增加是引起气候变化的主要因素。

1979 年，美国国家科学院发表了由著名气象学家 Jule Charney 领衔的科学报告《二氧化碳和气候》，肯定人为二氧化碳排放导致升温，Charney 等估算的平衡态气候敏感度为 1.5～4.5 ℃，这是一个被国际学术界广泛认同的估计值，亦被 IPCC 评估报告所采用。3 ℃的幅度体现了科学界对温室气体排放对全球气温的影响程度认识的不确定性，缩小气候敏感性的范围一直是国际科学界关注的焦点。对气候敏感度认识的不确定性直接影响采取人类减排的行为，因为气候敏感度的大小直接决定了预估的未来气候变化的幅度，同时也决定了特定温升目标下的碳排放空间。如果气候敏感度的值很高，就意味着地球气温对温室气体排放的响应很大，未来碳排放的空间就低，人类社会的减排压力会更大；如果值很低，就意味着响应很小，温室气体排放的影响不大。对生态系统和人类社会适应气候变化来说，气候敏感度越高，适应的难度就越大。

2020 年是气候敏感度研究的一个里程碑，全球 25 位顶级科学家给出的气候敏感度范围缩小至 2.6～3.9 ℃，这意味着二氧化碳倍增可能升温的下限为 2.6 ℃，但增温不至于高于 4.5 ℃。这一评估结果的证据主要来自三个方面(孙颖，2021)：①现代气候的变暖程度，19 世纪以来全球平均温度已上升了 1.1 ℃；②对过去气候变化的认识，在 2 万年前末次冰期最盛期大气中二氧化碳的浓度不到现代的一半，冰川覆盖了欧洲和北美高纬度的绝大部分地区；在 300 万年前的温暖期大气中二氧化碳的浓度与现代相似，北极地区的冰盖尚未出现，由古气候推断的气候敏感度为 2.5～3.2 ℃；③对气候反馈过程的最新理解，其中最重要的进步是关于云反馈过程对全球气温影响的认识，这被认为是气候敏感性不确定范围的重要来源。云反射阳光或捕获热量，从而使地球冷却或者加热，抑制或放大全球变暖。得到卫星观测支持的高分辨率的云模式发现，云反馈是正反馈，全球变暖使得可以遮光的低云变得稀薄了，云变薄使变暖更为加剧。原因在于，更高的气温使得更多的干空气渗透薄的云，阻止它们变厚；同时，更多的二氧化碳捕获了云顶附近的热量，将热量滞留在云层的顶部，从而抑制了能使更多云层形成的湍流。

“气候敏感度”关注的是二氧化碳浓度加倍后的平衡态，而不管如何到达平衡态。但是，历史气候变化以及在不同情景下预估的未来变化都不能看作平衡态，尚未达到平衡态(瞬态)时的“气候敏感度”用“瞬态气候响应(Transient Climate Response，TCR)”来描述。累积二氧化碳排放的瞬态气候响应指的是在 CO_2 的浓度以每年 1% 速度上升的情景下，CO_2 浓度上升到基准态两倍时的前后各 10 年内全球地表温度的平均值与基准态的差，该指标刻画的是全球温度对从工业革命以来人为二氧化碳累积排放的敏感性，包含了累积二氧化碳排放滞留在大气中份额的信息和瞬时气候响应的信息，主要用于碳排放及其相关影响的研究。

平衡态气候敏感度由 CO_2 的有效辐射强迫和气候反馈决定，是气候系统在二氧化碳浓度加倍下最终达到新的完全平衡时的温度变化，这个过程可能需要上千年。而累积二氧化碳排放的瞬态气候响应，是累积二氧化碳排放每增加 1000 Gt 时全球平均近地面温度的变化，这个升温涉及的尺度在几十到上百年。瞬态气候响应的气候系统并没有达到完全平衡，由于海洋巨大的热惯性，即使 CO_2 浓度达到基准的两倍后不再上升，变暖依然会继续直至达到新的辐射平衡，因此平衡态气候敏感度大于瞬态气候响应。

IPCC(2021)第六次评估报告给出的平衡态气候敏感度最佳估计值是 3 ℃，可能的范围为 2.5～4.0 ℃，比第五次评估报告 1.5～4.5 ℃范围明显缩小。IPCC 第六次评估报告再次确认累积碳排放与全球平均升温存在近似线性关系，具体是每排放 1000 Gt CO_2，全球平均温度升高 0.27～0.63 ℃，最佳估计为 0.45 ℃。相对于第五次评估报告的估算结果(0.22～0.68 ℃/1000 Gt CO_2)，不确定性范围更小。

3.5.2 历史累积碳排放与升温目标之间的关系

3.5.2.1 累积碳排放和全球平均温度变化之间的关系

累积碳排放和全球平均温度变化之间存在较一致的线性关系，并且这一关系受碳排放路径的影响很小(图 3-30)，在升温达到峰值之前都非常稳定，这是单位 CO_2 产生的辐射强迫随浓度升高而减小与碳汇吸收 CO_2 效率随浓度升高而降低相互抵消的结果。当累积碳排放达到峰值(零排放)时，全球气温也几乎达到峰值，这是因为海洋热惯性导致的持续增暖与碳汇对大气 CO_2 持续吸收的效果在一定程度上相互抵消，最终抵消的结果决定了温度继续上升、持平或是缓慢下降。

3.5.2.2 不同温升目标下的累积碳排放空间

根据累积 CO_2 排放和全球平均表面温度响应的近似线性关系，任一给定的变暖水平都对应一定的累积 CO_2 排放范围(图 3-31)，IPCC 第六次评估报告指出，二氧化碳累积排放每增加 1000 Gt 可能导致全球表面温度升高的最佳估计为 0.45 ℃(0.27～0.63 ℃)。由累积 CO_2 排放可以预估全球气候变化的幅度。而在限定某一温升目标下，累积碳排放也必然受限，由累积碳排放和温升之间的关系可估算剩余的碳排放空间。

根据累积二氧化碳排放的瞬时气候响应和温升幅度之间的关系，恒定的全球平均温度响应对应累积碳排放不再变化，实现人为二氧化碳的净零排放是控制人为温

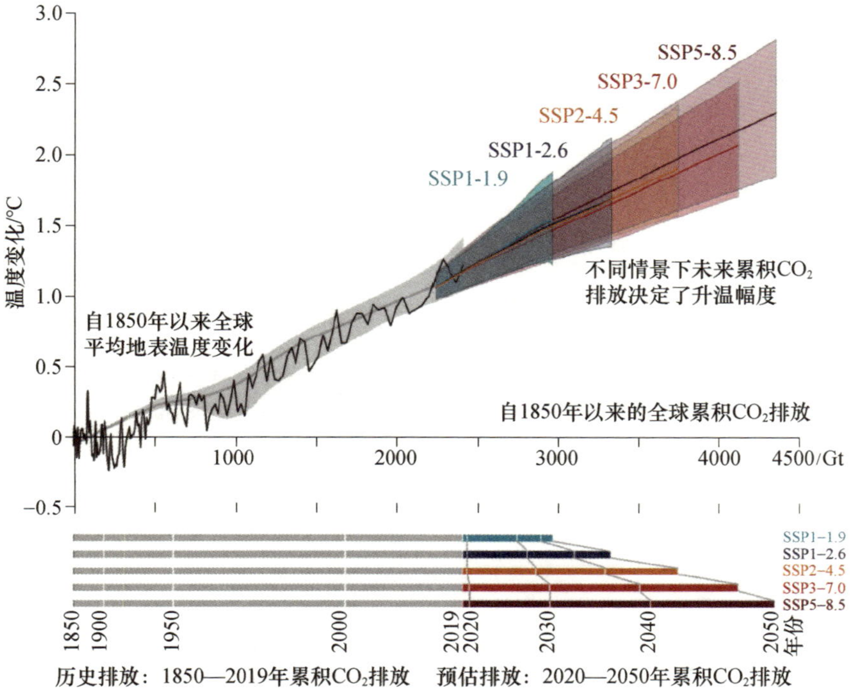

图 3-30　累积二氧化碳排放和全球温度升高的准线性关系（IPCC,2021）

（上图：历史资料（细黑线）显示从 1850—2019 年观测的全球平均表面温度距平（相对于 1850—1900 年）和历史累积二氧化碳排放的关系（彩色区域表示不同情景下预估的全球平均温度变化和累积二氧化碳排放的关系）；下图：历史和不同排放情景下预估的累积二氧化碳量）

升的必要条件，而将全球温升限制在某一水平，意味着确定的累积碳排放总量，扣除掉人类活动已经排放的部分，剩下的就是未来碳排放的空间。因此，限定控温目标下的累积碳排放是有限的。1850—2019 年累积排放 2390 Gt CO_2，要使可能的温升低于 2 ℃，在 50%可能性的情况下未来累积碳排放还有 1350 Gt CO_2 的排放空间，在 66%和 83%可能性的情况下还分别有 1150 Gt 和 900 Gt CO_2 的排放空间。而在 1.5 ℃温升目标下，在 50%可能性的情况下未来累积碳排放还有 500 Gt CO_2 的排放空间，在 66%和 83%可能性的情况下还分别有 400 Gt 和 300 Gt CO_2 的排放空间（图 3-31）。如果甲烷等非二氧化碳温室气体的排放不能得到有效控制，将会挤压二氧化碳的排放空间，剩余的二氧化碳排放空间还会进一步缩小。另外，伴随着碳的减排，气溶胶排放也将减少，这一方面有利于空气质量的改善，但同时也会造成增暖效应。

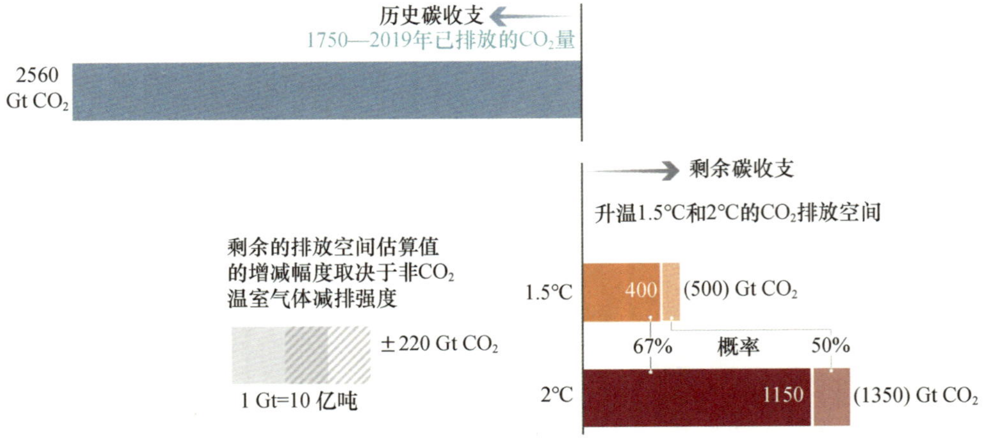

图 3-31　1850—2019 年累积二氧化碳排放和不同升温目标下的剩余碳排放空间(IPCC,2021)

3.5.3　未来人为排放情景及其累积碳排放

未来气候变化的预估以未来人类排放情景为基础。情景是对未来世界如何发展的可能性描述。未来社会经济变化和温室气体排放情景涉及未来社会、经济、技术的方方面面,需要对各种可能的发展状况加以定性或定量描述。其中,排放情景是指一系列事先人为规定的未来温室气体和硫酸盐气溶胶排放的情况;社会经济发展情景是对一系列影响温室气体排放的社会经济驱动因子(包括未来人口增长、经济发展、技术进步、环境条件、全球化、公平原则等)的假设。

1990 年以来,IPCC 不断更新与发展气候情景,先后提出了 SA90 情景(SA90)、IS92 情景(IS92)、排放情景特别报告(SRES)、典型浓度路径(RCPs)等温室气体排放情景;2010 年 IPCC 提出了共享社会经济路径(SSPs),以描述全球社会经济发展情景。从最初的维持社会经济状况不变到改变人口、经济等要素,再到 IS92 中简单设定高、中、低 3 种变化模式,并考虑能源、土地利用等相关的温室气体排放,直到最新的 SSPs 情景,IPCC 的气候变化情景由简单描述走向了定量化的评估,将原有的社会经济假设上升到情景的高度(表 3-1)

表 3-1　IPCC 气候变化情景的发展阶段与应用(姜彤 等,2020)

阶段	排放情景概述	相应的社会经济情景	特点/变化
SA90 情景及之前	考虑 CO_2 倍增或递增,特别是 CO_2 加倍试验,SA90 情景包括 A、B、C、D 4 种	所有的社会经济情景的人口和经济增长假设相同,只有能源消费不同	最早使用的全球情景,简单的温室气体浓度变化的描述和假设

续表

阶段	排放情景概述	相应的社会经济情景	特点/变化
IS92 系列情景	包含 6 种不同排放情景(IS92a 到 IS92f)，a、b、c、d、e 和 f 共 6 种排放情景中考虑了单位能源的排放强度	分别考虑了高、中、低的人口和经济增长及不同的排放预测，代表未来世界不同的社会、经济和环境条件	考虑了与能源、土地利用等相关的 CO_2、CH_4、N_2O 和 S 排放，预测未来温室气体和硫化物气溶胶排放的情况
SRES 情景	主要由 A1、A2、B1、B2 共 4 个情景“家族”组成，包含 6 组解释型情景(B1、A1T、B2、A1B、A2 和 A1F1)，共计 40 个温室气体排放参考情景	建立了 4 种可能的社会经济发展框架，考虑人口、经济、技术、公平原则、环境等驱动因子. 其中 A1 和 A2 强调经济发展，但在经济和社会发展程度上有所不同；B1 和 B2 强调可持续发展，但在发展程度上存在不同	温室气体排放预测与社会经济发展相联系. 出现情景族，表示有着相似的人口统计、社会、经济、技术变化情景的多个情景组合
RCPs/SSPs 情景	以典型浓度路径(RCPs)描述辐射强迫，包括 RCP8.5、RCP6、RCP4.5 和 RCP3-PD(通常取 2.6)4 种典型路径，每一个 RCP 代表一大类温室气体排放和 CO_2 浓度的情景，其中 RCP8.5 为持续上涨的路径，RCP6 和 RCP4.5 为没有超过目标水平达到稳定的 2 种不同路径，RCP3-PD 为先升后降达到稳定的路径	基于 RCPs 定义社会经济情景(SSPs)，可以包括人口增长、经济发展、技术进步、环境条件、公平原则、政府管理、全球化等影响因素。使用 RCPs 与 SSPs 组成矩阵的方式描述，体现辐射强迫和社会经济情景的结合，更好分析气候情景与社会经济的联系和影响	改变了过去先根据社会经济情景设定排放情景，然后在模式评估中应用排放情景的模式，不仅包括全球特征，还可以根据实际情况和需要设定区域特征，可以设定人为减排因素，为评估气候政策的效果提供了可能

IPCC 第五次评估报告之前，最为常用的是 IPCC 于 2000 年发布的“排放情景特别报告”(Special Report Emission Scenarios，SRES)，其中考虑了全球和区域的不同发展情况给出由 4 个具有相似的人口、社会、经济、技术变化的情景构成的 SRES 情景组合，包括 A1 高经济发展情景、A2 低经济增长情景、B1 全球可持续发展情景、B2 区域可持续发展情景。SRES 情景都不包括额外的气候政策干预，即不考虑由于执行《联合国气候变化框架公约》或《京都议定书》所产生的影响。

从 IPCC 第五次评估报告开始，采用世界气候研究计划(WCRP)耦合气候模式比较计划第五阶段模式(Coupled Model Intercomparison Project Phase 5，CMIP5)推荐的代表性浓度路径(Representative Concentration Pathways，RCPs)情景模式。不同情景以公元 2100 年相对公元 1750 年的直接净辐射强迫来区分，这 4 个 RCPs 大体对应一个导致低强迫水平的减排情景(RCP2.6)、两个稳定情景(RCP4.5 和

RCP6)和一个非常高的温室气体排放情景(RCP8.5)。①RCP8.5 情景。假定人口最多、技术革新效率不高、能源改善缓慢、收入增长慢,这将导致长时间高能源需求及高温室气体排放,但又缺少应对气候变化的政策,公元 2100 年辐射强迫因此上升至 8.5 W/m^2。②RCP6.0 情景。反映了生存期长的全球温室气体和生存期短的物质的排放,以及土地利用/陆面变化,导致到公元 2100 年辐射强迫稳定在 6.0 W/m^2。③RCP4.5 情景。公元 2100 年辐射强迫稳定在 4.5 W/m^2。④RCP2.6 情景。是把全球平均温度上升限制在 2.0 ℃之内,其中 21 世纪后半叶能源应用为负排放,辐射强迫在公元 2100 年之前达到峰值,到公元 2100 年下降至 2.6 W/m^2。与 SRES 情景相比,RCPs 情景代表了 21 世纪气候政策影响下的排放范围。RCP6.0 和 RCP8.5 情景下,辐射强迫至公元 2100 年还未达到峰值;RCP2.6 情景下,公元 2100 年辐射强迫已到峰值并开始下降;而 RCP4.5 情景下则至公元 2100 年开始稳定。

社会经济情景(SSPs)是基于 RCPs 定义的,其设定的共享社会经济路径既包含了人口、经济、技术水平等定量元素,又包含了社会发展方向、速度、水平等定性的元素,能够反映辐射强迫和社会经济发展之间的关联。当前 SSPs 的指标体系主要涵盖 7 个方面:①人口和人力资源:包括人口的出生率、死亡率、迁移率、增长率、性别与年龄结构、空间分布、城市化和教育水平;②经济发展:人均收入的增长率、国际收入分配、国内收入分配、经济结构、就业状况、国际贸易、全球化;③人类发展:贫困情况、能源可用性、食物安全、公共医疗和健康服务能力、公平和社会凝聚力、人类发展指数;④技术:研发投入、技术生产率、基础设施状况、能源领域供应部门的技术发展方向、能源强度、碳强度、技术转化率、技术可用性;⑤生活方式:消费类型、食物结构、价值观;⑥环境和自然资源:化石能源利用、自然资源利用、土地利用、农业生产率、环境污染、水资源可用性、土壤肥力;⑦政策和机构:国际合作、国际地位、环境政策取向、机构效率、政府管理质量、保险可用性。IPCC 已经确定了 5 个基础 SSPs 情景,每个 SSPs 代表一种社会发展模式,这些 SSPs 代表的社会发展模式能够完全涵盖之前已有情景中的假设。不同情景下对气候变化的影响不同,减缓和适应政策的成本与风险分析也存在差异。

(1)SSP1 为可持续路径,是充分考虑可持续发展和千年发展目标的路径。这一路径与 SRES 的 B1/A1T 情景类似,描述一个实现可持续发展的世界,具有低的气候变化减缓与适应挑战。

(2)SSP2 是中间路径,对应 SRES 的 B2 情景,全球维持当前的发展态势继续发展,面临中等的气候变化减缓与适应挑战。

(3)SSP3 是区域竞争路径,对应 SRES 的 A2 情景,描述一个缺乏协调、区域分化明显的世界,面临高的气候变化减缓与适应挑战。

(4)SSP4 为不均衡路径,类似于 A2 情景,该路径设想了国际和国内都高度不均衡发展的世界,面临高的气候变化适应挑战和低的气候变化减缓挑战。

(5)SSP5 是以传统化石燃料为主的发展路径,类似于 SRES 的 A1FI 情景,这一路径通过大量化石燃料的燃烧实现经济的快速发展，面临高的气候变化减缓挑战和低的气候变化适应挑战。

IPCC 的第六次国际耦合模式比较计划（CMIP6）提出了 SSPx-y 新情景（表 3-2）。这些 SSPx-y 情景，是基于不同的共享社会经济路径（SSPs）及最新的人为排放数据，并与到 2100 年时的辐射强迫幅度形成的矩阵组合。其中，SSPx-y 新情景中的 x 部分，是反映未来社会经济和技术发展的共享社会经济路径（SSPs），描述了在没有气候变化或者气候政策影响下，未来社会经济可能的 5 种发展路径；SSPx-y 新情景中的 y 部分，是体现未来气候（到 2100 年）辐射强迫幅度的典型浓度路径（RCPs），新情景中不但保留了前一次 RCPs 情景中的 4 种辐射强迫路径（2.6 W/m^2、4.5 W/m^2、6.0 W/m^2、8.5 W/m^2），还增加了 1.9 W/m^2、3.4 W/m^2 和 7.0 W/m^2 三种新的辐射强迫路径。

表 3-2　第六次国际耦合模式比较计划（CMIP6）的 SSPx-y 新情景（斯思 等，2020）

SSPx-y 情景	共享社会经济路径 x	辐射强迫路径 y	情景特点
SSP1-1.9 减缓情景	SSP1 可持续发展	1.9 W/m^2 低辐射强迫	SSP1-1.9 情景可支持把全球平均变暖控制在较工业化前水平 1.5 ℃以内的目标，该情景下土地利用变化显著（特别是全球森林面积显著增大）
SSP1-2.6 减缓情景	SSP1 可持续发展	2.6 W/m^2 低辐射强迫	SSP1-2.6 是更新后的 RCP2.6 情景，可支持把全球平均变暖控制在较工业化前水平 2 ℃以内的目标
SSP2-4.5 减缓情景	SSP2 中度发展	4.5 W/m^2 中等辐射强迫	SSP2-4.5 是更新后的 RCP4.5 情景，该情景下土地利用和气溶胶路径处于中等水平
SSP3-7.0 基线情景	SSP3 各国之间或国内不同领域之间不均衡地发展，弱约束限制	7.0 W/m^2 中高辐射强迫	SSP3-7.0 情景的土地利用变化是可持续的，该情景中的短寿命气候强迫物排放高
SSP4-3.4 减缓情景	SSP4 各国之间或国内不同领域之间不均衡地发展，强约束限制	3.4 W/m^2 低辐射强迫	SSP4-3.4 情景弥补了 RCPs 中 2.6 W/m^2 和 4.5 W/m^2 路径之间的空白
SSP4-6.0 减缓情景	SSP4 各国之间或国内不同领域之间不均衡地发展，中等约束限制	6.0 W/m^2 中等辐射强迫	SSP4-6.0 是更新后的 RCP6.0 情景，用于与 SSP4-3.4 进行比较，以研究不同全球平均辐射强迫路径对气候的影响
SSP5-3.4 减缓情景	SSP5 化石燃料驱动的发展	3.4 W/m^2 低辐射强迫	SSP5-3.4 情景在 2040 年以前沿着 SSP5-8.5 情景的路径发展，2040 年以后强制减排，人为排放迅速减少
SSP5-8.5 基线情景	SSP5 化石燃料驱动的发展	8.5 W/m^2 高辐射强迫	SSP5-8.5 是更新后的 RCP8.5 情景，是唯一可以使 2100 年人为辐射强迫达到 8.5 W/m^2 的共享社会经济路径

在各社会经济-辐射强迫情景下(图 3-32),除 SSP1-1.9、SSP1-2.6 和 SSP4-3.4 等少数情景在 21 世纪后期出现负排放外,其余情景的碳排放均表现为不同程度的增加;SSP2-4.5 和 SSP4-6.0 情景在 21 世纪中期达峰后下降到现代水平之下,在 2030 年后继续维持自主减排的排放路径可能与之相近;SSP3-7.0 及 SSP5-8.5 情景相当于继续保持现有排放或更高的排放的参照情景,碳排放量持续上升。

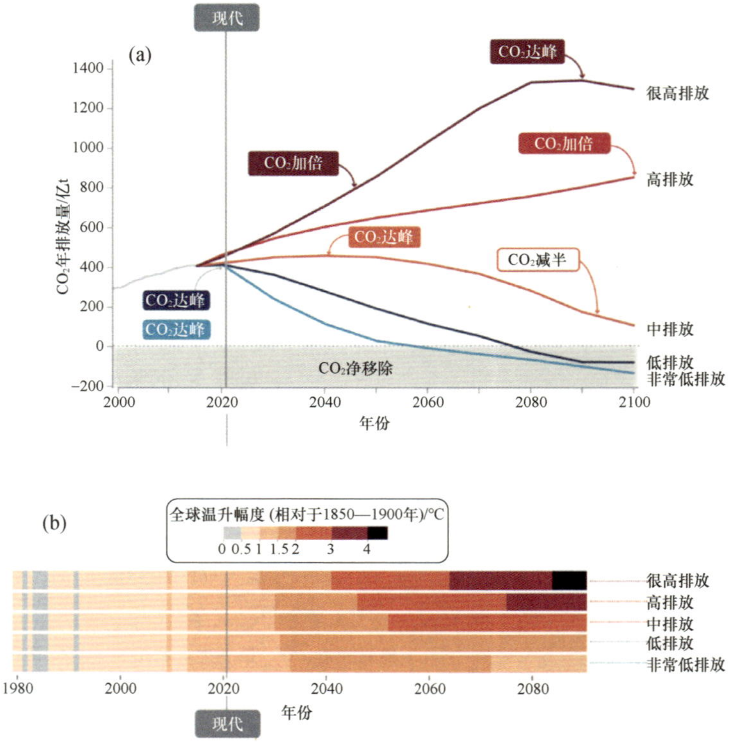

图 3-32 主要 SSPx-y 情景的温室气体排放及其气候影响(IPCC,2021)

(a)排放情景;(b)全球地表温度升高幅度

在 5 种给定的社会经济-辐射强迫情景下,21 世纪的累积碳排放随着排放强度的增加而增大,但陆地和海洋吸收的比例反而降低,大气中累积的温室气体含量都将随排放强度的增大而增加。1850—2100 年的累积碳排放在 SSP1-1.9 和SSP1-2.6 情景下分别有 70%和 65%被陆地和海洋吸收,能够满足升温 2 ℃以内的碳排放空间需求;在 SSP2-4.5 情景下有 54%被陆地和海洋吸收;在 SSP3-7.0 和 SSP5-8.5 情景下分别有 44%和 38%被陆地和海洋吸收(图 3-33)。

3.5.4 不同社会发展路径下的未来全球气候变化情景

3.5.4.1 不同社会发展路径下的 21 世纪升温幅度与气候系统状态

自工业革命以来,化石能源燃烧产生的二氧化碳被排放到大气中,已被认为是 20 世纪全球变暖的主要原因。假设没有大规模火山喷发和太阳辐射变化,基于不同

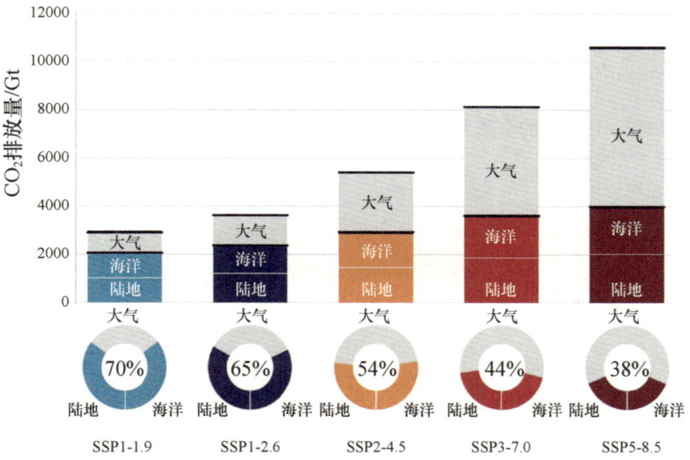

图 3-33 五种排放情景下 1850—2100 年累积人为碳排放及其被吸收和存留在大气中的比例(IPCC,2021)

的 SSPx-y 情景,利用气候模式可以对 21 世纪由于人类活动引起的全球气候变化进行定量估算。

在各社会经济-辐射强迫情景(SSPx-y)下,21 世纪的累积温室气体含量都将高于工业革命前(图 3-33),因此未来全球将进一步变暖,变暖的幅度取决于人类对社会经济发展路径的选择。只有在更低排放的社会经济发展情景(如 SSP1-1.9、SSP1-2.6、SSP4-3.4)下,才有可能在 21 世纪末将升温控制在 2 ℃甚至 1.5 ℃之内。

在 5 个给定的 SSPx-y 排放情景下(SSP1-1.9、SSP1-2.6、SSP2-4.5、SSP3-7.0、SSP5-8.5),21 世纪中叶前全球地表温度均将持续上升。与 1850—1900 年相比,在考虑极低温室气体排放情景(SSP1-1.9)下,全球表面温度更有可能在 21 世纪中期升温超过 1.5 ℃后于 2081—2100 年回落至升高 1.4 ℃(1.0～1.8 ℃),在中间情景(SSP2-4.5)下升高 2.7 ℃(2.1～3.5 ℃),在极高温室气体排放情景(SSP5-8.5)下升高 4.4 ℃(3.3～5.7 ℃)(图 3-34、表 3-3)。因此,除非二氧化碳和未来几十年的其他温室气体排放量会大幅减少,否则 21 世纪的全球升温将超过1.5 ℃和 2.0 ℃。而如果 2030 年之后各国延续国家自主贡献承诺减缓力度的全球自主减排的延续情景,预估 2100 年全球温度上升幅度为 2.6～4.3 ℃(中值 3.2 ℃)(相对于工业化前)。

在 5 个 SSPs-RCPs 情景中,所有情景下全球温度将在 2021—2040 年达到或超过比工业革命前高 1.5 ℃的水平,2021—2040 年全球平均温度升高非常可能的范围是 1.2～1.9 ℃。如果快速减少温室气体排放,在 2050 年前后实现二氧化碳净零排放,SSP1-1.9 情景下能够将 21 世纪升温幅度控制在比工业革命前(1850—1900 年平均)高 1.5 ℃以内,多半可能的是,全球平均温升幅度将低于 1.6 ℃,并在 21 世纪末下降到 1.5 ℃，非常可能的是到 21 世纪末全球平均温升幅度被控制在 2 ℃以内；SSP1-2.6 情景下 21 世纪末的温升幅度多半可能在 2 ℃以内，其余 3 个情景下的温升幅度在 2041—2060 年就超过 2 ℃（表 3-3）。

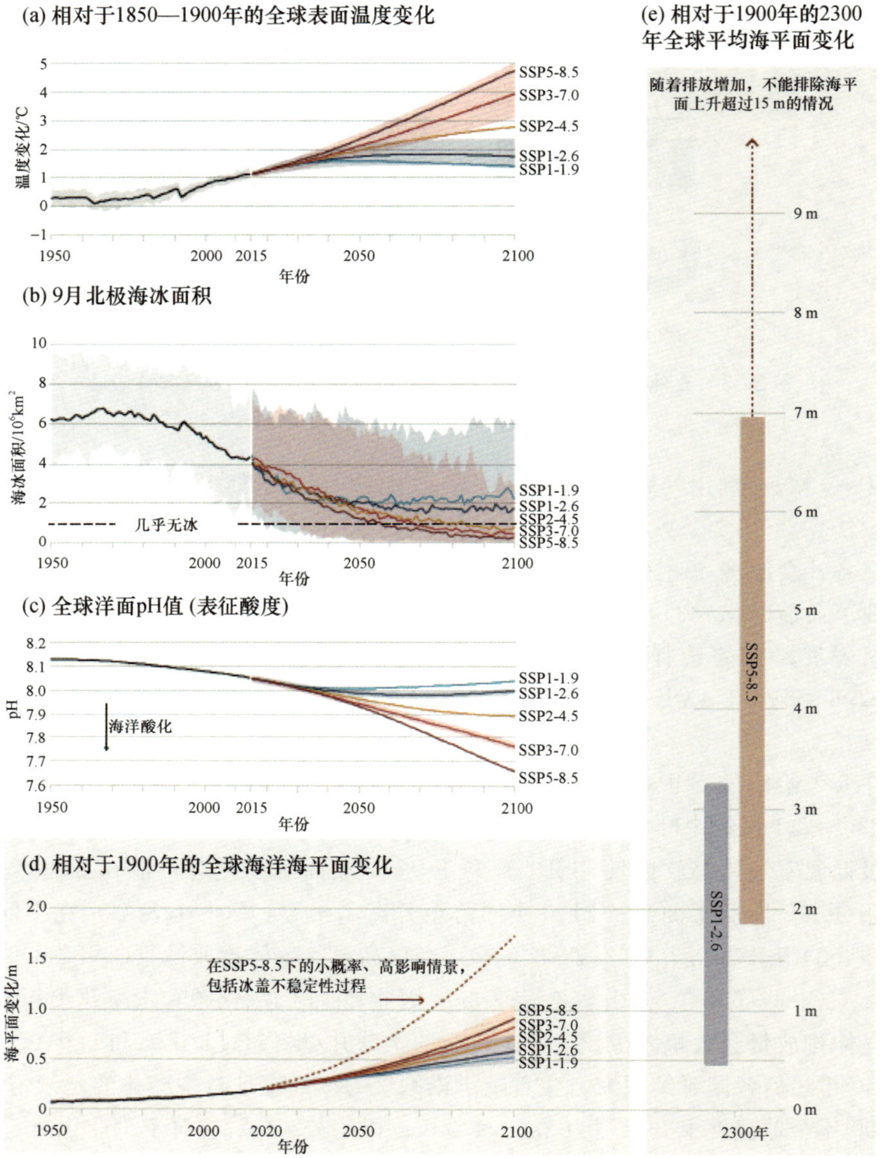

图 3-34　五种排放情景下的全球气候变化指标的未来变化

（黑色曲线表示历史模拟（图 a、b、c）或观测结果（图 d）。(a)相对于 1850—1900 年的全球表面温度变化；(b)基于 CMIP6 模型模拟的 9 月北极海冰面积；(c)基于 CMIP6 模式模拟的全球海洋表面 pH（酸度）；(d)相对于 1900 年的全球平均海平面变化；(e)相对于 1900 年，2300 年的全球平均海平面变化）

表 3-3 5 个排放情景下的 21 世纪全球表面温度变化(相对于 1850—1900 年平均)(IPCC,2021)

	近期(2021—2040 年)		中期(2041—2060 年)		远期(2081—2100 年)	
情景	最佳估值/℃	很可能范围/℃	最佳估值/℃	很可能范围/℃	最佳估值/℃	很可能范围/℃
SSP1-1.9	1.5	1.2～1.7	1.6	1.2～2.0	1.4	1.0～1.8
SSP1-2.6	1.5	1.2～1.8	1.7	1.3～2.2	1.8	1.3～2.4
SSP2-4.5	1.5	1.2～1.8	2.0	1.6～2.5	2.7	2.1～3.5
SSP3-7.0	1.5	1.2～1.8	2.1	1.7～2.6	3.6	2.8～4.6
SSP5-8.5	1.6	1.3～1.9	2.4	1.9～3.0	4.4	3.3～5.7

在全球地表温度相对于 1850—1900 年上升的空间分布上，陆地和高纬度地区升温更为明显，陆地表面的升温幅度可能是海洋表面的 1.4～1.7 倍；北极的变暖幅度将是全球变暖平均幅度的两倍以上(图 3-35)。

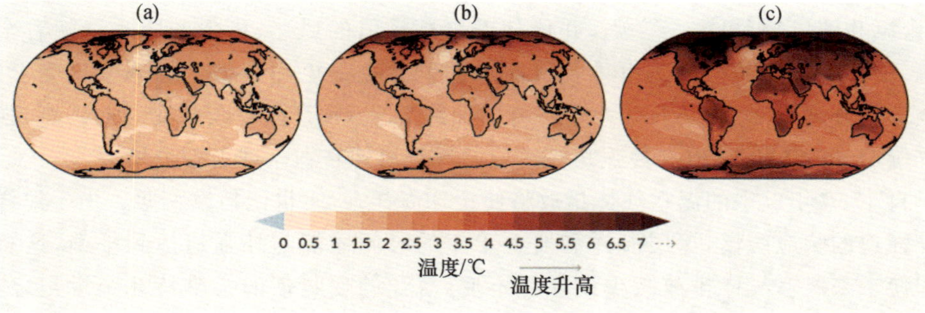

图 3-35 模拟的全球升温 1.5 ℃(a)、2 ℃(b)和 4 ℃(c)的年平均气温变化空间分布(相对于 1850—1900 年的 20 年平均)(IPCC,2021)

随着全球变暖，至 21 世纪末，年平均降水量在高纬度和赤道太平洋地区可能增加，在中纬度和部分副热带干燥区域减少。整个 21 世纪，季风系统影响范围可能增大，季风区域降水可能增多，季风起始日期可能提前或变化不大，季风撤退日期可能延迟，在一些区域导致季风季延长。与 1995—2014 年相比，2081—2100 年极低温室气体排放情景(SSP1-1.9)下全球陆地年平均降水量将增加 0～5%，中等温室气体排放情景(SSP2-4.5)下将增加 1.5%～8.0%，极高温室气体排放情景(SSP5-8.5)下将增加 1%～13%。在 SSP2-4.5、SSP3-7.0 和 SSP5-8.5 排放情景下，预计高纬度、赤道太平洋和部分季风区降水量将增加，但副热带部分地区和热带部分地区降水量很有可能将减少；预计到 21 世纪下半叶，与厄尔尼诺-南方涛动相关的降雨变率很可能会放大。在不同的升温幅度下，预计全球范围的中期和长期季风降水将增加(图 3-36)，特别是在南亚和东南亚、东亚和西非，除了非洲北部的萨赫勒地区。

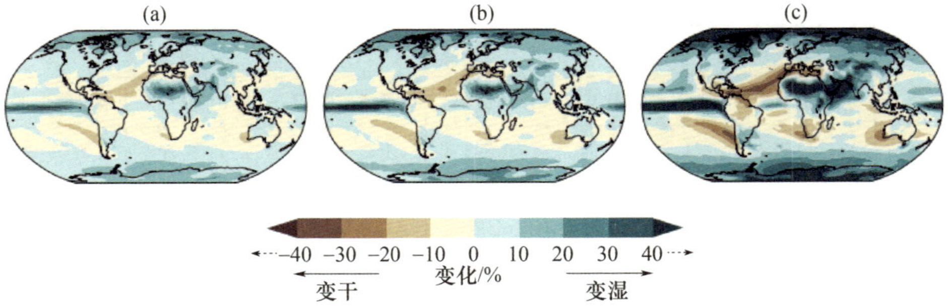

图 3-36　模拟的全球升温 1.5 ℃(a)、2 ℃(b)和 4 ℃(c)的年降水量变化空间分布(IPCC,2021)
(相对于 1850—1900 年的 20 年平均)

一般认为,随着全球平均温度的升高,未来高温热浪事件和强降水事件的发生频率可能会持续上升,而低温寒潮等冷事件发生的频率可能下降。多数陆地区域极端高温事件将更加频繁、持续时间更长。随着热带海洋表面水温上升,未来热带气旋(台风和飓风)也可能会变强,并伴随着更高峰值的风速、更强的降水。随着全球变暖,大多数地区的强降水事件很可能会加剧并变得更加频繁。在全球尺度上,预计全球每升高 1 ℃,极端日降水事件将增加约 7%。预计随着全球变暖的加剧,强热带气旋(4～5 级)的比例和最强热带气旋的峰值风速将在全球尺度上增大。

自 1750 年以来的温室气体排放将使全球海洋在 21 世纪持续变暖。由于海洋对于外强迫的响应缓慢,深层海洋需要上千年的时间才能与外强迫达到平衡,这意味着即使未来温室气体排放减少或保持不变,海洋的变暖依旧会维持几个世纪之久。在 21 世纪的剩余时间里,海洋变暖的幅度可能是 1971—2018 年变化的 2～4 倍(SSP1-2.6)到 4～8 倍(SSP5-8.5)。在 21 世纪海洋上层分层、海洋酸化(图 3-34)和海洋脱氧将继续,其速度取决于未来的排放。全球海洋温度、深海酸化和脱氧在百年到千年的时间尺度上,其变化是不可逆转的。

全球平均海平面在 21 世纪将继续上升(图 3-34)。相对于 1995—2014 年,2100 年全球平均海平面在极低的温室气体排放情景(SSP1-1.9)下可能上升 0.28～0.55 m,到 2150 年上升 0.37～0.86 m;在低温室气体排放情景(SSP1-2.6)下 2100 年全球平均海平面上升 0.32～0.62 m,到 2150 年上升 0.46～0.99 m;在中间温室气体排放情景(SSP2-4.5)下 2100 年全球平均海平面上升 0.44～0.76 m,到 2150 年上升 0.66～1.33 m;在极高温室气体排放情景(SSP5-8.5)下 2100 年全球平均海平面上升 0.63～1.01 m,到 2150 年上升 0.98～1.88 m。

21 世纪全球冰冻圈都将随着全球变暖而进一步退缩。到 21 世纪末,预估北极海冰范围全年都会减少(图 3-34),SSP2-4.5、SSP3-7.0 和 SSP5-8.5 排放情景下,21 世纪后期 9 月可能出现北冰洋几乎无冰的情况;到 21 世纪末,南极海冰范围和体积也将减少。高山和极地冰川未来在几十年或几个世纪内将继续融化,格陵兰冰盖和南极冰盖在21世纪的持续消融几乎是确定无疑的，由于冰盖过程存在很大的不确定性，不能排除全球平均海平面在高的温室气体排放情景（SSP5-8.5）下，到2100年上升接近2 m，到2150年接近5 m（图3-34）。

虽然较高的二氧化碳排放情景与较低相比，自然陆地和海洋碳汇在绝对值上预计会逐渐增大，吸收更多的二氧化碳，但它们的吸收效率会降低，陆地和海洋吸收的比例随着累积二氧化碳排放量的增加而下降。预计这将导致大气中残留的排放二氧化碳比例更高。在21世纪稳定大气CO_2浓度的中间情景（SSP2-4.5）下，陆地和海洋吸收CO_2的速率预计将在21世纪下半叶下降。在极低和低温室气体排放情景（SSP1-1.9、SSP1-2.6）下，大气CO_2浓度在21世纪达到峰值并下降，陆地和海洋也将随之吸收较少的碳，在SSP1-1.9情景下陆地和海洋到2100年变成弱的碳源。在没有净负排放的情景下，到2100年，全球陆地和海洋汇总体上成为源的可能性很小（SSP2-4.5、SSP3-7.0、SSP5-8.5）。

3.5.4.2 升温1.5 ℃和2 ℃气候系统状态的差异

根据IPCC《全球1.5 ℃增暖特别报告》（IPCC，2018）和第六次评估报告（IPCC，2021），升温1.5 ℃情景下，全球几乎所有地区平均气温相比工业化前大幅上升，在2 ℃升温下几乎所有陆地气温将升高；相比海洋，陆地升温幅度更大，北半球高纬度地区升温幅度最大，在全球温升1.5 ℃时高纬度地区升温可达4.5 ℃（图3-35）。相比1.5 ℃，2 ℃温升下降水增加更明显，极地、北欧和北美北部地区、大部分亚洲地区和南美洲两个地区的平均降水量将增加（图3-36）。

随着温升幅度增大，全球热极端事件将增多，冷极端事件将减少，发生强降雨、干旱和降水不足的可能性增大（图3-37）。在全球升温1.5 ℃时，预计在非洲、亚洲、北美和欧洲的大多数地区，强降水和相关洪水将加剧并更加频繁。此外，与1850—1900年相比，除亚洲以外的少数地区预计会出现更频繁和/或严重的农业和生态干旱；气象干旱在一些地区也预计会增多增强。在全球升温2 ℃及以上时，与在1.5 ℃时相比，干旱和强降水变化的置信度和幅度都有所增大。强降水和相关洪水事件预计在太平洋岛屿和北美及欧洲的许多地区将变得更加强烈和频繁，在大洋洲和中美洲及南美洲的一些地区也是如此。非洲、南美和欧洲的几个地区农业和生态干旱的频率和/或严重程度预计将增大；澳大利亚、中美洲和北美以及加勒比地区也可能如此。非洲、大洋洲、欧洲和北美的少数区域也将受到水文干旱增多的影响，若干区域将受到气象干旱增多或减少的影响。

冰冻圈分布的极地（阿拉斯加、加拿大西部、格陵兰岛和冰岛等）和高山地区（如青藏高原）在全球1.5 ℃或更高升温下将大幅增暖，极端冷事件发生频率减小，极端热事件和强降水事件则更加频繁。1.5 ℃升温情景下北冰洋大多数年份夏季有海冰覆盖，完全无冰概率为百年一遇，但在2 ℃时变成十年一遇；在冬季，无论1.5 ℃还是2 ℃情景，北冰洋都只有很少海冰亏损。全球变暖将导致北极和高山地区多年冻土持续变暖、退化，地下冰亏损，全球升温2 ℃时全球多年冻土面积可能减少40%，如

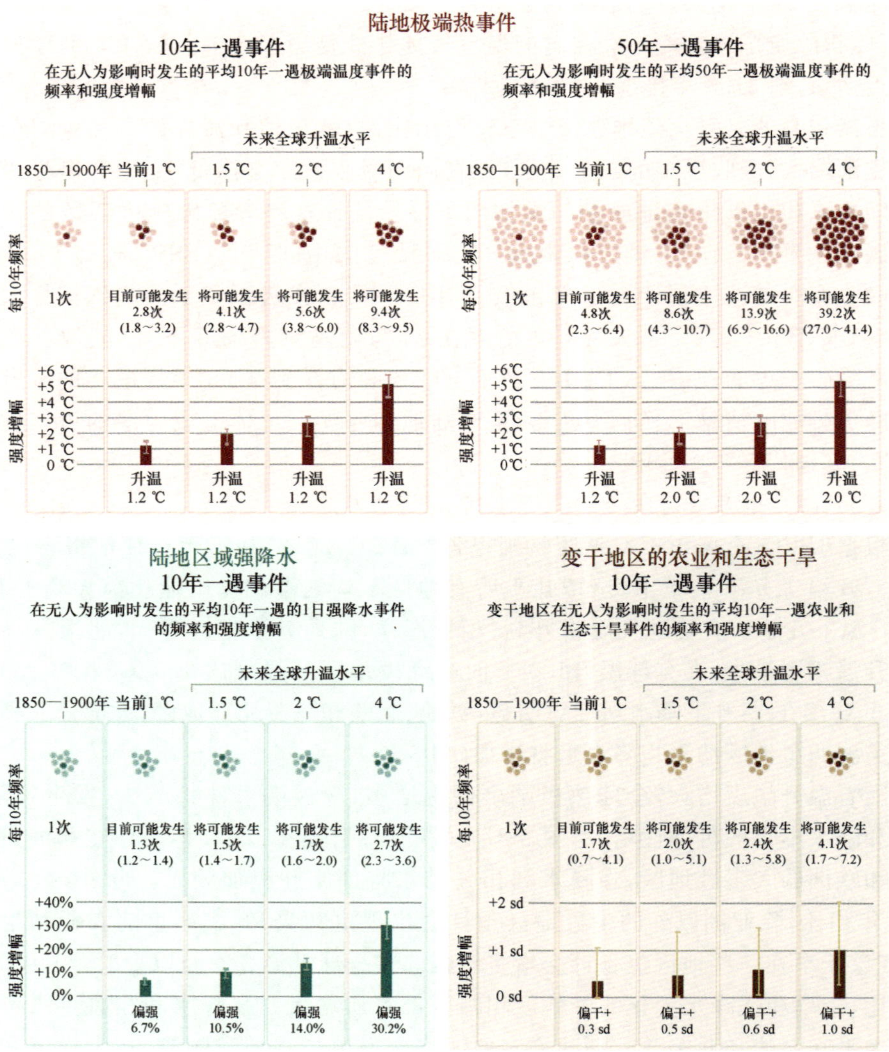

图 3-37　全球升温 1.5 ℃、2 ℃和 4 ℃情景下极端事件的变化(IPCC,2021)

升温控制在 1.5 ℃内,可在 21 世纪减少 150 万～ 250 万 km^2 的多年冻土融化。多年冻土退化会导致有机碳被氧化并不断释放 CO_2 至大气,成为气候的“定时炸弹”,全球升温 2 ℃比 1.5 ℃多年冻土中 CO_2 的释放多 100 Gt。大西洋经向翻转环流(AMOC)在 21 世纪很可能持续减弱。

相对 1986—2005 年,预计全球温升 1.5 ℃时 21 世纪末全球平均海平面上升 0.26～0.77 m;比升温 2 ℃少约 0.1 m(0.04～0.16 m)。从长远来看,由于深海持续变暖和冰原融化,海平面上升预计将持续几个世纪到几千年,并将在数千年内保持上升。未来 2000 年,如果升温 1.5 ℃全球平均海平面将上升 2～3 m,升温 2 ℃将上升 2～6 m，升温 5 ℃将上升 19～22 m，并且在随后的几千年中将继续上升。大约 12.5 万年前的全球海平面可能比现代高 5～10 m，当时全球温度很可能比 1850 年高 0.5～1.5 ℃；大约 300 万年前全球海平面可能比现代高出 5～25 m，当时全球温度高出现代 2.5～4.0 ℃。

随着温度升高、冰冻圈退缩，陆地生态系统发生演替的概率增大、物候提前，并对生态系统功能造成影响。相比全球升温 2 ℃，1.5 ℃情景下局地物种演替、灭绝和物候提前以及生态系统功能丧失的风险要小得多，当全球升温达到 1.5 ℃时，将有 6％的昆虫、8％的植物和 4％的脊椎动物因此而失去其一半的生存空间；当全球升温达到 2 ℃时，该比例变为 18％的昆虫、16％的植物和 8％的脊椎动物；即使全球升温限制在 1.5 ℃以下，今天存在的大多数(70％～90％)热带珊瑚也会消失；高纬度地区和高海拔地区由于年平均和冷季温升大于其他地区，所以生态系统受到的影响也最大。在北极冰冻圈区，随着温度快速升高以及多年冻土退化，苔原地区木本植物将不断繁盛，预计全球升温 1.5 ℃时植物生长季延长 3～12 d，升温 2 ℃时将延长 6～16 d。将升温控制在 1.5 ℃较 2 ℃时可避免北极、青藏高原和喜马拉雅地区生态系统发生较大幅度演替。

3.6 升温阈值与地球系统的稳定

3.6.1 地球系统的反馈与临界突变

反馈是地球系统过程的一个重要特征，在各圈层内部和各圈层之间发生的地球系统各种过程中存在着复杂的反馈过程。系统中初始变化所引起的响应如果使得初始变化得到进一步加强，是为正反馈，如冰雪圈的反照率具有强烈的正反馈放大作用，即所谓“雪球效应”：温度降低(升高)→冰雪覆盖增大(减小)→地表反射率增大(减小)→吸收太阳辐射减少(增多)→温度降低(升高)。反之，初始变化所引起的响应如果使得初始变化受到抑制，使系统回到原来的状态则为负反馈。系统状态维持稳定可能是某些负反馈过程在起作用，而系统状态发生变化则是某些正反馈过程占主导地位的结果。地球系统中同时存在正、负反馈机制，全球变化是正、负反馈作用相互作用的结果。

由于反馈作用，系统对某一变量(或驱动力)变化的响应可以表现为成比例的、不显著的、显著的和临界突变等多种不同形式。在成比例响应的情形下，系统对变量(或驱动力)变化响应关系是线性的；在不显著响应的情形下，系统并不对变量(或驱动力)的变化产生相应的响应；在显著响应情形下，系统对变量(或驱动力)的变化产生强烈的响应；而在临界突变的情形下，系统会在变量(或驱动力)变化的驱动下从一种状态突然转变为另一种状态。

临界突变是地球系统动力学过程的重要特征之一。地球系统的驱动与响应之间存在着复杂的非线性过程，地球系统的负反馈作用使得地球系统（如气候系统）的特征常常被限定在一定的范围之内，在达到某一阈值之前可以是逐渐变化甚至不变的，但一旦超过某一阈值就会发生突变，直到在一个新的水平上重建平衡。地球系统的子系统，即所谓的临界要素，一旦超过了某一临界阈值，就导致巨大的甚至可能是不可逆转的变化。

在全球气候变化的历史上，曾多次发生临界气候突变。史前时期撒哈拉地区从草原到沙漠的演变过程被认为是地球系统通过植被反照率与气候变化的正反馈作用引发突变的结果。孢粉记录显示，除新仙女木事件外，北非在距今14500～5500年的植被状况一直较好，且较稳定，现今的沙漠地区（即撒哈拉）在当时是干草原，而今的萨赫勒地区当时则被稀树草原覆盖，且在23°N以北还曾存在过大量的小型湖泊与河流。但在距今5700～5000年，由于全球出现了突然降温与转干，导致北非地区的植被生产力出现了一定程度的下降，从而引发了这里植被覆盖的退化，而退化植被又进一步加剧了气候的干旱化，使植被更趋荒漠化，撒哈拉地区转变为现在的沙漠环境。受地球轨道参数变化的影响，过去9000年来夏半年北半球接收的太阳辐射呈逐步下降的趋势，这一变化是引起突变的初始原因；模型模拟结果显示，由于大气、海洋、植被与海冰变化的相互影响，放大了最初的轨道强迫，使其跨过了阈值，触发了一系列生物物理反馈，进而导致气候的变干；区域植被通过植被反照率与气候变化的正反馈作用，促进降水进一步减少，使得非洲撒哈拉地区在距今5500年前后从草原突变成为沙漠。与此对应，大西洋中的沙尘堆积相应增加。北非从热带稀树草原到沙漠的突变说明：①当超越阈值时，突变能够发生；②生物圈在地球系统运行中起关键作用；③遥相关是行星机制的一个本质特征。

3.6.2 气候系统状态可能失稳的升温2℃阈值

按照人类世取代全新世的观点，人类世是一个地球系统状态与全新世不一样的新地质时代。从气候变化的角度看，第四纪期间，全球气候以冰期-间冰期周期波动为特征，全新世是一个已经持续了上万年的间冰期阶段，按照自然周期，未来气候将向冰期气候方向转变。进入人类世，意味着整个气候系统演化的轨迹可能已在人类的影响下偏离了全新世所在的间冰期，但不是回到冰期状态，而可能是即将进入一个“超级间冰期”阶段，即“热室地球”（Hothouse Earth）（图3-38）。从地球演化历史看，曾经历过两极有冰、一极有冰及两极无冰等不同的气候状态，目前地球处于两极都有冰的状态，人类世的“热室地球”最终会演化到哪个状态，是一个有待研究的问题。

IPCC报告所代表的主流观点把升温2℃视为全球气候系统发生状态转变的一个重要气候阈值，认为如果未来全球变暖较工业革命前的温度超过2℃，气候系统将可能出现不稳定，甚至发生不可逆的变化，进入“热室地球”状态。

升温2℃阈值是对整个气候系统而言的，由于阈值可以在某些区域尺度的过

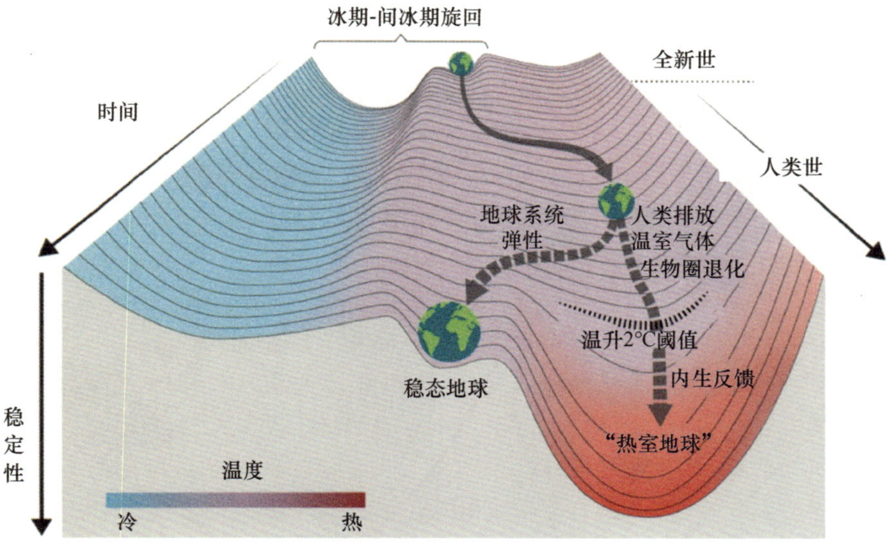

图 3-38 人类世的地球系统偏离冰期-间冰期旋回的轨迹(Steffen,2018)

程中出现,发生在某一区域的变化可能通过一系列的连锁放大效应导致全球性变化。可能触发气候系统发生巨大的、甚至是不可逆转变化的子系统(临界要素)包括冰冻圈组成成分,如格陵兰岛和南极洲的大陆冰盖;生物圈成分,如亚马孙雨林、北方森林和珊瑚礁;以及大规模的大气和海洋环流模式,如季风系统和大西洋经向翻转环流(AMOC),它们作为系统突变的潜在临界成员发生突变的临界值受到特别重视。

随着全球变暖的持续,一些临界要素可能在 21 世纪超过其临界阈值,这些临界阈值根据全球平均表面温度可分为三组,分别为高于工业革命前温度 1～3 ℃、3～5 ℃和大于 5 ℃(图 3-39)。其中,临界点在升温 1～3 ℃的关键地区或过程如西南极冰盖、格陵兰冰盖、北极夏季海冰、山地冰川、热带珊瑚等,临界点在升温 3～5 ℃的关键地区如北方森林、西风急流、大西洋温盐环流、印度季风、ENSO、亚马孙雨林、非洲萨赫勒地区等,临界点在升温 5 ℃以上的关键地区如北极冬季海冰、冻土和南极冰盖等。上述临界点一旦被突破,通过全球范围内的相互作用,可能会产生稳定或不稳定的影响,增加或降低出现临界级联的可能性。例如,在百年尺度上,格陵兰冰盖消融能够触发北大西洋温盐环流(Atlantic Meridional Ocean Circulation,AMOC)的显著转变,进而通过海面上升和南大洋热量累积,加速东南极冰盖冰的消融。过去全球变化研究的结构支持上述反馈过程,在冰期环境下,气候系统在两种状态下的转换可能反映了北欧海区的传送带及 AMOC 的变化。这种变化导致典型的两极跷跷板(bipolar seesaw)型温度响应,即在北极极端寒冷的环境下,热量累积于南大洋,南极变暖。最终,热量向北输送,导致亚表层变暖,这对导致北半球冰盖边缘的不稳定起到了重要作用。

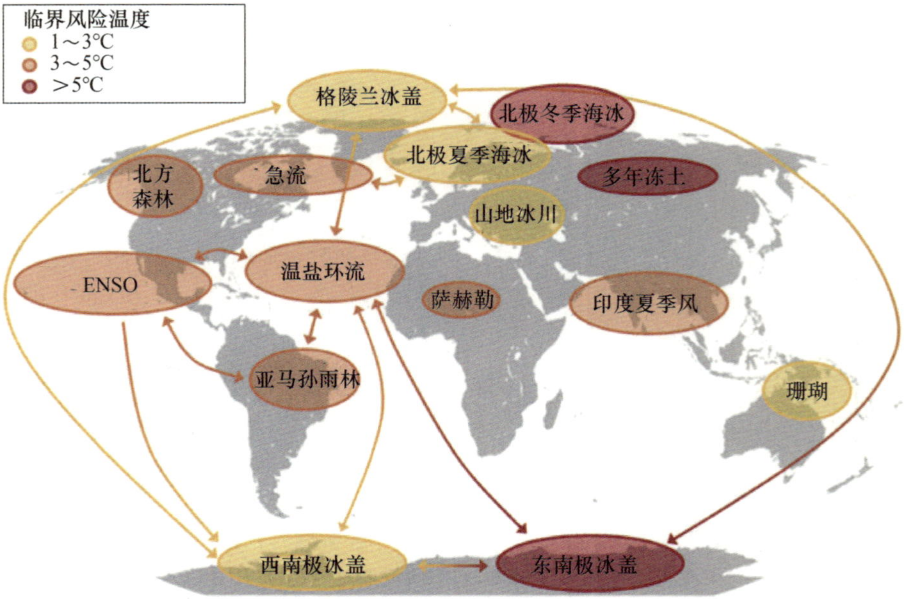

图 3-39 气候系统中若干关键成员突变发生的临界值(Steffen,2018)

4

全球变暖对人类的威胁与挑战

内容概要

全球变暖主要通过气温上升及降水格局变化、冰川融化、海平面上升等导致的自然资源变化和高温及极端降水造成的灾害事件增多影响社会经济发展。尽管全球变暖的有些影响对人类不一定有害，甚至可能对某些地区的某些行业部门是有利的，但人们更关注气候变暖带来的诸多不利影响。

国际社会对全球变暖问题已达成的共识是：一旦未来全球平均气温升高超过 2 ℃，可能会引发难以预料的、大规模的各种系统性变化，给人类社会带来灾难性的后果，突出表现为海平面上升、物种灭绝、极端天气气候事件频率增加、热带传染病北上、全球粮食短缺、水资源供应不足、地区冲突增加，等等。如果对人类活动不加以有效控制，未来全球变暖将进一步加剧，其对自然环境和人类社会的威胁程度还将进一步增大，对区域经济社会发展及适应能力将构成严峻挑战。世界各国的国家安全会因此受到严重的威胁，且其中有一些可能是危险的，有可能引起不可预期的、突发的、灾难性的后果。

全球气候变化是典型的“非常规”国家安全问题之一，同时也是常规国家安全（主要关注国家领土、主权不受侵犯）危机的触发器。其中，发生在国内的国家安全风险主要来自于全球变暖导致的生存空间丧失、资源危机或自然灾害加剧，其影响的传递可能衍生社会、经济等其他方面的国家安全危机；在当今世界，一个国家因全球气候变化导致的国家安全危机亦可能通过环境难民、国际资源市场价格波动乃至战争等途径传递到其他国家，威胁更多国家的安全。

4.1 全球气候变化的影响与适应

4.1.1 全球气候变化的影响

气候是影响人类社会生产和生活的重要自然要素，其对人类的直接影响可归结为三个方面：一是为人类社会生存发展提供所必需的光、热、水等气候资源；二是带来各种天气/气候灾害；三是对人类活动施加的种种限制或制约。一个区域的气候特点直接关系到人们能否在此生活、如何生活和靠什么食物生活（图 4-1）。

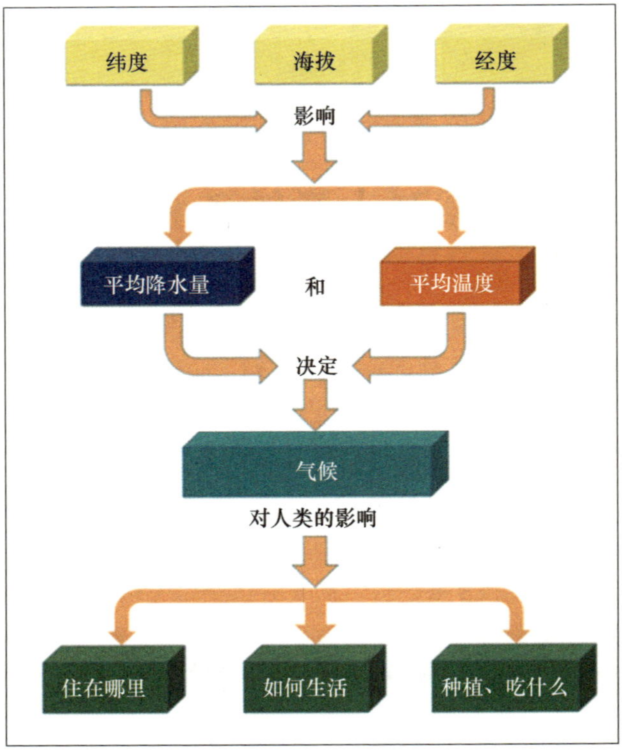

图 4-1　气候对人类的影响

在一定技术条件下，一个地区的生产、生活方式和经济社会状况一般与当地的气候(资源与灾害)状况相适应，趋向于资源利用度相对较高而灾害威胁处在可容忍的气候变化阈值内(图 4-2)。如果气候不发生变化，气候只是制约社会发展的边界条件，其对人类的影响可看作一个常数，不足以改变社会发展进程。

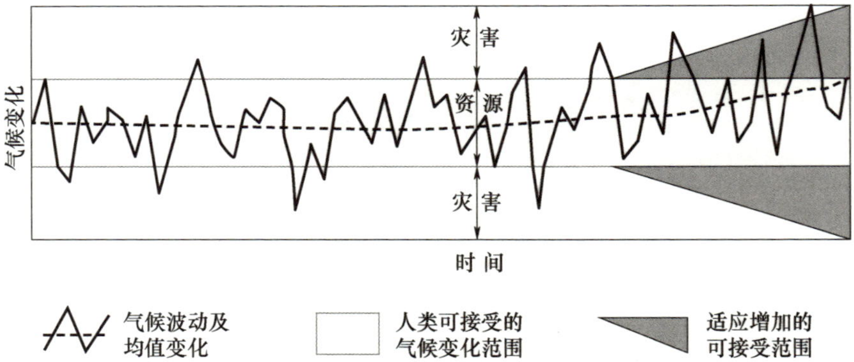

图 4-2　气候变化影响的可适应范围与资源和灾害的关系(Smit et al. ,2006)

气候变化的影响是指由气候变化所产生的可能后果。作为自然地理环境中最为活跃的要素，各个时间尺度上的气候变化虽不是人类社会发展的直接决定因素，但对人类社会有着广泛而深刻的影响。对人类而言，全球气候变化意味着资源与灾害状况的变化，全球气候变化的影响从根本上讲是由此产生的。如果气候变化超出人类社会可容忍的范围，则不可避免地会破坏其与社会之间本来存在的平衡关系，对人类造成有利或不利的影响(图 4-2)，影响的程度既与全球气候变化的特点有关，又与社会经济状况相联系。

旱涝、冷冻等极端气候事件的影响是强烈的、突发式的。极端气候事件在年际尺度上表现显著，少数干旱事件可达年代际尺度，它可在短期内造成显著的农业歉收及生命和财产损失，还有可能导致严重的饥荒，触发和激化各种社会矛盾与危机，甚至引发社会全面动荡和朝代更替，加速或减缓历史的进程。绝大多数情况下，随着极端气候事件结束并恢复到常态，社会可重新回到极端气候事件发生前的状态。

气温和降水的均值变化会改变热量和水资源的数量或质量，除改变旱涝、冰冻等极端天气气候事件发生的强度和频率外，还通过在更长的时间尺度上改变平均农业生产水平，进而影响社会应对突发性气候灾害事件的能力。气候均值变化的影响往往是隐性的、缓慢的，通常要在多年代甚至百年以上的尺度上才会表现出来。相对于极端事件，年代至百年以上尺度气候变化的影响更加深远，严重者足以改变区域乃至全球范围的发展进程，甚至造成某些文明的衰亡。

鉴于人类活动对全球气候变化日益显著的影响，全球气候变化的影响不局限于与气候变化相关的资源与自然灾害变化，也包括人类活动在全球气候变化中的责任问题。因此，人类社会所面对的全球气候变化影响可以分为两种类型。

第一，全球气候变化导致区域人类社会和资源与灾害平衡的破坏所产生的影响。全球气候变化的影响从根本上是由气候资源与灾害状况变化导致的，这种影响具有层次性和区域关联性的特点。

暴露于自然环境之中的各人类社会子系统均可能直接或间接地受到气候变化的影响，如果气候变化的影响超出该子系统所能承受的范围或调节能力，就会将影响传递到其他子系统。在气候变化影响传递的各路径中，最重要的是通过资源和灾害的变化影响生产系统和基础设施系统，进而通过经济系统和人口系统最终传递到社会系统，具体可以分为四个层次：第一个层次是改变气候资源的供需关系、改变气候灾害的频率和强度；第二个层次是生产系统的变化，包括直接受气候资源与灾害影响的生产水平或生产结构变化，以及为满足气候变化所引起的人类需求的改变而进行的生产系统产业结构的调整；第三个层次是社会对生产和消费平衡关系变化的响应；第四个层次是对人类本身及社会政治文化平衡的影响，其不利的方面表现为重大生命损失、社会矛盾的激化、社会秩序的破坏、地区冲突的加剧，甚至文明的兴衰等。通常情况下，气候变化影响所达到的层次总是从低到高，气候变化幅度越大，影响链越长，影响所达到的层次也越高，但在影响传递的过程中都会受到人类社会的调节作用影响，当影响超出某一层次所能承受的范围或调节能力时，这种影响就会传递到更高的一个层次(图 4-3)。

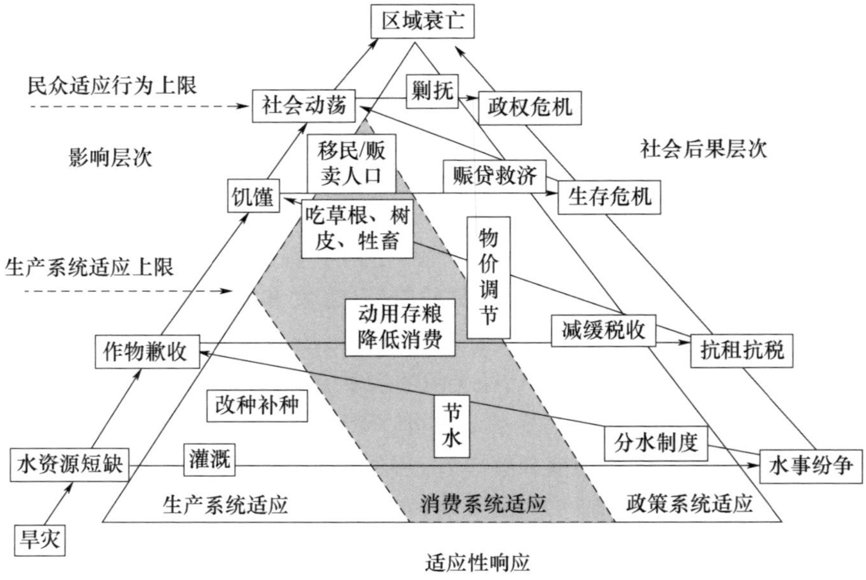

图 4-3　历史时期人类响应环境变化的层次特征模式——以旱灾为例(方修琦 等,2019)

由于区域差异的存在，地球上不同地区、不同行业对气候变化的反应和感受存在差别，气候变化影响的利与弊相对于不同地区、不同行业、不同群体可能是不同的，同样的变化对某些地区和行业是有利的，而对另一些地区和行业则可能是有害的，而影响的程度又因区域社会经济状况的不同而存在差异。特别值得关注的是，对全球气候变化敏感的粮食生产、水资源等行业和气候边界地带、海岸带等易受全球气候变化的冲击。

第二，与导致全球气候变化的责任相关联的影响。目前普遍认为，人类对正在发生的全球气候变化负有不可推卸的责任，与此相关联的可能影响主要表现为两个方面。一是因对全球气候变化负有责任而与其他地区或集团产生冲突。人类对全球气候变化的责任是共同但有区别的责任，其中的主要责任者有可能受到来自受害者乃至整个国际社会的政治、经济、外交等各种手段的制裁，甚至受到战争的威胁，这种由造成全球气候变化的责任者与全球变化的受害者产生的矛盾与冲突而产生的一系列影响是全球气候变化影响的重要方面。二是作为责任人承担全球气候变化的责任所花费的代价。为降低由人类活动导致的全球气候变化影响，避免其进一步加剧国际冲突，全球气候变化的责任者可采取的积极行动之一就是采取措施停止或减缓导致全球气候变化的行为，然而，几乎所有承担责任的行为都是以损失经济效益为代价的，包括减少生产而造成直接的经济损失以及为改变现有生产模式而追加投资造成的间接损失等，如果一个国家或政府所需承担的责任超出其承受能力，则可能引发政治危机。

4.1.2 社会-生态系统的弹性、脆弱性与适应

全球气候变化影响研究将弹性(resilience)、脆弱性(vulnerability)与适应(adaptation)等作为核心概念,用它们来描述人类社会(社会-生态)系统响应全球变化影响的特性。它们分别被从不同学科引入全球气候变化研究中,彼此之间存在密切的关联,且在某些概念界定中存在彼此包含甚至重叠的情况(张兰生 等,2017)。

弹性和脆弱性均是描述人类系统抵抗外界干扰特征的关键概念。从弹性和脆弱性的视角看,气候变化的影响不是简单的因果关系,人类对气候变化的影响也不是消极地承受,既不能否认气候变化的影响,也不能片面地强调气候变化对社会的影响,简单地把历史事件归因于气候变化,需要在综合考虑气候变化的特征与人类社会自身的状态和人类所采取的应对行为的基础上做出判断。

4.1.2.1 弹性

弹性是一个在现今生态、环境、社会、经济、城市、灾害和气候变化等领域广泛使用的概念,用于描述自然和人类社会系统承受或消化外来冲击的特性。自 19 世纪 50 年代"弹性"首先被用于机械和工程学领域以来,该术语被逐步应用到其他众多学科领域,各个领域在不同时期分别从各自研究视角对弹性的概念进行界定和解释,从而使其因此具有多重内涵(表 4-1)。

表 4-1 弹性概念的内涵演变(Quigley et al. ,2018)

不同领域的弹性	特征
工程学的弹性	• 强调维持"稳定状态" • 恒定与保持 • 扰动恢复时间 • 维持功效和资源管理在最优状态
生态或社会的弹性	• 彼此孤立的自然或社会系统 • 多重平衡 • 持续性(persistence),稳健性(robustness) • 缓冲能力,忍受冲击(吸收干扰),保持功能不变
社会-生态系统的弹性	• 自然与社会系统的多重相互作用 • 多尺度与跨尺度相互作用 • 关注适应能力与转换潜力 • 社会学习 • 在适应过程中保持功能

工程弹性于 19 世纪 50 年代被首先用于机械和工程学领域,用于描述金属等材料受外力作用而发生形变之后复原的能力。工程弹性以稳定的单一平衡条件为前

提，强调系统均衡状态附近的稳定性，与稳固性和持久性相关，重点是系统干扰后回到初始平衡态的速度。

生态弹性于 20 世纪 70 年代被加拿大生态学家 Holling 首次用于刻画生态系统的持久性及其吸收变化和干扰，并且仍然保持同样的种群关系或状态变量的能力（Quigley et al. ，2018）。生态弹性是系统在承受变化压力的过程中吸收干扰，进行结构重组，以保持系统的基本结构、功能、关键识别特征及反馈机制不发生根本性变化的一种能力。生态系统不会演变为单一稳定的均衡状态，而会呈现周期性的变化，弹性体现的是系统不断调整而适应内、外部变化的能力，而不是当外部压力消除后重新回到平衡状态，也就是说，只要生态系统的变化是可逆的，适度的结构调整就是系统弹性的表现。与工程弹性只有单一稳定的均衡状态不同，生态弹性强调生态系统存在多个稳定状态或多吸引域（multiple basins of attraction），能够在不改变系统基本结构和功能的情况下，通过在不同稳定状态之间的转换来维持系统的稳定。

社会-生态系统（人类社会系统）弹性（social-ecological resilience）的概念源于生态弹性。进入 21 世纪以来，生态弹性的概念被应用于人类社会，成为与气候变化相关的灾害风险管理研究中的核心概念。人类社会系统是社会-生态耦合系统，其稳定取决于人类社会自身与自然环境系统的双重稳定。由人类建构的人类社会系统嵌入在自然系统之中，依赖于自然环境提供的各种服务且受自然环境的影响，其物质和能量流动过程受制于自然法则；而其生产系统、基础设施系统、人口系统、经济系统和社会系统等子系统则自成体系，依经济与社会准则运行。社会-生态系统弹性更侧重于系统结构、功能的维持，可以理解为人类社会忍受各种环境变化、社会、经济与政治动荡冲击的能力，这种能力表现为系统能够通过强大的反馈过程以及多尺度交互作用，有效地缓冲和抑制各种扰动、变化、不确定性和突发事件对系统的冲击，使得系统免于崩溃。社会-生态系统弹性与人类社会的三方面特点有关：①系统在功能和结构等方面被改变的程度及可恢复到原有状态的程度；②系统对变化的自组织能力；③系统学习和适应能力。由于人类社会独具的社会学习和创新的能力，社会-生态系统弹性既包含对已发生的影响采取即时反应，维持或恢复到其稳定状态，也包括采取行动改变或彻底清除危机的结构性基础，从而超越原有状态进化为具有更高弹性的状态，后者使得社会-生态系统弹性与生态弹性（只有前者）区别开来。

从弹性概念内涵的演变可以看出，弹性的系统可以在不改变系统基本结构和功能的情况下消化掉外在的冲击。弹性不仅仅意味着面对干扰可以保持系统的持久或稳健，同时也意味着通过重组演化结构和过程为系统的更新和新演化轨迹的出现提供机会。生态弹性比工程弹性更具包容性和进化性，工程弹性可视为社会-生态系统弹性研究的特例。人类社会系统破坏了自然环境的多样性，但由人类构建的子系统的多样性使其功能和响应的多样性较自然系统更加独特，人类社会（社会-生态系统）弹性不仅包含生态、工程维度，还包括经济、社会等维度。与工程弹性和生态弹性将干扰视为负面影响不同，人类社会（社会-生态系统）弹性将扰动看作创造新事物和创新发展的机会，其视角已从试图控制预期稳定状态下的系统变化转向包含管理系统应对、适应和塑造变化的能力。

4.1.2.2 脆弱性

用于全球气候变化影响研究的脆弱性概念主要源于自然灾害研究，基本含义是指系统自身所存在的弱点或属性，使得其在受到全球变化冲击时可能受到某种损害。国际上脆弱性概念的内涵存在扩展趋势，即从单纯针对系统的固有（天然）脆弱性（intrinsic vulnerability）逐渐扩展演化为针对系统的自然和社会意义的综合概念；对脆弱性的关注由以自然属性为中心，发展到注重人及社会因素在脆弱性形成以及降低脆弱性中的作用；由仅仅消极或被动地面对和评价自然或者社会所受到的伤害，变为把人的主动适应作为脆弱性评价的核心问题。由于脆弱性具有动态的、多变量的特征，不同学者对脆弱性概念的界定存在很大分歧，一般认为，在一定的全球变化条件下，脆弱性与系统的敏感性、物理暴露程度以及各种应对能力相关，但有学者认为，脆弱性不包括应对能力，也有学者主张不包括物理暴露。IPCC（2001）给出的脆弱性定义是：系统易于遭受和是否有能力对付气候变化（包括气候变率和极端气候事件）不利影响的程度。IPCC 定义的脆弱性是特定系统对气候变化影响的敏感程度及系统对这种影响的适应能力的综合；气候变化敏感性可理解为人类社会系统受气候变化影响而发生变化的难易程度，那些对适度气候变化高度敏感，同时适应能力受到严重制约的系统是高度脆弱的系统。

4.1.2.3 社会-生态系统的弹性和脆弱性与气候变化影响的关系

弹性与脆弱性均是人类社会系统的内在属性，但脆弱性不是弹性的对立面。两者就像一个硬币的两面，从不同侧面反映社会-生态系统响应全球变化影响的特征。总体而言，弹性是指系统在不同吸引域间的状态转换，主要关注系统在受到外在强迫时所表现出的维系稳定能力，更多地体现系统的积极方面，但以有利的初始状态为前提，有些非常不利却相当有弹性的原始状态（如贫穷、化石燃料依赖）并非理想的系统状态。而脆弱性多指系统在同一稳定状态内的结构变化，更多地体现系统的消极方面，主要关注系统易于遭受和缺乏能力应对气候变化危害的可能性和受害程度。

从脆弱性的视角看，气候变化影响的发生机制可以理解为在一定的物理暴露条件下，作为外部强迫因子的气候变化与人类社会系统本身的脆弱性相互作用的产物，脆弱性是敏感性和响应能力相互作用的结果（图 4-4）。物理暴露是指具有脆弱性的系统与气候变化强迫之间联系的特征。脆弱性先于扰动或暴露度而存在，但又与扰动或暴露度的特征相关，一方面，脆弱性因扰动或暴露而表现，另一方面，暴露的历史，即过去受影响的经历对脆弱性具有很重要的影响。脆弱性是相对于一定的扰动而言，在不同的扰动下系统的脆弱性是不同的；面对不同暴露条件，系统表现的脆弱性是不同的，受系统过去所经历的暴露历史（即过去受影响的经历）影响，由于适应能力的存在（降低脆弱性、提高适应能力），系统的脆弱性又会发生变化。

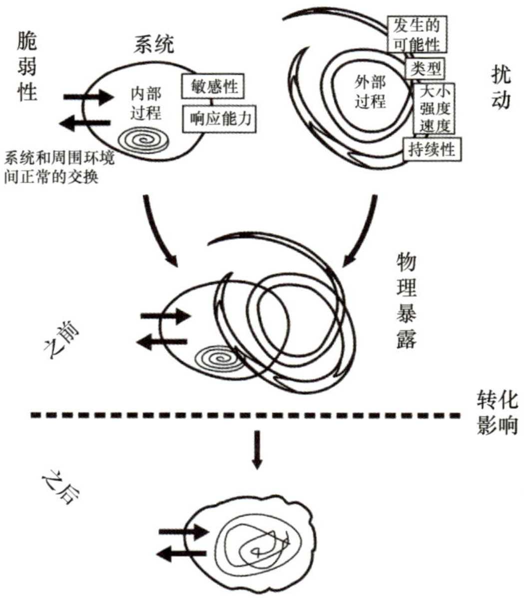

图 4-4 脆弱性、扰动、暴露以及影响或系统(社会、自然或社会-生态系统)转型之间的一般关系(Gallopín,2006)

从社会-生态系统弹性的视角认识气候变化影响,更关注在社会-生态系统弹性阈值内面对气候变化影响人类社会的稳定性(方修琦,2021)。稳定性与气候变化敏感性既有区别又相互联系。敏感性是人类社会系统对与气候变化有利或不利影响的响应程度,在给定气候变化幅度下,气候变化敏感性越高,人类社会受气候变化影响程度越大。系统的稳定性与其在丧失稳定能力前可承受的最大干扰量(弹性阈值)有关,在弹性阈值内,系统可存在多个稳定状态,每个状态都具有保持其稳定的倾向,整个系统能通过状态间的转换维持稳定,弹性阈值越大,系统承受扰动、维持稳定的能力越强。从社会-生态系统弹性的视角看,只有对气候变化敏感的人类社会系统才会明显地表现出气候变化的影响,如果人类社会能够在其所在的稳定域中吸收并化解气候变化的影响,则对气候变化不敏感;气候变化敏感性高不意味系统一定不稳定,在某些情况下,高敏感性是系统释放压力、维持其稳定状态的一种手段,例如,外出逃荒曾是历史上应对水旱灾年的常见方式,显示其对气候异常有非常高的敏感性,正是这种适应方式维持了系统的相对稳定;但系统不稳定一定伴随着高敏感性,一般而言,随着系统所处的状态逐步趋近弹性阈值,其弹性空间不断减小、敏感性不断增强。如果气候变化影响超越了系统的弹性阈值,系统的稳定状态将很难维持。人类社会的生产系统、基础设施系统、人口系统、经济系统和社会系统等各子系统分别具有各自的弹性阈值,人类社会系统的弹性是各子系统弹性的综合体现。由于人类社会的弹性,气候变化影响及其在各子系统之间传递过程中存在一系列的反馈过程，会放大或抑制初始的影响。在整个系统弹性阈值内，如果气候变化对一个子系统影响的程度超过了某种幅度，其影响就可能从该子系统传递到其他子系统，即使影响超过了该子系统的弹性阈值，还可以通过其他子系统的适应性调整，继续维持整个系统的稳定。

4.1.2.4 气候变化的适应

"适应"源于生态学，用于定义对一定范围的环境偶发事件，能够适当改变以应对新情况来保证种群生存和延续的一种能力。

全球气候变化适应所针对的主体是人类社会，可理解为人类社会面对预期或实际发生的气候变化的系统运行、过程或结构所产生的影响而采取的一种有目的的响应行为。IPCC(2001)将适应定义为"为了应对实际发生的或预计到的气候变化及其各种影响(不利的或者有利的)，而在自然和人类系统内进行调整"。概括而言，全球气候变化适应的含义包括(张兰生 等，2017)：

① 适应的认识基础是，全球气候变化不可能完全避免，但是可认知的，人类对全球气候变化的反应需要一定的时间；

② 适应所针对的主体是人类生态系统(包括资源环境系统、支撑系统和人文系统)，目的是通过增强人类社会系统对全球气候变化的弹性，降低其脆弱性，减轻不利影响，强化有利影响，规避风险；

③ 适应所追求的是以有限的投入换取最大的社会、经济收益或最小的损失，适应的方式有多种，适应所需的成本和效果因适应方式的不同而不同；

④ 人类有能力选择危害最小或利益最大的适应方式，因此，适应行为可以是自发的或有计划的，适应发生的时间既可以在全球变化达到某一临界值之前，也可以在之后。

适应全球气候变化实质上是一种选择性的响应过程，其目的从根本上讲是降低由全球气候变化带来的风险。与其他生物或生态系统被动的适应不同，人类社会及其个体还具有主动适应气候变化的能力，能够通过有意识地趋利避害，规避气候变化带来的风险，从而降低社会、经济对全球气候变化的适应成本，甚至可以帮助采取行动的利益集团获得社会、政治和经济利益。

由于人类存在主动适应的能力，气候变化的影响不是简单的因果关系，而是存在复杂反馈的驱动-响应关系，既不能否认气候变化的影响，也不能片面地强调气候变化对社会的影响，需要在综合考虑气候变化的特征与人类社会自身的状态和人类所采取适应行为的基础上做出判断。

在社会-生态系统弹性概念的分析框架下，适应能力是人类系统对应全球变化所具有的内在特性，可以理解为人们通过共同行动在社会-生态系统中构建弹性的一种能力，从而在应对异常情况时不至于丧失未来机会；脆弱的社会-生态系统可以理解为失去了系统弹性，失去弹性也就意味着失去了适应能力。人们能够从主动适应气候变化的经历中学习(吸取经验教训)和创新(技术进步、制度创新)，提高人类社会的弹性或降低脆弱性，从而更好地适应未来变化(方修琦，2021)。

通过社会学习和创新而建立起来的适应能力与社会-生态系统弹性源自于弹性系统相互嵌套的多尺度适应性循环(panarchy of adaptive cycle)(图4-5)。不同尺度的适应性循环承受扰动的能力和变化速度存在明显差异，系统通过多尺度与跨尺度相互作用进行自组织以适应变化，并因适应性循环而具有适应性和进化性。通常情况下，小而快的循环可以通过反抗(revolt)影响大而慢的循环，大而慢的循环能够通过记忆(remember)促进系统的持久性，主导和塑造小而快循环的更新，使得适应性循环可以周而复始地进行。通过对一次又一次小尺度快速循环过程(如一定幅度的高频气候变化)的应急响应，一个有弹性的系统能够从中进行社会学习，从而增进系统的适应性，而不必时常重组大尺度结构；系统中小尺度快速循环的频繁重组有可能为新事物和新工具的出现创造机会，而传递到大尺度的创新可触发大尺度的缓慢循环的变化，并使得创新得以维持。快慢大小不一的事件和过程通过社会学习和创新而改变人类社会，使得人类社会在维持其功能的同时演化为具有更高弹性的状态，从而对气候变化具有更强的适应能力。

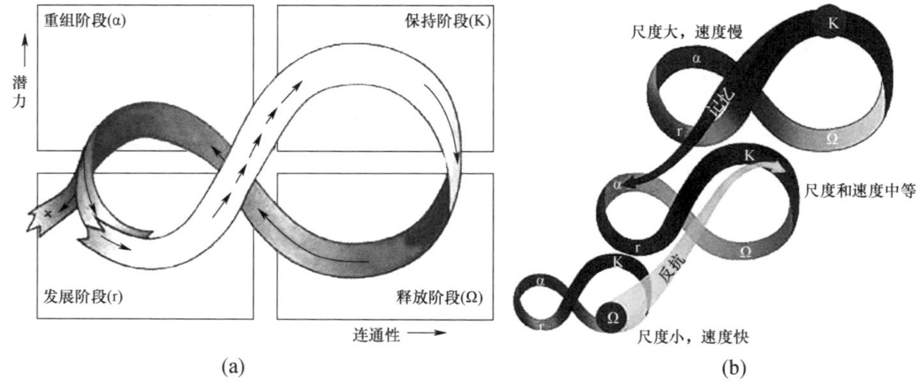

图4-5 系统的适应性循环和多尺度嵌套适应循环(Holling，2005)

(a)适应性循环的4个阶段及其演化方向：r(发展阶段)到K(保持阶段)为系统弹性增强；K到Ω(释放阶段)为对外界强烈干扰和冲击响应明显，系统灵活性和弹性减弱；Ω到α(重组阶段)为重新建立连通性或重建新系统，系统弹性得到加强；(b)多尺度嵌套适应循环(panarchy)，循环形状由小到大对应循环尺度由小到大；循环之间的箭头方向显示不同尺度之间影响与被影响关系

根据已有的科学知识，积极主动地调整人类的行为以适应全球气候变化，是人类的明智选择。事实上，过去数十年里人类针对气候变暖的适应行为在世界许多地区已经发生。正确的适应行为可以使人类规避损失甚至获得效益。一般来说，适应对策可以分为自发的适应和有意识、有计划的适应两大类。前者通常是短期的、战术上的适应，与具体全球气候变化直接相关；而后者更加偏重战略，是长期的、主动的，通常由政府部门制定并作为部分政策的适应措施。有计划、有步骤的主动适应行为可以降低社会、经济对全球气候变化的适应成本，甚至可以获得社会、政治和经

济利益。主动适应有两个基本前提:一是要能预知气候变化的状况并对可能造成的影响进行评估;二是合理的适应预案及有效的经济技术保障。尽管有成功的事例,但这两个前提在通常情况下都是很难满足的。在现有技术条件下,尚难对未来的气候变化做出准确的预报。在现实生活中,尽管人类可以利用现代仪器设备对全球气候变化进行监测,但迄今为止,人们对气候变化影响的感知并非主要来自有关气候变化的科学研究成果,而更多是从气候变化所造成的影响中获得的,因此,通常是在全球气候变化已发生后才认识到其变化及其影响,落后于气候变化。另外,人类对全气候变化采取适应性措施也需要一定的时间,从一种生产模式调整到另一种模式的过程中需要解决一系列问题,如农业生产模式的调整需要进行种子培育、技术培训、设备更新等,对一个大的地区来说,这一过程往往需要十年以上的时间,且需要大量的经济投入,受上述因素影响,人类所采取的适应措施往往落后于气候变化。在时滞阶段是人类活动与环境不相协调的时期,适应的时滞意味着在好的环境出现时未能及时利用而造成资源的浪费,而在环境恶化时加重自然灾害对人类的危害。如果全球气候变化的阶段性与调整所需的时间相近,甚至会出现生产模式变化与全球气候变化反位相的情况,反而加重了气候变化的影响,因此,减小时滞是提高适应能力的主要方面。

人类所需适应的气候变化既包括长期气候变化趋势,也包括极端气候事件和气候突变。具体的适应措施是多种多样的,它们通常可分类为影响的承受或分担,以规避全球变化的不利影响或利用全球变化的机遇,进一步可划分为七种类型(图 4-6)。

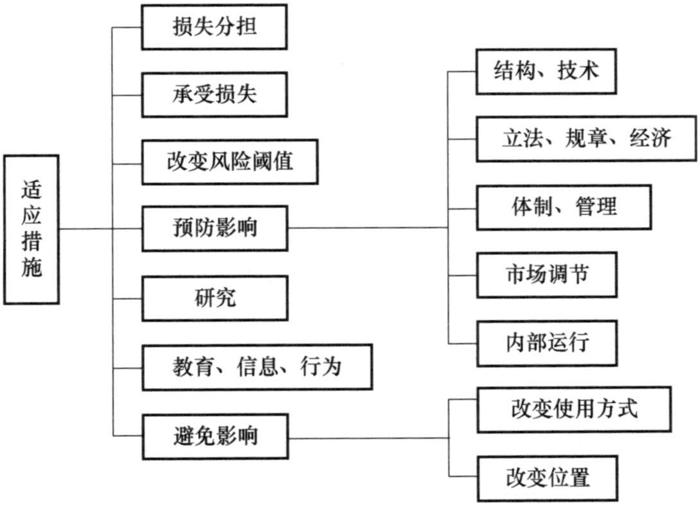

图 4-6 全球气候变化适应措施的主要类型(Burton et al. ,1998)

承受或分担全球气候变化影响都以接受气候变化影响是不可避免为前提。承受是指对全球气候变化可能造成的后果不采取任何应对措施,采取此行为的条件通常是采取适应措施所花费的成本大于不采取措施可能造成的损失，不采取任何措施就意味着损失最小。分担是指通过动用国际和国内的社会后备基金，把全球气候变化造成的损失分散到更广泛的范围内，使之降到受灾区域的承受能力以内，从而减轻全球气候变化的不利影响，分担的主要方式有政府救助、民间互救与自救、国际援助、保险等。

规避全球气候变化的不利影响或利用全球气候变化的机遇都属于预防性适应行为，通常在气候变化的影响实际发生之前就做好计划，即人类社会根据对已发生、正在发生和可能发生状况的认识，研判需要采取的行动及其可能的结果，采取适当的政策决策和行动，以期在应对全球变化影响的过程中减少损失或增大受益。预防性的适应行为主要包括预防影响、提高抗御风险的阈值、变更受影响对象的使用方式、使受影响对象远离风险、提高科学认知水平等，它们的主要功能为减少暴露度、强化调整性适应能力或转型适应。

任何适应措施都并非普遍适用，而是具有高度的地域性，需要因地制宜地选择相应措施。每种适应措施的有效性取决于各种复杂条件和各影响要素的共同作用。通常状况下，一种适应模式是与特定的气候状态相适应的，因此能够适应一定范围内的气候变化。合理的气候变化适应行为能够减轻不利影响，有效利用资源；但如果为获得短期的利益而将对某种气候状态的适应推至极限，则会导致社会-生态系统弹性减弱或脆弱性增大，当相反的气候状态出现时往往蒙受更大的打击。气候变化的影响是从低（资源）到高（社会）层次逐级传递的，每个层次上的影响都可能导致社会风险，与影响的层次性相对应，人类适应全球气候变化的行为也具有显著的层次性（图 4-3），不同层次上气候变化影响的主题不同，相应的适应行为方式也不尽相同。

4.1.3 社会-生态系统弹性与气候变化影响的表现形式

4.1.3.1 气候变化影响的表现形式

气候变化影响人类社会发展的主要表现形式可归纳为周期性循环、脉冲式变化、适应性转型、崩溃或衰落、迁徙与替代等五种（图 4-7）。上述五种表现形式曾发生在人类发展的不同历史时期、不同区域，并对区域乃至人类文明的发展产生过深远的影响。

(1)周期性循环。周期性循环是指人类社会随着气候的周期性或阶段性变化而呈现兴盛与衰落状态交替的变化特点。周期性循环意味着气候变化影响的幅度未超出人类可承受的阈值，人类社会能够在不改变其基本结构的情况下，对气候周期性变化的影响做出适应性调整。例如，历史气候变化对中国社会发展的影响总体上呈现多尺度的“冷抑暖扬”的周期性循环特征，暖期气候总体上是有利的，历史上经济发达、社会安定、国力强盛、人口增加、疆域扩展的时期往往出现在百年尺度的暖期，相反的情况则发生在冷期，中华文明以周期性循环为特征的连续变化，显著区别于以阶段性和替代性为特征的欧洲文明。

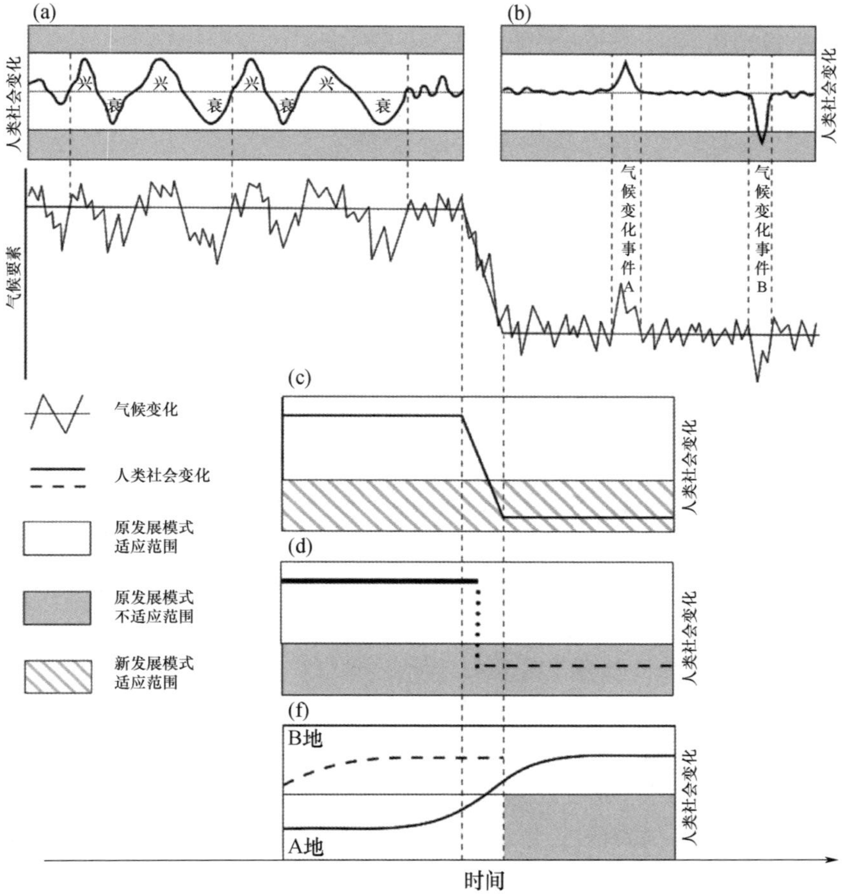

图 4-7　气候变化影响人类社会的 5 种表现形式(方修琦 等,2021)

(a)周期性循环;(b)脉冲式变化;(c)适应性转型;(d)崩溃或衰落;(f)迁徙与替代

(2)脉冲式变化。脉冲式变化是指社会受气候变化事件影响,在一段时间内突然偏离原有状态后又很快恢复到原有状态的情况。相对于同时间尺度上其他时段的气候变化而言,气候变化事件往往具有变化快、变幅大、持续时间短的特点,气候变化事件所造成的社会影响通常是短暂的,当气候事件结束并恢复到较为稳定的时期后,短期的社会繁荣或动荡也随之结束,重新回到气候变化前的平稳状态。持续数年或十数年的极端干旱事件在中国历史上多次触发大规模农民起义,造成中国社会的动荡混乱甚至政权的更替,但社会在短期的混乱后又会重新回到有秩序的相对稳定状态。

(3)适应性转型。适应性转型是指通过用新的生产或生活方式全部或部分地替代原有与气候变化前状态相适应的生产或生活方式,以与变化后的气候状态相适应,并实现文明的延续和发展。成功的适应性转型不仅可帮助人类渡过气候变化造成的危机,而且可为人类的后续发展提供更大的空间和全新的机遇。在人类演化的进程中,人类起源、农业革命等许多具有里程碑意义的事件均发生于气候的转变期,这正是人类成功进行适应性转型的结果。

(4)崩溃或衰落。文明的崩溃或衰落多与气候重大阶段性转折或突变事件相对应,气候转折或突变造成的资源短缺或灾害加剧是人类难以抗拒的自然力量。气候变化影响下的文明崩溃或衰落意味着气候变化影响的幅度超出人类社会的适应能力,导致人类社会难以承受气候变化造成的危机或无法适应变化后的气候状态,原有的稳定发展状态难以继续维持,文明因而发生中断或退化到较低水平上发展。国内外大量研究发现,气候变化是导致史前和历史时期区域文明崩溃的基本力量,例如,古埃及、古印度及两河流域文明的衰亡可归因于严重的气候变干。

(5)迁徙与替代。迁徙表现为人群受气候变化影响而离开原居住区域移动到另外的区域。人类的迁徙使得一个地区发生的气候变化影响及其响应行为会传递到其他地区,甚至导致其他地区原有的文明被移入的文明所替代。迁徙的原因可能源自气候变化对原住地或目的地环境适宜性的影响,也可能源自气候变化造成的两个区域之间通道畅通程度的改变。例如,公元250—550年的黑暗时代冷期是欧洲历史上的政治混乱、文化变更、社会经济不稳定的大危机,即大迁徙时代,欧洲文明受周边民族的侵略而被新文明所替代。

4.1.3.2 气候变化影响表现形式与社会-生态系统弹性的关系

气候变化影响人类社会的各种表现形式既与气候变化的特点有关,也与人类社会系统的弹性与适应能力有关,都是气候变化的影响与人类的适应相互作用的产物。以人类社会系统对气候变化影响从不敏感到敏感和弹性阈值两个关键转折点为划分标准,人类社会系统对给定的气候变化强迫可呈现以下三种响应方式之一,气候变化的影响因此具有不同的表现形式。

一是对气候变化影响无明显的响应,意味着系统能够在所处的稳定域中吸收并化解气候变化的影响,对气候变化不够敏感。历史时期人类社会各子系统对气候变化影响不敏感到敏感往往出现与系统弹性降低甚至临近不稳定的阈值有关。

二是在出现短暂的强烈响应后重新回到原有稳定状态,或通过从一种状态,转变为另一种状态来维持系统稳定,两者均显示人类社会对气候变化虽具有高的敏感性,但仍处于可承受的弹性阈值之内,能够通过在某个稳定域内以一定方式的压力释放,或通过不同稳定域之间的转换来维持系统的稳定,人类社会无需做出重大的结构性改变,仅表现为在已有体系下的周期性循环或脉冲式变化(图4-7)。

三是系统朝向脱离系统稳定状态甚至转型为新系统的方向演化,而新系统的状态可能是不稳定的。此种变化发生在气候变化影响的程度超出人类社会的弹性阈值的情况下,人类社会将很难继续维持原有的稳定状态,须相应地做出适应性改变,否则可能面临崩溃的风险。成功地改变为适应性转型,表现为社会系统用新模式替代原有模式,使人类渡过气候变化危机,并获得适应变化后气候状态的社会-生态系统弹性,为人类的后续发展提供更大的空间和全新的机遇;失败的调整为崩溃或衰落,表现为人类社会发展的中断或倒退到较低的发展水平,意味着人类社会未能成功地渡过气候变化造成的危机,发展难以为继(图 4-7)。

无论气候变化影响是否超出人类社会可承受的社会-生态系统弹性阈值,均可能发生迁徙与替代。气候变化导致的原居住地生存危机可造成人口迁徙,受目的地因气候变得更为宜居所吸引也可发生人口迁徙,气候变化造成的两个区域之间通道畅通程度的改变也可使人类迁徙成为可能,无论何种气候变化影响导致的迁徙,都使人群因气候变化从原居住区域迁徙到新的区域,并将气候变化的影响从一个地区传递到另一地区,甚至导致所迁入地区原有的文明被移入的文明所替代。

4.2 全球变暖的威胁

4.2.1 全球变暖威胁的主要表现

全球变暖是全球尺度的环境安全问题,是人类发展史上面临的最大不确定性和危机,可直接引起地球系统各个圈层中诸多指标和极端天气/气候事件的相应变化,并引发连锁式影响与响应,危胁人类安全(图 4-8)。

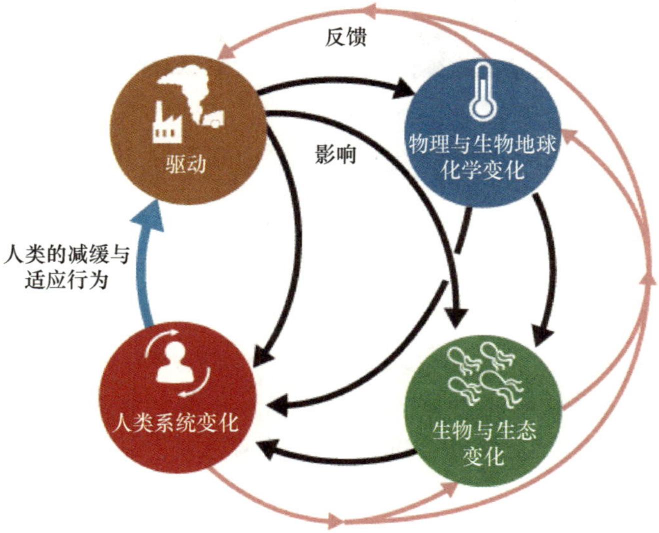

图 4-8 全球气候变化影响的级联响应

在自然系统中,人为碳排放导致的碳循环变化的直接后果是海洋因吸收二氧化碳量的不断增加而被酸化;存留在大气中的二氧化碳增强了大气温室效应,使得全球大气、海洋和陆地更为温暖,全球气温升高、海洋热容量增大;冰冻圈消融加剧,冰川体积减少、海冰范围缩小,海平面因海洋热膨胀和冰川融化而上升。受海、陆热量和冰冻圈变化的影响,全球大气环流状态将发生相应的调整,如厄尔尼诺与南方涛动变化、全球温盐环流变缓、西风急流减弱等。热事件和冷事件、干旱与洪涝、野火、海洋热浪、热带气旋、海岸侵蚀等对人类造成强烈影响事件的强度和频率将随之发生改变。上述变化从多种途径对联合国可持续发展目标的实现构成影响，导致粮食安全风险和水资源危机加剧，造成生物多样性丧失，危害人类健康，损毁基础设施，使得经济崩溃、贫困加剧、难民危机增大、社会不公平和社会冲突增多(图 4-9)。

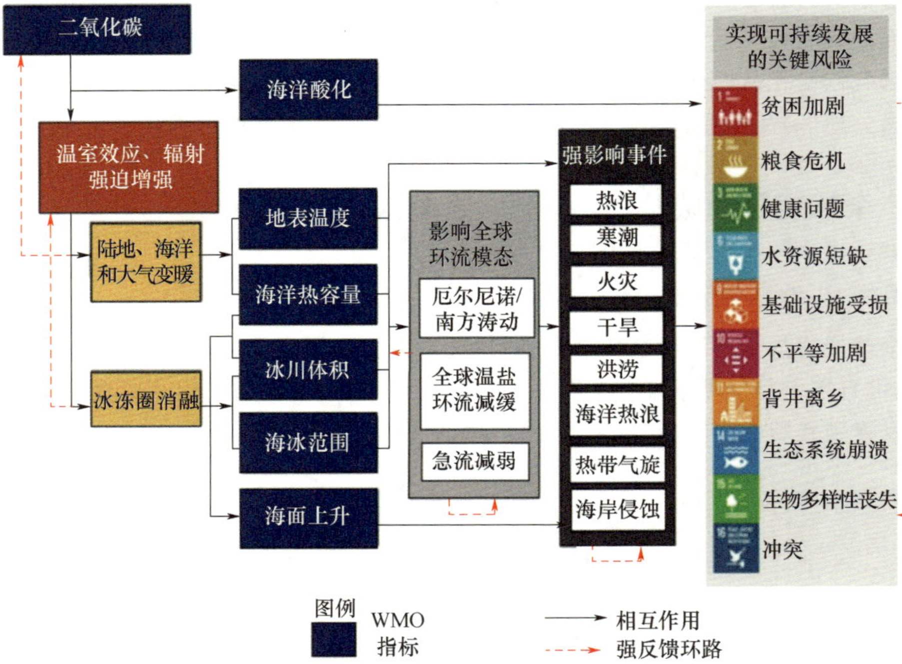

图 4-9　与可持续发展目标相关的气候变化(WMO,2021)

20 世纪中期以来，与人类活动有关的某些自然环境要素、极端天气气候事件变化在许多区域正在发生，如降水格局变化、冰川融化、海平面上升，极端冷事件减少、极端热事件增加、极端高海平面增多、极端强降水事件增多等。IPCC(2021)第六次评估报告认为，人类活动正在使得包括热浪、强降水和干旱在内的极端天气气候事件变得更加频繁和严重，20 世纪 50 年代以来，全球大部分陆地经历了热浪频率和强度的增大、寒潮频率和强度的减弱，人类活动对此有主要贡献；20 世纪 50 年代以来，大部分有观测资料的陆地地区经历了极端降水频率和强度的增大，人类活动引起的气候变化有可能是主要的驱动因子；人为气候变化增加了热带气旋带来的强降水；人类活动有可能增大了 20 世纪 50 年代以来复合型极端事件的发生概率，包括全球尺度上高温-干旱复合事件的增多、部分地区火灾天气的增多、部分地区复合型洪涝事件的增多。它们通过改变对人类社会的自然资源供给、灾害的强度与频率和制约程度来影响生态、水资源、经济、社会和人类健康等诸多方面。例如，全球变暖通过影响粮食产量影响食物的供应，有些地区可能产生饥荒；有些地区因变暖造成水资源短缺、洪涝或干旱频发；再加上人类排放造成空气污染、疾病病菌传播，这些都会严重影响人类健康和生活。

全球变暖对人类社会的影响与社会和经济因素相互交织，因此较之对自然系统的影响更不易识别，且往往呈现出显著的区域差异。尽管全球变暖的有些影响对人类不一定有害，甚至可能对某些地区的某些行业部门是有利的，但人们更关注气候变暖带来的诸多不利影响，且目前以 IPCC 为代表的国际科学界的主流观点认为，未来全球变暖的气候趋势及与此相关的极端天气气候事件增多的影响弊大于利，它危害自然环境的供给、调节、支撑和文化服务等各种服务功能，影响生产活动和社会经济的正常运转，甚至威胁人类生命、财产安全。例如，海平面上升导致岛屿和沿海低地洪水泛滥，造成环境难民问题；极端天气事件增多，导致高温热浪和旱涝灾害加剧，造成疾病、死亡人数增多。

全球变暖的危害是逐步加剧的，且一旦发生就会长期存在，目前已经在许多方面影响了人们的生产和生活，如生产条件、自然条件、健康、金融、物质资本和受教育的机会等；考虑到气候变化所引发的连锁式破坏，未来全球气候变化可能给人类乃至整个自然生态系统造成灾难性的后果。

4.2.1.1 对自然环境服务的影响

全球气候变化可能会对自然资源和生态系统造成不利的甚至有些是不可逆转的影响。对陆地生态系统而言，气候的小幅变暖对生态系统具有有益的影响。二氧化碳对植物生长具有肥效作用，其含量上升会促进植物的生长，增加生态系统的生产力，提高生态系统的服务功能。但升温过高则会给生态系统带来不利影响。如气候暖干化会导致生物多样性降低、群落结构改变、生态系统生产力和稳定性降低、病虫害增加、森林林线升高、林火发生概率增大、湿地面积萎缩、草地荒漠化加剧。全球变暖还会对动植物物候造成影响，导致春季物候期提前、秋季物候期推迟、生长季延长、木本植物休眠时间缩短、候鸟停留时间延长。在 21 世纪及之后，受气候变化及其他外力（栖息地改变、过度开发、污染和物种入侵）的共同作用，大部分陆地和淡水物种面临更高的灭绝风险。许多物种的迁移速度将无法跟上气候变化的速度，物种的灭绝风险随着气候变化强度与速度的增大而加剧，陆地和淡水生态系统（包括湿地）的组成、结构和功能可能受到不可逆的影响而发生突变。

对海洋系统而言，气候变化的影响包括海洋温度升高、更为频繁的海洋热浪、海水酸化以及含氧量的降低，这将威胁海洋生态系统以及依赖于海洋生态系统的人群的生活。20 世纪 50 年代以来，海洋变暖、海冰消融和海洋酸化等已导致海洋物种分布范围和季节活动变化，并对生态系统结构和服务功能产生影响（图 4-10），如海洋变暖导致最大捕捞潜力总体下降，加剧一些鱼类种群受过度捕捞的影响。气候变暖引起的鱼类、贝类种群分布和丰度变化对依赖渔业的土著人群和地区产生负面影响，近海养殖物种的环境破坏对近海养殖业产生负面影响，有害藻华范围和发生频率增大已影响到粮食安全、旅游业、地区经济和人类健康。预计整个 21 世纪，海洋热浪的频率、持续时间和强度将进一步增大，极端厄尔尼诺和拉尼娜事件发生频率将增多。海洋变暖、层化增强、酸化加速，将危及海洋生态系统服务功能和人类社会，海洋变暖和净初级生产力变化将导致海洋动物群落的全球生物量、繁殖力和渔业捕捞潜力下降，群落结构发生变化，并将进一步影响海洋资源依赖型地区的收入、生计和粮食安全；未来随着海洋酸度的增大，海洋从大气中吸收二氧化碳的能力将会降低，其在减缓气候变化中的作用将被削弱；海洋酸化将进一步增大海洋生态系统（尤其是极地生态系统和珊瑚）的风险，并影响到许多生物体的生理、行为、种群动态和海洋生态系统服务功能；珊瑚礁对海岸的保护功能将因海洋酸化而被削弱。

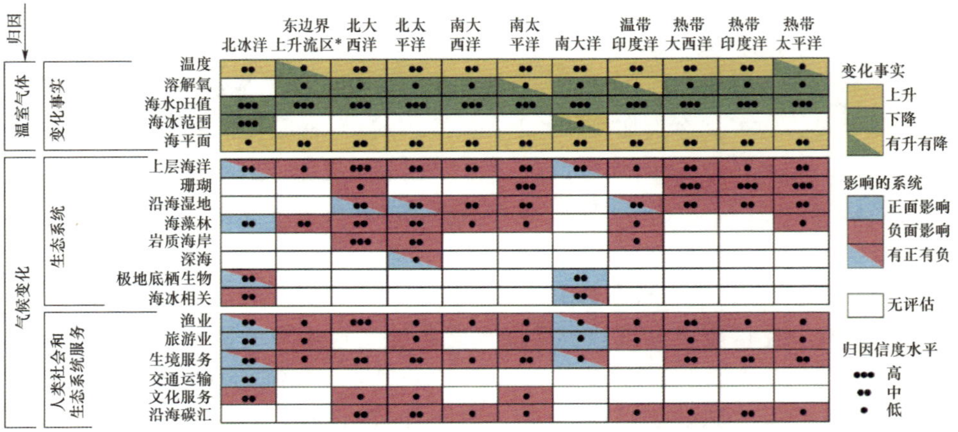

注:*表示东边界上升流区（本格拉寒流、加那利寒流、加利福尼亚寒流和秘鲁寒流）。

图 4-10　观测到的海洋变化及其影响（IPCC，2019a）

在沿海地区，与全球变暖相关的海平面上升、海水变暖、海洋热浪加剧、海洋酸化、海洋贫氧、咸水入侵影响沿海地区的生态系统，导致生境收缩，相关物种出现地理迁移、生物多样性和生态系统功能丧失（图 4-10），20 世纪 60 年代以来大规模红树林死亡；70 年代末以来低纬度海草草甸和海藻林范围缩小；1997 年以来，越来越频繁的海洋热浪引发大规模的珊瑚白化事件。沿海地区还面临日趋严重的热带气旋、极端高海面、洪涝、海洋热浪、海冰消融和多年冻土退化等多种灾害的威胁。未来数百年全球的沿海地区都将受到海平面升高的影响，低地区域将遭受更为频繁的洪涝灾害和更为严重的海岸线侵蚀，极端高海面事件频发将加剧沿海地区社会-生态系统的灾害风险。预估到 2050 年许多地点（尤其是热带地区）极端高海面事件的发生频率将从百年一遇提高至一年一遇；到 2100 年现有沿海湿地将损失 20%～90%；2100 年之前一些小岛屿国家因海洋和冰冻圈变化将变得不适宜居住。

对冰冻圈而言，全球变暖使冰冻圈退缩主要通过以下途径影响气候变化，冰川（含冰盖）、海冰和积雪等变化改变区域和全球反照率及能量平衡，多年冻土退化导致碳释放，进而加速气候变暖，冰冻圈融水注入海洋使高纬度地区海水变暖、变淡，进而导致温盐环流减缓。全球范围内的冰川持续消退、厚度减薄、物质亏损，会导致冰川径流增加、冰川堰塞湖增多，加大冰湖溃决和突发洪水的风险；积雪面积持续减小，融水增多，进一步加大河流突发性洪水的风险；冻土加速退化，多年冻土面积缩小、厚度变薄，导致热融沉陷和热融侵蚀作用增强，破坏森林、草地、沼泽等生态系统。20 世纪中叶以来，北极地区与高山地区冰冻圈退缩对粮食安全、水资源、水质、生计、健康福祉、基础设施、运输、旅游娱乐、文化等的影响以负面为主，土著人群所受负面影响尤为显著。预计 2031—2050 年，全球冰川物质损失、多年冻土融化、积雪面积和北极海冰范围减小，将继续改变高山地区和极区的陆地与淡水生态系统，影响河流径流、水资源及其利用，如高山地区下游的水电和灌溉农业；并带来洪水、雪崩、滑坡、多年冻土融陷等众多局地灾害，高山地区和北极地区基础设施、文化、旅游和娱乐资源面临的风险将增大。

4.2.1.2 水安全危机

水资源是受全球气候变化影响最为显著的自然资源之一。人类的生命健康、城乡发展、工农业生产、经济发展和自然生态系统都高度依赖水资源。据联合国 2020 年发布的《世界水发展报告》(UNESCO et al.，2020)，全球有 36 亿人(将近全球一半的人口)居住在缺水地区(一年中至少有一个月缺水)，全球水资源需求正以每年 1% 的速度增长，到 2030 年全球的水资源短缺将可能达 40%。而到 21 世纪中叶，缺水地区的人口数量将达 48 亿～57 亿，其中有 20 亿人口生活在严重缺水的国家或地区。

而随着全球变暖，地球的热量和水分平衡被打破，导致全球湿润的地区降雨更多，而炎热干旱的地区更加干旱少雨。风暴、洪涝和干旱等极端天气气候在世界各地频繁发生，降水和冰冻圈的变化改变着许多地区的水量、水质和输沙量(图 4-11)，进一步加剧了全球水资源短缺和不平衡。

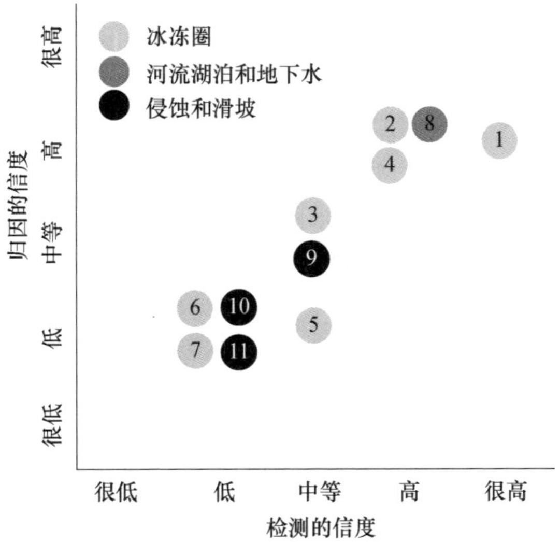

图 4-11 观测到的气候变化对全球淡水系统的影响及可归因于气候变化主要作用的信度(IPCC,2014b)

(1. 冰川萎缩；2. 冰川湖的变化；3. 北极海岸多年冻土的侵蚀和退化；4. 低地和山区多年冻土的退化和融化；5. 地下水储量的变化；6. 河川径流变化；7. 洪水频率与强度变化；8. 北半球湖冰和河冰持续期或厚度的减少；9. 侵蚀的增加；10. 浅层滑坡的变化；11. 高山岩石破裂频率的增加)

1960—2016 年,全球地表水量整体呈减少趋势,其中呈减少趋势的区域分布相对集中,而呈明显增加趋势的区域分布比较分散。地表水量明显减少的区域主要分布在北美洲的西部、北部和东部的部分地区,南美洲的北部地区,非洲的中部地区,亚洲的南部和东部地区以及欧洲的南部地区(图 4-12)。

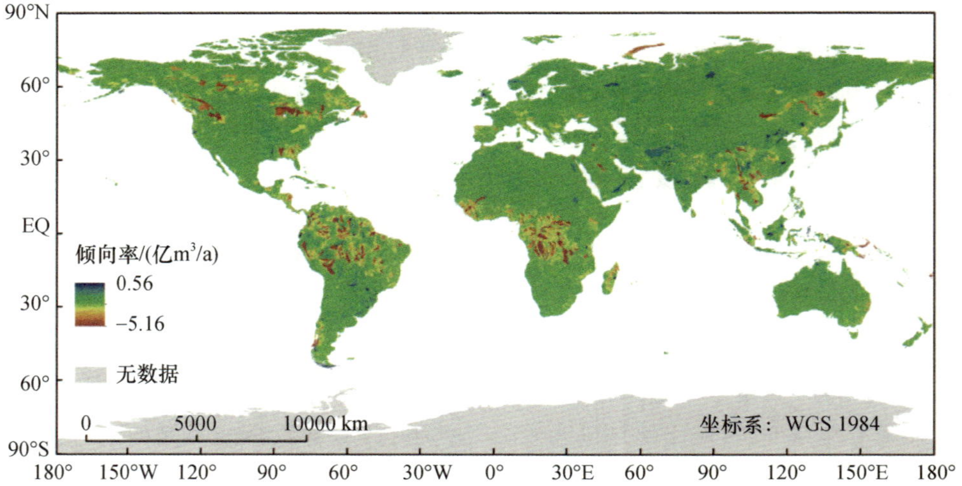

图 4-12 1960—2016 年全球地表水资源量变化趋势(严登华 等,2020)

水是一切农作物生长的基本要素和条件,农业用水占全球用水量的 60%以上,全球水资源的短缺以及气候变化导致的干旱频发引发的水资源危机将严重威胁全球农业生态系统及粮食安全。联合国粮农组织《2020 年粮食及农业状况:应对农业中的水资源挑战》报告指出(FAO,2020):过去 20 年全球人均淡水资源可供量减少 20%以上。全球农业地区有超过 12 亿人面临严重的水资源压力和干旱问题,其中 5.2 亿人生活在南亚,4.6 亿人生活在东亚和东南亚,中亚、西亚和北非地区有 20%的农业人口生活在严重水资源短缺地区,约 5000 万生活在撒哈拉以南的非洲地区;11%的农田和 14%的牧场正在遭受频繁发生的干旱威胁,超过 60%的灌溉农田面临着巨大的水资源压力。全球 40%的粮食是由占耕地面积 20%的灌溉耕地生产出来的,未来水资源短缺将从根本上影响农业产出,引发的粮食危机可能导致亿万人饥饿和营养不良问题。

根据《2020 世界水发展报告》(UNESCO et al.,2020),由全球气候变化引发水资源短缺问题较为明显的主要包括以下地区,这些地区环境脆弱、贫困人口众多,气候变化对水资源的负面影响可能会传导至农业生产领域,并最终引发粮食危机。

(1)撒哈拉以南的非洲地区。撒哈拉以南的非洲大部分地区年降水量在 1000 mm 以上,但是由于经济社会发展落后,人口快速增长,水利基础设施落后,以雨养农业为主,该区域的饮水不足、饮水卫生安全问题突出。据联合国教科文组织统计,全球 9 亿多无法获得安全饮用水的人口绝大部分都集中在这一地区,受不卫生的饮用水影响，该地区5岁以下儿童感染肠道疾病的概率和风险远高于发达国家。进入21世纪以来，全球气候变化导致全球热带雨带发生明显偏移，导致非洲多个国家连续多年出现少雨或无雨状况，从根本上加剧了撒哈拉以南非洲地区的水资源危机。到21世纪末，非洲可能有超过四分之一的地区处于严重缺水状态，可能引发更严重的粮食安全和人道主义危机。

(2)西亚与北非地区。西亚和北非地区已属于"水资源严重短缺"的地区，年人均淡水资源供应量已不足1000 m^3，比21世纪初减少30%以上。高温、干旱引发了西亚与北非地区普遍的水资源短缺问题，部分国家和地区为争夺宝贵的水资源常年冲突不断。气候变化将会继续加重这一地区的干旱和水资源危机，预计未来西亚与北非地区的人均用水量将会大幅度下降，其中西亚地区农业用水占总用水量的90%以上，远高于全球平均值(约60%)，淡水资源的减少可能导致未来这一地区粮食与难民危机持续加重。

(3)印度。印度本身是一个水资源比较丰富的国家，但受气候变化影响，一直遭受干旱缺水问题的困扰，2019年印度有超过6亿人面临缺水危机。随着全球变暖，印度的水旱灾害加剧、水资源危机也日趋严重，可能会重创南亚地区农业生态系统，威胁粮食安全。到21世纪中叶，南亚可能产生6290万"气候移民"，其中印度的"气候移民"将超过4500万人。

4.2.1.3 *粮食生产和粮食安全危机*

在全球气候变化对人类社会生产系统的影响中，以对粮食生产的影响威胁最大。粮食是人类生存不可或缺的，人体有67%以上的热量来自小麦、水稻、玉米及豆类作物，没有了粮食，人类就失去了生存的基础。粮食生产的结构，如地域分布特征、种植制度、作物品种结构等，是与所在区域气候的平均状态相适应的，在一般气候年景，只要播下种子就能获得收成。然而，这一人类祖先流传下来的农业铁律可能因气候变化而改变。IPCC和FAO都将农业列为最易遭受气候变化影响、最脆弱的产业之一，特别是发展中国家的农业。全球气候变化通过温度、降水、极端天气(如洪水、冰雹、干旱等)直接影响粮食生产，进而通过粮食的供给、调配和营养健康(食品安全)进一步地影响粮食安全(表4-2)。

全球变暖不但改变水热资源的数量及其区域匹配关系，也改变农业气象灾害，特别是水旱灾害发生的频率和强度，从而影响生产粮食的可耕地面积和单位面积产量。为适应气候资源与灾害的变化，在有限的土地上得到更多的收益，人类调整改变作物种植结构，即在有限的耕地上调整作物的播种面积，种植能带来更大收益的农作物，以充分利用气候资源、规避灾害。

表 4-2　气候变化对粮食安全的影响(IPCC,2019b)

粮食安全	气候要素变化	影响过程	影响后果
有效性	温度升高	高温和干旱胁迫加剧； 作物生长季缩短,热浪频发； 极端高温减少谷物灌浆时间； 土壤肥力下降； 土地退化； 由于病虫害而导致收获前损失增加； 对作物生理过程的负面影响	降低作物产量和牲畜生产性能
	CO_2 浓度升高	提高 C3 作物光合效率； 提高水分利用率；	提高作物产量
	降水:不及时、不稳定、减少	干旱胁迫； 作物歉收； 土地退化； 土壤肥力下降	作物产量、牧草载畜量和牲畜生产性能下降
可获得性	温度升高	价格上涨； 农业收入损失； 对低收入消费者的过度影响	食品价格升高 购买力降低
	降水:不及时、不稳定、减少	产量降低、价格升高； 由于产量和生产能力的降低导致农业收入的减少、谷物产量降低； 由于价格上涨,无法投资于适应和多样化措施	
	极端天气气候事件:干旱、洪水、龙卷等	由于单产低或作物歉收而导致价格上涨； 农业收入损失；	
利用效率	温度升高	营养成分下降； 真菌毒素增多； 水质恶化； 收获后的损失	品质下降
	CO_2 浓度升高	降低蛋白质含量； 锌、铁等含量较低； 生物量增加,但多种营养成分减少； 减少辐射截获和生物量生产	
稳定性	极端天气气候事件:干旱、洪水、龙卷等	恶劣天气影响食物的储存和分配	品质下降 生产、供应和价格的波动
	降水:不及时、不稳定、减少	食物供应中断； 产量差异； 供给和价格波动； 极端干旱造成作物歉收	

仅就热量资源而言，全球变暖会增加农业热量资源，这对农业生产的影响有利有弊，因作物类型及品种、区域而异。一般而言，农业热量资源增加，利于种植制度的调整，可促进多熟种植北界向更高纬度和更高海拔地区扩展；喜温作物和越冬作物的可种植面积扩大，20 世纪 80 年代以来，吉林和黑龙江两省水稻种植面积的大幅度扩张就是如此(云雅如 等，2005)。但气候变暖对农业的不利影响也十分明显和突出，在不考虑技术进步和二氧化碳肥效作用的情况下，气候变暖会导致部分作物单产和品质降低。气候变暖还会使大部分病虫发育历程缩短、危害期延长，害虫种群增长力增大、繁殖世代数增加，导致农业病虫害呈加重态势。全球变暖引发土壤蒸发能力增大，含水量降低，有机碳含量减少，肥料利用率下降，导致耕地质量下降，肥料和灌溉成本增加。

过去几十年，气候变化已经对许多区域的小麦和玉米产量及全球总产量产生了不利影响；而在各主产区乃至全球，气候变化对水稻和黄豆的影响相对较小；气候变化对作物产量的不利影响比有利影响更普遍，有利影响主要发生在高纬度地区。IPCC(2018)认为，如果到 21 世纪末地球平均气温上升 2 ℃，水稻、小麦、玉米这三类主要粮食作物的产量将下降10%～15%；如果到 21 世纪末地球气温上升 4 ℃，这三类粮食作物的生产将会面临毁灭性的灾难。

全球变暖不仅影响粮食生产格局，而且对粮食贸易格局也会产生影响。随着全球变暖，不同国家更有可能同时遭受主要作物减产，这对粮食价格和粮食安全将产生重大影响。近 20 年小麦、玉米、大米、大豆等农产品的价格翻了好几番。美国、巴西、阿根廷和乌克兰玉米出口量合计占全球的 80%多，如果未来全球平均温度上升 2 ℃，美国、巴西、阿根廷等地的玉米产量就可能大幅度降低；由于生长季节平均温度的上升，一些地区每年玉米产量的波动将在 21 世纪中期加倍，这种变化将导致玉米价格可能面临前所未有的波动。

据 FAO(2019)报告，2019 年，近 6.9 亿人(占世界人口的 9%)营养不良，约 7.5 亿人(近世界人口的 10%)面临严重的粮食安全问题。55 个国家处于危机、紧急和饥荒状态的人数已增加到近 1.35 亿。如果未来缺乏适应措施，粮食安全问题将进一步加剧，人类将会陷入大规模的饥荒之中。

气候变暖会导致全球粮食短缺、粮食价格上涨，继而可能会引发区域动乱。特别是在那些最不发达国家中，75%的民众生活费不足 2 美元/d，粮食短缺加剧以及价格上涨，会进一步加剧这些国家民众的饥荒，也会加剧社会不稳定。2008 年，非洲的一些国家已发生了因为粮食价格上涨而引发的规模不等的骚乱或暴动，加剧了这一地区的局势紧张。

4.2.1.4 疾病发病率和死亡率上升

全球变暖直接与间接地影响人类健康(图 4-13)，其中，对人类健康的直接影响主要包括气候变暖引发的热浪导致心脑血管和呼吸系统疾病的发病率和死亡率上升；而间接影响表现为长期干旱、气候突变等极端气候事件的出现频率、强度增加，导致疟疾、登革热、血吸虫、霍乱、猩红热、病毒性脑炎等媒介疾病的传播加剧。同时，全球变暖引发的部分地区降水量和洪涝增加会促进真菌和细菌的增殖感染，饮用水的数量和质量下降导致营养不良的情况不断恶化，也会威胁人类的健康。

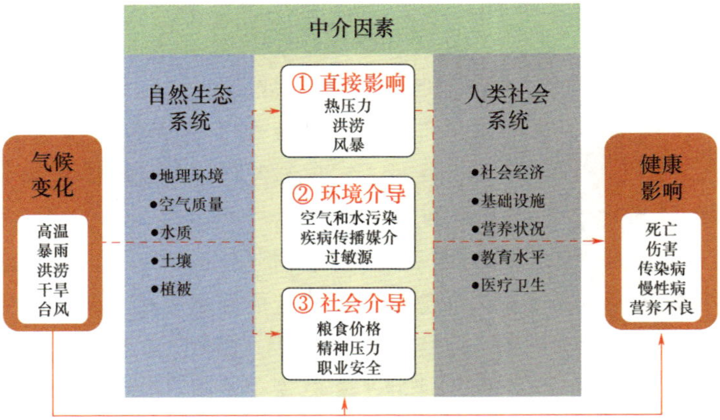

图 4-13　气候变化影响健康的主要路径(IPCC,2014b)

全球变暖增加高温热浪的频率或强度(图 4-14)，在城市地区的表现将更为显著(图 4-15)。高温热浪加剧严重威胁人类的健康乃至生命安全(表 4-3)，一旦某地的极端高温超过该地人们能够适应的某个临界值，因高温死亡的人数将剧增(图 4-16)。

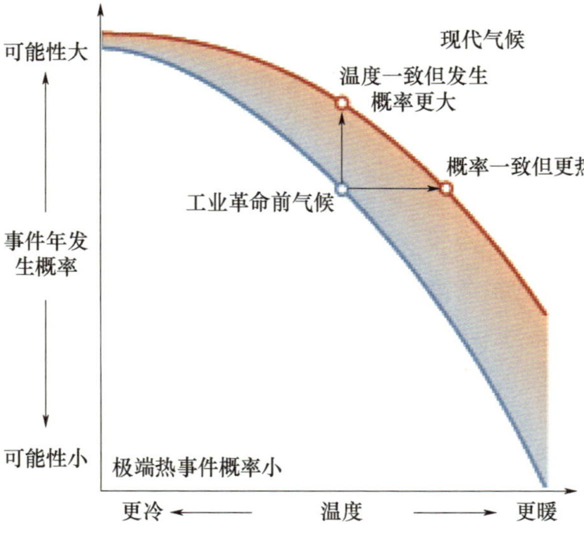

图 4-14　全球变暖增加极端高温事件频率和强度(IPCC,2021)

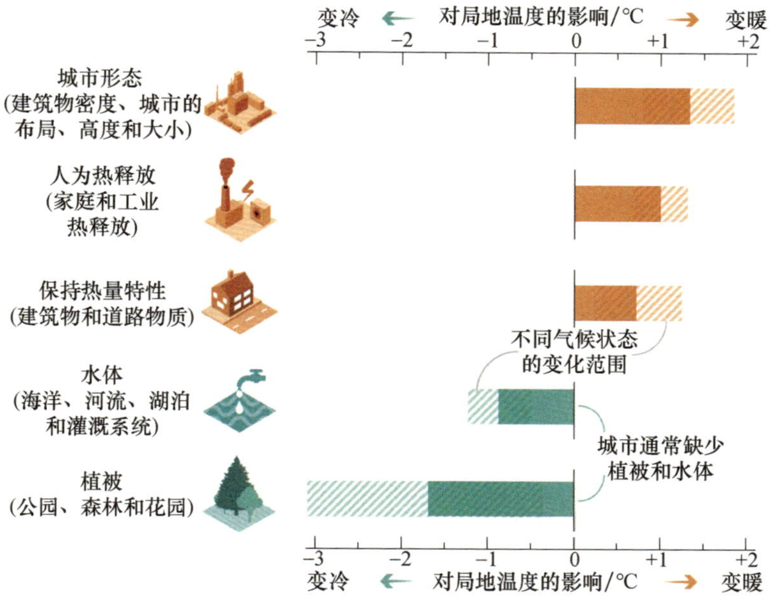

图 4-15 城市在全球变暖背景下升温更显著(IPCC,2021)

表 4-3 高温对健康的直接和间接影响(屈芳 等,2019)

人体热量的增加	直接影响	间接影响	作用程度
来源于从外部环境吸收的热量和身体活动产生的体内热量综合造成的结果	极端暴露情况下,会导致一连串疾病,包括热痉挛、热衰竭、中暑和高热	可能改变人类行为、疾病传播方式、卫生服务的提供能力和空气质量等	视高温事件发生的时机、强度和时间长短而定
室外工作的人群尤为危险,可能需要继续工作,或无条件享受冷气	加剧多种病情,产生过早死亡风险或导致住院人数增加	可能改变能源、交通和水利等社会关键基础设施的运行状况等	依据建筑物和人类行为对主要气候适应性的强弱而定

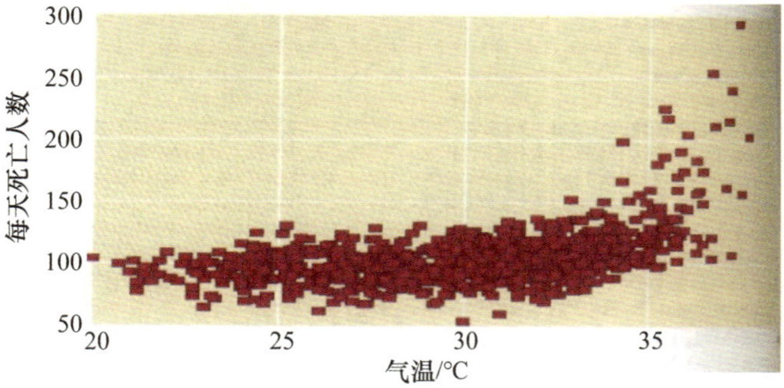

图 4-16 上海人口死亡率与日极端高温的关系(威廉·伯勒斯,2007)

近些年来高温热浪有增加趋势，这些极端高温天气可能与变暖有关，至少其在全球变暖后可能会成为常态。在某些区域，变暖已经导致与炎热有关的死亡率上升，与寒冷有关的死亡率下降。根据全球 43 个国家和地区 732 个地点的数据，1991—2018 年，在夏季所有与热相关的死亡中，有 37% 与高温相关的死亡可归因于人为气候变化。其中，南亚、西亚（伊朗和科威特）、东南亚（菲律宾和泰国）以及中美洲与南美洲的几个国家人为气候变化导致的高温相关死亡比例最高（均大于 50%）。2003 年夏天，习惯于比较凉爽气候的欧洲人经历了高于平均值 3.8 ℃的酷夏（图 4-17），比历史上曾出现的最高纪录高 1.4 ℃，瑞士第三大城市巴塞尔有 4 d 日最高气温高于 35 ℃，是多年平均值的十余倍，这年夏天，欧洲因高温而死亡的人数大概是 2.6 万，其中法国约 1.5 万人。俄罗斯 2010 年 7 月累计死亡人数较 2019 年同期多 5.4 万，在一些地区月总死亡率升高 50%～60%。美国加利福尼亚州 2006 年 7 月 15 日至 8 月 1 日遭遇 35～46 ℃的极端高温，因急性肾衰竭、心脏病、糖尿病、电解质紊乱和肾炎就诊的急诊患者增加 1.6 万多人，住院人数增加 1182 人。2021 年 6 月末以来，西风带在北美的美国西北部和加拿大西部形成类似希腊字母“Ω”的异常阻塞环流形势，导致该地区长期被“高压锅”式的“热穹隆”所笼罩而遭遇罕见高温（图 4-18），多地最高气温飙升至 45 ℃以上；美国西部创下 275 项高温纪录。美国西部 90% 以上地区都处于历史性的、危及生命的极端高温干旱状态中，其中亚利桑那州和加利福尼亚州的部分地区地表温度超过 60 ℃，对当地人类活动产生巨大影响。

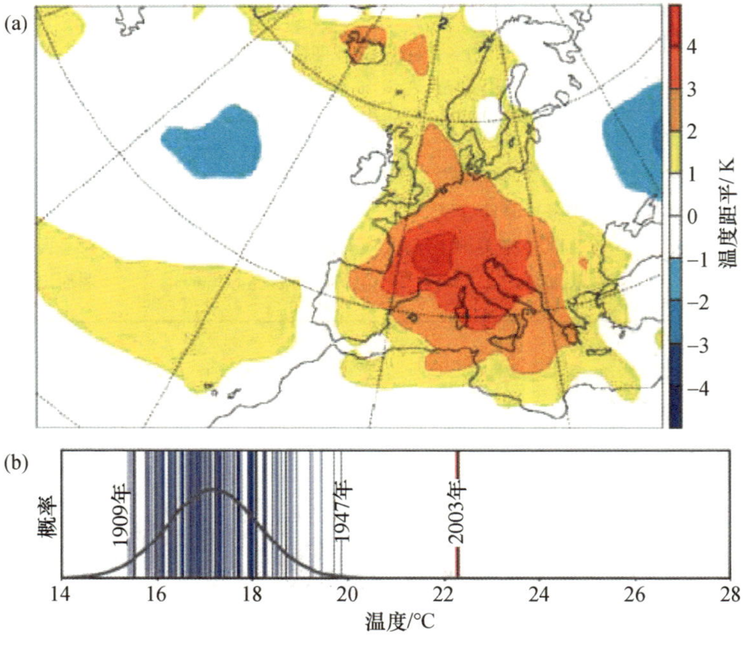

图 4-17　2003 年欧洲夏季热浪事件（IPCC，2007）

（a）相对于 1961—1990 年的 6—8 月温度距平；（b）瑞士 1864—2003 年 6—8 月高温概率分布

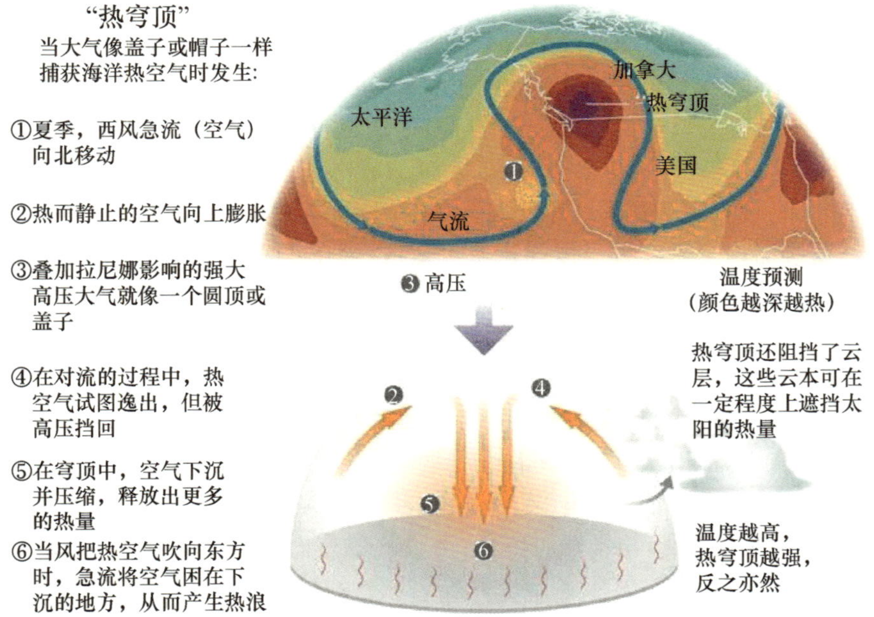

图 4-18　北美高温期间热穹顶示意

未来极端炎热天气的升温水平最高的地区预计将出现在北美中部和东部、欧洲中部和南部、地中海、亚洲西部和中部以及非洲南部。如果未来全球较工业革命前高 1.5 ℃，13.8%的世界人口将至少每 5 年遭受一次"严重热浪"，而在全球变暖 2 ℃的情况下，遭受该频次热浪的人数将增至世界人口的 36.9%，两种升温情况下受影响人数差异约 17 亿。

气温和降水的变化已改变了一些水源性疾病和疾病虫媒的分布。气候变暖使受温度影响显著的登革热、疟疾、血吸虫病等虫媒疾病的流行区域扩大，发病率升高。在中国，以 21 ℃作为登革热传播的下限温度指标推算，海南省三亚市自 1986 年以后已从基本具备登革热终年流行的气温条件变为完全具备登革热终年流行的气温条件。中国大陆血吸虫病流行区的北界线与平均最低温度－4 ℃等值线相吻合，作为血吸虫病传播媒介的钉螺分布地区的 1 月份平均气温都在 0 ℃以上。在 1986 年前后两个时段，1 月份最低平均气温－4 ℃和平均气温 0 ℃等值线向北移动 1～2 个纬度，与此可能存在关联的是，长江流域的血吸虫病疫情呈扩散趋势，不断发现新流行区。

21 世纪气候变化将加剧已有的健康问题与许多地区（特别是低收入的欠发达国家）亚健康状况。例如，受高温热浪和野火的影响，受伤、生病和死亡可能性增大；贫困地区粮食产量减少将增加营养不良的可能性；弱势群体面临工作能力丧失和劳动生产力降低的风险；食源、水源和媒介疾病风险增大。在全球范围内，尽管存在一些地区与寒冷相关的死亡率和发病率下降、载体传播疾病的能力降低等有利影响，整个 21 世纪，对人类健康负面影响的幅度和严重程度将超过有利影响。据世界卫生组织评估，在 2030—2050 年，气候变化预计将每年多造成约 25 万人死亡，其中 3.8 万老年人死于气温过高，4.8 万人死于腹泻，6 万人死于疟疾，9.5 万儿童死于营养不良。

4.2.1.5　对城市支撑系统与重大工程设施的影响

全球变暖的许多风险集中体现在城市地区，城市人口、建筑和基础设施高度集中，城市的各项功能密切关联，如果气候变化与灾害造成城市部分功能丧失，将会导致整个城市陷入瘫痪，甚至会威胁到整个区域及城市群的正常运行。气候变化的不利影响与自然灾害叠加，加剧城市运行风险，已成为制约城市发展的重大问题。气候变化和极端天气气候事件加剧城市洪涝和高温热浪风险，导致城市运输系统中断，加剧水资源供需矛盾，引发居民健康问题等，沿海城市面临的极端天气气候事件和海平面上升的风险增大。近年来，世界许多大、中城市持续高温天气使城市用电激增、电网电力负荷过大、电能质量降低；严重的城市内涝不断发生，造成城市交通、网络通信等基础工程和关键服务系统瘫痪，社会经济活动中断，对城市的正常运行造成重大威胁。未来气候变化背景下，高温热浪、极端降水、内陆和沿海洪水、滑坡、泥石流、空气污染、干旱和水资源短缺将严重威胁城市地区的人口、资产、经济等诸多方面，而气候变化对城市交通、网络通信等基础工程和关键服务系统的影响可能进一步危及城市安全。中国沿海平原城市的海拔大多只有 2～3 m，目前天津、上海、广州等城市地面的相当部分已处在平均高潮位之下，完全依赖城市防洪设施保护，未来海平面上升将使沿海城市十分严峻的防洪问题更加突出(董锁成 等，2010)。如海平面上升 50 cm，现为百年一遇的高潮位在天津附近和上海黄浦江将变为十年一遇，在广州将变为二十年左右一遇。单考虑城市化影响，瑞典南部城市赫尔新堡郊区的一个合流制排水系统溢流量可能会翻一番；如果考虑城市化和未来气候变化的联合影响，该合流制排水系统溢流量可能会增加 450%。

重大工程维系着现代人类社会的运行，它们事关国计民生，是国家的生命线工程，全球变暖可能影响和破坏重大工程的运行，严重危及人类安全。全球气候变化，特别是升温、降水强度增加以及极端天气气候事件频发、冰川融化、海平面上升等，会通过影响重大工程设施本身、重要辅助设备以及重大工程所依托的环境，进一步影响工程的安全性、稳定性、可靠性和耐久性，并对重大工程的运行效率和经济效益产生一定影响，气候变化还对重大工程的技术标准和工程措施产生影响。过去几十年来，气候变化对重大工程的影响在运行中已经显现出来，未来气候变化对工程可能会有进一步的影响，增大重大工程未来安全运行的风险，并进一步影响经济可持续发展、社会安全、基础设施安全。例如，北极地区气温的升高导致多年冻土进一步融化，对北极地区所有的基础设施和相关服务都具有潜在的影响。

近几十年来，中国重大工程建设的数量和规模不断增加，如高速铁路、西电东输、南水北调等，气候变化对青藏铁路(公路)、高铁、水利水电、电网工程、沿海岸工程、能源工程等的影响愈显突出。青藏铁路(公路)沿线多年冻土区地处高原腹地，多年冻土含冰量高、地温变化复杂，尤其是高温极不稳定冻土区范围广，高含冰量冻土段长，对气候变化更为敏感和复杂，青藏铁路(公路)沿线的冻土环境热平衡极易被打破，且多年冻土环境一经破坏就难以恢复。随着全球气候变化，青藏铁路(公路)沿线多年冻土地区的气温升高明显，多年冻土的退化态势明显(杨永鹏 等，2018)。在青藏公路 K3285 里程处，1979 年多年冻土的下限约 10 m，至 2000 年多年冻土已全部退化。自青藏铁路开通以来，冻土区段某些路基已经出现开裂现象。尽管根据青藏铁路(公路)通过多年冻土区域的环境特点，采取了“散热棒”等环境保护措施以维持和保护多年冻土的热稳定，避免发生影响青藏铁路(公路)运行安全的重大事件，但未来的多年冻土退化在全球变暖的背景下运行风险将变大。如不采取适应气候变化的相应措施，青藏地区气温升高 1 ℃，楚玛尔河高平原、秀水河和北麓河盆地、沱沱河至通天河一带盆地铁路经过的绝大部分地区，将全部演变成高温极不稳定型的多年冻土，其中沱沱河、通天河盆地部分地段将演变成季节性冻土区。如果气温升高3.0 ℃，青藏铁路(公路)沿线大部分地段将退化为季节性冻土区，这将给青藏铁路(公路)的运行带来严峻挑战。此外，多年冻土退化将引起地下冰融化、融冻区数量增加、季节融化层厚度增大和土地沙漠化加剧，也将对多年冻土区铁路工程产生不利影响。

中国是世界上高速铁路投产运营里程最长、在建规模最大的国家。高速铁路分布在不同地域，气候条件相差悬殊，高速铁路运行安全面临大风、强降雨、低温冰雪、雷电、雾/霾灾害性天气等的威胁，未来中国的地表气温、年平均降水量、台风等都将发生变化，极端天气气候事件频发将给高铁基础设施的服役寿命以及高铁运输秩序等方面带来诸多不利影响。其中，沿海地区的台风可造成列车脱轨、倾覆，大风天气风速越高，车辆的动力学性能越差；尽管强降水对高铁本身的影响并不十分明显，但强降水极易冲刷冲毁铁路基础设施，甚至造成塌方、滑坡等地质灾害，从而影响高速铁路行车秩序。

未来温度升高导致的蒸发量增大、降水季节分配变化，可能引发干旱、洪涝频发，径流量季节变化异常，给水利工程的蓄水发电、航运、水资源调配、改善环境、防灾效益的综合发挥等带来严峻考验。近 50 年水资源时空分布不均问题更加明显，局部地区的强降水、高温干旱以及超强台风等极端天气气候灾害出现的频率和强度显著上升，对中国的重大水利水电工程在水量分配和调度、水资源利用和水文风险管理等产生影响。例如，未来气候变化将增加汛期长江下游径流量，但其年内分配可能变化，当三峡水库蓄水与南水北调同时运行时，要防止枯水年对下游航运及生态环境的制约，以及入海径流量的锐减可能导致的海水入侵与风暴潮灾害的加剧。

受气候变暖影响，中国各河流入海口三角洲地区相对海平面上升会严重影响沿海地区的重要工程设施和沿海城市发展。以气候变暖后相对海平面上升 50 cm 计，遇历史高潮位,海堤、海港受海水漫溢的风险明显增大。对中国入海河口的涵闸工程而言,海平面上升,闸下潮位抬高,潮流顶托作用加强,将导致涵闸自然排水历时缩短、排水强度降低。

4.2.1.6 对经济社会安全的影响

气候变化可通过直接和间接的途径影响贫困、工作环境、暴力冲突、人口迁移、经济增长和社会公正等多个方面。

气候变化的全球经济影响难以准确估计,不断加剧的温室效应将会严重影响全球经济发展,特别是由于财富和暴露度的增加,全球变暖带来的全球极端天气气候事件造成经济损失的增长更为显著。著名的《斯特恩报告》曾指出,如果在未来几十年内不能及时采取行动,那么全球变暖带来的经济和社会危机,将堪比世界大战以及 20 世纪前半叶曾经出现过的经济大萧条。到下个世纪初,全球可能因为气候变暖而损失 5%~20%的 GDP(Stern,2007)。

对于大多数经济部门而言,气候变化的影响不如非气候驱动因素(人口、年龄结构、收入、技术、可比价格、生活方式、法规和治理等)的影响大。但某些地区、某些行业可能对全球气候变化的影响相当敏感,可能给生计带来诸多不利影响。20 世纪 80 年代以来,气候变暖使得包括中国在内的北半球中高纬度地区冬季取暖能耗需求降低,但夏季降温能耗需求增加,导致对能源消费需求的数量和结构发生变化(图 4-19)。

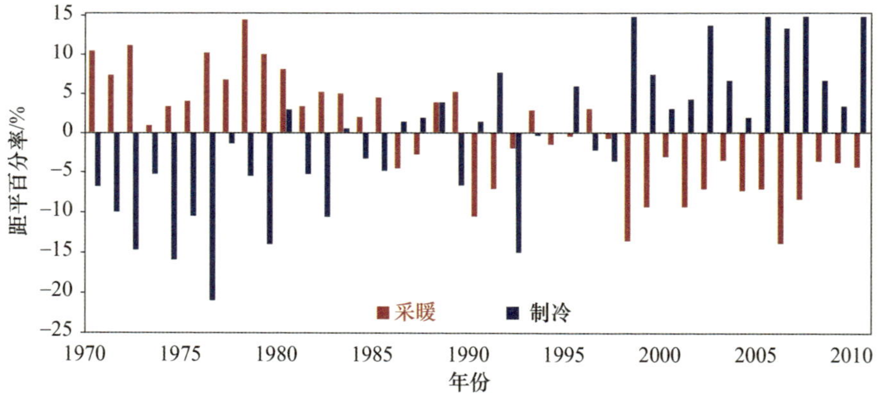

图 4-19 美国采暖与制冷能耗需求的变化(Melillo et al. ,2014)

20 世纪 80 年代以来,许多地区强烈依赖自然节律而呈现明显季节性特征的时令旅游产品,如春季赏花、秋季观红叶、冬季滑雪与观赏冰灯等,已明显受到全球变暖的影响,例如,中国许多地区的春季赏花旅游活动开始的日期提前,玻利维亚等国家的一些高山滑雪场因为气候变暖而废弃。

气候变化通过水资源可获取量与供应、粮食安全、农业收入对全球广大农村地区的人群造成影响。2010—2019 年,与天气气候相关的事件导致平均每年约 2310 万人流离失所。21 世纪全球气候变化将通过减缓经济增长和减贫进程进一步削弱粮食安全，引发新的贫困，并可能产生大量的环境难民。据世界银行 2021 年发布的报告（Clement et al.，2021），气候变化将加剧许多地区的环境退化和自然灾害，日益成为移民的强大驱动因素，在 2050 年之前可能迫使撒哈拉以南非洲、东亚和大洋洲、南亚、北非、拉丁美洲超过 2.16 亿的人口因气候变化而迁移，约占世界人口的 3%，气候移民主要来自水资源供应和作物产量较低、生存条件较差的地区以及受海平面上升和风暴潮影响的地区。气候移民的热点地区最早可能出现在 2030 年，2050 年之前持续扩大并加剧。贫困问题将在城市地区和新出现的饥荒地区（如非洲）更加突出。气候变化通过放大冲突的驱动因子（贫困和经济冲击）将间接增大战争或群体间暴力冲突的风险。

北极航道是沟通东亚、北美和欧洲的最便捷航道，它显著缩短了亚欧、亚美之间的航运距离和时间，随着全球变暖，海冰融化，具有巨大经济、战略价值的北极航道开通正在成为现实。北极航道是指北极地区连接大西洋和太平洋的海上航道，主要由三条航线组成（图 4-20），即东北航道、西北航道和中央航道。东北航道主要位于俄罗斯北部沿海的北冰洋离岸海域，西北航道主要穿越加拿大北极群岛附近海域，中央航道指穿越北极点附近的航道。一旦北极航道全面投入商业运营，联系欧洲、北美与东北亚的海上便捷通道将被开启，北极航线要比传统远洋运输航线航程大幅度缩短，这意味着传统的远洋运输格局和国际贸易格局将发生重大改变。同时，伴随着新航道的开通，船舶建造、货运代理、仓储转运、海洋信息服务等沿线许多相关产业会迅速崛起和发展，促进一些港口、城市迅速壮大，吸引大批人口向北极地区迁移，最终形成以俄罗斯、北美、北欧为主体的超强“环北极经济圈”，这些可以预见的变化将改变世界航运格局和产业发展格局，并对区域经济发展产生广泛而深远的影响。

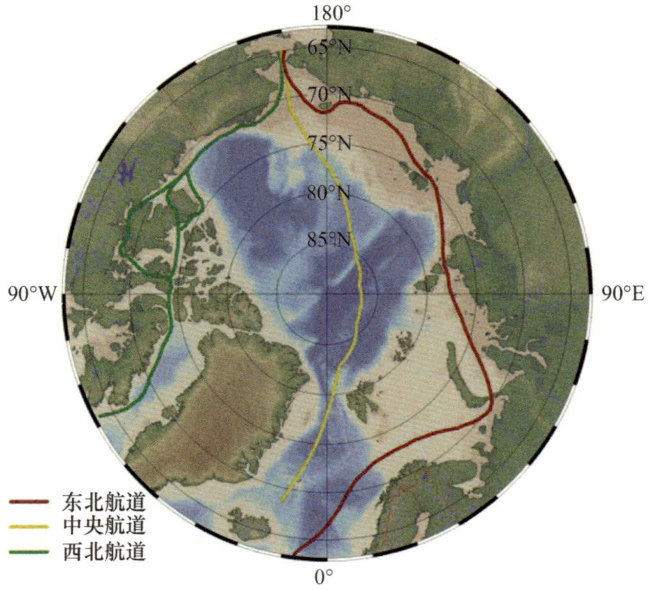

图 4-20 北极航道示意图（郝光华 等，2018）

4.2.2 升温 1.5 ℃与 2 ℃的关键气候变化风险

4.2.2.1 升温 1.5 ℃与 2 ℃风险的差异

未来气候变化对世界大部分区域的自然和人类系统的影响将进一步加剧，会影响人类社会、经济的方方面面，其中，有些属于人类社会有能力应对的可控风险，如气候变化对健康和农业的影响；而另一些则是人类社会难以预见和应对的风险，如海冰融化、热带气候加剧、大规模物种灭绝等，可能引起不可预期的、突发的、灾难性的后果。以 IPCC 为代表的国际主流观点认为，一旦未来全球平均气温升高超过 2 ℃，可能会引发难以预料的、大规模的各种系统性变化，给世界各国的国家安全乃至人类社会带来灾难性的后果。突出地表现为海平面上升、物种灭绝、极端天气气候事件频率增大、热带传染病北上、全球粮食短缺、水资源供应不足、地区冲突增加等。

IPCC(2018)发布的《全球 1.5 ℃增暖特别报告》(简称 SR1.5)指出，按照当前的变暖速率，预计全球平均气温在 2030—2052 年就会比工业化之前水平升高 1.5 ℃。报告比较了将全球升温控制在不同阈值(1.5 ℃、2 ℃或更高)时给自然和社会系统带来的影响差异，包括极端气温、干旱、强降水、冰冻圈、淡水、海平面、海岸带和低洼地区、大洋温度和环流、生态系统、食物安全、城市、人体健康、主要经济部门和居民生计等方面。

随着气候变暖，地球系统中有诸多要素一旦发生稳态变化，就难以恢复到原有状态，即临界要素(tipping point)。SR1.5 关注了升温 1.5 ℃和 2 ℃情景下 10 个临界要素的变化风险，总体而言，随着温度不断升高，热点(区)和临界要素面临的危机将不断增强，而将全球升温控制在 1.5 ℃而不是 2 ℃或更高时的风险将大幅度降低。

在全球升温 1.5～2 ℃的情景下，很多极端天气气候事件发生的概率将显著增加。相较于 2 ℃而言，将升温控制在 1.5 ℃以内能减小气候变化的风险，更好地避免一系列生态灾难；高温热浪频率、北极海冰消融、海平面上升和一些区域的强降水、干旱等极端天气气候事件的影响将显著减小。如将全球升温控制在 1.5 ℃内，全球缺水人口将比升温 2 ℃减少一半，遭遇极端高温天气的人口将减少约 6400 万；如果未来全球气温较工业革命前高 1.5 ℃，世界遭受五年一遇“严重热浪”的人口比例为 13.8%，较全球升温 2 ℃时受影响的人数(占比约 36.9%)少约 17 亿。

将升温控制在 1.5 ℃而不是 2 ℃，将避免西非、东南亚和中南美洲热带作物产量下降的重大风险。在萨赫勒西部和南部非洲，升温从 1.5 ℃到 2 ℃将导致玉米、高粱和可可种植区的适宜性进一步降低、产量损失，尤其是 C_3 作物，而降水变化只能部分弥补这些影响。升温 1.5 ℃和 2 ℃相比，水和食物供应减少的脆弱性将降低，特别是在非洲萨赫勒、地中海、中欧、亚马孙、西非和南非等地区。

将升温控制在 1.5 ℃而不是 2 ℃，可以避免北极、青藏高原、南部非洲和澳大利亚的生物群落演替。

4.2.2.2 气候变化风险的热点区

无论是以发达国家为主的欧洲、北美洲和大洋洲，还是以发展中国家为主的亚洲、非洲和南美洲，都面临全球变暖的风险。但气候变化影响在各地区的表现和影响程度是不同的，这种区域性既与气温变化、降水量变化和极端天气气候事件变化的区域差异相联，也和区域社会经济发展水平有密切关系，一般情况下，气候变化对于脆弱人群的影响最大，而处于不同发展阶段的国家普遍都存在脆弱人群。综合区域升温和社会-生态系统响应，IPCC(2018)识别了 10 个气候变化风险的热点(区)(hotspots)，包括北极海冰、北极陆地、高山地区、东南亚、南欧和地中海、西非和撒哈拉地区、南部非洲、热带和岛屿地区以及南非的高山灌丛群落(Fynbos)等。

(1)北极海冰。北极地区是全球变暖的重要热点区，全球升温 1.5 ℃时 9 月北极无冰发生的可能性很低，但在全球升温超过 2 ℃的情况下，很可能出现北冰洋夏季无冰，保守估计整个北冰洋夏季无冰的概率约为 50%。与夏季不同，在全球升温1.5 ℃或 2 ℃的情况下，冬季的北极海冰都会存在。1.5 ℃和 2 ℃升温时，尽管北极渔业将可能获益，但海冰的损失将导致海豹、北极熊、鲸鱼和海鸟等生物的栖息地丧失；海冰厚度也将大幅减少，其中北极中部的海冰厚度减少 50%以上，北极适航性增大。

(2)北极陆地。20 世纪，以冻土带为主的北极高纬度地区的气温上升高于全球平均水平，北极冻原生物群正在经历越来越多的火灾干扰和永久冻土层退化，北极陆地生态系统正受到冬季推迟到来和与全球变暖有关的暖冬干扰，雨浇雪事件导致的鹿群高死亡率、苔原牧场的灌丛化等将威胁驯鹿放牧。在全球升温 1.5 ℃的情况下，北极的一些陆地会升温 3～4.5 ℃；在北极大部分地区，全球表面温度从1.5 ℃升至 2 ℃可能导致温度进一步升高 2～2.5 ℃。北极的生物群落(主要生态系统类型)很可能发生变化，在升温 1.5 ℃时，火灾频率可能增加，永久冻土退化，树木可能在苔原牧场中出现；在全球升温2 ℃时，这些变化将进一步放大。气温上升、冻土融化和气候模态的变化将越来越多地影响北极地区的人群、基础设施和工业，升温 2 ℃的影响将比升温 1.5 ℃更大。

(3)高山地区。高山地区丰富的生物多样性是在寒冷和恶劣的气候条件下形成的，许多物种因此容易受到气温上升的影响。已发现高山物种随区域变暖向上迁移，但这一适应响应受到山体高度和宜居性的限制。此外，世界上许多高山地区都伴有冰川融化、积雪融化和径流变化，这对水安全的影响是非常重要的。在全球升温 1.5 ℃时，高山地区的生物群落变化可能很严重，而在升温 2 ℃时会进一步增大。欧洲高山地区枯水径流的增长从 1.5 ℃的 22%增加到 2 ℃的 30%；全球升温 1.5 ℃与 2 ℃时强降水变化显著的热点地区位于高纬度地区(阿拉斯加/加拿大西部、加拿大东部/格陵兰/冰岛、北欧、亚洲北部)和高海拔地区(如青藏高原)，以及东亚(包括中国和日本)和北美东部。

(4)东南亚。在海平面上升的背景下，东南亚是一个极易受到洪水增多影响的地区，极端气候事件将对人类健康、安全、生计和贫困群体产生更大影响。从上升 1.5 ℃到 2 ℃，洪水的风险将增加，且在 2 ℃之后将大幅度增加。升温 2 ℃时东南亚强降水、径流和丰水流量较升温 1.5 ℃显著增加。对于东南亚来说，气候变暖 2 ℃，到 2040 年可能导致作物产量普遍下降，人均作物产量减少三分之一；而升温 1.5 ℃可避免该地区作物产量显著下降的风险。在全球升温 2 ℃时，东南亚农村和城市地区贫困人口面临的重大风险比 1.5 ℃时更大。

(5)南欧和地中海。与全球平均气温上升相比，地中海陆地极端高温天气的变化更强烈，增强的温室效应使地中海区域(包括南欧、北非和近东)的干旱加剧，而且极端干旱发生的概率在全球升温 2 ℃较 1.5 ℃时大幅增大。在全球升温 1.5 ℃时，由于降水减少，地中海地区河流的枯水流量将减少，丰水流量和洪水也将显著减少，南欧水电生产的潜力将因此而下降。从升温 1.5 ℃到 2 ℃，年径流量中位数的减少量将从约 9%增大到 17%，丰水流量的减少从 11%增大到 13%。升温 1.5 ℃沿海城市群因海平面上升的风险将比升温 2 ℃低。随着降水减少和温度升高，地中海地区的植物物种已经观察到物候变化、范围缩小和健康水平下降。地中海地区的生物群落在升温 1.5 ℃至 2 ℃之间存在一个区域尺度的阈值，2 ℃的变暖将导致地中海生物群落面积减少 12%～15%，只有全球变暖控制在 1.5 ℃温升以内，才能避免过去 1 万年中前所未有的生物群落变化。

(6)西非和萨赫勒地区。气候变化对水资源可利用量、农业生产和人体健康3 个方面的影响最受关注。即使全球气温上升限制在 1.5 ℃以内，西非和萨赫勒地区也都可能会经历更多的热夜和更长、更频繁的热浪，而上升 2 ℃将更多；干旱风险会随全球变暖而增大，特别是在前季风季节，变暖 2 ℃比 1.5 ℃时受影响更大，农村和城市人口都会因此受到影响。受气温升高和降水变化的影响，非洲许多国家和地区谷类作物产量很可能下降，农业生产及食品安全进一步恶化，撒哈拉以南非洲地区，到 2030 年升温 1.5 ℃可能会使玉米种植面积较目前减少 40%，这些地区当前的品种不再适合种植；萨赫勒西部高粱的适宜性也会有巨大的负面影响。到 2040 年，气温上升 2 ℃将导致进一步的减产和对作物(即玉米、高粱、小麦、小米、花生和木薯)的损害。升温 2 ℃时，非洲萨赫勒地区对水和粮食安全的脆弱性将比升温 1.5 ℃更高；全球升温超过 2 ℃，萨赫勒西部可能会经历最强烈的干旱，并导致严重的粮食安全问题。

(7)南部非洲。南部非洲将面临极端高温和干旱的威胁。过去 50 年里，非洲南部亚热带地区气温上升速度大约是全球的两倍。即使全球气温上升被限制在 1.5 ℃以下，也会出现炎热夜晚数量的增多以及更长、更频繁的热浪，全球升温 2 ℃及以上极端高温将进一步加剧。在 2 ℃和 1.5 ℃升温时，南部非洲干旱增加的风险是一致的。尽管南部非洲的降水量将普遍减少，但该区域大部分地区的日降水强度将增大，且随着全球变暖程度的提高这种情况将越来越严重。在全球升温 1.5 ℃和 2 ℃情景下，南部非洲的牲畜将面临更大的水资源短缺和负面经济后果；该地区还将面临玉米、高粱和可可种植的适宜性降低。从升温 1.5 ℃到升温 2 ℃将导致减产进一步加剧，水和食物供应的脆弱性加大。

(8)热带。热带地区将是全球热日增加最多、全球升温 1.5 ℃和 2 ℃的热日数差异最大的地区，尽管极端高温的绝对变化往往在中纬度地区最大。因此，极端热浪可能将最早出现在热带地区，并在全球升温 1.5 ℃时已经在这些地区普遍发生。在热带非洲，全球升温 1.5 ℃热夜数量增多，热浪更长、更频繁，全球升温 2 ℃热夜数量将进一步增多。热带地区升温 1～2 ℃，玉米和小麦的产量开始下降。如果全球平均气温从 2011—2030 年到 21 世纪末上升 2 ℃，热带地区可能出现距离超过 1000 km 的大规模人口迁移，可能导致热带边缘地区和亚热带地区的人口密度增大 300％或更多。热带珊瑚礁在升温 1.2 ℃时将达到非常高的影响风险，在如此或更高的温度下，珊瑚主导的生态系统将难以存在。

(9)小岛屿。小岛屿对气候变化的影响非常敏感，其气候变化风险主要来自于海平面上升、海洋变暖、极端降水、台风和珊瑚白化等。海平面上升是小岛屿及环礁沿海低洼区域面临的主要威胁之一，沿海洪水和土壤侵蚀的风险将大幅度增大，而海浪冲刷将对地下淡水的蓄水层产生直接的负面影响；由于海表温度上升，珊瑚礁生态系统的退化将对岛屿社区和生计产生负面影响。即使全球升温 1.5 ℃，降水、温度、热带气旋和海平面变化的复合影响可能会对多个自然和人类系统产生重大影响。升温 1.5 ℃可比 2 ℃降低小岛屿发展中国家(Small Island Developing States, SIDS)更多的风险，与适应相结合时尤其如此。到 2150 年，升温 1.5 ℃比 2 ℃暴露在海平面上升风险的人数将少 6 万。升温达到 1.5 ℃时，加勒比地区全年有 50％的时间将非常热，升温 2 ℃比 1.5 ℃进一步增加 70 d。如将 2050 年的升温限制在 1.5 ℃而不是 2 ℃，小岛屿发展中国家的沿海洪水风险(百年一遇洪水事件)降低 20％～80％。对于海洋渔业来说，将升温限制在 1.5 ℃可降低物种灭绝的风险和最大捕获量潜力的下降，特别是对于热带海洋的小岛屿。海平面上升和海浪引发的洪水(在升温 1.5 ℃范围内)可能会影响马绍尔群岛、洛伊-纳慕尔岛的淡水供应，但也取决于其他极端天气气候事件。而马绍尔群岛中埃贝耶岛的堤防可使其在升温 1.5 ℃和 2 ℃时有效减少海平面上升造成的损害。

(10)高山和干旱灌木群落。南非的高山灌木群落(Fynbos)和沙漠群落(Karoo)已受到威胁。类似的灌丛存在于其他大陆的半干旱地区。这些系统所受的影响随着变暖幅度的增大而增加。全球升温 2 ℃，干旱地区升温预估为 3.2～4.0 ℃；全球升温 1.5 ℃，干旱地区平均升温仍在 3 ℃左右。南非西南部的 Fynbos 生物群落在气温升高和冬季干燥的情况下，容易受到火灾的影响。在气温升高 1 ℃、2 ℃和 3 ℃时，Fynbos 生物群落相对于其目前的适宜气候区，将分别损失约 20％、45％和 80％。

4.3 全球变暖对国家安全的威胁

4.3.1 全球气候变化与国家安全

4.3.1.1 国家安全概念的扩展

安全(security)是由古罗马时期的西塞罗(Cicero，公元前 106 年—前 43 年)和卢克莱修(Lucretius,公元前99年—前55年)提出的,最初指人类哲学的和心理的精神状态,或者是人们从悲痛中解脱出来的主观感受。在现今社会中,“安全”一词被广泛用于政治、经济、社会、国家、食品、生物、环境、生态、局部、整体、生产、公共等不同层次的诸多方面。

安全是人类系统所具有的内在特性之一。从系统的角度看,安全是系统维持稳定、保持功能正常的状态范围或“阈值”。只有健康、有活力的系统才是安全的,但是这两个条件还不足以确定一个系统的安全。一方面,在真实世界中没有任何一个系统是完全独立的,所有系统都以不同程度、不同方式依赖于其他系统,所以子系统与母系统的安全都与整个体系的安全相关;另一方面,系统的安全性不仅与系统自身的属性有关,也与系统环境的属性有关,一个安全的系统是指该系统能够生存并且健康地在其环境中不断发展,只有当系统的功能和结构适应其所在的环境时,该系统才能存在和发展。如果系统受到某种威胁而改变了系统原有的本质,则安全状态可能被打破,发生危害、损失,直至崩溃等情况。

现今对安全广义上的理解有双重意思。安全在客观的意义上是获取价值时没有受到威胁,指不存在客观危险,如没有安全“威胁”“挑战”“脆弱性”“风险”。如果个人或者社会团体,国家、区域、全球国际组织能知道各种危险,即各种各样的安全威胁、挑战、脆弱性、风险所带来的危险能被避免、阻止、管理、应对、减缓、适应,那么客观的安全是可以实现的。安全在主观意义上来自主观的恐惧以及主观的感受,是获取价值时受到攻击而没有恐惧感,一旦对安全“威胁”“挑战”“脆弱性”“风险”的害怕感受可以缓解或解决的话,安全是可以实现的。因此,有关安全问题的研究大多围绕“威胁”“挑战”“脆弱性”以及“风险”四个关键科学问题展开。

(1)对安全的威胁(threats)。具有强烈而彻底的威胁,并可在相关主要时间范围内降低国民的生活质量。

(2)对安全的挑战(challenges)。“不安全”的事件、事端,考验人类社会的力量、技术或能力。

(3)脆弱性(vulnerabilities)。易受打击的程度,或者是缺乏应对的能力。

(4)因“不安全”而带来的风险(risk)。不确定的,可能是一种威胁,也可能是一种机遇,需要人类知识系统具备确认并描述这种不确定性,并且社会具备应对任何可能结果(风险)的能力。

安全作为一个政治概念始于奥古斯都(Augustus,公元前63年—公元14年)时期,其具体内涵随着时间的推移而不断发展变化。第二次世界大战期间,美国提出了“国家安全”学说,用来解释美国与其他国家的关系。冷战期间,以对来自敌对方军事和政治威胁的关注为出发点,国内的、国家的、同盟的与国际的安全概念对维持两极化的国际秩序、阻止核战争方面起到了主导作用。20世纪90年代以来,安全概念的内涵被从冷战时期以国家为中心的军事和政治(强权至上),扩展到将经济、社会和环境也包括在内(致力于防止冲突,强调国际准则和人权以及合作的重要性)。不仅“安全”

的内涵扩大了，而且安全的对象也从“国家安全”扩展到“以人为本”的安全，除传统的国家安全(national security)外，出现了社会安全(societal security)、人类安全(human security)、环境安全(environment security)、性别安全(gender security)(表 4-4)等。

表 4-4　安全概念的扩展(Brauch,2005)

安全的类型	安全对象 (谁的安全)	处在风险中的价值 (什么的安全)	威胁源 (起因于谁或什么的安全)
国家安全 (政治、军事方面)	国家	主权、领土完整	其他国家、恐怖主义
社会安全	国家、社会群体	国家的团结统一	国家、分歧、不同文化
人类安全	人类个体	生存、生活质量	国家、全球化、全球环境变化、 自然、恐怖主义
环境安全	生态系统	可持续性	人类
性别安全	性别关系、土著居民、 少数民族	平等、统一、团结	父权制、极权体制 (政府、宗教、伦理、文化)，偏执

4.3.1.2　常规国家安全

主权国家是构成现代人类世界的基本单元。国家安全是人类系统安全的基础。传统意义上的国家安全(常规国家安全)概念是指保护一个国家对领土、财产等方面的主权不受侵犯。它与受到的威胁密切相关，而这种威胁往往与战争等军事行为相联系。常规国家安全主要包括政治安全和军事安全两个方面。政治安全主要是指主权独立、领土完整、政局稳定、人民安康、文化安全等。政治安全是国家安全最根本的象征，是国家利益的最高目标，其表现形式是国家主权独立、领土完整、民族尊严不受污辱、政治权力坚实稳固。军事安全是指防范外敌入侵，制止内部动乱，维护国家统一。一个国家的政治安全能否有所保证，往往并不完全取决于这个国家的美好愿望，而必须有实现愿望的必要武力保障，这就是军事安全。军事安全体现在国家的综合军事优势上，包括武器装备的精良、军人素质的修养、作战谋略的高超以及军事环境的优越等。

常规国家安全有以下几个特点。

(1)常规国家安全观强调军事安全是安全的核心，视军事力量为保护和促进国家安全的重要基石。常规国家安全一方面强调国家的自身安全，以及国家安全是一国内政外交的主要议题；另一方面，它体现追求安全手段的军事性特点，认为外部军事进攻是构成一国生存和发展的主要威胁，国家获取安全最可行的办法就是最大限度地扩大军事能力。

(2)注重国家主权、领土完整等有形安全的维护。常规国家安全所关注的焦点，是主权国家如何应对外来的战争威胁和军事入侵，如外部的敌对国家可能对本国发动攻击或对本国边境地区、海洋岛屿实施军事占领。

(3)以国家为本位的单边安全是常规国家安全的主体。常规国家安全认为国家是世界政治体系的基本单位,在国家关系中强调本国的单边安全,至于它国的安全是否会受影响、波及自己则较少考虑。同时,对国内的威胁相对忽视。

(4)强调对抗性的非得即失。常规国家安全强调不同国家之间存在一种竞争性的零和关系,认为对方的安全就是自己的不安全,对方的强大就是对自己安全的威胁。常规国家安全的实现是以压制和制约对手为基础,意味着己方利益所得是以对方利益所失为前提。

4.3.1.3 非常规国家安全

20世纪90年代以来,国家安全概念的内涵从传统意义上以国家为中心的"常规"国家安全,扩展到经济、社会和环境等方面(致力于防止冲突,强调国际准则和人权以及合作的重要性)的非常规国家安全。

相对于"常规"国家安全,"非常规国家安全"的威胁至少有以下三方面特征:①"非常规"威胁时时刻刻无处不在,随时都可能发生;②"非常规"威胁往往可以成为"常规"威胁所凭藉的理由;③"非常规"威胁具有很强的隐蔽性和累积性,潜在的"非常规"威胁很容易被人们忽视,而当其显示作用时,往往产生重大的危害。

国家安全概念的扩展与三方面因素密切相关。一是冷战的结束与恐怖主义和反恐战争的出现,前者结束了世界的两极化阵营,随之而来的是经济、政治和文化的全球化进程;而后者则打破了以往安全风险产生的模式,警示人们在和平时期新凸显的脆弱性。二是社会科学从实证主义向构建主义的转变以及(世界)风险社会概念的提出,人类已进入了"世界风险社会"(world risk society),到了与"风险共存"(Living with Risks)的境地,不仅重大风险的性质在变化,而且风险发生的背景条件以及社会管理风险的能力也在变化,在一个全球化的风险社会中,世界任何区域发生的安全风险,都有可能通过某种途径传递到其他地区。三是"全球环境变化"在自然和社会科学研究领域的兴起,以全球变暖为突出标志的全球环境变化作为对人类安全的重要威胁日益受到重视,需要全世界共同来应对。

非常规国家安全涉及的领域十分广阔,按成因可以概括为五大类:①支撑人类社会可持续发展而产生的国家安全问题,包括资源和环境的开发利用、生态系统问题以及传染病的控制和预防等,全球气候变化是现代世界各国共同面临的重大国家安全威胁之一;②人类社会活动中个体国家或者个体社会失控、失序而对国家和国际秩序、地区安全乃至国际稳定所造成的威胁,包括经济安全、社会安全、文化安全、人权、难民等问题,在和平与发展两大世界主题下,维持社会和经济稳定,使国家利益免于受到其威胁的能力是国家安全的重要因素;③跨国界的有组织犯罪,如非法移民与贩卖人口、毒品走私和跨国犯罪等;④非国家行为体对现有国际秩序的挑战和冲击,如恐怖主义、海盗和大规模杀伤性武器的扩散等;⑤由于科技发展以及全球化所产生的安全脆弱性问题,如网络安全、信息安全以及基因工程安全。

4.3.1.4 全球气候变化对国家安全的威胁

在扩展后的安全概念体系下，全球气候变化被看作是威胁国家和区域安全的重要因素之一。国际全球变化人文因素研究计划(IHDP)将全球环境问题归纳为三种类型：第一，全球环境的系统性问题，如臭氧层的损耗、全球气候变化、全球生物多样性和/或资源的衰竭；第二，人类活动随着时间的推移、通过累积作用而发展为全球环境问题，如水资源缺乏、水污染、富营养化、酸化、土地退化、森林砍伐和地下水污染；第三，因地区环境问题引发的摩擦冲突随时间的推移而发展为全球环境问题，如因环境问题导致的地区政治不稳定、引起疾病的产生进而在全球蔓延传播，或发生环境难民的问题。这三种问题都与全球环境变化引起的资源和灾害变化相联系，是全球变化威胁人类安全的基本方式。

从国家安全的角度，上述问题可归纳为两大类。一类直接与由全球环境变化所产生的、对人类构成威胁的全球性环境问题相联系，当全球环境变化不利的影响达到足以改变社会政治文化平衡的程度时，就可能导致重大生命损失、社会矛盾的激化、社会秩序的破坏、区域冲突加剧，直接威胁到国家安全。另一类则是通过国际事务中的冲突表现出来的。由于人类活动导致的全球环境问题的“外部性”特征(外部性是经济学上用来指个人的经济行为不可避免地给第三者带来的损失或收益)，发生在一个国家内的环境问题已不单单是其主权领土范围内的问题，而是牵涉到其他地区乃至整个世界。一个国家一旦被认定对全球环境变化负有责任，它有可能受到来自受害者乃至整个国际社会的政治、经济、外交等各种手段的制裁，甚至受到战争的威胁；而几乎所有承担责任的行为都是以损失经济效益为代价的，如果一个国家或政府所需承担的责任超出其承受能力，则可能引发政治危险。然而，正如致灾因子(hazard)只有在造成人类的生命和财产损失才能称之为灾害(disaster)一样，外在的全球气候变化“威胁”只是国家安全的一个方面。“威胁”是否会导致一个国家不安全状况的发生，还与该国家自身的弹性与脆弱性密切相关，国家安全是外在的威胁与国家内在的社会、经济和环境的弹性与脆弱性相互作用的结果。因此，在全球气候变化的视角下，国家安全被理解为一种能力，即一个国家所具有的降低气候变化影响、避免暴力冲突和积极应对全球气候变化的能力。

与传统意义上的“常规”国家安全相比，全球气候变化是典型的“非常规”国家安全问题之一，符合非常规国家安全的一般特点。气候变化本身不是国家安全威胁，但它却是其他常规或非常规安全危机的触发器和放大器。气候变化的直接后果如果与政治、经济、制度以及社会因素相互作用，就会造成贫困(甚或经济崩溃)、群际紧张状态、人口迁移、社会崩溃等。

4.3.2 全球变暖威胁国家安全的主要途径

全球气候变化是人类社会可持续发展面临的巨大挑战之一。气候变化的影响及危害具有全球性，其影响、危害不是针对某一个特定的国家或地区、特定的社区或特定的群体，而是针对世界所有的国家和地区、种族、民族、社群和个人。全球气候变化不仅可直接造成国家资源安全和环境安全危机，并进而触发国内的社会和经济安全危机，而且还可能引发国家间的资源冲突与经济冲突，甚至触发国家间的政治和军事冲突。如果当前全球变暖的趋势得不到遏制，其对自然环境和人类社会的影响程度还将进一步加大，会对一些国家的国家安全造成影响，不同国家所受影响的表现方式存在差异。在国家内部，国家安全风险主要来自于全球变暖导致的生存空间丧失、资源危机或自然灾害加剧，其影响的传递可能衍生社会、经济等其他方面的国家安全危机；在国家和区域之间，气候变化背景下发生国家或地区间对资源和生存环境的争夺，一个国家或地区为克服气候变化带来的不利影响而将危机转嫁给其他国家或地区，以及随气候变化所造成国家或地区间力量对比的相对消涨而出现的势力重新分配要求，等等。

4.3.2.1 生存空间丧失的安全风险

生存空间的丧失是气候变化对国家安全最为严重的影响，例如，由于冰冻圈退缩和海洋热膨胀，沿海低地和岛屿地区深受海平面上升的威胁，马尔代夫、图瓦卢等一些小岛国面临被海水淹没的风险。

2009 年 10 月 17 日，时任马尔代夫总统及内阁成员头戴水下呼吸器，身穿黑色潜水服，在 6 m 深的海底召开了世界上首次水下内阁会议。会议采用手势和书写板表决的方式，一致通过并签署了名为《来自前线的紧急呼救》的文件，呼吁世界各国关注全球气候变化，并积极减缓温室气体排放。

图瓦卢是南太平洋上的一个岛国，资源匮乏，农业落后，没有真正意义上的工业，被联合国列为世界最不发达国家之一。图瓦卢陆地面积仅 26 km^2，陆地最高海拔不超过 5 m，全球变暖导致的海平面上升严重威胁着图瓦卢的国家安全。1993—2009 年，图瓦卢海平面共上升 9.12 cm，国土面积减少了 2%。照此海平面上升速度估算，到 2050 年前后，图瓦卢 60%以上的国土将彻底被海水淹没。进入 21 世纪以来，图瓦卢政府多次公开表示，他们对抗海平面上升的努力已告失败，计划举国搬迁，呼吁世界各国接纳图瓦卢的“环境难民”。但多年来的各方奔走和努力并没有收到积极的效果，目前仅有新西兰政府愿意接收图瓦卢的撤离者，并严格限定了每年的配额人数。

如果海面上升 0.5 m，埃及尼罗河三角洲地区将有 400 万人受到影响，损失 1800 km^2 农田，威胁到来自潟湖的占全国 1/3 的捕鱼量，威胁到亚历山大港和塞得港的正常运行(图 4-21)。孟加拉国位于恒河三角洲地区，海拔较低，大米产地几乎处于零海拔地带。气候变暖导致的海平面持续上升，沿海地区的水田开始被海水淹没，农田的盐碱化程度日渐加剧。

图 4-21　不同海面上升幅度情景下埃及尼罗河三角洲地区的淹没范围(威廉·伯勒斯,2007)

(a)2000 年海平面;(b)海平面上升 0.5 m;(c)海平面上升 1.0 m

4.3.2.2　资源危机导致的国内安全风险

全球气候变化可通过加剧资源危机或加重自然灾害而影响国家安全。气候变化可能导致极端天气气候事件频率增大,水、耕地等战略资源的数量减少和稳定性降低,当某种资源的供给不能满足维持社会正常运转最低需求时,即会在国家内部出现资源危机,使得国家内部某些群体的生产、生活难以维系或导致不同群体间矛盾的激化,如果其所造成的不利影响达到足以改变社会政治、文化平衡的程度,就可能触发社会危机并通过社会系统将危机进一步放大,导致重大生命损失、社会矛盾激化、社会秩序破坏、区域冲突加剧,直接威胁到国家安全。如果一个国家应对全球气候变化威胁所付出的代价超过其承受能力,也可能引发经济或政治危机,影响国家安全。

咖啡是乌干达最大宗的农作物,赚取了最多的外汇,约有 50 万个咖啡农场,从事咖啡相关农业的人数占总人口的 25%。作为世界第二大罗布斯塔咖啡豆(罗豆)出口国,全国有 85%的咖啡相关农业人口在生产罗豆,因为种植罗豆的经济收益远大于种植阿拉比卡咖啡豆。罗豆在乌干达适宜种植的海拔高度为 900～1500 m。而发源于埃塞俄比亚的阿拉比卡咖啡豆适宜种植在海拔 1300～2300 m 的地区。如果温度升高 2 ℃,将使乌干达境内适宜种植罗豆的区域消失殆尽(图 4-22),不仅将严重威胁乌干达依靠罗豆种植的农民生计,也将严重威胁乌干达国家的经济和外汇来源。

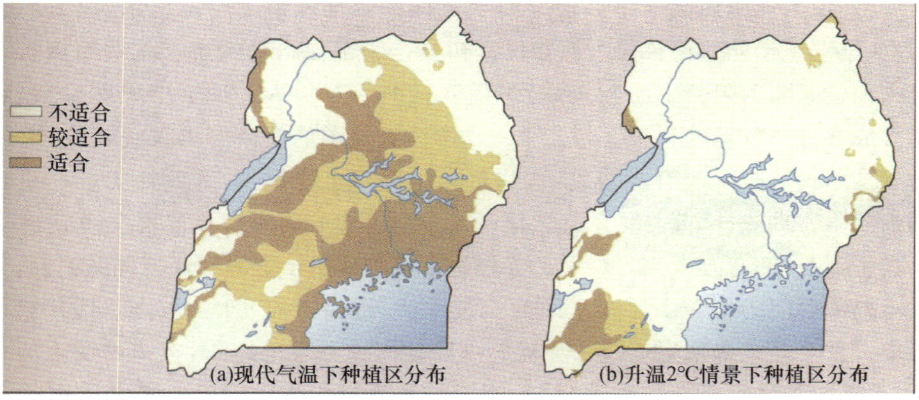

图 4-22　升温 2 ℃导致的乌干达适宜罗布斯塔咖啡豆(罗豆)种植区变化(威廉·伯勒斯,2007)

国家内部资源和环境危机可进一步触发常规国家安全问题，例如，苏丹达尔富尔危机就是由气候变干而产生的资源和环境问题所引发，并发展成不同部落间为争夺水源和土地的武装冲突，进而最终演化为国内战争。苏丹是世界上最炎热和干旱的国家之一，年平均气温在 30 ℃以上，平均年降水量不足 100 mm。达尔富尔是苏丹西部的一个地区，面积约 50 万 km^2，占苏丹总面积的 1/5。达尔富尔地区的降水量从北向南逐渐递增，气候自北向南由热带沙漠气候向热带草原气候过渡。达尔富尔地区北部和西部地区是撒哈拉沙漠的东南延伸地带；中部为达尔富尔高原台地和山地，其中迈拉火山是当地水草最丰美、土地最肥沃、最富饶的地区；南部则多为河谷地带。由于地处气候过渡带，达尔富尔地区极易受到干旱和沙漠化等环境问题的影响，而水资源和土地资源有限且分布不均，加剧了这一地区资源和环境问题对国家安全的影响。20 世纪 70 年代旱灾发生之前，达尔富尔地区的各部族基本都能和平共处。70 年代以来，随着全球变暖，干旱袭击了苏丹大部分地区(图 4-23)，达尔富尔地区的旱灾尤为严重。而长期干旱和人口膨胀导致的过度放牧加剧了土地的荒漠化，苏丹北方本来就已经比较恶劣的自然环境更无法承载当地居民的正常生活。为了生存，来自该地区北部甚至乍得等邻国的阿拉伯游牧部落大批迁徙至达尔富尔中南部地区寻找草场和水源，致使当地人口在 20 年间从 300 万增至目前的 600 万，并不富饶的达尔富尔南部地区因此遭受更为巨大的资源和环境压力。20 世纪 80 年代中期和 90 年代初期，苏丹全境大部分地区遭受旱灾，达尔富尔等西部省份的情况尤其严重，估计有数千万人遭受饥饿，为争夺水、草资源，游牧的阿拉伯移民与当地农耕的非洲黑人部落之间因争夺土地和水源而发生冲突的情况明显增多，1968—1976 年发生 3 起冲突，1976—1980 年发生 5 起，1980—1998 年达到 21 起。由于长期的武装冲突，达尔富尔人被分为以黑人为主的定居者和以游牧的阿拉伯裔为主的两派，并逐渐发展起了各自的民兵武装。到 20 世纪 90 年代，尽管苏丹的干旱因降雨量增多得到了一定程度的缓解，但连年的武装冲突使阿拉伯部落与黑人部落的矛盾不断加剧，由为资源而起的争夺逐渐演变成国家内部部落之间的仇杀，双方均有大量伤亡，结下了生死怨恨。黑人原住民最初只是为确保自己的生存权利想用武力驱赶进入他们家园的阿拉伯游牧民族，但随着在与阿拉伯人的冲突中不断发展壮大，逐渐形成苏丹解放运动和正义与公平运动两个有组织的反政府黑人武装。2003 年，北达尔富尔州府被反政府武装攻陷，达尔富尔危机全面爆发，种族冲突进一步转变为国内战争。据统计，苏丹达尔富尔地区由干旱引起的国家安全危机已造成超过 20 万人丧生，超过 250 万人沦为难民。苏丹达尔富尔危机由资源和环境问题引发，并发展成不同部落间为争夺水源和土地的武装冲突，进而造成了国家安全问题，它是人类历史上现今乃至未来因资源和环境危机导致国家安全的缩影，在全球变暖的背景下，未来苏丹的降水将会持续偏少，长期干旱及干旱引发的沙漠化将严重困扰着这个国家的国家安全。

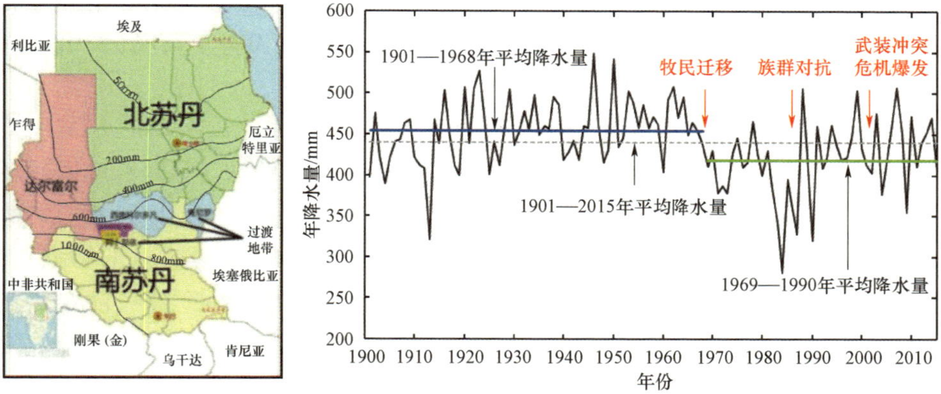

图 4-23 苏丹 1900 年以来降水量变化

4.3.2.3 激化国家间冲突带来的国家安全风险

气候变化还可能激化国家间的争端，成为国家安全危机的触发器与放大器。不同国家对资源的占有和利用存在竞争关系，从这个意义上讲，资源安全是具有排他性的，一个国家或地区应对全球气候变化导致的资源危机有可能引起国家间的资源争夺，危及到其他国家对该资源的使用，并进一步演化为经济和社会冲突，从“非常规”国家安全问题演化为“常规”国家安全问题。一个国家为克服气候变化的不利影响而将危机转嫁给其他国家或地区，以及随着资源与灾害变化所造成的国家或地区间力量对比的相对消涨而出现的势力重新分配要求等，均可能进一步引发政治、经济、外交等诸多领域的矛盾和争端，甚至导致武装冲突，威胁相关国家的国家安全。

中东地区人口约占世界人口的 16.3%，但气候干燥、降水量少，只拥有世界可用淡水的 1.4%，是目前世界上最缺水的地区之一。有关水资源的争夺是造成中东地区局势持续紧张和冲突频繁的重要因素之一。中东地区淡水资源主要来自于地表水和浅层地下水，各国为满足人口增长和经济发展带来的用水需求增加，在流经本国的跨境河流上修建水坝，增加引水量，并在境内大量抽取地下水，由此引发邻国及下游国家的强烈不满，在中东地区三大流域中几乎每条跨境河流上都存在多国间的水资源争端。在约旦河流域，以色列、约旦、黎巴嫩、巴勒斯坦和叙利亚等国冲突激烈，并爆发多次战争；在尼罗河流域，埃塞俄比亚、埃及、苏丹等国就尼罗河水的利用问题展开了错综复杂的斗争；在幼发拉底河和底格里斯河流域，土耳其、叙利亚、伊拉克等国因河水分配方案争执不下而导致关系紧张。中东地区各国围绕跨境水资源的一系列冲突，由最初的自然资源争端，发展到引发各国在政治、经济、军事、外交等领域的关系紧张，威胁多国的国家安全。例如，位于叙利亚西南部、约旦河谷东侧的戈兰高地年平均降水量为 500～800 mm，有卢卡德河、亚尔木克河、太巴列湖等河流、湖泊，被称为中东地区的“水塔”。以色列用水的 40%都来自这里。1967 年第三次中东战争期间，戈兰高地被以色列占领，此后，该地区的矛盾和冲突从未中断，其原因之一就是叙利亚和以色列两国对水资源的争夺。未来全球气候变化会导致中东地区地表水和浅层地下水水量减少，原本有限的淡水资源将更为稀缺，中东地区国家对水资源的争夺危及国家安全的可能性也将更大。

4.3.2.4 受相关国家危机相关联的国家安全风险

气候变化对某些国家造成的生存环境恶化和资源短缺等不利影响，可通过环境难民、国际资源市场价格波动乃至战争等途径传递到其他国家，威胁更多国家的国家安全。即使是那些全球气候变化的直接影响不足以威胁其国家安全的国家，其国家安全也可能因上述途径受到威胁。例如，美国和英国均认为，全球气候变化会对其本土以外利益攸关或具有战略意义的国家和地区产生严重影响，从而间接威胁其国家安全，这些间接影响可能来自冰川融化和海平面上升导致的原有边界线改变、生存环境恶化引发的移民和环境难民问题、资源及能源短缺造成的市场价格波动等多个方面。

美国国防部 2014 年发布《四年防务评估报告》《气候变化适应路线图》，强调了气候变化是“威胁的放大器”，指出气候变化已经成为美国利益和军事的威胁，军方必须有所准备，并在军事行动中将其考虑在内。气候变化影响美国国家安全的方式主要有三个：威胁美国军事基地，尤其是沿海岸线的军事基地；要求美军应对严重的人道主义灾难；加剧干旱、饥荒、移民所导致的长期社会不稳定。此外，美国可能受到的其他影响还有：军事行动要适应更艰难的环境；新战场（如北冰洋）产生新使命与创造的新战略机会。

4.3.3 全球变暖对中国国家安全的挑战

中国地处一片承受着巨大压力，但又拥有无限希望的土地。中国人口众多，经济持续快速发展，而这些正是引起全球气候变化的两个重要因素。全球气候变化可能从两个方面影响中国经济社会的可持续发展。一方面，中国位于东亚季风区，气候变化及其影响更为显著，在全球变暖可能对中国造成的诸多不利影响中，水资源短缺、生态与环境恶化、粮食安全压力增加等对中国经济社会发展构成的威胁与日俱增；另一方面，相对于气候变暖可能带来的诸多不利影响，全球变暖给中国带来更为严重的挑战是在国际社会设定了减排目标的情况下，为满足中国经济快速增长所必需的碳排放需求与有限排放空间的矛盾。全球气候变化对中国的国家安全提出了严峻挑战，妥善应对以全球增暖为特征的全球变化问题，事关中国经济社会可持续发展目标的实现。

从国内讲，受复杂的自然环境条件影响，以类型多、频率高、强度大为特征的自然灾害从古至今一直是威胁中国国家安全的重要因素，在全球气候变化背景下，极端灾害事件频率、强度和空间范围可能进一步增大。而自 20 世纪 80 年代以来，中国处在快速变化的时期，根据经济社会发展与碳排放的关系，中国在经济的快速发展过程中碳排放的高速增长难以规避，但建立在环境超负荷之上的经济增长模式难以持续，中国的水、土地、能源、矿产等资源的开发利用潜力已接近极限，资源与环境问题日趋严重，中国经济社会可持续发展面临的能源结构性匮乏、水危机、耕地与粮食风险及环境质量进一步恶化等诸多挑战在全球气候变化背景下可能进一步增大，对中国国家安全构成前所未有的挑战。

从国际视角看，人类活动引起的全球气候变化问题正在成为中国外交事务的重要组成部分，中国受国际的压力越来越大，并可能影响到中国的国家安全，其中以下三个方面在中国表现尤为明显。第一，作为经济快速增长的人口大国，温室气体排放的总量和增长速度均引人注目，在 2030 年碳排放达峰前，中国温室气体的排放量还会显著增大，中国承担减排责任的压力将越来越大，对中国以煤为主的能源结构及现有的技术和设备条件构成严重的挑战，有限的碳排放空间及减排将成为约束未来中国经济发展的一个重要因素。第二，在全球气候变化背景下，未来中国与邻国之间因污染物跨境污染和国际河流水资源开发等区域环境与资源问题而产生的争端可能会不断增多。第三，中国对国际贸易的依赖日趋加大，作为世界工厂，中国承接了发达国家的产业转移，主要为制造业中的高能耗重化工业、劳动密集型产业和技术密集型产业的低附加值环节，中国生产的产品相当一部分出口到美国、欧洲、日本等发达国家和地区，而国际上碳减排的“绿色贸易壁垒”将使中国某些行业的产品在出口贸易中受到限制；另外，中国对国际能源、矿产、粮食等市场依赖程度日益增强，相关国家受全球气候变化威胁而产生的国家安全问题，可能会通过国际生产传递到中国，增加中国的国家安全风险。

5

碳减排与碳中和

内容概要

未来全球变暖的幅度主要取决于未来人为碳排放量的多少，碳排放越多，未来升温的幅度越高。国际政治共识是，如果现在不采取紧急行动，到21世纪末气温升高将超过2 ℃的危险阈值，人类福祉将受到更大的危害。

碳减排主要包括减少人为温室气体排放和增加温室气体吸收两方面。减少碳排放的措施如降低能耗、使用清洁能源替代化石能源、改善产业结构、征收碳税、倡导节约消费等；增加温室气体的吸收即增加碳汇(吸收碳排放)的措施如减少森林破坏、植树造林、将二氧化碳封存到地下或海洋等。

为实现将全球升温幅度限制在2 ℃以内、力争在1.5 ℃以内的减排目标，全球碳排放要尽快达到峰值并最终实现碳中和(净零碳排放)。具体而言，为在2100年将从1850年开始的气温上升幅度控制在1.5 ℃，就必须在2050年前后实现全球碳中和，如果控制在2 ℃，大概在2075年前后实现全球碳中和。

从1992年的《联合国气候变化框架公约》，到1997年的《京都议定书》，再到2015年的《巴黎协定》，国际社会通过协商不断达成具有里程碑意义的新政治共识，合作应对全球气候变化的总体趋势难以逆转。

5.1　碳减排行动的国际合作与博弈

5.1.1　关于应对全球气候变化的国际共识

为应对全球气候变化，在联合国等国际机构的组织协调下，1992年由195个国家缔结了《联合国气候变化框架公约》(简称《公约》)，《公约》确立的应对气候变化目标是通过减少人为活动带来的温室气体排放控制未来的气候变暖。围绕《公约》的具体实施，世界各国开展了一系列履约国际谈判，并签署了旨在落实《公约》的《京都议定书》(1997年)和《巴黎协定》(2015年)等具有里程碑意义的文件，对全球气候变化及其应对问题达成了一系列政治共识(图3-2)。

5.1.1.1 对全球变暖的原因与阈值的共识

以IPCC为代表的国际主流观点把20世纪的全球变暖与人类的碳排放联系在一起，认为人类活动导致的地球系统碳循环变化是引发全球变暖的主要原因，其基本观点是：①全球变暖幅度与工业革命以来的累积碳排放量存在明显的对应关系；②若全球平均气温上升2 ℃以上，将可能给人类带来灾难性的影响；③世界各主要国家必须立即采取各种行动，减缓全球变暖，且越早采取行动，损失越小。

1990年以来的几十年里，IPCC的历次科学评估报告均不断地强化以上科学认识，成功地使其成为国际社会的主流观点，尽管科学界还存在一定的争议，但分歧不断减小。而在联合国主导下，从1992年的《联合国气候变化框架公约》，到1997年的《京都议定书》，再到2015年的《巴黎协定》，全球变暖是人类活动所导致、升温2 ℃是个危险的阈值等科学观点不断强化，且被转化为政治共识，成为国际社会及各国采取应对全球气候变化行动的科学基础。目前国际社会以《巴黎协定》达成的政治共识为行动目标，即通过减排把全球平均气温较工业化前水平升高控制在2 ℃之内，并努力控制在1.5 ℃之内。

5.1.1.2 对应对全球气候变化行动的共识

基于以上对全球变暖科学认识的政治共识，国际社会普遍认为，气候系统业已发生的许多变化无法再回到从前，为应对全球变暖的不利影响，避免灾难的发生，人类现在就应该采取“无悔”行动，主要包括减缓和适应两大方面(图5-1)，而资金和技术是实现减缓和适应的重要保障。因此，国际社会公认减缓、适应、资金和技术四个方面是应对气候变化的关键，将它们形象地比喻为汽车的四个轮子。

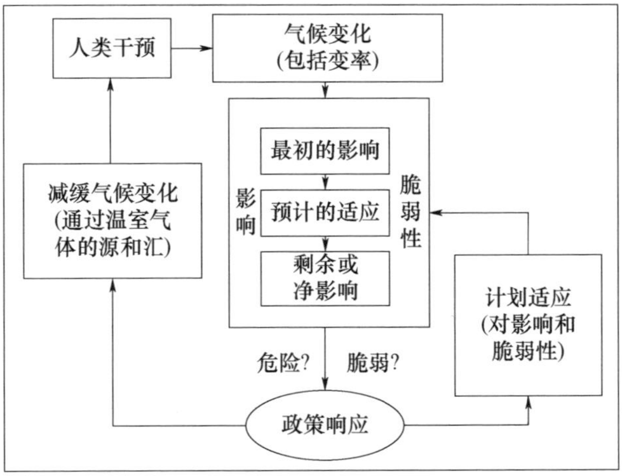

图5-1 全球气候变化的减缓与适应(IPCC,2001)

“减缓”行动以有效控制温室气体排放为目标，所针对的主体是全球气候系统。减缓是通过减少温室气体排放，在一定时段内将大气温室气体浓度控制在某个适当的浓度水平之下，以避免全球气温超过危险的“阈值”水平。

“适应”行动以降低气候变化不利影响为目标，所针对的主体是人类社会。适应是通过人类社会自身的调整，利用气候变化带来的机遇，降低气侯变化造成的不利影响。在全球气候变化不可避免的前提下，根据已有的科学知识，积极主动地调整人类的行为，以适应全球气候变化，是人类的明智选择。

通过控制变暖，上述变化中的许多不利影响均可以减缓，有一些可以被停止。要控制全球气候变化，必须强力、快速和持续地减少二氧化碳、甲烷和其他温室气体排放，上述行动不仅将减轻气候变化的后果，还将改善空气质量（图 5-2）。而减排行动的窗口期正在迅速关闭（图 3-31），除非立刻、快速和大范围地减少温室气体排放，否则，控制全球升温在 2 ℃、1.5 ℃以内的目标将难以实现。

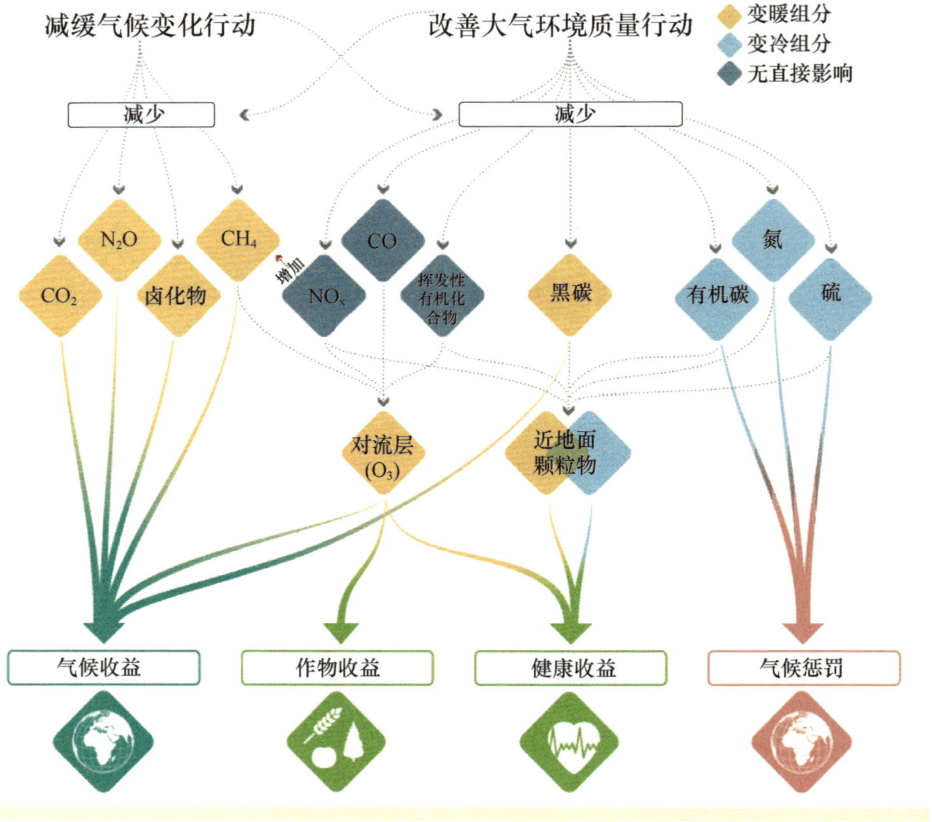

图 5-2　减缓全球气候变化与改善大气环境质量的关系（IPCC，2021）

5.1.1.3　对应对全球气候变化原则的共识

1992 年《联合国气候变化框架公约》确定了应对气候变化的原则包括“共同但有区别的责任”原则和“公平”原则。

“共同但有区别的责任”是指历史上和目前全球温室气体排放的最大部分源自发达国家，发展中国家的人均排放仍相对较低，发展中国家在全球碳排放中所占的份额将会增加，以满足其经济和社会发展需要。“共同但有区别的责任”原则充分考虑了各国对人为碳排放贡献的共性和差异。“共同”强调全球气候变化是由人类活动造成的，是人类共同生活的家园面临生存危机，每个国家对其都负有不可推卸的责任，每个国家都要承担起应对气候变化的义务，齐心协力、相互扶持来共同应对和解决危机，置身事外必然要受到国际社会的指责。“区别”强调各国发展阶段不同，对碳排放贡献的份额存在差异，发达国家要对其历史排放和当前的高人均排放负责，而发展中国家仍在以“经济和社会发展及消除贫困为首要和压倒一切的优先事项”。

“公平”原则是指参与应对全球气候变化的每个合作者承担着相应的责任，得到其应得的利益。1992 年联合国环境与发展大会通过的《里约环境与发展宣言》把“公平原则”上升为国家间的主权原则：“各国拥有按照其本国的环境与发展政策开发本国自然资源的主权，并负有确保在其管辖范围内或其控制下的活动不致损害其他国家或在各国管辖范围以外地区的环境责任。”公平、公正地认定减排责任及相应的温室气体排放权是国际气候保护制度设计和国际气候变化合作的基础。然而，公平是一种抽象的价值理念，其作为一种责任分配原则弹性较大，基于不同哲学理念解读的“公平”会影响到对何为“公平”地分担责任的判定。

5.1.1.4 对具体减排义务分担的共识

《联合国气候变化框架公约》明确指出，发达国家对由人为温室气体排放增加导致的全球变暖在现代和历史上均负主要责任。

根据“共同但有区别的责任”原则和“公平”原则，各缔约方应在公平的基础上，根据他们共同但有区别的责任和各自的能力，为人类当代和后代的利益保护气候系统。对全球变暖在现代和历史上均负主要责任的发达国家要率先减排以减缓气候变化，同时发达国家需要提供资金和技术来帮助发展中国家实现减排与适应气候变化；发展经济、消除贫困是发展中国家压倒一切的首要任务，发展中国家履行公约义务的程度取决于发达国家在这些基本的承诺方面能否得到切实有效的执行。

5.1.2 应对全球气候变化国际合作的必要性与复杂性

全球气候变化是全球尺度的环境安全问题，是世界所有国家共同面临的安全威胁，国际合作是有效和公平地应对全球气候变化的基础。非洲有句谚语：“如果你想走得快，那么你就一个人走；如果你想走得远，那么就大家一起走”。应对全球气候变化要做到的是既要走得快，又要走得远。

全球气候变化在因果方面都是全球性的，所有的国家都在不同程度上对全球气候变化负有责任，同时也不同程度地受气候变化的影响；且在全球化时代，“危巢之下无完卵”，任何一个国家的安全问题都可能以某种途径波及到世界其他国家和地区。应对全球气候变化在道德和经济上都是全人类的当务之急，单靠一个国家无法解决，需要世界各国通过有效和公平的国际合作共同行动。不论是国家还是个人，都需要充分地认识到气候变化带来的巨大风险，做出有利于应对全球气候变化的选择，努力实现应对全球气候变化与可持续发展目标的双赢，这既是对减缓全球气候变化的贡献，也是自我救赎。

为落实《联合国气候变化框架公约》确立的应对气候变化目标，《公约》缔约国开展了一系列履约国际谈判。从1997年的《京都议定书》，到2015年的《巴黎协定》，国际社会在《公约》框架下通过协商不断达成新的政治共识，基于这些政治共识，世界各国围绕减缓、适应、资金和技术在多个层次上实施了多种途径的国际合作，尽管世界各国间存在诸多分歧，但应对全球气候变化的国际合作还是在博弈中艰难地向前推进，通过国际合作共同应对全球气候变化的总体趋势难以逆转。

碳减排国际合作的核心是基于全球升温的控制目标，落实减排行动的路线图及世界各国具体承担的碳减排量与应履行的义务。为达到《巴黎协定》确定的控制升温在2 ℃以内，最好是1.5 ℃以内的目标，全球范围内的碳排放都需要尽快达峰，在21世纪下半叶实现净零排放。为此，世界各国和国际社会需要本着“共同但有区别的责任”原则和“公平”原则，通力合作。发达国家要继续带头努力实现全经济领域的绝对减排目标，并认识到可持续生活方式及可持续的消费和生产模式在应对气候变化中发挥的重要作用；发展中国家要继续加强减缓的努力，根据国情逐步实现全经济领域的绝对减排或限排目标。发达国家提供资金、技术转让和能力建设支持帮助发展中国家来减缓和适应气候变化，是发展中国家有效应对气候变化的基本保证。

然而，气候变化问题的复杂性在于人类-自然耦合系统的稳定是自然和社会的双重稳定(葛全胜 等，2011)。对世界各国而言，不论从责任还是影响方面看，全球气候变化问题都是“共同但有区别”的问题，碳减排牵涉到各个国家的切身利益，碳排放权也就是生存权与发展权。全球气候变化问题既是环境问题，更是发展问题，为维持气候系统稳定，避免全球气候系统出现危险的变化，需要对未来的碳排放量进行限制，这也是当代人的权利和责任；从另一方面看，为维持现代人类社会的正常运转，不可避免地要造成一定数量的碳排放，人们在应对气候变化过程中必须兼顾经济社会发展对碳排放的客观需求，不能损害或剥夺人类的生存权与发展权，过分地强调其中的任何一方都是不可取的，无限制地强调社会系统的需求可能使得地球系统难以承受，同样过分强调满足气候稳定的排放空间而牺牲社会发展的需求也可能会危害社会系统的维持和发展。人为碳排放是社会经济发展过程中的附带产物，碳减排是要付出一定的经济成本的，任何减排措施和适应投入关系到不同国家之间、不同行业之间、不同人群之间的利益调整和再分配，需要兼顾减排成本与减排收益的平衡，兼顾社会经济发展对碳排放的客观需求。世界不同国家的发展阶段和发展需求不同，对全球气候变化问题的历史和现实责任有别，受气候变化威胁的程度各异，应对能力差异巨大，这是不容忽视的事实。即使忽略有关温室气体排放与全球变暖问题在科学上的不确定性，每个国家所做出的减排决策也必定是综合权衡环境权和发展权、全球责任和国家利益的结果。

5.1.3 国际应对气候变化合作中的博弈

一方面,应对全球气候变化的减排问题,实际上是一个国家的发展空间问题。发展中国家当前及今后的发展道路显然要比历史上发达国家曾经走过的发展道路要有更多的限制。从碳排放的角度看,主要由发达国家造成的历史累积碳排放在毫无限制的情况下已用掉了距离控制升温 2 ℃的大部分排放空间,在国际合作减排的大前提下,发展中国家的发展不能像发达国家在历史上那样可以随便地排放;由于科学与政治经济实力的差异,对剩余排放空间的国际话语权体系还主要掌握在发达国家手里,发展中国家的进一步发展要受到来自发达国家的制约。另一方面,全球气候问题是全球范围内的外部性问题,世界各国为了就气候变化问题达成一致的意向,要不停地谈判博弈(图 3-2)。

自 1992 年《联合国气候变化框架公约》签署至今,世界各国为了共同应对气候变化一直在进行着艰难的谈判,先后签署了《京都议定书》和《巴黎协定》等具有里程碑意义的文件。气候变化谈判的核心议题是怎么样在认定责任的基础上分配碳排放配额的问题,即基于全球升温的控制目标,落实减排行动的路线图,世界各国具体承担的碳减排量及应履行的义务。具体而言,涉及两个关键“蛋糕”的分配。第一个是发展的权力和空间,减排的任务怎么分配或责任怎么分担,减排的任务有多重,实际上也就意味着发展空间的限制有多大。第二个是技术援助、资金援助,发达国家应对发展中国家提供怎样的技术和资金援助。这其中涉及很多国家政治和经济利益的考量,也是国际气候谈判中各国政治和外交博弈的焦点。

5.1.3.1 对“公平”的不同理解

公平、公正地认定减排责任及相应的温室气体排放权是国际气候保护制度设计和国际气候变化谈判中两个相互联系但又不同的核心问题。国际社会围绕如何认定人类活动导致的碳排放责任和如何分配容量有限的 CO_2 排放空间存在着激烈的争论,争论的核心是对“公平”的不同理解,每种观点以一种或几种形式的公平为其理论基础(范德海登,2019)。其中代表性的观点如下。

(1)分担平等。其理论基础来自于休谟的“持有即所有”(ownershiop via possession)的观点和洛克的所有权优先的观点,它主张基于现有排放水平进行排放空间的分配,即各国有权拥有现有的温室气体排放权或以现有的温室气体排放水平为基准等比例减排。在《京都议定书》的有关谈判中,有些国家实际上使用了休谟的观点,要求所有国家在温室气体排放中分担平等的份额。按此观点,排放量多的发达国家将占有较大的排放空间,而排放量少的发展中国家也要像发达国家一样承担相应比例的减排任务。

(2)效率平等。该观点关注的不是碳排放量,而是排放率,它主张以单位经济产出(GDP)或单位能耗的温室气体排放量作为分配依据,根据环境可容许的排放率,为各国设定单位 GDP 所允许的碳排放定额。按此观点,碳排放空间将被优先分配给那些单位排放量所产生的 GDP 更高的国家，世界上人均碳排放最多国家之一的美国，其单位 GDP 排放量接近于世界平均水平，并非最应减排的国家。这种观点会激励那些采用低碳能源的国家，同时惩罚那些高碳经济活动的国家，在促成《京都议定书》的各国谈判立场文件中很常见。

(3)权利平等。该观点认为，排放权是人的基本生存权和发展权，作为一种事实上的分配公正，地球上的每一个公民都有权利平等地分享向大气排放温室气体的权利，因此主张基于人权平等的原则，按人均或人均历史累积温室气体排放量等进行碳排放空间分配。按此原则，中国、印度等人口众多、相对落后的发展中国家将占有最大的碳排放份额，而美国等高人均排放、高历史累积排放的发达国家则只能获得更少的碳排放权，且需要持续地减排。

(4)基本生存权平等。这一观点实际上是对权利平等的一种修正，它主张按人均平等分配部分碳排放权，而并非所有的碳排放权。该观点的特征在于把碳排放区分为生存排放和奢侈排放，认为拥有相等的基本生存排放量是每个人的权利，维持基本生活水平的生存排放应该根据人口数量平均分配。基本生存碳排放量是以满足人类系统的可持续需求目标的最低排放量，既包括生理生存排放，也包括维持社会经济正常运转所必需的基本社会生存排放，对维持基本生存的碳排放应予以保障，而应减少奢侈碳排放。

(5)反对分配排放权。除上述四种观点外，还有一种观点反对向任何个人或国家分配排放权，其理由之一是视大气温室气体为公共物品，公共物品是不可以分配的。

基于不同的公平观点，在温室气体排放评价中，国际上形成了不同的指标体系，如国别排放指标、人均排放指标、人均累积排放指标、单位 GDP 排放指标、国际贸易排放指标等。《京都议定书》采取的是自上而下分配方式对减排目标进行分配，而《巴黎协定》采取的是自下而上的国家自主减排机制对减排量进行认领。

5.1.3.2 气候变化博弈中的不同利益集团

20 世纪 90 年代以来的世界发展格局可以概括为两大阵营、三大板块、五类经济体(图 5-3;潘家华 等,2021)。总体而言，世界各国在围绕着以减排义务分担为核心的气候变化谈判中存在不同的利益集团，发达国家和发展中国家形成两大基本阵营，前者要求发展中国家共同承担减排义务，而后者则强调发达国家应该率先减排，并提供资金和技术支持。由于各国对排放或发展的诉求不同，发达国家内部和发展中国家内部也有分歧。在发达国家内部，欧盟和美国以及其他一些发达国家之间的分歧是在争夺主导权，但他们对减排的很多策略是共同的，从整体趋势看，发达国家内部的共识在增大，特别是对于要求包含中国在内的发展中国家承担减排义务这一方面，他们的目标是一致的。

在发展中国家中，不同国家所处发展阶段不同，受气候变化的影响也不同，在发展中国家之间也存在很多分歧。以中国为代表的“基础四国”(即巴西、南非、印度和中国）等经济快速增长的发展中国家，更关注发展的权利；而一些最不发达国家和小岛国更强调生存的保障，各自的诉求不一样，分歧也很大。

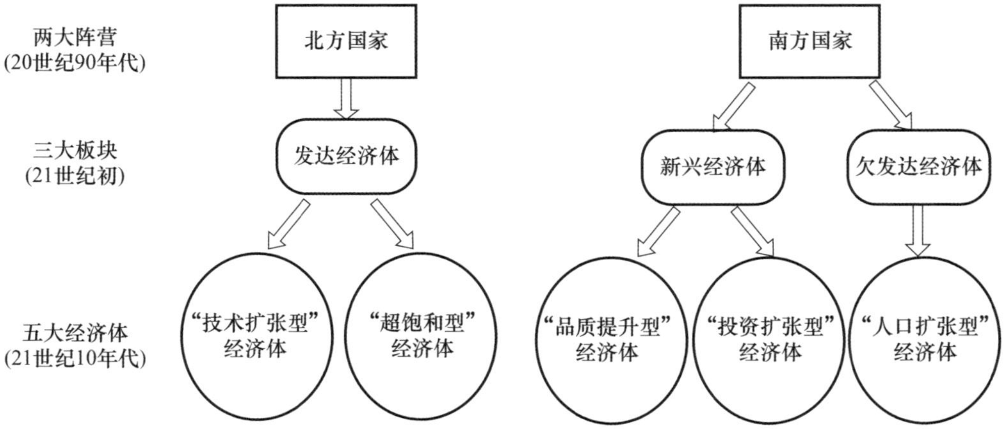

图 5-3 世界发展格局的基本特征（潘家华 等，2021）

5.1.3.3 《京都议定书》承诺期的自上而下减排与排放空间之争

为落实《联合国气候变化框架公约》通过减少人为活动带来的温室气体排放控制未来变暖的目标，1997 年由世界 141 个缔约方国家签署通过的《京都议定书》于 2005 年正式生效，这一具有里程碑意义的国际文件标志着人类通过减排温室气体而减缓全球变暖的努力进入了实质性的执行阶段。

《京都议定书》对减排目标采取自上而下的分配方式。基于对发展中国家温室气体历史累积排放量少的共识，《京都议定书》本着“共同但有区别的责任”原则，确定包括中国在内的发展中国家暂不承担实质性的减排义务；而规定附件Ⅰ国家（发达国家和经济转轨的苏联与东欧国家）在 2008—2012 年的第一承诺期内排放的二氧化碳（CO_2）、甲烷（CH_4）、一氧化二氮（N_2O）、氢氟烃类（HFCs）、全氟代烃类（PFCs）、六氟化硫（SF6）等 6 种温室气体的数量，要比 1990 年减少 5.2%，同时对各国温室气体的减排任务做了具体规定，如欧盟减少 8%，日本、加拿大减少 6%，俄罗斯、乌克兰、新西兰零增排，澳大利亚增排 8%，冰岛增排 10%。

根据《联合国气候变化框架公约》温室气体排放清单，尽管有美国、加拿大等签署《京都议定书》的国家中途退出，附件Ⅰ国家在 1990—2011 年累计减排 13.6%，如果不包括土地利用与森林行业（LULUCF）减排则为 8.5%，超额完成了 5.2% 的减排目标（IPCC，2014a）。第一承诺期内 35 个缔约方国家（未包括美国、加拿大、摩纳哥）在能源、工业过程、农业、土地利用与森林行业、废弃物和溶剂使用等 6 个领域的年净减排总量为 2.740 Gt CO_2 当量，其中，能源领域占年净减排总量的 62.6%，工业过程领域占 13.9%，农业领域占 13.4%，土地利用与森林行业占 7.4%，废弃物领域占 2.6%，溶剂使用领域占 0.1%。各领域相对基准年的减排贡献为：能源 8.7%、农业 3.0%、土地利用与森林行业 2.5%、工业过程 1.3%、废弃物 0.5%、溶剂使用 0.1%。

虽然从总体上看,《京都议定书》第一承诺期规定的目标已超额完成,且如果排除未签署《京都议定书》的美国,附件Ⅰ其他国家在 1990—2011 年累计减排 22.9%(如不包括土地利用与森林行业为 16.6%);但如果不包括苏联和东欧等经济转型国家,其他附件Ⅰ国家的累计温室气体排放在 1990—2011 年反而增加了 2.1%(如果不包括土地利用与森林行业增加 3.2%)。而从全球看,虽然减缓气候变化政策的数量不断增加,但与 1970—2000 年每年增加 0.4 Gt CO_2 当量(1.3%)排放量相比,2000—2010 年温室气体年排放量每年平均增加 1 Gt CO_2 当量(2.2%),2010 年人为温室气体排放总量达到了 49(±4.5)Gt CO_2 当量。

2012 年以后《京都议定书》第二承诺期仍采取自上而下的方式落实减排目标,但针对 2012 年以后应对气候变化的制度安排及各个国家减排义务分担的国际谈判进展并不顺利,各国对减排份额分配的分歧显著。国际上出现的多个减排或碳排放配额分配方案,基本都是从保持气候系统稳定的排放空间出发,以控制全球平均气温上升 2 ℃以下为目标。表 5-1 对比了 7 个有代表性的国际方案,其中 5 个为减排方案,2 个为排放空间分配方案,这些方案的共同点是对发达国家更为有利,发达国家所获得的人均排放权是发展中国家的 2～6 倍。如 2009 年由八国集团峰会提出的方案主张,到 2050 年发达国家减排 80%,全球减排 50%。按此排放分配方案,发达国家减排 80%,在道德上占据优势的同时,可分到未来全球 44%的排放权;通过规定全球减排 50%总的排放空间,实际规定发展中国家的减排目标,尽管发展中国家在 2020 年之前可以不减排,但是实际只得到了 56%的未来排放权,按人均计算只相当于发达国家人均水平的 30%。

表 5-1 七个控排方案的预期限额分配(丁仲礼 等,2009)

方案	2050 年预期体积分数/ppm	2006—2050 全球碳排放总量/Gt	2006—2050 人均累计碳排放量/t(以 2005 年人口计)	
			发达国家	发展中国家
IPCC	450	255.11	附件Ⅰ国家:63.31～80.10	非附件Ⅰ国家:29.32～33.36
G8 国家	444.81	231.21	88.00	26.45
UNDP	464.31	321.06	86.34	42.90
OECD	452.97	268.78	OECD 国家:102.78	基础四国:30.19;其他国家:23.57
Gaunaut(澳大利亚学者)	457.51	289.70	81.68	38.14
CCPSM(美国、荷兰、意大利等国学者)	432.87(2030 年)	222.50(2004—2030 年)	美国:120.83① 美国以外的经合组织:62.06①	中国:39.85① 中国以外的非经合组织:19.80

续表

方案	2050 年预期体积分数/ppm	2006—2050 全球碳排放总量/Gt	2006—2050 人均累计碳排放量/t（以 2005 年人口计）	
			发达国家	发展中国家
Sørensen（丹麦学者）	507.46（2100 年）	486.27（2000—2100 年）	美国：178.74②	中国：31.76② 印度：16.79②

注：①以 2003 年人口计的 2004—2030 年人均累计排放量；②基于预测人口的逐年人均排放量，未按不变人口重新计算。

在气候变化国际谈判中，中国一贯主张世界各国本着“公平”原则和“共同但有区别的责任”原则共同应对全球气候变化。一方面，坚决维护发展中国家应有的排放权和发展权；另一方面，积极推动应对全球气候变化国际合作，主张对全球气候变化负有主要责任的发达国家为发展中国家提供资金和技术支持，帮助发展中国家实现低碳乃至零碳发展和适应气候变化。

在《京都议定书》第一和第二承诺期，中国坚持强调碳排放权利的公平，争取与发达国家一样多的碳排放权利，目的是最大程度地为包括中国在内的发展中国家的经济发展争取排放空间。2005 年以前，中国的二氧化碳排放总量低于美国，人均碳排放低于世界平均水平，仅从人均排放公平的角度中国就应该获得更多的排放空间。2006 年以后，中国的二氧化碳排放总量超过美国，成为全球温室气体排放的第一大国，且中国的人均排放也超过世界平均水平，但中国在累积碳排放等方面与发达国家的差异仍显著存在(图 5-4)。

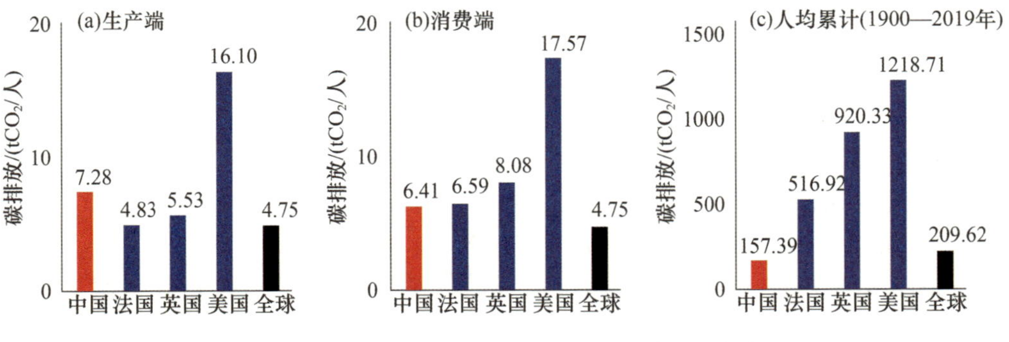

图 5-4　2019 年主要国家人均二氧化碳排放比较(丁仲礼，2021)

(1)历史累积排放的差异。现代的温室气体是长期累积的结果，中国在历史上排得很少，所以我们的历史累积排放低，人均历史累积排放更低，因此，我们主张人均历史累积排放的碳公平。1900—2019 年的历史累积碳排放中，中国的人均历史累积碳排放是全球平均的 3/4，而美国的人均历史累积碳排放是中国的 7.7 倍，如果按历史累积碳排放确定排放责任和分配未来排放空间，我国应较美国等发达国家占有更大的排放份额。

(2)碳排放与碳消费的差异。温室气体的排放行为最终是服务于人类的社会经济活动,各种活动所产生的温室气体主要附着于服务和产品上,碳成本会随着产品的流通而发生转移。由于国际产业转移,特别是在中国进入世界贸易组织(WTO)后,中国成为世界工厂,中国所排放的碳中有相当的部分被用于生产满足国外消费者需求的出口产品,美国、欧盟等发达国家和地区是中国出口贸易碳排放的主要受惠者。

(3)减排能力的差异。包括中国在内的许多发展中国家,在减排和适应气候变化问题上均表现出积极的意愿,但缺乏相应的资金和技术,需要通过国际合作获得发达国家提供的资金和技术支持。

(4)生存碳排放与奢侈消费碳排放的差异。不同国家在人均基本生存碳排放部分应该是相近的,各国人均排放水平的差别主要是奢侈性排放部分的差别。世界上最不发达国家和地区的最低人均生存碳排放不足 0.10 t(0.367 t/人),而最发达国家和地区的最低人均碳排放在 1.5 t 以上(葛全胜 等,2011)。从历史上看,欧美等西方发达国家发展到现代的水平实际上是通过长期大量的碳排放实现的,生活水平较高的发达国家很难放弃已经形成的建立在高排放基础上的生活方式,生活水平低的国家要比照现实中较高生活标准也无可厚非,从这一假设出发,发达国家和发展中国家的碳排放最终将趋同,发达国家应毫无条件地减少其奢侈性碳排放,而发展中国家的发展权尤其是生存权应得到保障。

由于各国之间对减排份额分配的认识存在巨大分歧,2009 年的哥本哈根气候大会针对《京都议定书》第二承诺期(2013—2020 年)各个国家减排义务问题未能达成协议,直到德班气候大会(2011 年)和多哈气候大会(2012 年)才达成第二承诺期协议(图 3-2)。多哈气候大会决定实施《京都议定书》第二承诺期,共有包括欧盟及成员国、挪威、瑞士、澳大利亚等 38 个发达国家缔约方参与,整体减排量为到 2020 年在 1990 年基础上至少减排 18%。但日本、俄罗斯、新西兰拒绝参加,加拿大退出,第二承诺期参与国 1990 年的排放量仅占全部附件 I 缔约方排放量的 38%左右,所以第二承诺期减排的效果是有限的。

5.1.3.4 《巴黎协定》框架下的国家自主减排与减排能力竞争

2015 年签署的《巴黎协定》是在《联合国气候变化框架公约》指导下制定的适用于所有缔约方国家的、具有法律约束力的协定,它确立了 2020 年以后全球应对气候变化的基本政策框架和制度安排,是继 1997 年《京都议定书》之后的又一里程碑。

尽管在谈判过程中有很多争论,但为达成《巴黎协定》,各方都采取了非常建设性、灵活性的合作态度,在坚持“公平”原则、“共同但有区别的责任”原则前提下,在减排、资金等重要条款上采用各方都可以接受的灵活表述,明确各方的责任和义务。《巴黎协定》在目标、法律约束性和参与性等方面较《联合国气候变化框架公约》和《京都议定书》有明显的变化(表 5-2),不再强制性分配温室气体减排量,而是采取自下而上的国家自主决定贡献方式承诺减排，这是《巴黎协定》达成的一个重要因素，标志着全球气候治理模式向各尽所能、合作共赢的转变。《巴黎协定》的达成，充分体现了国际社会认识到气候变化对人类社会和地球构成紧迫的、可能无法逆转的威胁，需要所有国家尽可能开展最广泛的合作、参与有效和适当的国际应对行动。《巴黎协定》正式生效的条件是不少于55个缔约方，且排放占全球温室气体总排放量至少约55%的缔约方签署批准，与《公约》和《京都议定书》相比，其正式生效门槛更低，但已最大限度地展现了参与谈判各方通过合作共同应对气候变化的诚意。

表5-2 从《京都议定书》到《巴黎协定》：目标、法律约束性和参与性(潘家华，2015)

内容		《京都议定书》	《巴黎协定》
减排目标	长远	—	1.5～2 ℃
	中期	—	尽快实现全球碳排放峰值，2015年后实现净零排放
	近期	附件Ⅰ国家在目标年的排放量平均比基准年水平整体下降5.2%	各缔约方提交国家自主贡献(INDCs)
	目标年	2010年(2008—2012年)	2020年以后
	基准年	1990年	协定通过时或之前(2015年12月)最近更新的国家信息通报数据
法律约束力		强：减排承诺(commitment)	较弱：贡献(contributions)
资金		适应基金、清洁发展机制	2025年前，共同筹措资金额度不低于每年1000亿美元
评审机制		国家信息通报	盘点(每5年一次，各国按统一格式盘点，全球盘点并作为各国下一个5年的INDCs参考)
参与面		只有附件Ⅰ国家参与减(限)排	所有缔约方提交国家自主贡献
"共同但有区别的责任"原则		明确：发达国家向发展中国家提供额外资金；发展中国家低碳发展、适应气候变化	模糊：所有缔约方均要提交贡献；文案中已不再使用附件Ⅰ和非附件Ⅰ表述
行动方		主权政府	主权政府、地方政府、企业
市场机制		排放贸易、联合履行、清洁发展机制	自愿合作，没有明确机制(第6条)

《巴黎协定》共29条，包括目标、减缓、适应、损失损害、资金、技术、能力建设、透明度、全球盘点机制等内容，其中最重要的成果是确立了到2100年将全球升温幅度控制在比1750年工业革命之前的气温水平高2 ℃以内的目标，并确定2020年后所有缔约国将以自下而上"自主贡献"的方式承诺落实各国各自的减排贡献。《巴黎协定》所确定的主要行动可以概括为以下方面。

(1)明确把全球平均气温较工业化前水平升高控制在2 ℃之内，并努力控制在

1.5 ℃之内设定为全球应对气候变化长期目标，这将大大减少气候变化的风险和影响。为实现这一目标，《巴黎协定》提出要尽快达到温室气体排放的全球峰值，到2050年以后要实现人为活动温室气体排放源与吸收汇的平衡，即要实现温室气体的净零排放。

(2)采取国家自主决定贡献的方式承诺减排。与自上而下的《京都议定书》不同，《巴黎协定》不再强制性分配温室气体减排量，而是各缔约国尽各自所能提出国家自主贡献(Intended Nationally Determined Contributions，INDCs)目标，每5年提交一次，且下一期的贡献要比本期的贡献有“进步”，体现最大可能水平的雄心。参与减排的不再仅仅是发达国家，而是包括了所有缔约方的发达国家和发展中国家，强调发达国家继续带头努力实现全经济领域的绝对减排目标，并认识到可持续生活方式及可持续的消费和生产模式在应对气候变化中发挥的重要作用，同时要求发展中国家继续加强减缓的努力，鼓励其根据不同的国情为逐步实现全经济领域的绝对减排或限排目标。

(3)设置定期盘点机制。《巴黎协定》要求在2023年进行第一次全球应对气候变化总体盘点，此后每5年进行一次，以总结协定的执行情况，评估实现协定宗旨和长期目标的进展情况，以此鼓励各国基于新的情况、新的认识，不断加大自主贡献目标，确保实现应对气候变化的长期目标。此外，《巴黎协定》还要求在2018年建立一个对话机制，盘点减排进展与长期目标的差距，以便各国制定新的国家自主贡献时参考。

(4)认可自愿使用减缓成果的国际转让机制。允许使用国际转让的减缓成果来实现《巴黎协定》下的国家自主贡献目标，但要避免双重核算。《巴黎协定》要求，为此建立一个机制，供各国自愿使用，在减缓温室气体排放的同时支持可持续发展。该国际转让机制的具体规则、模式和程序需要在后续的缔约方会议上确定。

除此之外，《巴黎协定》还提出了全球适应目标，并进一步明确提供资金和技术支持。确立了提高气候变化适应能力、加强抗御力和降低对气候变化脆弱性的适应目标，认识到增强适应努力可能会增加适应成本。明确发达国家缔约方应帮助发展中国家缔约方开展减缓和适应行动，也鼓励其他缔约方自愿提供支持。对发展中国家普遍关心的资金问题，《巴黎协定》提出发达国家应带头从各种广泛的渠道筹集气候资金，但没有给出具体数额。在不具有法律效力的巴黎会议决议中，要求发达国家在2025年前每年向发展中国家筹措至少1000亿美元的资金支持，并进一步提供技术和能力建设支持；同时，鼓励其他国家(主要是发展中国家，包含一些经济转型国家)在自愿的基础上提供援助。

在《巴黎协定》的框架下，缔约方的各个国家或地区自主制定了自己减少二氧化碳排放的目标，例如，欧盟的目标是实现2030年前将温室气体排放水平至少降低40%；美国的目标是在2025年前减少26%～28%的温室气体排放量；中国计划在2030年之前将单位GDP二氧化碳排放在2005年的基础上下降60%～65%；印度承诺将在 2030 年把单位 GDP 排放强度在 2005 年的基础上降低 33%～35%。截至 2021 年 7 月 31 日，全球 191 个《巴黎协定》缔约方中有 131 个缔约方新提交或更新自主减排目标，其中大多数加强了到 2025 年/2030 年减少或限制温室气体排放的承诺，彰显了应对气候变化的更大雄心。但迄今为止各国提交的国家自主贡献尚不足以实现 2 ℃的升温控制目标(图 5-5)，在实现现有减排承诺的情景下，2030 年全球温室气体排放总量预计将比 2010 年水平高 16.3%，而为将全球升温限制在1.5 ℃以内，2030 年全球人为 CO_2 净排放量需要比 2010 年的水平下降约 45%，到 2050 年前后达到净零排放；为将全球升温限制在 2 ℃以内，到 2030 年全球人为 CO_2 排放量需要比 2010 年的水平下降约 25%，到 2070 年前后达到净零排放。

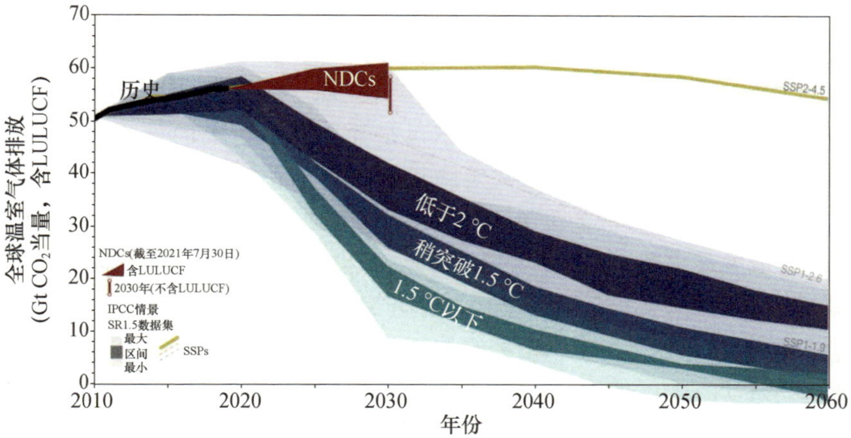

图 5-5　国家自主减排贡献与 2 ℃温室气体排放的差距(UNFCCC,2021)

(LULUCF：土地利用及林业；NDCs：国家自主减排；SR1.5：IPCC 1.5 ℃特别报告；SSPs：共享社会经济路径)

实现《巴黎协定》目标，还需要各国更进一步的努力，设定比现有目标值更高的自主贡献目标，并在资金和技术方面开展更广泛的国际合作。有鉴于此，在欧盟率先承诺碳中和目标后，世界许多国家积极响应，截至 2021 年 7 月 31 日，已有 70 个缔约《巴黎协定》的国家提出了到 2050 年前后实现气候中和、碳中和、温室气体中和或净零排放等内涵相近但有区别的长期减缓愿景、战略与目标，以期实现《巴黎协定》2 ℃乃至 1.5 ℃的升温控制目标。

《巴黎协定》开启了自下而上的国家自主承诺减排新时代。自《巴黎协定》以后，减排的动力不是外在强制分配的责任，而是国家内在的动力，支撑这种动力的不仅仅来自于对应对全球气候变化的积极态度，更来自于达成碳减排与碳中和目标的经济和技术实力。如果没有技术的显著进步，实现现有的国家自主贡献目标也存在挑战，在加速可再生能源使用的情况下，根据欧洲和中国未来的人口演变趋势推断，实现自主贡献目标是比较确定的；而美国人口还要增长 20%，即使美国未来 35 年人均排放下降20%，所减少的排放量也会被人口的增长所抵消；印度人口2050年将比2015年要增加1/3，如果人均排放水平随着经济发展提升3倍，则2050年印度的排放总量将远超中国的排放峰值；非洲2050年的人口将比当前增加1倍以上，即使人均排放不增加，总排放至少要翻一番。

实现碳中和目标，需要走"低碳经济"之路，为此，需要加快经济的低碳转型，只有通过能源革命，以新能源、可再生能源逐渐取代化石能源，才能既保障发展又减排，实现减碳和发展双赢。以碳中和为目标，未来各国之间博弈的重点将不再是排放权利之争，而是低碳经济和技术之争，氢能与负排放等关键低碳、零碳技术将是未来各国竞争的焦点，它可能会带来很多新的技术革命，导致21世纪全球经济发展方式的重大变革及全球市场的重组。围绕碳中和技术、经济的激烈博弈和竞争，将重塑大国竞争格局。

中国在国际谈判中积极推动了通过基于自下而上国家自主减排的《巴黎协定》。在《巴黎协定》框架下，中国关注的重点不再是如何争取更大的排放空间，而是把零碳发展视为内生性需求和发展机遇，实施积极减排的国家战略，降低对碳排放空间的需求。中国作为全球最大的发展中国家，承诺在2030年前碳达峰和在2060年前碳中和，充分地展现出负责任大国的形象，是对达成应对全球气候目标的重要贡献。实现中国碳排放目标，依赖于经济结构调整和减排技术的突破，2010年后，中国通过大力优化能源结构及产业结构，煤炭的使用量开始大幅度下降，目前碳排放已经到了平台期波动状况；中国的大国优势和制度优势，使得有可能把减排技术靠政府提供公共品来做，借助政府提供资金、提供融资、提供技术产权交易的平台，有可能在发展减排技术方面展现竞争优势。

5.2 减缓气候变化的主要途径

减缓全球气候变化需要大幅度减少并最终停止二氧化碳和其他温室气体排放带来的大气温室气体增加，或人为改变地球的能量收支平衡，从而避免全球气候变化超过阈值的风险。碳减排的具体措施从根本上讲可以归结为减少人为温室气体排放和增加温室气体的吸收汇两个方面，地球工程是人为改变地球的能量收支平衡的可能途径。减缓气候变化一般以减少收益或增加投资为代价，但短期的经济损失有可能换来长远的可持续发展。

5.2.1 减少碳排放量

全球气候变化问题产生的根本原因是人类社会不可持续的消费和生产方式，尤其是工业化国家的生产和生活模式，碳减排需要改变现有的发展和生活模式。

(1)降低能耗。降低能耗是用最少的碳排放获得最大产出，是最可行也最有效的减排措施之一。降低能耗的措施包括技术、政策和行为等方面，例如，采取清洁生产等技术来提高能源转化和设备利用效率，不仅减少能源利用、减少排放，同时还能提高成本效益。20 世纪 70 年代以来，世界平均能源强度下降幅度达 48%，中国是世界上能源效率上升幅度最大、能源强度下降最快的国家，能源强度下降幅度达 86%（图 5-6）。

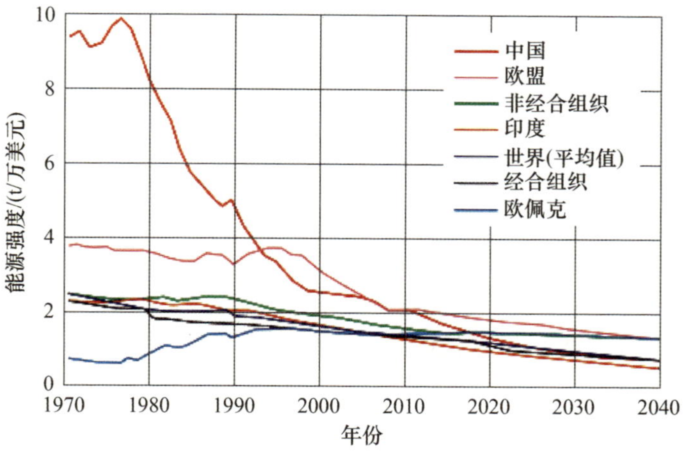

图 5-6　世界主要经济体能源强度变化趋势(邹才能 等,2021)

(2)改善能源结构。化石燃料在燃烧过程中大部分碳转化为 CO_2，其中每燃烧 1 t 煤炭、石油和天然气的 CO_2 排放量分别为 0.7 t、0.54 t 和 0.39 t，单位热量燃煤引起的 CO_2 排放比使用石油和天然气分别高 36%和 61%，水电和核电基本无 CO_2 排放。因此，从碳排放的视角看，从煤炭到油气、从油气到新能源的能源转型意味着从高碳到低碳、从有碳到无碳。在能源供给允许的情况下，增加石油和天然气的消费，减少煤炭在能源消费结构中的比例，就会减少 CO_2 的排放；开发利用核能、热能和可再生能源将会使碳排放进一步降低。1978 年到 2019 年，中国煤炭占能源消费的比重由 70.7%下降到 57.7%，天然气占比从 3.2%提高到 8.1%。

(3)改变产业结构。不同产业的能耗存在很大差异，以农业产品如粮食、棉花等为主要原材料的轻工业加工，对能源消耗不大；钢铁、汽车、造船、机械工业等重化工业需要消耗大量的物质材料和能源，而高新技术产业和服务业的直接能源消耗明显较少。因此，就国家或地区而言，通过优化产业结构，减少物质材料和能源消耗大的产业布局，增加轻工业、高新技术产业和服务业等低碳产业的比重，可使其碳排放显著降低。但如果一个地区或国家是通过将高碳行业转移到其他国家或地区来实现的话，其结果并不一定意味着全球总碳排放量会相应地降低。

(4)有效保护和管理现有自然碳库。除工业和能源消耗排放外，人类导致自然碳库的破坏也是碳排放的重要途径，因此，避免自然碳库的破坏与降低农业生产过程中的碳排放就意味着减少排放。森林不仅自身维持着大量的碳库(约占全球植被碳库的 86%以上)，而且维持着巨大的土壤碳库(约占全球土壤碳库的 86%以上)。

森林植被破坏所造成的碳排放往往仅次于化石燃料，目前大约18%以上的全球碳排放量是由于砍伐森林造成的。控制森林砍伐是非常节省的温室气体减排途径。通过采取适当的农业管理措施增加植物残留量和降低土壤有机碳的矿化过程有可能增加土壤有机碳水平，达到减少温室气体排放的目的。其中，前者与生物产量和残留物比重直接相关，后者则与土壤水、热、气条件，有机质组成及其在土壤中的分布状况，土壤结构体状况以及水土流失等多种因素有关。

(5)碳税。碳税即给碳排放定价，通过向碳排放者征收一定数额的排放税来调节碳排放，是政府可以运用的多种碳减排管理手段和政策工具之一。碳排放引起气候变化本质上是一个外部不经济问题，碳税是一种庇古税(由美国经济学家庇古(A. C. Pigou)提出，通过税收(或者补贴)的办法将外部性内部化)。碳税是减少碳排放一种重要的经济手段，能够使生产者和消费者明显转向低碳产品和技术加工。目前世界上已经有一些国家征收碳税或能源税。但是征收碳税将会影响能源的价格、能源供应与需求，从而对经济增长造成影响。

(6)节约消费。人类活动导致的全球气候变化问题从根本上讲是由人类的消费行为引起的，它来源于两个方面：一个是每个人消耗多少，人口增长形成了对地球维持生命系统与日俱增的压力；另一个是有多少人消耗这些东西，消费增长的影响更有甚于人口数量的增长。圣雄甘地曾说过："世界资源足以满足每个人的需求，但不足以满足每个人的贪婪。"在基本不降低生活水平的前提下，选择低碳生活方式，避免奢侈、减少浪费都可以达到减排的效果。

5.2.2 增加碳汇

人们虽然期待着用经济而清洁的新能源来取代常规的化石能源，但只要使用化石燃料，人为排放导致的大气CO_2浓度上升仍然是难以避免的。在减少温室气体排放的同时，增加碳汇是减缓温室气体浓度升高的重要途径，主要有生态系统和工程技术两种固碳方式。

(1)自然碳汇的生态固碳。陆地和海洋生态系统是地球的碳汇之一，其对CO_2的吸收是一种自然碳封存过程。生态碳汇包含森林、草原、湿地、海洋等生态系统对碳的吸收，以及土壤、冻土对碳储存、碳固定的维持，它们对减缓全球气候变化具有重要作用，全球陆地生态系统和海洋生态系统年均固碳分别为35亿t和26亿t，分别抵消了30%和23%人为碳排放。其中，森林是陆地生态系统最重要的碳库，根据联合国粮农组织2020年全球森林资源评估结果，全球森林面积为40.6亿hm^2，约占全球陆地面积的31%，森林碳储量高达6620亿t；全球森林的碳储量约占全球植被碳储量的77%，森林土壤的碳储量约占全球土壤碳储量的39%。以森林再造、限制森林砍伐等方式来实现碳封存被认为是最具经济效益的方式之一。

(2)碳的捕获与封存。碳封存是指以捕获碳并安全存储的方式来取代直接向大气中排放CO_2的技术。碳封存技术设想包括：①将人类活动产生的碳排放物捕获、收集并存储到安全的碳库中;②直接从大气中分离出 CO_2 并安全存储。碳封存被认为是实现减缓大气 CO_2 浓度增长目标的主要手段之一,它对各主要化石燃料消费国,特别是煤炭消费国有吸引力。针对油井、化工厂、火力发电厂等定点源的人类排放,碳封存技术开发的重点是捕获和分离 CO_2,然后将其注入海洋或是深部地层中(图 5-7)。在开采石油及天然气的过程中,CO_2 常会被重新注入油井,以便能保持所需压力而抽取更多的石油,而由此产生的费用可以由所增产的石油收益来补偿,例如位于距挪威海岸 240 km 的北海中部海上钻井平台,从 1996 年起就将油井生产中产生的 CO_2 收集并注入深度 1000 m 以下的富含盐水砂岩层。在一些特别的地区,如含煤盆地中可以向尚未开采的煤层中注入 CO_2,从而回收甲烷;也可以将 CO_2 制成干冰投掷到海洋中,利用固定的管道或是轮船拖曳管道将 CO_2 泵入深海等。另外,还可利用化合手段对 CO_2 进行回收和再利用(图 5-7),如利用 CO_2 生产碳酸镁或 CO_2 络合物的前景受到关注。在生物技术上,主要是利用非光合作用微生物过程将 CO_2 转化成有用的原料,如甲烷和醋酸盐,这一技术与陆地生态系统一样,不需要提纯 CO_2,可节省分离、捕获、压缩 CO_2 气体的成本。但往深部地层中注入 CO_2 并封存,须确保它们在长时期内稳定存储,且不会因为地壳活动而喷发以至于导致灾难;而向深层海洋注入 CO_2 或是通过海洋增肥可能引起海洋碳循环过程的改变。

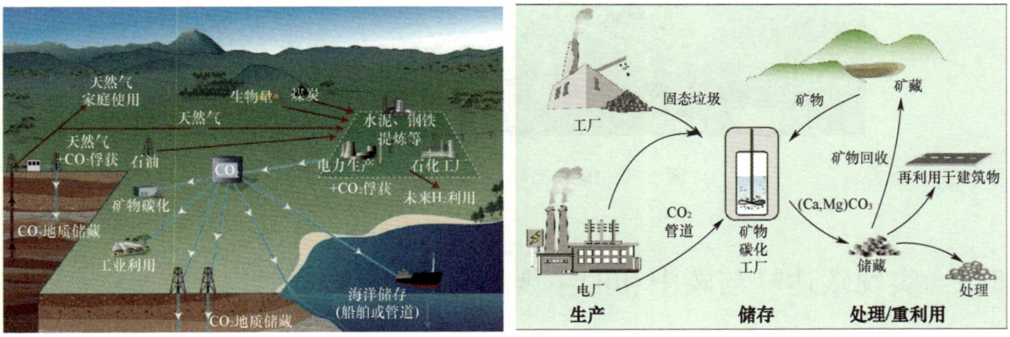

(a) (b)

图 5-7 碳的捕获封存(a)与回收利用(b)(Metz et al. ,2009)

5.2.3 地球工程

所谓"地球工程",是指通过大规模的工程管理措施对地球能量收支或碳循环过程进行干预,以削弱或抵消因"人为增强温室效应"而导致的全球变暖行为(图 5-8)。目前正在拟议的地球工程措施主要为"太阳辐射管理"(solar radiation management)和"碳捕获与脱除"(carbon dioxide removal),此外还包括"热量传输"(heat transport)。

从机理上讲,第二类是增加碳汇,以降低人为温室效应,除碳捕获与封存技术外,设想中的方案还有向大洋撒铁或在海岸带施营养盐促进海洋生物繁殖,人工制造巨型"树木"用以过滤二氧化碳、沙漠造林、生物炭化等。

第一类和第三类不属于碳减排措施,但能够通过改变地球的能量收支平衡,减缓全球气候变化。第一类是通过增大反射率，减少地球接收的太阳辐射，以抵消由于 CO_2 等温室气体增加造成的辐射强迫。如诺贝尔化学家得主 Crutzen 于 2006 年提出的通过国际合作向平流层喷射、投放硫化物气溶胶，增强“阳伞效应”，从而使地球降温的措施，这一措施相当于“人造火山”，类似的措施还有向海面上的低空云层喷洒盐水造云、在沙漠上覆盖反射膜、在太空建巨型反射镜等。第三类如在冰盖上覆盖毛毯，以减缓冰盖融化。

这些通过大规模改变地球环境以适应人类的地球工程可能会改变全球气候及其变化格局，增加气候变化的不确定性，目前正处在研究试验阶段，其可能产生的副作用有待审慎评估。

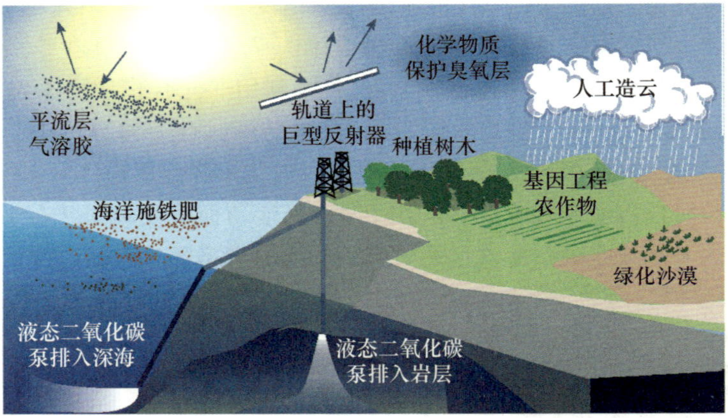

图 5-8　地球工程示意(Keith,2001)

5.3　实现碳达峰与碳中和的主要措施与路径

5.3.1　碳达峰和碳中和

累积总 CO_2 排放和全球平均表面温度响应为近似线性相关，未来全球气候变暖的幅度主要取决于未来人为碳排放量的多少，碳排放越多，未来升温的幅度越高(图 3-30)。任一给定的变暖水平都对应着一定的累积 CO_2 排放范围，较低的温升目标或保持低于特定温升目标的较高可能性，都要求降低 CO_2 的累积排放量，如果早期排放较多，那么后期排放就会较低。

将全球变暖限制在 2 ℃以内，并努力限制在 1.5 ℃以内，从而避免未来气候变化超过危险的“阈值”，是《巴黎协定》所形成的政治共识。为此，需要限制自前工业化时期以来全球人为排放的二氧化碳总量，使得大气的温室气体浓度保持在某个阈值之内。1850—2019 年累积排放 2390 Gt 二氧化碳，要使可能的温升低于 2 ℃，在 66%可能性的情况下还有 1150 Gt 二氧化碳的排放空间，而要使温升低于1.5 ℃，在

66%可能性的情况下还有 400 Gt 二氧化碳的排放空间。目前每年的排放为 42±3 Gt CO_2（2017 年的碳排放量），按此排放速度，升温 2 ℃目标下剩余的碳排放量将在约 27 年内用尽；1.5 ℃目标下将在 10 年内用尽。

为实现《巴黎协定》确定的减排目标，避免全球变暖超过危险的临界水平，《巴黎协定》提出现在就采取行动，大幅度、迅速和持续地减少二氧化碳等温室气体的排放，尽快达到温室气体排放的全球峰值（碳达峰），到 2050 年以后要实现人为活动温室气体排放源与吸收汇的平衡，即要实现温室气体的净零排放（碳中和）。因此，碳达峰和碳中和（“双碳行动”）是为减缓全球气候变化而具体设定的碳减排行动目标。碳达峰和碳中和针对的是化石能源开采、冶炼、燃烧和相关产品排放的二氧化碳，它们占温室气体排放的 90%以上。

5.3.1.1 碳达峰

碳达峰即碳排放达峰，是指在某个时间点（段）人为向大气环境中排放的二氧化碳（或包括其他主要温室气体）排放量不再增长所达到的峰值，在此历史最高值之后碳排放量逐渐下降（图 5-9）。目前讲的碳达峰是属于与化石能源相关的碳排放达峰，须是与化石能源相关的温室气体排放达峰。碳达峰意味着经济发展与二氧化碳脱钩，达峰前，碳排放与经济是同步增长的，在达峰之后，经济增长不但不伴随着碳排放的增长，反而对应着碳排放的下降。

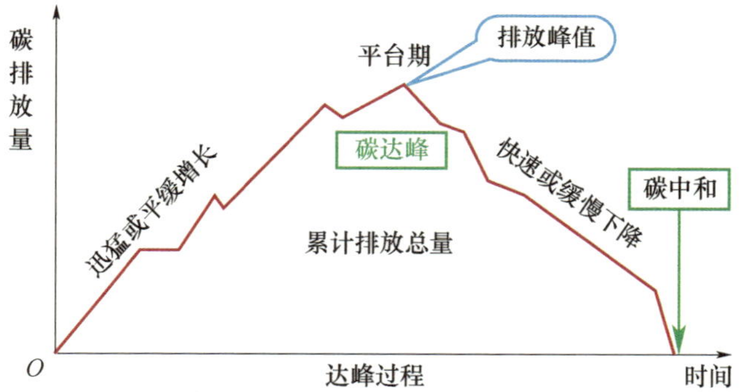

图 5-9 碳达峰和碳中和示意图（张晋宾 等，2021）

碳达峰是碳排放从上升阶段到下降阶段的转折点（图 5-9），因此它不是一个固定的数值，而是一个与前、后碳排放量对比的相对极高值。就碳减排而言，碳达峰前的减排是相对减排，即通过降低碳排放增长速度削低峰值的高度，但碳排放总量仍继续增长；碳达峰后的减排是绝对减排，即减少碳排放总量，使其由上升转为持续下降。

世界各国的碳排放现状根据其所处碳排放发展阶段的不同，可分为四种情况。一是碳排放前增长的低排放阶段，主要是那些尚未开始工业化的农业国；二是处在碳排放快速增长阶段，如印度等经济处在快速增长的发展中国家；三是处在峰值附近的平台期，如中国目前就是如此；四是碳排放已达峰进入下降阶段，如英国、美国等发达国家（图 5-10）。

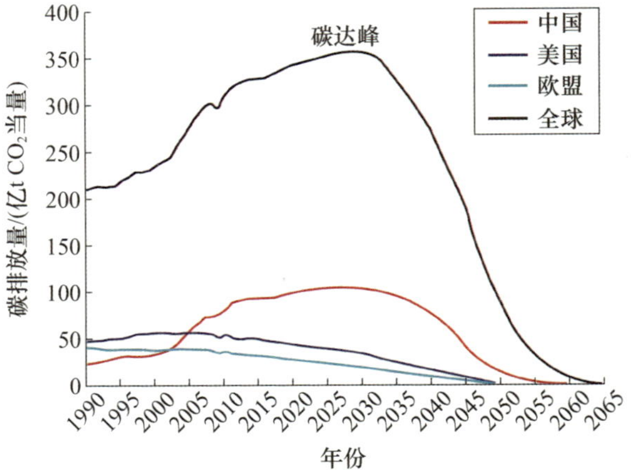

图 5-10 世界及主要国家的碳达峰和碳中和目标(张晋宾 等,2021)

根据驱动达峰的因素不同,各国实现碳达峰可分为三种情况。一是自然达峰,指这些国家的碳达峰与气候变化政策无关。如英国、美国等很多已达峰值的发达国家都是自然达峰的,英国大概在 1971 年就实现了碳达峰,当时全球气候变化问题还没有被国际社会所关注,英国的碳达峰主要是通过天然气替代煤炭,英国煤炭开采成本高,而北海有大量的天然气生产,因此用碳排放较低的天然气取代了高碳的煤炭。发达国家基本上都走过了天然气替代煤炭的道路,1973 年石油危机后从能源安全和环境保护的角度,大抓节能也是发达国家自然碳达峰的重要动力。二是市场力量驱动的达峰,其达峰的过程是自然的,但其中包含经济要素的贡献,主要是由于经济原因,低碳排放的能源将高碳排放的化石能源挤出了市场,客观上起到了碳减排的效果,导致碳排放的自然下降而帮助其达峰。如法国发展核电是出于能源安全和经济考虑的市场行为,因为其缺乏石油、天然气和煤炭等常规化石能源。三是人为强制的达峰,如中国能源结构以煤为主,尚未达到峰值,中国承诺的碳达峰是人为强制的达峰,即通过人为的各种政策措施,提前实现达峰且压低峰值。

5.3.1.2 碳中和

碳中和是指“净”碳排放大致为 0,即进入大气的碳排放源和吸收的汇之间达到平衡(图 5-9)。通过碳中和可使大气中的二氧化碳不再增加,从而将全球升温稳定在一个给定的水平。碳中和是一个雄心勃勃但又极其艰难的减排目标,为在 2100 年将从 1850 年开始的气温上升幅度控制在 1.5 ℃就必须在 2050 年前后实现全球碳中和,如果是 2 ℃升温目标大概在 2075 年前后要实现全球碳中和。截至 2021 年 2 月,已有 124 个国家通过立法或承诺到 2050 或 2060 年实现碳中和,其中“碳中和”的倡导者——欧盟将在 2050 年达到碳中和,中国已承诺在 2060 年达到碳中和(图 5-10)。

IPCC(2018)定义的碳中和是某一主体(如某个国家、地区或组织)相关的人为二氧化碳排放量与人为二氧化碳消除量相平衡的状态。这意味着,在规定的时段和规定的区域内,人为(化石燃料利用和土地利用)向大气环境中释放的二氧化碳量与人为（如木材蓄积量、土壤有机碳、工程封存等）的二氧化碳去除量平衡，即人为二氧化碳“源”与“汇”的平衡，但不包括自然过程（海洋吸收、侵蚀-沉积过程的碳埋藏、碱性土壤的固碳等）吸收。由于目前人为温室气体排放的绝大部分是 CO_2，因此也常用碳代指温室气体。广义碳中和是指不仅 CO_2 要达到净零排放，其他主要温室气体（如 CH_4、N_2O、SF_6 等）也要达到净零排放。与化石能源相关的温室气体达峰一样，碳中和实际上就是化石能源相关温室气体排放的归零。

除碳中和外，各国提出的与中和相关的目标表述还有气候中和（climate neutrality）、净零碳排放（net-zero carbon emissions）和净零排放（net-zero emissions）。碳中和亦称净零碳足迹（net zero carbon footprint），在全球尺度上，碳中和等同于净零碳排放。2015 年底的《巴黎协定》中并没有提出碳中和或气候中和的目标，但提出要在 21 世纪下半叶，在人为源的温室气体排放与汇的清除量之间取得平衡，这一目标对应于净零排放。

气候中和指气候净影响为零，它与净零排放并不完全等价，温室气体净零排放并不等于气候净影响为零，气候中和也并不必然要求温室气体净零排放。例如，通过对太阳辐射的人工干预措施，减少到达地面的太阳辐射（如向平流层注入硫酸盐气溶胶、增加陆地表面和海水的反照率等），或者增加逃逸到太空的长波辐射（如减少高层卷云），具有降低全球变暖幅度的功效，但太阳辐射干预不降低大气二氧化碳浓度，因此，太阳辐射干预方法属于气候中和措施，但不属于碳中和措施。又如，根据 IPCC（2018）的定义，碳中和是人为碳排放与人为吸收相抵消，不包括自然碳汇对人为碳排放的吸收，但全球变暖只是人为碳排放中残留在大气中的部分造成，全球海洋和陆地生态系统等自然碳汇所吸收的人为碳排放对气候中和而言是必不可少的，因此碳中和比气候中和要求的碳减排强度要大得多，且由于自然碳汇吸收碳的能力随着全球变暖的加剧可能存在变化，碳中和与气候中和之间碳减排量的差异可能存在变化。

5.3.2 实现碳达峰与碳中和的基本途径

实现 2 ℃和 1.5 ℃升温目标需要尽早实现碳达峰和碳中和，且碳达峰的峰值越低、达峰越早，对碳中和就越有利。其中，2 ℃目标下，多数情景要求全球排放在 2015 年前后达峰，少数情景下可以将达峰时间推迟到 2030 年。1.5 ℃目标下，全球碳排放达峰的时间要求进一步提前，多数情景要求全球排放在 2015 年以前达到峰值，最晚不能超过 2020 年达峰。在碳中和时间上，现有政策路径情景下，实现 2 ℃目标的全球排放可以晚至 2030 年达峰，但同时需要在 2070 年前后实现零排放，1.5 ℃情景比 2 ℃情景碳中和提前 20 年左右。

实现碳达峰和碳中和需要进行史无前例的大规模低碳转型，这一转型涉及能源、土地、工业、城市及其他各系统，并跨越各类技术和地理区域。其基本途径是在能源供应端、能源消费端和人为固碳端选择合适的技术手段实现减源和增汇。其中，2 ℃目标可以通过使经济发展与化石能源使用逐步“脱钩”来实现；而实现 1.5 ℃目标，不能仅仅依赖提高能源效率、增加可再生能源比重等现有常规的低碳措施，必须要大规模依赖目前尚不成熟且较为昂贵的负排放技术。例如，在国际能源署给出的全球能源系统2050年碳中和路线图中(IEA,2021)，可更新的低碳能源替代化石能源是最主要的途径，到2050年，全球70%的电力将来自于太阳能发电和风电，85%以上的建筑符合零排放建筑标准，90%以上的工业生产实现低碳化，2040年以后一半以上的航空燃料为低碳燃料；2050年年捕集二氧化碳76亿t，约为现代全球碳排放的18%。

5.3.2.1 能源供应端的基本途径

在能源供应端，化石资源的消耗和强烈依赖高能耗的发展模式是高碳排放的主要原因，其中电力行业贡献了全球近一半的二氧化碳排放量，为实现碳中和需要能源体系主体要素发生根本性转变，能源形态将从化石能源转变为新能源，实现从有碳到无碳的转变，能源技术将从资源优势主导能源资源型发展进步为技术占主导地位能源技术型，能源结构将从一次能源直接消费为主调整为电气化二次能源占主导地位，能源管理将从集中式利用发展为智能化平衡用能。以清洁、无碳、智能、高效为核心的"新能源"+"智能源"能源体系是能源转型的发展方向与目标(图5-11)。这意味着21世纪下半叶能源体系将以水电、风能、太阳能、生物质能、地热能、潮汐能和氢能等具有清洁、无碳属性的新能源和可再生能源为主，煤炭等化石能源的消耗将趋于零。

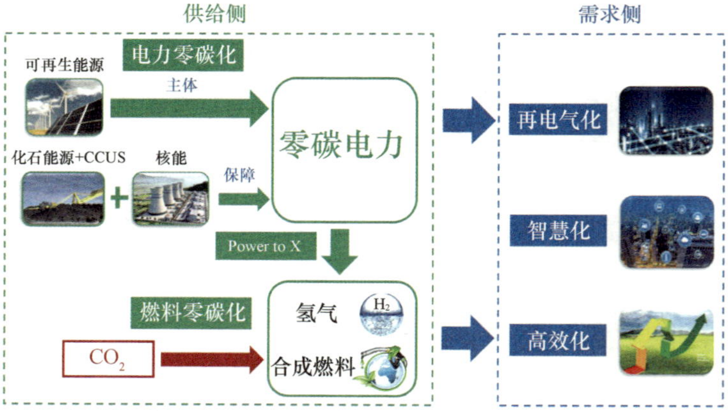

图5-11 面向碳中和的能源变革(黄震 等,2021)

5.3.2.2 能源消费端的基本途径

能源消费端的碳排放对拉动整个生产链的碳排放都是巨大的，为实现碳中和要在消费端全面推进节能，在提高能源利用效率的同时，力争在居民生活、交通、工业、农业、建筑等绝大多数领域中实现电力、氢能、地热、太阳能等非碳能源对化石能源消费的替代，对难以完全减排的工业部门，需要大力创新低碳生产工艺和技术，同时加强能源消费端的智能化管理转型。

联合国全球契约组织(UN Global Compact,2021)发布的《企业净零路径：实现〈巴黎协定〉和可持续发展目标》报告，针对能源使用侧的六大基础设施行业提出了具体的减排举措建议。①交通运输业：降低运输过程碳排放(采用清洁能源车辆、提升交通工具能效、优化交通工具规模和运输路线)；构建可持续的厂房设施(采用清洁电力、提升运营能效)；打造绿色包装。②农业食品业：降低养殖活动碳排放(改进牧群管理和动物健康干预措施、回收和利用粪便中的甲烷、科学高效地使用肥料)；降低食品加工和制造环节中的碳排放；降低包装复杂性，改用可回收材料；降低原料和产品运输分销环节碳排放。③工业制造业：降低产品制造环节碳排放(采用可再生能源、提升能源效率、从废料中回收能源)；降低原料供应环节碳排放；生产绿色产品。④建筑业：打造"绿色"楼房和基础设施；选择"绿色"建材供应商；降低施工现场碳排放。⑤数字信息产业：推进数据中心脱碳(提高能效、采用可再生能源)；降低产品生命周期碳排放(使用环保材料、降低生产环节碳排放；推广节能设计和举措)。⑥金融服务业：建立适用于不同产品的低碳评估框架；开发"绿色"金融产品；参与碳交易。

5.3.2.3 人为固碳端的基本途径

人为固碳端是通过生态建设(如植树造林、恢复海岸带生态系统等)、土壤固碳、碳捕集封存等组合工程人为去除不得不排放的二氧化碳，使大气二氧化碳浓度降低。如果移除的二氧化碳比排放的二氧化碳多，将会产生净的二氧化碳负排放，降低大气二氧化碳浓度。

基于自然的解决方案，各国能够在农业、林业、海洋和湿地等各领域依靠自然的生态功能增加碳汇，以抵消工业、交通等难减排部门的碳排放，助力实现碳中和的目标。森林是陆地生态系统中最大的碳库，虽然植树和森林管理的碳汇潜力有限，但其成本比工业碳清除要低得多，扩大森林覆盖面积是未来 30～50 年经济可行、成本较低的重要减缓措施。许多国家和国际组织都在积极利用森林碳汇应对气候变化。在深度减排的情景中，技术的减排潜力不断收窄，减排成本不断上升，基于自然的解决方案在应对气候变化中的作用将越来越显著。通过对森林、农田、草地、湿地四类生态系统开展有效的保护、修复和可持续管理(图 5-12)，预计到 2030 年将为实现《巴黎协定》中全球升温幅度控制在 2 ℃以内的目标贡献 37%的气候变化减缓潜力。

由于在未来一定时间内仍然需要继续依赖化石燃料发展，工业大规模二氧化碳捕获、利用和封存就显得十分关键和必要，是发展的同时实现碳中和目标的必然路径，IPCC 气候变化情景预测中用到的控温 1.5 ℃或 2 ℃的低排放情景，将在很大程度上依赖于直接从大气中捕捉二氧化碳的二氧化碳移除方法。

5.3.3 10 种二氧化碳利用和去除技术

吸收和利用 CO_2 制造产品，可能会降低 CO_2 的净排放或者降低大气层中的 CO_2 含量。CO_2 的利用越来越受到科学界的关注，一部分是由于气候变化的考虑，另一部分则是由于 CO_2 作为原料与使用传统碳氢化合物相比，生产成本更加低廉或生产过程更清洁。

英美科学家联合提出了 10 条二氧化碳的利用或去除技术路径(图 5-13，表 5-3)。这 10 条路径已具有相对良好的研究基础，且已具有一定的商业化潜力，可能会成为一个新兴的全球产业(Hepburn et al.，2019)。

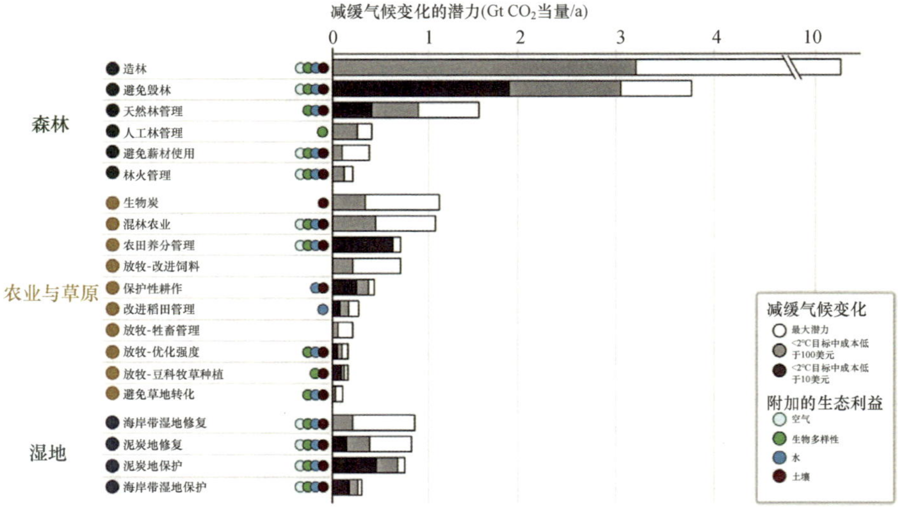

图 5-12 基于自然的解决方案路径在 2030 年减缓气候变化的潜力(Griscom et al. ,2017)

图 5-13 CO_2 利用和清除的 10 条路径(Hepburn et al. ,2019)

(蓝色方块箭头代表了进、出大气的年通量,估计值为 2008—2017 年的平均通量;图上给出了地球各圈层(岩石圈、生物圈、水圈和大气圈,加粗标示)的储量估计数和选定的储量子类;所有的估计都是基于 IPCC 的估计(除了注明的地方)将 C 转换为 CO_2)

表 5-3　CO_2 利用和去除的 10 种技术途径（Hepburn et al.，2019）

技术路径	去除/吸收	可形成的产品	储存和释放可能（高/低）	循环示例（图 5-14）	2050 年的年去除潜力/$MtCO_2$	2050 年的年利用潜力/$MtCO_2$	2015 年成本/（美元/tCO_2）
常规利用路径							
CO_2 制化学品	废气或其他来源的 CO_2 催化转化为化学产品	由 CO_2 衍生的化学品，如甲醇、尿素和塑料	各种化学品（天/10 年）—高	KCLG；KCLF；ALFJ；ALG	10～30	300～600	－80～320
CO_2 制燃料	催化加氢过程将废气或其他来源的 CO_2 转化为燃料	CO_2 衍生燃料，如甲醇、甲烷和费舍尔氏衍生燃料	各种燃料（周/月）—高	KCLG；ALG	0	1000～4200	0～670
微藻类产品	由微藻生物量从大气或其他来源吸收 CO_2	生物燃料、生物质能或生物产品，如水产养殖饲料	各种产品（周/月）—高	KCLG；BG	0	200～900	230～920
混凝土建筑材料	将废气或其他来源的 CO_2 矿化为工业废料和混凝土	碳化骨料或混凝土制品	碳酸盐（百年）—低	KCLF；ALF	100～1400	100～1400	－30～70
CO_2 驱油技术	将废气或其他来源的 CO_2 注入油藏	石油	地质封存（千年）—低	KCD	100～1800	100～1800	－60～－45
非常规利用路径							
生物能源的碳捕获和储存	植物生物量的生长	生物能源作物生物量	地质封存（千年）—低	BCD	500～5000	500～5000	60～160
增强风化作用	农田、草原和森林的大气 CO_2 矿化为硅酸盐岩	农作物生物量	碳酸水（百年）—低	BE	2000～4000	不确定	小于 200

续表

技术路径	去除/吸收	可形成的产品	储存和释放可能（高/低）	循环示例（图 5-14）	2050 年的年去除潜力/$MtCO_2$	2050 年的年利用潜力/$MtCO_2$	2015 年成本（美元/tCO_2）
非常规利用路径							
林业技术	通过造林、重新造林或可持续森林管理生长木质生物量	固定的生物质、木制品	直立森林和长期存在的木材制品（10 年到百年）—高	BFJ	500～3600	70～1100	−40～10
土壤碳封存技术	通过各种土地管理实践增加土壤有机碳含量	农作物生物量	土壤有机碳（年至几十年）—高	BFJ	2300～5300	900～1900	−90～−20
生物碳	热解植物生物量及木炭在土壤中的应用	农业或生物能源作物生物量	黑碳（年至 10 年）—高	BFJ	300～2000	170～1000	−70～−60

10 条路径分别为：①CO_2 制化学品，包括聚合物；②CO_2 制燃料；③微藻燃料和其他微藻产品；④混凝土建筑材料；⑤CO_2 驱油技术（CO_2-EOR）；⑥生物能源的碳捕获和储存（BECCS）；⑦增强风化作用；⑧植树造林/再造林、森林管理、木制品等林业技术；⑨土壤碳封存技术；⑩生物碳。

10 种二氧化碳利用和去除技术可分为"循环""封闭"和"开放"三大类（图 5-14）。其中，传统的工业利用途径，如基于 CO_2 的燃料和化学品一般属于"循环"利用途径，这种途径并不能从大气中净去除 CO_2，但它们可以通过工业捕获取代化石燃料使用来减少向大气排放 CO_2。"封闭"途径涉及利用和近永久的 CO_2 储存，例如，在岩石圈（通过 CO_2-EOR（CO_2 驱油技术开采）或 BECCS（生物质能碳捕集与封存）），在深海中（通过陆地上增强风化作用），或者在建筑和自然环境中的矿化碳中。"开放"路径往往以生物系统为基础，其特征是有很大的清除潜力和储存在"泄漏的"自然系统中，如生物量和土壤中，其有大规模释放到大气中的风险。

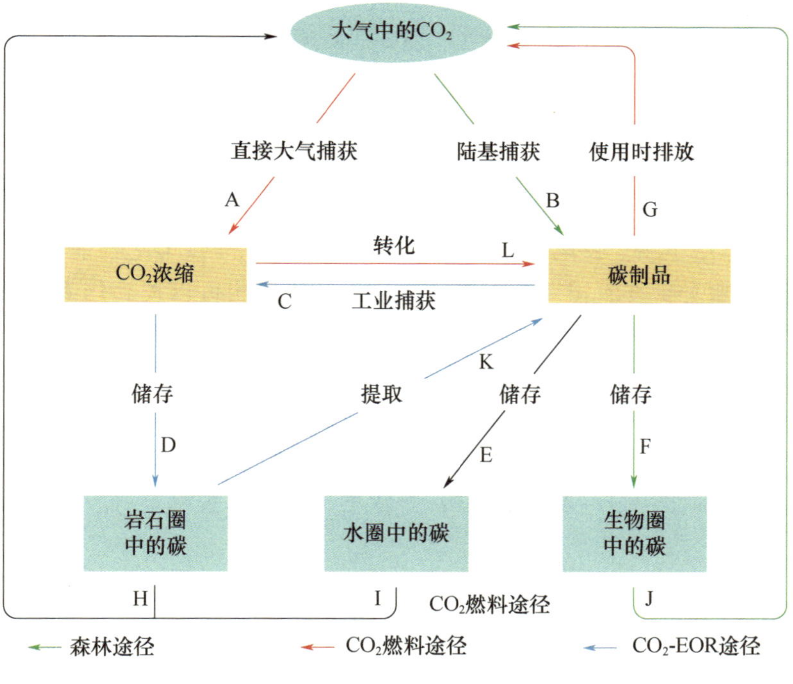

图 5-14 CO_2 不同利用和去除路径的组合（Hepburn et al. ,2019）

（绿色箭头为开放路径（BFJ），以步骤 J 结束，如林业；红色箭头为循环路径（ALG），以步骤 G 结束（聚合物除外），直接捕获大气的 CO_2；蓝色箭头为封闭路径（KCD），以步骤 D、E 或 F 结束，如 CO_2 驱油技术）

不同 CO_2 利用路径之间可通过不同步骤（标签 A～L）进行组合（图 5-14，表 5-3）。利用途径通常（不总是）包括去除（A 或 B）和储存（D、E 或 F）。在短期内，用浓缩 CO_2 生产的产品（L，尽管二氧化碳转化不是必要条件）可以抵消工业捕获的化石燃料提取和燃烧所产生的废气（KC）。从长远来看，实现净零排放需要 CO_2 环路闭合，这意味着排放的CO_2需要从大气中移除，可能通过直接的大气捕获(A)或通过陆地上的光合作用或矿化进行吸收(B)，例如，基于CO_2的净零燃料必须将目前的从岩石圈到大气圈的碳流动(KCLG)转移到大气圈的碳循环(ALG)。

化学品、燃料、微藻、建筑材料和CO_2-ERO等各种常规途径都可能在2050年每年利用约0.5 Gt或更多的CO_2，并且每年估计有0.2～3.2 Gt的CO_2可以被转移并储存在岩石圈或者生物圈长达几个世纪或更久。用CO_2可以制造很多化学制品，其中尿素和聚碳酸酯多元醇的生产已经被商业化，有些在技术上是可能的，但还没有被广泛采用，例如在没有一氧化碳的情况下生产CO_2衍生的甲醇。尿素产量的增加可能会对气候产生负面影响；从CO_2中提取燃料被认为是脱碳过程中一个有吸引力的选择，因为它们可以在现有的交通基础设施中使用；甲醇、甲烷、二甲醚和费舍尔-特罗普施燃料(液体合成燃料)等产品是潜在的CO_2能源转换载体。微藻具有长期研究价值，因为其高CO_2固定效率(高达10%，而其他生物量仅1%～4%)，以及生产多样化产品的潜力，如生物燃料、高价值碳水化合物和蛋白质及塑料。世界上90%以上的油藏可能适合CO_2-EOR，这意味着可用这种方式利用和存储多达140 Gt的CO_2，目前使用注入CO_2增强的石油回收率约占美国原油总产量的5%，但现有技术的目标是最大化每吨CO_2注入所回收的油量和回收的CO_2量(而不是储存的二氧化碳)。

在非常规的利用途径中，BECCS涉及通过光合过程生物捕获大气碳，在捕获和去除CO_2之前，产生用于发电或燃料的生物量，BECCS提供了生物能源和大气CO_2去除两种不同服务。在农田中利用地面增强的风化作用可以提高作物产量，这种产量的提高不太可能直接源于土壤碳的增加，但pH效应促进了营养物质的吸收，然而，这里与净初级生产力的增加相关的CO_2利用潜力可能仍未被量化；在造林/再造林中，大气中的CO_2通过光合作用被去除，碳被储存在静态的森林中，木制品有潜力长期进行碳储存——尤其是在长寿建筑中使用时，其寿命可以保守估计为80～100年；被土地吸收的CO_2最终要么被利用(产量增加)，要么被移走(储存在土壤中)，但不是两者兼有。

使用CO_2生产的燃料产品的价格大大超过了目前市场价格，对未来成本估计存在巨大的不确定性。与现有产品成本相比，某些已具有经济效益的途径(如二氧化碳水泥固化和多元醇)的成本预期将继续下降，而一些CO_2利用途径的化学转化需要使用大量能源，一些路径需要使用能源将CO_2浓度从0.04%提高到100%，这些经济成本以及技术难题仍需考虑。循环途径(尿素和多元醇的生产除外)必须与现有低成本的产品竞争。除CO_2-EOR外，4条“封闭”利用途径主要处于低技术准备水平(TRLs)。开放途径虽然在理论上既可盈利又可实现，但往往会产生额外的运营成本，如实施、交易、机构和监控成本较高。

各条潜在的大规模、低成本路径也面临挑战。CO_2-EOR利用并大规模储存CO_2，可能不会产生任何净气候效益，甚至可能是有害的；BECCS也存在一系列明显的风险，包括土地利用变化导致的排放量增加；土地管理、生物碳和林业只提供短期储存，并存在着大规模 CO_2 释放进大气的风险；那些化学途径可能通过取代化石燃料的使用减少净排放，但不会导致净排放，除非它们与净零排放下的直接大气捕获相结合。由于监管障碍，建筑材料面临着市场渗透的挑战，这可能需要几十年才能克服。

在许多情况下，CO_2 利用路径的净气候影响将取决于当前过程的排放强度。例如，如果在一切不变的情况下，CO_2-EOR 目前可能导致大气 CO_2 的总体减少。然而，随着脱碳工作的进行，CO_2-EOR 的气候效益会降低。在完全脱碳之前的某个时刻，没有直接空气捕获的 EOR 将导致 CO_2 排放的净增加。相反，在一个供应链排放量很高的经济体中，BECCS 的气候效益很低，在一个脱碳世界，这些供应链排放将接近零，因此 BECCS 的气候效益将被扩大。

鉴于创新过程的缓慢和气候问题的紧迫性，应优先考虑最有希望和相对最成熟的备选办法，以便能够尽早和有效地采用一系列技术。而值得决策者和从业者警惕的是，扩大二氧化碳利用率不一定有利于气候稳定。

CO_2 捕获成本的降低会促进循环路径的减排潜力，对 CO_2 还原的材料和催化剂的研究可以使 CO_2 以更低的成本有效地转化为更广泛的产品，鉴于人类社会城市化的速度如此之快，人们迫切需要新的建筑材料，包括木材，以利用和储存 CO_2 并取代排放密集型的硅酸盐水泥。

5.3.4 实现碳中和的主要挑战与可能技术风险

碳中和将大大减缓全球变暖，解决能源危机，改善空气质量和人类赖以生存的生态环境，是人类在减缓人类活动对生存环境加速破坏迈出的巨大一步。然而，碳中和不仅是一个技术问题，更是经济和社会发展平衡的综合性问题，人们为了碳中和要发展各种新的技术，但在技术创新的同时，需要注意人工引进一种技术之后，对整个的地球生态系统会不会带来其他的副作用，是不是有可能带来伦理问题，实现碳中和还面临诸多挑战，各碳中和技术也可能存在不同程度的风险。

5.3.4.1 低碳能源生产与消费技术的可能限制与风险

低碳能源的生产与消费转型是实现碳中和的关键，这一过程不仅需要技术创新，还涉及新兴产业替代传统产业与产业结构的重大调整，还涉及产业链上下游的协调，需要在社会经济诸方面做出改变。

实现碳中和高度依赖于用风能和太阳能发电替代火电。最初用太阳能和风能完全取代火电首先遇到的是成本问题（图 5-15）。以光伏发电为例，20 世纪 50 年代，美国贝尔实验室发明的单晶硅太阳能电池效率只有 6%，尚无实用价值。2000 年以后在欧美开始发展光伏发电，但成本非常高，2005 年中国引入光伏发电补贴的费用相当于当时煤电价格的十多倍，现在光伏发电的效率提升到 26%，成本是煤电的 1/4。2019 年，所有新近投产的并网大规模可再生能源发电容量中，56%的发电成本已低于化石燃料的发电成本（图 5-15）。尽管目前风能和太阳能发电比火电都便宜了，但用太阳能和风能发电完全取代火电实现碳中和仍存在很大的困难，世界各地太阳能每年发电小时数不同，平均在1700 h左右，相当于一年时长的1/6～1/5，而在其他不能发电的时段需要储电，但目前储电存在高成本与环境污染的问题，且电网靠电池储电的风险非常大，目前全世界5年的电池产能仅能满足东京全市停电3 d的电能。

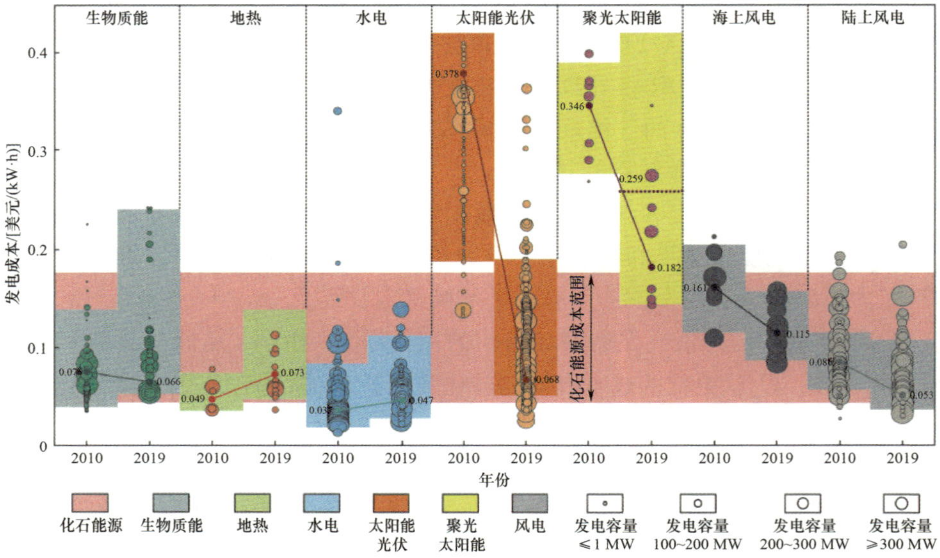

图 5-15　新能源发电成本变化趋势(邹才能 等,2021)

氢能发电效率高，能降低对石油的依赖，排放为水蒸汽，而且大规模量产燃料电池后成本能降下来，但氢能也存在储氢运氢成本高、安全隐患大、基础设施投资高昂等问题。

消费端的许多碳中和技术是建立在低碳能源的基础上的，供给与消费端技术需要彼此配合。例如，以电动车取代燃油车来降低碳排放是交通行业的重要措施，但只有能源结构和电网里大部分是可再生能源构成时，电动车才能算得上清洁能源，否则如果能源结构不改变，电网还是煤电为主，电动车实际是在增加碳排放，而不是减少碳排放。

实现碳中和，必须调整经济结构，调整能源结构，加大节能减排的力度，改变投融资方向等，所有这些都与经济发展密切关联，有的行业可能面临巨大的挑战，有些行业可能遇到新机遇。低碳能源转型可能对高度依赖化石能源的行业造成巨大冲击，煤炭加速转型是必然的，这不仅需要充分考虑现有煤炭相关产业的转型与人员安置问题，还需要提前减少煤炭相关的化石能源基础设施投资，以避免因设施达到其正常使用寿命前提前淘汰而造成的浪费。

5.3.4.2 人为固碳技术的可能限制与风险

陆地植物(特别是森林)和土壤总共含有大约25000亿t碳,约是大气中碳含量的3倍,其中森林是陆地生态系统中最大的碳库,因为树木的生物量是灌木或草的许多倍,代表着更大的碳捕获潜力,扩大森林覆盖面积是未来30～50年经济可行、成本较低的重要减缓措施。为了缓解气候变化,许多国家和国际组织都在积极增加植被覆盖,其中绝大多数集中在保护或扩大森林碳汇应对气候变化。但通过植树造林增加碳汇也存在一些问题。①自然界并不允许森林的无限增加。在植物的生长过程中,需要四种基本成分:光、CO_2、水和营养素(如氮和磷,存在于植物肥料中的相同元素),如果树木有足够的水,森林就会长得高大茂盛,形成的树冠使较小的树木得不到阳光;植物光合作用需要CO_2、氮和磷的特殊比例,大气中CO_2浓度的增加,植物的光合作用将随之加强,因此需要从土壤中提取更多的肥料,一旦土壤中氮和磷被耗尽,再多的二氧化碳也无法被吸收。这意味着,陆地上的碳储存能力是有限的,一旦达到某个阈值,其固碳能力将不再增加,据估计,地球陆地生态系统可从大气中再新增吸收400亿～1000亿t的碳(这一过程将需要几十年),一旦超过该阈值,陆地上就没有额外的碳储存能力了。目前人类正以每年100亿t碳的速度向大气中排放二氧化碳,陆地生态系统永远无法吸收全部化石燃料燃烧所释放的碳。②人造森林固碳需要尊重自然规律,否则可能产生毁灭性的后果,导致生物多样性的损失和二氧化碳浓度的升高。由于陆地生态系统的类型、性质,其对气候变化的反应特性、分布面积以及所处的气候、土壤等自然地理特点的不同,森林的分布及其吸收碳的能力存在显著的空间差异,森林只有种植在其适合生长的地方才能固碳,在寒冷的苔原、少雨的草原和荒漠生态系统并不能够支持树木的生存,在这些地区森林往往不能产生长期的碳固存;自然森林比人工林包含更多的动植物物种,通常也含有更多的碳,即使是在森林栖息地植树也会造成生物多样性的损失和固碳能力的降低,特别是森林并非持久性的碳汇,在其从幼林到成熟林阶段是净碳汇,有些人认为成熟的森林不再快速生长,碳排放与吸收大体平衡,不再吸收更多的二氧化碳,因此执着于砍掉老森林,种植新树苗,然而,成熟的森林就像充满碳的浴缸,它们正封存着大量的碳,砍伐掉它们再植树造林不仅导致成熟森林的损失,也导致更多的二氧化碳被释放到大气中。③陆地碳汇量存在着较大的年际变化和季节变化,气候的年波动、偶发事件(如森林火灾)和大面积的病虫害等都是导致碳汇量年变化的潜在因素。

地球工程是人们为实现碳中和而设想的战略性固碳技术,但相对于其固碳能力,人们更关心这种人工技术对整个地球生态系统会不会带来其他的副作用,是不是还有可能带来伦理问题。例如,往海洋里撒铁肥是“地球工程”的一种,它能加速海藻生长,吸收更多二氧化碳,从而人为增加海洋碳汇,但这样通过非常规的人为手段去减排,存在着在降温的同时大规模地改变自然系统的风险,通过复杂的地球系统过程,可能会进一步带来水资源、土地利用、粮食安全、环境影响等其他方面的安全问题。

碳捕集利用与封存(CCUS)能够把生产过程排放的二氧化碳进行捕获提纯,再投入到新的生产过程中进行循环再利用或封存,是具有战略意义的碳中和技术,也是钢铁、水泥等减排难度大的行业实现净零排放为数不多的可行技术方案,电厂、钢厂、水泥厂对 CCUS 都很感兴趣,但 CCUS 要考虑安全性、稳定性,防止泄漏和扩散,在可预见的未来,不太可能实现 CCUS 低成本,在目前的技术下,除存在高能耗、高成本、高不确定性的“三高”问题之外,还有缺乏激励政策、产业链协同困难等问题,这些都制约了 CCUS 技术的大规模应用,迄今靠 CCS 或 CCUS 减少的 CO_2 排放量是非常有限的。

5.4 世界各国碳减排与碳中和的目标与行动

5.4.1 世界主要国家和地区的碳达峰和碳中和目标与行动

碳达峰和碳中和是减排过程中两个相互关联的环节,实现碳中和要经历碳达峰的过程,对已经实现了碳达峰的国家,其未来目标主要是实现碳中和,其他国家在实现碳中和之前都要首先实现碳达峰。目前全球已经有 54 个国家的碳排放实现了达峰,占全球碳排放总量的 40%。2020 年碳排放排名前 15 位的国家中,美国、加拿大、俄罗斯、日本、韩国、德国、英国和法国已经实现碳排放达峰;中国、新加坡等国家承诺在 2030 年以前实现碳达峰。

“碳中和”首先由欧盟倡导,目标是在 2100 年实现将从 1850 年开始的气温上升幅度控制在 1.5 ℃至 2.0 ℃之间。根据 IPCC 第五次评估报告和 1.5 ℃升温特别报告(IPCC,2013,2018),为实现 2 ℃升温和 1.5 ℃升温目标,全球需要在 2050—2080 年实现碳中和。实现碳中和是一个雄心勃勃但又极其艰难的目标,需要全社会共同努力。截至 2021 年 12 月,已有 136 个国家和地区通过立法或承诺到 2050 年或 2070 年实现碳中和,这意味着国际社会已经开始走在实现《巴黎协定》2 ℃升温,甚至是 1.5 ℃升温目标的路上,展示了国际社会一起积极努力实现气候变化减缓目标的愿景。全球范围内全部的零碳技术基本上掌控在已公布碳中和目标的国家手中,这些国家宣布碳中和的目标,也就意味着其他绝大部分国家也能够实现碳中和目标。

截至 2020 年 10 月 31 日,以纳入国家法律、提交协定或政策宣示的方式正式提出了碳中和或气候中和相关承诺的有中国、欧盟、加拿大等在内的 29 个国家或地区(表 5-4)。根据各国的承诺,大多数国家并未严格遵循 IPCC 的碳中和定义。其中,有 8 个国家选择以碳中和或净零碳排放为目标,按照 IPCC 的定义,这些国家须在目标年份实现 CO_2 的净零排放,然而,这些国家的目标中都用碳代指了包含 CO_2 在内的温室气体;虽然 IPCC 从影响和排放两方面对气候中和及净零排放进行了明确区分,但从各国官方文件的表述来看,几乎所有国家都将气候中和目标等同于温室气体净零排放。

表 5-4 世界主要国家和地区碳中和目标(张晋宾 等,2021)

国家或地区	碳中和目标		备注
	年份	状态	
阿根廷	2050	提交 UNFCCC	2020 年 12 月提交联合国
澳大利亚	2050—2100	对《巴黎协定》的承诺	
奥地利	2040	联盟协定	2020 年 1 月联合政府承诺 2040 年实现气候中和、2030 年实现 100%清洁电力
比利时	2050	政策立场	
巴西	2060	提交 UNFCOC	2020 年 12 月提交联合国
加拿大	2050	政策立场	特鲁多总理于 2020 年 11 月提交了相关法律草案
中国	2060	政策立场	习近平主席于 2020 年 9 月 23 日在第七十五届联合国大会一般性辩论上提出:中国力争 2030 年前实现碳达峰,2060 年前实现碳中和
丹麦	2050	立法	2030 年起禁售汽/柴油车
欧盟	2050	政治协定	2019 年 12 月"绿色新政"确立欧盟 2050 年碳中和目标(波兰是唯一持不同意见的国家,拒绝承诺执行)。2020 年 3 月提交联合国
芬兰	2035	联盟协定	2019 年 6 月 5 个政党一致同意强化该国的气候法
法国	2050	立法	2019 年 6 月 27 日议员投票将净零排放目标纳入法律
匈牙利	2050	立法	2020 年 6 月通过气候中和气候法
德国	2050	立法	德国第 1 部主要气候法于 2019 年 12 月生效,详细列出了未来 10 年各行业的年度排放预算
日本	2050	意向声明	2020 年 10 月菅义伟首相宣布,将于 2050 年前实现碳中和
新西兰	2050	立法	2019 年 11 月立法设定了除生物甲烷(主要来自绵羊和牛)外的所有温室气体的净零排放目标;到 2050 年,生物甲烷排放将在 2017 年的基础上削减 24%~47%
挪威	2050(实际) 2030(补偿)	政策立场	议会同意国内实现 2050 年目标,通过国际碳补偿,实现 2030 年目标
新加坡	2050—2100	提交 UNFCCC	2020 年 3 月提交联合国
南非	2050	政策立场	2020 年 9 月公布了低排放发展战略(LEDS)
韩国	2050	政策立场	2020 年 10 月文在寅总统公开承诺,将于 2050 年前实现碳中和
西班牙	2050	立法(草案)	2020 年 5 月提交法律草案
瑞典	2045	立法	2017 年 6 月立法

续表

国家或地区	碳中和目标		备注
	年份	状态	
瑞士	2050	提交 UNFCCC	2020 年 12 月提交联合国
乌克兰	2060	政策立场	2021 年 3 月发布的《2030 经济战略》中，提出了不晚于 2060 年实现碳中和的计划
英国	2050	立法	2019 年 6 月立法
美国	2050	政策立场	2021 年 1 月《关于应对国内外气候危机的行政命令》中提出：不迟于 2050 年实现全经济范围内净零排放

欧盟同时将气候中和及净零排放作为其长期目标，将两类概念等同化。欧盟于 2019 年 12 月发布的《欧洲绿色新政》落脚于推动欧盟经济社会绿色可持续发展，并以 2050 年实现碳中和为核心目标。提出到 2050 年使欧洲成为全球第 1 个温室气体净零排放的大陆。这相距其各国一般在 20 世纪 80 年代前后就已实现的碳达峰的时间已超过 70 年，为实现其气候中和目标，《欧洲绿色新政》提出了“七大行动”(表 5-5)。

表 5-5　主要国家或地区碳中和行动计划

主要国家或地区	碳中和行动名称	主要内容
欧盟	《欧洲绿色新政》	(1)构建清洁、可负担、安全的能源体系；(2)构建清洁循环的工业体系；(3)推动高能效和资源高效利用的建造和建筑升级改造；(4)发展智能可持续交通系统；(5)实施“农场到餐桌”的绿色食品体系；(6)保护自然生态和生物多样性；(7)创建零污染、无毒生态环境
英国	《绿色工业革命十点计划》	(1)推进海上风电；(2)推动低碳氢增长；(3)输送新的先进核电；(4)加速向零排放交通工具转型；(5)绿色公共交通、骑行与步行；(6)飞机零排放与绿色航运；(7)更绿色的建筑：使建筑能效更高并脱离化石燃料的使用；(8)投资 CCUS：到 2030 年实现每年捕集 10 Mt 二氧化碳的能力，投入 10 亿英镑以支持在 4 个工业群中部署 CCUS；(9)保护自然环境；(10)绿色金融和创新：降低净零转型的成本，培育更好的产品和新的商业模式并影响消费者行为
日本	《绿色增长战略》	(1)海上风电产业；(2)氨燃料产业；(3)氢能产业；(4)核能产业；(5)汽车和蓄电池产业；(6)半导体和信息通信产业；(7)船舶产业。(8)物流、人流和土木工程基础设施产业；(9)食品、农林和水产业；(10)航空业；(11)碳循环产业；(12)住宅和建筑业及下一代太阳能产业；(13)资源循环相关产业；(14)生活方式相关产业
美国	《美国就业计划》目标之一是 2050 年实现碳中和	(1)建立能效和清洁电力标准；(2)建立更具韧性的输电系统，搭建清洁能源和可持续性加速器；(3)投资电动车市场，启动大规模储能、CCS、氢能、先进核能、漂浮式海上风电、生物燃料/生物产品、量子计算、电动车等方面的示范项目等

英国于 2020 年 11 月发布的《绿色工业革命十点计划》，提出英国 2050 年前实现

温室气体净零排放的目标(表 5-5)。日本政府于 2020 年 12 月发布了 2050 年实现碳中和的《绿色增长战略》,其中涉及了 14 个产业领域(表 5-5)。美国众议院 2020 年 6 月公布了美国 2050 年碳中和的路线图,2021 年 3 月美国政府公布的《美国就业计划》的目标之一是 2050 年实现碳中和(表 5-5),相距其实现碳达峰的时间已在 40 年以上。

5.4.2 中国的碳达峰和碳中和目标与行动

中国能源消费及碳排放增长迅速(图 5-16),目前是仅次于美国的世界第二大经济体、全球温室气体排放的第一大国,年碳排放量约占全球碳排放总量的 29%,尽管人均的历史累积排放量仍低于许多发达国家,但自 2005 年以来人均碳排放量高于全球平均水平(图 5-4)。中国的能源结构以煤为主(图 5-16),提前碳达峰存在一定的难度,但峰值越高,对碳中和就越不利。中国碳排放主要来源于电力、建筑、工业生产、交通运输、农业等五大领域,它们也是我国实现碳达峰、碳中和目标关注的重点领域(图 5-17)。

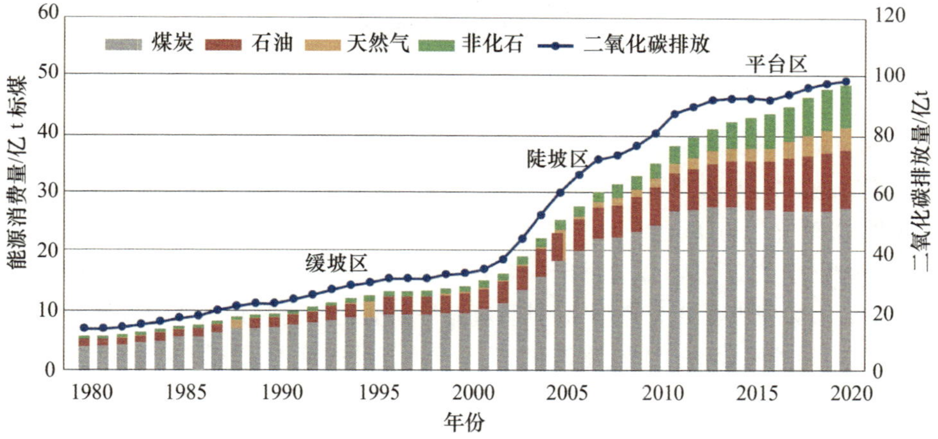

图 5-16 1980—2020 年中国能源消费和二氧化碳排放量变化(苏健 等,2021)
(数据源自:2021 年 BP 能源统计和中国国家统计局《2020 年国民经济和社会发展统计公报》)

中国作为负责任的大国,正加快推动全面绿色转型,通过人为强制来实现碳达峰,给碳中和留下足够的时间和空间,充分展现了在应对气候变化问题上的大国担当。中国已向国际社会承诺 2020 年实现单位 GDP 能源相关二氧化碳排放强度在 2005 年的水平上下降 40%~45%;非化石能源占比达到 15%;森林蓄积量增加 13 亿 m^3;2030 年前后 CO_2 排放达到峰值且将努力早日达峰,单位 GDP 能源相关二氧化碳排放强度下降 60%~65%,到 2030 年非化石能源占一次能源消费比重提高到 20%左右,森林蓄积量增加 45 亿 m^3。2020 年 9 月,中国承诺将提高国家自主贡献力度,采取更加有力的政策和措施,二氧化碳排放力争于 2030 年前达到峰值,努力争取 2060 年前实现碳中和。

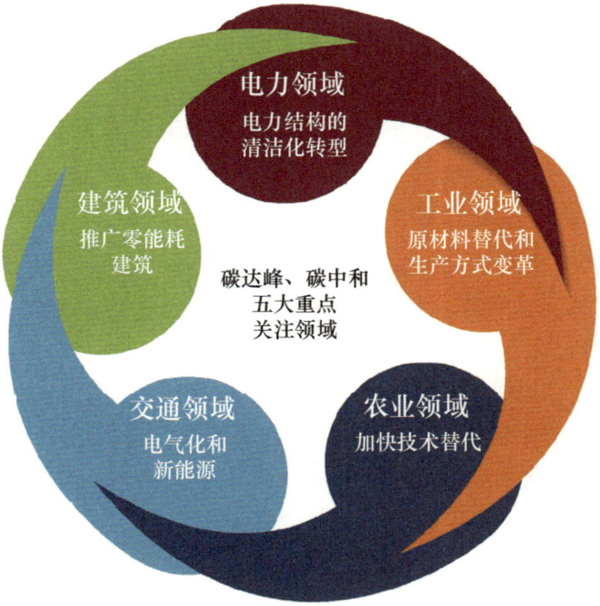

图 5-17　中国碳达峰、碳中和五大重点关注领域(傅翠晓,2021)

中国的减排承诺意味着,中国作为世界上最大的发展中国家,将完成全球最高碳排放强度降幅。从碳达峰到碳中和美国用 40 年、欧盟各国在 70 年以上,且发达国家达峰时人均 GDP 在 1 万美元以上,与之相比,中国从达峰到中和的时间仅仅有 30 年,达到碳中和的目标难度更大,需要付出的努力更多。与发达国家不同,中国经济发展处于工业化中后期和城市社会为主体的时期,应对气候变化的同时必须兼顾发展经济、改善民生,满足中国居民生活、工业、建筑、交通等重点领域的能源需求以及全社会能源总需求,到 2035 年,中国 GDP 比目前还会翻一番,2060 年还需要再翻一番,达到人均 4 万美元;在能源生产端,山西、内蒙古、陕西等地区是以化石能源的生产和销售作为经济支柱,减少化石能源消费会有不利影响。在能源消费端,钢铁、水泥、建材等原材料行业是高耗能产业,暂时还难以找到巨量而且稳定的能源替代煤炭、石油和天然气,减排对这些高耗能的原材料行业冲击巨大;中国有 14 亿多人口,至少有 6 亿人的人均可支配收入不到每月 1000 元,这部分人对能源需求的增长是刚性的,在其他能源不能满足刚性需求的情况下,控制化石能源的消费可能危害到这部分人的能源需求。

中国从"十一五"规划开始就通过政策引导对碳排放进行强力干预,下大力气抓生态文明建设和绿色低碳发展。通过调整经济结构、调整能源结构、加大节能减排的力度、改变投融资方向等一系列措施,以碳强度控制为主、碳排放总量控制为辅,扭转了二氧化碳排放快速增长的局面,目前已趋近于达峰(图 5-16)。过去 15 年中国碳排放强度降幅远超全球平均水平,2019 年中国单位 GDP 二氧化碳排放量比 2005 年下降了 48.1%,提前完成了到 2020 年单位 GDP 二氧化碳下降 40%～45%的目标。“十四五”期间，单位 GDP 二氧化碳将再降 18%，部分有条件的地方、行业、企业将率先碳达峰；到 2030 年，碳排放强度将比 2005 年下降 65%以上。

中国碳排放强度降低主要来自于能源效率的提升和能源结构的优化。中国是全球能源利用效率提升最快的国家，2012 年至 2019 年，中国以能源消费年均 2.8%的增长支撑了 GDP 年均 7%的增长；单位 GDP 能耗累计降低 24.4%，相当于减少能源消费 12.7 亿 t 标准煤；“十四五”期间单位 GDP 能耗将再降 13.5%。中国积极推动能源清洁低碳安全高效利用及工业、建筑、交通等领域低碳转型，2010 年到 2019 年，中国对可再生能源的投资以 8180 亿美元的投资额位居世界第一，是美国的 2.1 倍，甚至超过了欧盟的 7194 亿美元；2020 年，中国可再生能源发电量达 2.2 万亿 kW · h，已连续多年位居世界第一，可再生能源发电量占全社会用电量的比重近 30%；到 2030 年，风电、太阳能发电总装机容量超过 1200 GW，非化石能源占一次能源消费比重将达到 25%左右。

中国通过人为强制的压峰、降峰来实现碳达峰既是对推进落实《巴黎协定》碳减排目标的贡献，也是中国可持续发展的客观要求，中国在为碳达峰、碳中和付出一定成本的同时，也将因此而获得高质量增长的机遇，促进社会的进步和经济发展。一方面，减排与减少中国过剩产能相互促进。中国快速的经济发展出现了产能过剩的问题，从 2017 年开始，中国每年都生产超过 20 亿部手机，汽车的产能有 3000 万辆，钢铁产能有 12 亿 t，水泥生产最高可以超过 26 亿 t，减少过剩产能是现阶段中国经济发展的客观需求，同时也意味着化石能源消费的减少。另一方面，减排与改善中国环境污染情况也存在协同关系。煤炭是中国大气主要污染物的主要来源，也是二氧化碳排放的最主要来源，改善大气环境质量客观上要求用清洁能源替代碳排放最高的煤炭，这不仅仅控制了常规大气污染物的排放，也是减少二氧化碳排放的最有效途径。另外，减排将促进中国能源生产和消费结构的调整与转型。就发电成本而言，水电、风电和光伏发电都比煤电及油电要便宜，现在太阳能光伏发电的成本只有不到煤炭的 1/3，使用新能源替代化石能源在降低排放的同时也能降低经济成本，这将加速化石能源的市场退出，推动非化石能源的大规模投资和生产，2030 年中国风电和光伏的装机容量将超过 12 亿 kW。对能源消费行业而言，纯电动汽车正在或将要替代燃油汽车成为主流，2025 年新能源汽车的市场销售将超过 500 万辆，占市场的 20%左右，2035 年新能源汽车将成为新车市场的主流。

在中国目前大约 100 亿 t 二氧化碳排放中，发电端排放占比约 47%，消费端如工业过程、居民生活等占了 53%。2060 年碳中和目标，需要在发电端用更多的非碳能源来发电，在消费端用电和氢能等来替代，构建一个两端共同发力的系统。

在能源供应端，未来是多元复合能源结构，需要一个非碳能源为主体的新型能源供应系统，尤其是电力供应系统，提高风、光、水、地热、核等能源的非碳能源比重。中国风、光资源的时空分布不平衡，西部有丰富的风、光资源，需要从各种发电、储能、转化、输电、消纳等环节协调，保证风、光能源的稳定输出，让这些资源得到有效充分利用，这主要依靠技术组合和技术突破（图 5-18）；核能技术也将得到进一步发展;而煤炭作为主力能源,在相当长的时期内将继续存在,仍需继续重视发展煤炭清洁利用技术,即便到 2050 年,化石能源仍将占中国能源消费比例的 10%～15%。

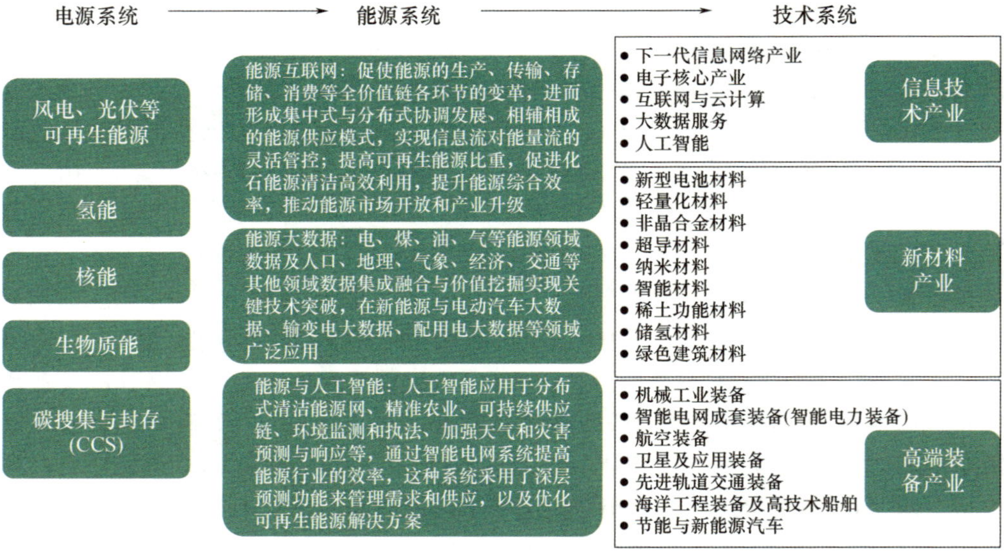

图 5-18　中国电源系统、能源系统和技术创新系统中战略性技术相互支撑情况(项目综合报告编写组,2020)

在能源消费端。首先是要通过用电、热、氢能等替代的方式来替代化石能源,减少二氧化碳排放,其中,居民生活比较容易用电力、地热、太阳能来替代;交通领域目前已经在大力发展电动汽车,以后可能用氢能驱动船和飞机等;农业领域大部分也可以替代;而包括冶金、化工、建材、矿山等工业领域的化石能源比较难替代,必然会转化为不得不排放的二氧化碳,每年约有 25 亿 t。

在固碳端,如期实现中国碳达峰、碳中和目标,一个重要途径是提升生态碳汇能力,强化国土空间规划和用途管控,有效发挥森林、草原、湿地、海洋、土壤、冻土的固碳作用,提升生态系统碳汇增量。进一步增加中国生态碳汇的主要途径,一方面,为加快推进生态保护和修复重大工程,实现生态系统固碳效能的最大化。在陆地生态系统,通过推进天然林资源保护、退耕还林还草、京津风沙源治理、防护林体系等重点生态工程建设,提升森林、草原、湿地的碳储存和碳吸收能力。在海洋生态系统,依托海岸带生态保护和修复重大工程,重点保护和修复红树林、海草床等生态系统,增加海洋生态系统的碳储存和碳吸收能力。另一方面,科学推进大规模国土绿化行动。充分利用坡地、荒地、废弃矿山等国土空间开展绿化,努力增加森林、草原等植被资源总量。积极探索基于自然的解决方案,坚持因地制宜,在适宜人工林培育的地方,积极植树造林,恢复和重建生态系统;在适宜自然恢复的地方,充分借助大自然的力量,恢复林草植被;在需要人工促进自然恢复的地方,采取封山育林、围封禁牧等措施,人工促进自然恢复。中国陆地生态系统碳储量为 792 亿 t,年均固碳 2.01 亿 t,可抵消同期化石燃料碳排放的 14.1%，其中森林的贡献约为 80%。“十四五”时期，中国森林覆盖率将提高到 24.1%；到 2030 年，森林蓄积量将比 2005 年增加 60 亿 m^3。中国目前地表碳储量相当于 363 亿 t 二氧化碳，每年固碳 10 亿～40 亿 t 二氧化碳，估计森林在 2060 年以前将会达到固碳的峰值，之后固碳速率就会降低。干旱半干旱区的土壤还很难估计，用不同的方法测算出来的碳源数据差别比较大。

假如中国每年不得不排放 25 亿 t 二氧化碳，根据目前观测比例，自然过程可以吸收 13 亿 t，如果生态系统吸收 8 亿 t，风化和碳酸钙沉淀可能吸收 2 亿 t，那么还有 2 亿 t 可能要变成生物炭埋藏到土壤中。

如果碳中和不包括自然过程吸收的碳，到 2060 年，实现碳中和还需要落实其他减排措施。CCUS 与新能源耦合的负排放技术是实现碳中和的托底技术保障。截至 2020 年，中国已有 35 个 CCUS 示范项目，CCUS 国家示范工程的级别从 1 万 t 到十几万吨不等，规模较小。但商业设施仅 6 个，中国总计二氧化碳捕集能力仅 300 万 t/a，2007—2019 年累计二氧化碳封存量仅 200 万 t。2060 年碳中和目标下，中国需要通过 CCUS 技术完成 175 亿～315 亿 t 的累计减排任务。其中，火电行业是 CCUS 发挥作用的主阵地，约能减排 160 亿～285 亿 t，非电行业如钢铁、水泥、化工等约可减排 15 亿～30 亿 t。

6

赌赢未来

内容概要

以全球变暖为突出标志的气候变化既是全球尺度的环境问题之一，也是当今世界面临的主要政治和经济挑战之一，它再次警告人们，殃及地球，势必祸及人类。2019 年《牛津词典》将年度词汇确定为“气候紧急状态”(climate emergency)，它比“气候变化”更能体现气候问题的紧迫性与危机感。

然而，全球变暖危机并不意味着这就是世界末日，地球只有一个，但世界却不是。“危机”在中文词汇中具有“危险”和“机遇”双重含义，意味着危险与机遇并存，人类正确的选择有可能把危险转化为发展的机会。

在人类世时代，未来人类的走向将主要取决于两方面因素。一是人地观需要从人地对立转变为人地统一，从人与自然命运共同体出发，与自然和谐相处；二是人类建构和谐自然环境的能力，这主要有赖于人类技术的进步。人类有能力应对全球气候变化，构建繁荣、可持续的未来。

6.1 “危机”

2019 年《牛津词典》将年度词汇确定为“气候紧急状态”(climate emergency)，其含义是一种需要采取紧急行动来减缓或遏制气候变化，以避免引发不可逆转的环境破坏状况。该词的使用率在 2019 年比 2018 年上升了 100 倍，它比“气候变化”更能体现全球变暖对人类产生的灾难性后果。人们使用“气候紧急状态”(climate emergency)或“气候危机”(climate crisis)而不是“气候变化”(climte change)，反映了人们围绕气候问题的语言明显升级，即通过文字表达人们对气候问题的紧迫性与危机感。我们面临的风险越严重，影响越广泛，越不可逆。

当今人类社会面临着以全球变暖为突出标志的巨大挑战，但这并不意味着这就是世界末日，地球只有一个，但世界却不是。国际上对汉语“危机”的辩证性极其推崇，“危机”在中文词汇中具有“危险”和“机遇”双重含义，意味着危险与机遇并存，气候变化危机，既是一种危险，也是一种机会，所以既要认识到危险的确存在，也要关注到其中的机会，人类正确的选择有可能把危险转化为发展的机会（图 6-1）。我们正处于一个决定性的时刻，我们还有时间全面改变。相信人类自身有办法遏制气候变化，构建繁荣、可持续的未来。

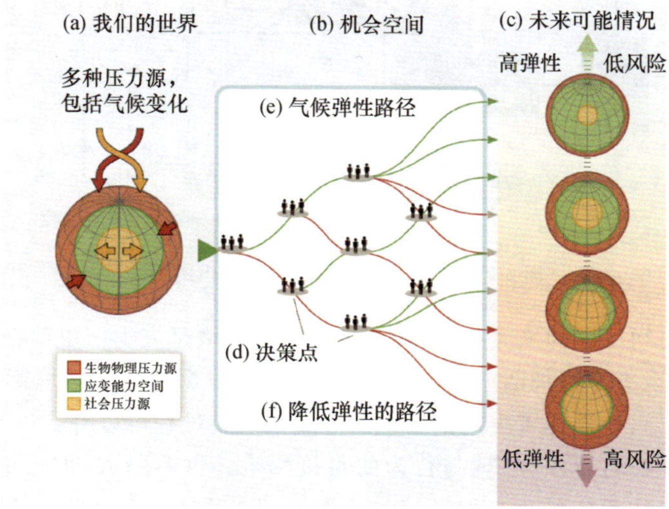

图 6-1　全球变化影响的结果对应对路径选择的依赖性（IPCC，2014b）

6.1.1　从环境意识的觉醒到人地观革命

6.1.1.1　地理环境决定论与人定胜天论

地球是人类之家，人类是地球上的一员，依赖于自然地理环境而生存。自然环境作为一种不以人的意志为转移的客观因素伴随于人类社会发展的始终，对人类发展的进程产生深远的影响，并在人类社会的历史中留下深刻的烙印。人与自然环境的关系是人类探索的永恒主题，推动人类这种探索研究的动力来自于两个方面：一方面是把地球看作一个行星而探索其科学奥秘；另一方面是把地球看作人类之家而从中寻求实际效益。正确地认识自然环境及其对人类的影响，是人类得以健康生存与发展的基本保障之一。

在西方世界，人类对人与自然环境关系的认识经历了一个漫长的历史过程（图 6-2），这一过程可分为三个阶段：第一阶段，20 世纪初以前的地理环境决定论的形成与发展时期，包括地理环境决定论思想的萌芽占主导的古希腊与古罗马时期、神定论占主导的中世纪、17 世纪至 20 世纪初地理环境决定论的形成与兴盛时期；第二阶段，20 世纪 20—50 年代反地理环境决定论思想占绝对优势的时期；第三阶段，20 世纪 60 年代以来以新地球观为基础的可持续发展思想形成与发展时期（方修琦等，2001）。

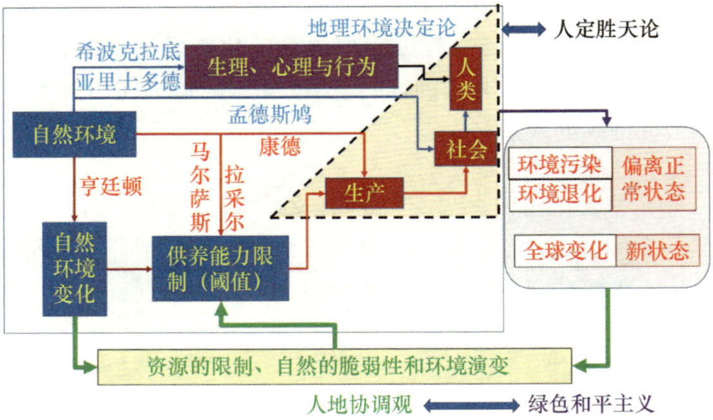

图 6-2 人类对自然环境影响认识的演变

在 20 世纪初以前的绝大多数时期，认为自然环境是人类历史与社会发展决定性因素的地理环境决定论长期占统治地位（图 6-2）。根据对自然环境影响对象与影响方式认识的差异，地理环境决定论思想的形成与发展过程可以分为以下几个阶段。

(1)自然环境对生理、心理与行为的直接影响。古希腊人（如希波克拉底、亚里士多德等）最早注意到的是自然环境与人类自身的关系，认为自然环境的特点及其差异决定了人类的可居住性，也决定了人们的性格、行为等特征；18 世纪的法国神父德·博斯指出，天气对巴黎和罗马的自杀与犯罪率有明显的影响，法国的政治哲学家孟德斯鸠重提了古希腊希波克拉底和亚里士多德的看法，而且通过对比观察冰冻和非冰冻的绵羊舌头外表组织差别的“科学实验”，论证不同的气候对人类行为的影响：“在寒冷的国家，神经腺比较不扩张，较深地缩进它们的细胞膜内，感受不到外界东西的动作，所以它们的感觉不那样灵敏。”

(2)自然环境通过影响社会而影响人类。除强调气候对人的性格、行为的影响外，孟德斯鸠在气候对政治影响方面的探索标志着人们对自然环境影响的认识推进到其对社会政治影响的领域，他认为，气候的权力比任何权力都要强大，不仅人类的风俗习惯、宗教信仰首先是由气候决定的，而且各民族的政治制度、社会制度也是由气候决定的，如果一个国家的法律与自然环境与民族气质不相适应，那么就应当改变这些法律。

(3)自然环境通过影响生产来影响人类社会。18 世纪德国大哲学家康德把生产活动与环境和资源联系起来，他正确地把自然环境对社会的影响首先看成是能促进生产活动的自然条件对社会生活的影响，从而把气候对生理和心理的影响扩展到整个自然环境对生产的影响；1857 年英国亨利·巴克尔在他的《英国文明史》中，把自然环境的影响从气候扩大到气候、植被、土壤和一般自然面貌四类，他断言，生产和分配完全取决于这四个条件。

(4)自然环境供养能力的限制。18世纪末至19世纪初，英国马尔萨斯的《人口论》是认识自然环境对人类影响上的又一里程碑。《人口论》的基本思想是，人口以几何级数增长，而粮食以算术级数增长；人口总是增加到其生存的极限，至此就被战争、灾荒和瘟疫所控制。在此，马尔萨斯提出了一个十分重要的问题，就是一定技术条件下自然环境对人类社会的支撑能力是有极限的，并且当人类利用环境超出其供养能力极限时，就会对社会产生重大影响，这实际上指出了自然环境对人类影响的临界阈值问题。19世纪到20世纪初期地理学家都或多或少地持地理环境决定论的思想。如近代地理学的奠基人之一亚历山大·洪堡把自然资源看成是一个国家富足的基础，认为要增进一国的普遍繁荣，唯一合理的方法是更为有效地利用天然资源。德国地理学家拉采尔被称之为地理环境决定论的始祖，他认为土地、气候、面积和位置在影响着地球上的人，并提出“生存空间”的概念表达其核心思想：一个社会系统的消费需求增加，要求环境提供更多的资源来维持社会发展。如果它所占据的空间不足以为这一增长需求的生产系统提供原料，社会必然要求一个承载力更大的空间。拉采尔的观点与马尔萨斯相似，即认为一定技术条件下自然环境的承载能力是有限的，但与马尔萨斯强调人的个体生存不同，拉采尔所关注的是整个社会系统的生存。从局部看，拉采尔提出的通过扩展生存空间而提高承载能力的思想较之马尔萨斯的悲观解决方式要积极，但从整体看却存在为自身的生存权力而危害其他团体生存权力的危险，并事实上在二战期间被纳粹德国用作侵略扩张的理论根据。

(5)自然环境变化对人类的影响。在地理环境决定论的继承人中，美国地理学家亨廷顿进一步发展了环境决定论思想，指出自然环境的变化对人类的影响，而在他之前的学者在讨论自然环境的影响时基本上是把自然环境当作不变量看待的。亨廷顿在他的著作中阐述了其观点，认为亚洲草原游牧民族对中国和印度的征服，以及13世纪中对欧洲的侵略，可以用气候变化导致他们赖以为生的牧草地干枯来说明。亨廷顿的认识超前于他所在的时代，当时的主流学术界并不承认现代环境存在变化，因此也是难以接受其观点。在他进行研究的时期，还没有立论所必须依据的计量资料，他的气候循环说是以树木年轮、干枯湖积地层以及历史记载等零散的证据为基础，尽管亨廷顿的观点和支持他观点的证据均有许多错误，但他推进人们对自然环境作用认识的积极意义是不可否定的。

在拉采尔之后，以拉采尔思想为基础的地理环境决定论于20世纪初盛行一时，在世界各地广为传播。作为人们在试图揭示自然环境与人类的关系过程中所形成的一种思想，地理环境决定论对深化环境影响人类社会的途径方面有所进步。地理环境决定论在科学上的错误不在于它承认地理因素对社会发展的影响是社会发展的主要条件，而在于它把这种影响看成是社会发展的主要原因。地理环境决定论的方法论，包括有选择地利用历史学与人种学的论据为各种不同居住环境对人类活动所引起的后果进行辩解，其中存在着许多粗制滥造的成分。由于地理环境决定论固有的缺陷与错误，以及理解的偏差和传播的失真，地理环境的作用被过分地夸大或彻底歪曲，被错误地当作历史与社会发展的决定力量，甚至被作为侵略扩张的理论根据。

自20世纪30年代之后，地理环境决定论受到激烈的批判乃至被全盘否定，在对地理环境决定论修正或否定的基础上出现了或然论、调节论、文化决定论等各种观点。它们承认自然环境的影响，但否定地理环境的影响具有决定性，不同程度地强调了社会经济因素对人地关系的协调作用，这种协调作用只有在技术和自然环境均允许的情况下才能生效。从或然论到调节论再到文化决定论，其中自然环境影响在人与自然环境关系中的作用变得越来越小，而对人的主观因素的强调程度越来越大。

对自然环境作用的过分强调是历史上产生地理环境决定论的根源，其错误在今天看来是显而易见的，并理应受到批判。然而，人们在批判地理环境决定论错误的同时，又犯了其他方面的错误。例如，把自然环境对人类的影响完全斥之为地理环境决定论；将地理学意义上的决定论和哲学意义上的决定论相混淆，在否定一般概念上决定论的同时，也否定了在具体事件中地理环境所起的决定性作用；特别是对地理环境决定论的批判带有相当的政治色彩时，问题已超出了科学的范畴。对地理环境决定论强烈批判的一个负效应就是，使地理学作为自然科学与社会科学的桥梁作用中断，使地理学失去了最精华的部分。

最为极端的是，对地理环境决定论的全盘否定助长了虚无主义的无定论和极端文化决定论的发展。美国地理学家普拉特虽正确地认识了地理环境决定论的错误，但却全面否定自然对人类社会有任何影响，他认为，决定社会生活的因素是人的血统、种族特征等，对这样的论点无须做任何论证，因为本来就应该信赖它们（普雷斯顿·詹姆斯，1989）。科学技术的突飞猛进也使人类过于乐观地认为，人作为改造环境的主要因素有能力与自然抗衡，“只有想不到，没有做不到，只要想得到，就能做得到”。“人定胜天论”在思想领域占了上风，人的力量被夸大，对自然的开发忽略了环境的承载力，自然环境对人类的影响受到忽视甚至否定。从人类社会发展的不同阶段看，人类的进化过程实质上是技术不断进步的过程，也是人与自然环境关系方面的主动性不断增加的过程，技术的进步为人类利用自然环境提供了更多的机遇，增强了人类开发利用自然资源和抵御自然灾害的能力，提高了自然环境对人口的承载力，为社会对人地关系的调控提供了更为广阔的空间。从这个角度看，其在人地关系中的作用无疑是决定性的，但不加限制地夸大人的力量会不可避免地犯地理环境无定论和极端的文化决定论错误。

从表面上看来，地理环境决定论和“人定胜天论”是截然对立的，而实际上它们都是以人为中心的，且基于共同的地球观，即自然环境与人类之间的地位是不平等的，甚至存在着决定与被决定的关系；地球有无限的资源供人类开发利用，不会因人类的利用而短缺或枯竭；自然环境是稳定不变的，不仅其本身不会变化，更不会因人类的开发利用而发生变化。以上观念源于在西方世界流行了数千年的基督教观念，即上帝创造了地球，把它交给人照管，因此，世界被看作是上帝为人类所特设的住所。在极端强调自然环境作用的地理环境决定论看来，自然环境具有无与伦比的决定性力量，因此，地理环境的决定作用很容易被当作上帝的化身，最终归结为上帝的作用。极端否定自然环境作用的人类决定论则认为，地球存在的价值就是供人类使用，人类是地球的主宰，是受天命去征服并控制自然环境，人类对自然环境的利用只受到其智慧和技术的限制。

6.1.1.2 环境意识的觉醒

相对于自然环境对人的影响，人对自然环境的改变问题只是在最近几十年才真正被认识到。虽然在正确认识人对自然环境影响方面有许多伟大的先驱者，但他们并非杞人忧天的真知灼见，均被淹没在人类技术飞速进步所带来的社会发展之中，并未真正引起人们足够的重视。正因为如此，在过去2000多年的时间里基于无限的、耐用的地球观的地理环境决定论和"人定胜天论"才大行其道。直到二十世纪六七十年代以来，随着西方工业化国家环境公害事件频发，才引起人类对传统工业化道路弊端的警醒。

1962年，美国海洋生物学家卡逊出版的《寂静的春天》(卡逊，1997)，是唤醒人类环境意识的启蒙读物。该书用触目惊心的案例、生动的语言阐述了大量使用滴滴涕、六六六等杀虫剂对人与环境产生的严重危害，使人们认识到，人类已具有使环境受到干扰，甚至发生质变的能力，而自然环境容纳人类排放废弃物的能力是有限的，由于废弃物的排放超过了自然净化的临界值，空气、土地、河流以及大海因此受到了危险的，甚至致命物质的污染，人类自身也将因此受到危害。卡逊指出，生态环境问题如不解决，人类将生活在"幸福的坟墓"之中。

《寂静的春天》第一次对长期流行于世界的"向大自然宣战""征服大自然"这一人类认识的绝对正确性提出质疑。卡逊和她的《寂静的春天》也因此受到了从环境污染中获利人的抵制，那完全是一场激烈的、有财政保障的反击战，不是对一位政治候选人，而是针对一本书和它的作者。大多数化工公司企图阻止《寂静的春天》的发行。当该书片断在《纽约人》杂志中出现时，马上有一群人指责书的作者卡逊是歇斯底里的、极端的。《时代》杂志甚至还指责她"煽情"。卡逊作为科学家的荣誉也被攻击。罗伯特·怀特·史帝文斯语气傲慢、离奇地说："争论的关键主要在于卡逊坚持自然的平衡是人类生存的主要力量。然而，当代化学家、生物学家和科学家坚信人类正稳稳地控制着大自然。"

《寂静的春天》出版两年后的1964年，身患癌症的卡逊心力交瘁，与世长辞。她所坚持的思想终于为人类环境意识的启蒙点燃了一盏明灯。《寂静的春天》第一次出版时，人类话语中甚至找不到"环境保护"这个词组，公共政策中也见不到与"环境"相关的款项，人们几乎没有意识到环境是需要保护的对象。但仅仅10年后，环境保护已获得全世界的共识。1972年联合国在瑞典斯德哥尔摩召开了有113个国家参加的第一届人类环境会议，"唤起了世人的环境觉醒"，大会通过了《人类环境宣言》《人类环境行动计划》等文件，提出"只有一个地球"的口号，充分表达了人类对日益恶化的地球环境的关注。巴巴拉·沃德和勒内·杜博斯为大会准备的《只有一个地球》非正式报告(沃德 等,1997),不仅论及最明显的污染问题,而且还将污染与人口、资源、工艺技术影响、不发达国家和发达国家发展的不平衡以及世界范围的城市化困境等问题联系在一起,作为一个整体来讨论。报告特别强调了地球环境的唯一性、脆弱性和相互依存性,人类的生存有赖于整个体系的平衡和健全,人类应倾注全部的才智、勇气和宽容去实现"对一个小行星的关怀和维护"。在《人类环境宣言》中指出:"由于无知或不关心,我们可能给我们的生活和幸福所依靠的地球环境造成巨大的、无法挽回的损害。反之,有了比较充分的知识和采取比较理智的行动,我们就可能使我们自己和我们的后代在一个比较符合人类需要和希望的环境中过着比较好的生活。"此次大会是全球环境活动的一个重要里程碑,标志着发展和环境之间相互依赖的关系第一次得到了世界人民的广泛认可,全球范围内探讨环境保护和改善环境战略的开始。

1992 年在巴西里约热内卢召开了联合国环境与发展大会,发布了《里约环境和发展宣言》《21 世纪议程》和《联合国气候变化框架公约》等文件。大会对可持续发展理念形成共识,认为全球环境问题对人类生存与发展已构成现实威胁,要求改变不可持续的增长方式和消费方式,走可持续发展道路。根据 1987 年发布的《我们共同的未来》报告(世界环境与发展委员会,1997),可持续发展,就其社会观而言,主张公平分配,以满足当代和后代全体人民的基本需求;就其经济观而言,主张建立在保护地球自然系统基础上的持续经济增长;就其自然观而言,主张人类与自然和谐相处。经济持续、生态持续和社会持续是可持续发展的三个特征,其中,生态可持续是基础,可持续发展是在不破坏环境的前提下发展,它以人类发展必然受到有限的自然系统限制的观点为出发点,强调"可持续发展不应损害支持地球生命的自然系统:大气、水、土壤、生物……""人类对自然资源的消耗速率应考虑资源的临界性",因为"发展"一旦破坏了人类生存的物质基础,"发展"本身也就衰退了。里约联合国环境与发展大会明确把以全球变暖为突出标志的全球气候变化作为人类活动导致的全球性环境问题,签署了《联合国气候变化框架公约》(简称《公约》),从此开始,国际社会在《公约》的框架下开始应对全球气候变化的行动。

在具有里程碑意义的里约联合国环境与发展大会 20 年后的 2012 年,联合国再次在巴西里约热内卢举办联合国可持续发展大会("里约+20"峰会),发布了文件《我们期望的未来》,提出世界各国"再次承诺实现可持续发展,确保为我们的地球和今世后代,促进创造经济、社会、环境可持续的未来"。随着人们对可持续发展认识的逐步深入,各主要国家都加快转型,进一步凝聚了绿色循环低碳发展的共识。

6.1.1.3 人地观的革命

从 20 世纪 60 年代人类环境意识开始觉醒以来,伴随着世界经济发展而出现的严重资源与环境问题,促使人类不断地加深对其赖以生存的地球的认识,主要表现在以下方面(张兰生 等,2017)。

首先，地球是一个有机联系的整体。这得益于系统科学的发展与地球科学研究的进步，人们于近几十年才真正认识到地球是一个有机联系的整体，自然过程不仅仅局限在地球的各个圈层内部，而且也发生在各个圈层之间；地球的各个组成圈层是相互联系的，每一个圈层在接受其他圈层影响的同时，也对其他圈层产生作用，各个圈层之间以一定方式相互作用组成更为复杂的系统。

其次，地球是一个以变化为特征的行星，人类正在成为全球环境变化的驱动力。从地质年代到百年不同时间尺度的全球变化研究均表明，地球环境的变化是地球系统自身的一个特性，这种变化跨越了从年际以下到数十亿年的各个时间尺度，自地球诞生以来一直延续至今从未停止，地球环境有着多种平衡状态。自 20 世纪 80 年代以来，地球科学界一个不断强化的科学认识是，人类正在全球尺度上从根本上改变地球系统，地球演化的历史正在进入一个由人类活动主导的、未来状态难以预见的独特地质时代（Crutzen，2002；Hamilton，2017； Steffen et al. ，2007，2016，2020；Zalasiewicz et al. ，2021）。森林破坏、全球变暖是全球变化的突出表现，但全球变化不仅仅是温室效应和臭氧洞，而是人类正在以各种连人类自己还没能认识得很清楚的方式，根本性地改变着使生命得以在地球上存在的各种系统和循环。人类驱动的全球变化不断突破地球系统行星安全边界（图 6-3），已有使地球环境向恶性发展以至于达到不可收拾的可能。原本一直变化的自然环境与人类活动引起的变化相互叠加，已深刻地影响了现代人类社会的诸多方面，而且将对人类未来发展产生更大的影响。

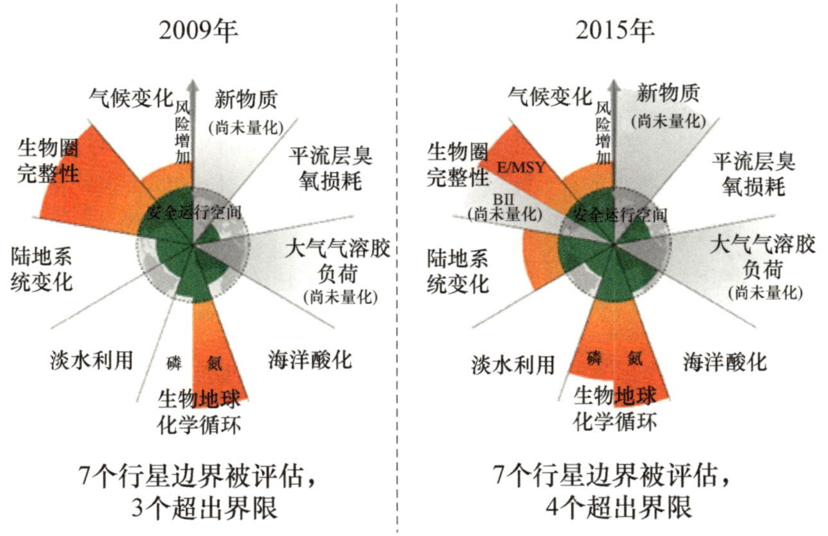

图 6-3 人类活动导致的调节地球系统稳定和弹性的行星边界越界状况

（Rockström et al. ，2009；Steffen et al. ，2015）

第三，人类的生存与发展最终受到地球的有限性和脆弱性的制约，因此在发展观上从决定论变为可持续发展。在检讨现代的资源、环境等诸多问题产生的主要原因时人们才认识到，地球的空间与资源都是有限的，地球的平衡状态具有脆弱性，人类的生存与发展终要受到地球资源供给能力的有限性与自然系统脆弱性的制约，人类不能超越这种限制，更不能改变地球系统的运行规律和条件。目前人类的生产和生活方式加剧了自然环境的脆弱性和自然资源的有限性，是不可持续的。

通过以上认识的不断进步，人类的人地观从人地对立转变为人地和谐统一，有限的、脆弱的、可持续发展的地球观取代了无限的、稳定的、决定论的地球观（图 6-2）。在对环境危机问题的看法上，自然环境决定论和环境保护决定论都存在着将自然与人类对立起来的倾向，把人类视为脱离于自然的存在，自然环境对人类而言是一种外在因素。在环境决定论看来，环境危机对人类是有害的，会对人类造成打击，而人类是自然环境影响的被动承受者，它们主要关注如何适应，寄希望于不断发展新技术措施解决问题；在绿色和平主义的环境保护决定论者看来，人是环境危机的制造者，他们重点关注环境本身的可持续性，而非新技术措施。人地和谐的人地观（人地协调观）试图在人与自然之间找到平衡，其主体不是人，也不是自然本身，而是由自然与人组成的融合体。人地协调观认为，人类与环境是相互作用的，环境危机是由社会一环境相互作用造成的，如果处理得好彼此都不会构成危害，否则对彼此都有害，对技术的使用采取最小化主义，重视技术的均衡使用。从人地和谐的地球观出发，人们认识到人类只不过是地球上的一个物种，人类的发展无法超越自然环境有限性所导致的支撑能力的有限性的限制，同时也不能打破地球本身脆弱的平衡，人类在考虑如何满足自身发展需求的同时，也必须确保地球系统自身的稳定。从根本上讲，只有保护地球才能保护人类自己。目前得到广泛认同的环境人本主义和“可持续发展”“生态文明”等观念，均是以变化的、有限的、脆弱的地球观为出发点的，它充分承认人类发展必然受到有限的自然系统的限制，同时注意到人类社会的协调能力与技术进步的作用。这些新思想已成为全社会的共识，并开始指导人们未来的发展行为。

6.1.2 世纪之赌：环境悲观主义与环境乐观主义

1980 年 9 月，美国马里兰州立大学的经济学教授朱利安·西蒙(Julian Simon)向斯坦福大学教授保罗·埃尔里奇(Paul Ehrlich)提出了挑战：赌注 10 年后资源的价格变化。他们赌的是铬、铜、镍、锡、钨等 5 种金属的价格，以假想的方式买入 1000 美元的等量金属，每种 200 美元，价格以 1980 年 9 月 29 日的为准。假如到 1990 年 9 月 29 日这 5 种金属的价格在剔除通货膨胀的因素后果真上涨了，西蒙就要付给埃尔里奇这批金属的总差价；假如价格下跌了，埃尔里奇将把总差价支付给西蒙。两位教授耐着性子等了整整 10 年。结果以西蒙教授获胜而告终，到 1990 年，5 种金属无一例外地跌了价，这年 10 月，埃尔里奇依照约定把 57607 美元的支票寄给了西蒙（李秀彬，2002）。

然而，虽然输掉了赌注，但埃尔里奇并没有沉默。他联合了同事史蒂文·施奈德教授，于 1995 年向西蒙发出公开信，愿意就关系地球环境和人类发展的全球变暖、温室气体排放增加、热带雨林破坏等十五大趋势，每一趋势下注 1000 美元，继续进行另一个 10 年的赌注。埃尔里奇在信中说，“我们多么希望输掉这场赌博”，因为跟金属的价格升降相比，这十五大趋势与人类福利的关系更加密切，他说，“我们也将尽自己的一切努力遏止这些趋势的发展。西蒙先生，要是让我们赢了的话，那才是全人类的灾难！”不幸的是，未等第二场“赌博”胜负见分晓，西蒙教授就于 1998 年 2 月 8 日去世了。

两教授“世纪之赌”的本质是环境悲观主义和环境乐观主义之争。20 世纪以来，随着人类工业文明进程的加速，资源耗竭、大气污染、人口膨胀等环境问题日益严峻。面对日益严峻的生态危机，对人类的未来形成了环境乐观主义与环境悲观主义两大派别。

环境悲观主义是指在环境哲学、环境历史学研究或者在对环境问题反思的过程中流露出来的对环境现状以及人类未来悲观失望乃至于绝望的观点、情绪以及态度的总和。环境悲观主义者认为，人类面临着物种大量灭绝、自然资源枯竭、人口爆炸、粮食危机、污染失控的生存困境，人类正在走向毁灭，而这一切是人类盲目追求经济增长和滥用技术导致的恶果。埃尔里奇教授是悲观论的代表，早在 1968 年，他就以《人口爆炸》一书而名噪一时，在这本及其以后的著作中，他为世界的未来描绘了一幅暗淡的前景。他认为，随着人口的迅速增长及工业经济的不断发展，全球性的饥荒和资源耗竭将很快到来，资源价格亦将随之日益攀升。而环境悲观主义的集大成之作是罗马俱乐部于 1972 年出版的著名报告——《增长的极限》(米都斯 等，1997)，报告的第一章以中国战国时期《韩非子》中的一段话作为开篇，概括人口增长的本质：“今有五子不为多，子又有五子，大父未死而有二十五孙。是以人民众而财货寡，事力劳而供养薄。”它向人们发出人类面临空前困境的警言，指出如果目前的人口和资本增长模式继续下去，世界将面临一场“灾难性的崩溃”。书中指出，我们生活的地球是有限的，地球上可利用的土地资源、不可更新资源、污染承受能力等都存在极限，它们对增长必然会产生限制性影响，使增长存在一个极限。而现代世界明显的目标是使每个人享有更多的物质产品，如果社会继续追求这个目标，它最终会达到地球上的许多极限中的某一个极限，不出百年，人类社会就会耗尽现代工业赖以发展的基础——矿产资源，并造成经济系统迅速乃至难以控制的大衰退，随之而来的将会是大量失业、食品短缺以及因死亡率大幅度上升而引起的人口数量急剧下降。因此，为了避免灾难的突然降临，现在就必须自觉地抑制增长，逐步走向均衡状态。尽管《增长的极限》用词激烈，过分夸大了人口爆炸、粮食和能源短缺、环境污染等问题的严重性，但它发出的地球潜伏着危机和发展面临着困境的警告，无疑给人们开出了一方清醒剂，使人们不能盲目乐观。该书一经出版，即在全球畅销，先后被翻译成 29 种文字，发行量达 900 多万册。

环境乐观主义者则持相反意见，认为物种灭绝和资源危机的威胁被夸大了，世界人口增长的总趋势正在减缓，环境污染是可以治理的。人类凭借科技的力量和市场机制的作用，就可以解决环境问题，人类的未来是美好的。西蒙教授代表了环境乐观派的观点，西蒙(1985)的《没有极限的增长》在观点上与《增长的极限》针锋相对，他认为，资源不会枯竭，价格不但不会飙升反而会下降。短缺现象会吸引大量的投资来开发替代产品，而科技进步又为这种开发提供了无限的可能。

事实上，环境乐观主义与环境悲观主义之争在过去数十年中一直没有停止过。某些资源与环境问题，并没有像悲观论者预言的那样发生，但经济和技术进步所带来的环境资源与环境红利亦不断地被更多人口与更高水平的消费需求所耗尽。以全球变暖为突出标志，全球尺度上的资源与环境问题非但没有得到解决，反而日趋严重，已成为严重威胁人类社会可持续发展的重要因素。解决人类所面临的资源与环境问题的出路在于改变现有的不可持续的生产和消费方式。为此，罗马俱乐部在《增长的极限》中提出了“零增长”的方案，但这一主张在现实世界中难以实现。联合国环境规划署自 1973 年创建起，就一直主张“没有破坏的发展”。这样的发展就是要在地球行星边界允许范围内，持久而合理地利用自然资源，在不破坏环境的基础上，实现人类的发展。

6.1.3 人地和谐的东方智慧

与西方长期占统治地位的地理环境决定论和人定胜天论不同，中国古代对人与自然环境关系的认识是建立在“阴”“阳”和谐的有机自然观之上的。面对人多地少、水旱等自然灾害频繁制约中国发展的基本国情，中国古代的东方农耕文明一直非常强调人与环境的和谐，主张在尊重自然规律前提下主动适应环境，即承认自然环境限制作用，强调在此前提下主动地适应自然环境，并在保护自然环境供给服务能力的前提下寻求发展(图 6-4)。在古老的东方文明看来，发展生产和保护环境并非截然对立，而是一种相辅相成的关系，人类对大自然的过分索取无疑会破坏人与自然的和谐，只有注意节制欲望，爱惜自然资源，自身和子孙后代的生存、繁衍、发展才不会受到威胁(方修琦 等，2005,2007)。

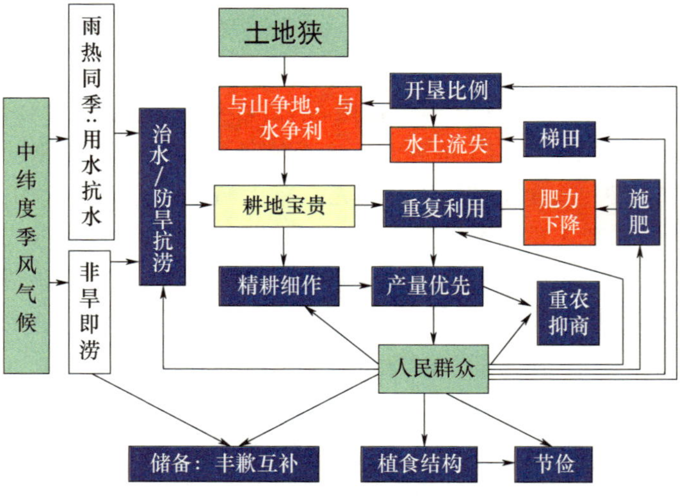

图 6-4 中国古代主要人地过程

早在 20 世纪 80—90 年代，西方的许多学者就注意到东方的智慧在解决现代全球问题中的重要价值，把它当作走出当前环境困境的关键出路。美国物理学家卡普拉(F. Kapra)1982 年发表的《转折点》一书指出：当前的各种危机不会导致世界末日，但是，整个西方文化必须来一个根本的转变。这就是，摈弃过分强调“阳”的笛卡儿-牛顿机械实在观，而代之以中国的“阴”“阳”和谐的有机自然观。1988 年 1 月，75 位诺贝尔奖获得者在巴黎发表的宣言警告全世界：“如果人类要在 21 世纪生存下去，必须回到 2500 年前去汲取孔子的智慧。”在 1992 年日本召开的“环境危机中的自然界与人类”国际研讨会上，奥地利的 W. Holzer 教授把东方思想归之于“阴柔”，而把西方的思维归之于“阳刚”，认为东方的“阴柔”与西方的“阳刚”两种思维结合，将是人类摆脱各种危机，走向人地和谐的很好机会(张家诚，1999)。

6.1.4 成功的案例

现代人类社会通过国际合作成功修复臭氧洞为解决全球环境问题提供了案例。20 世纪 80 年代初期，南极上空“臭氧空洞”的发现引起了广泛的重视，科学研究发现冰箱的制冷剂分解产生的氯离子会和臭氧发生反应，导致南极上空的臭氧层越来越薄。臭氧层可以吸收紫外线，臭氧层变薄使得过量的紫外线到达地球表面，可能会将人晒伤，甚至导致皮肤癌。为了应对臭氧洞问题，联合国环境规划署(UNEP)成立了保护臭氧层工作组，组织召开专门会议，汇集科学证据并向各国政府阐述和展示，从科学层面到政治层面为相关国际机制的建立奠定了基础。1987 年，47 个国家和组织签订了《关于消耗臭氧层物质的议定书》(即《蒙特利尔议定书》)，规定禁止生产氟氯烃(CFC)等一些能造成臭氧层被消耗的物质。1990 年，92 个国家共同签署的《伦敦修正案》同意到 2000 年逐渐停止 CFC 生产；1992 年的《哥本哈根修正案》将 CFC 停止生产进一步提前至 1996 年；2016 年达成《基加利修正案》，明确将 HFC134 等 18 种具有强效温室效应的氢氟碳化物(HFCs)列入受控物质清单。在各缔约方的共同努力下，全球已成功淘汰了将近 99%的消耗臭氧层物质的生产和使用。臭氧层在 2000 年之后开始恢复(图 6-5)，随着全球强有力的共同行动，臭氧空洞将逐渐“愈合”，有望在 2050 年前后恢复到初始状态。《蒙特利尔议定书》被认为是迄今为止最成功的国际环境公约，它证明了可以通过世界各国的共同努力实现全球环境的治理目标。

从历史上看，发生在各种时空尺度上的气候变化与突变事件从未停止过，但人类社会并未因此而停止发展的脚步，根本原因在于，无论身处怎样的气候条件，面对气候变化的影响，人类社会总是通过各种积极的手段进行适应，并在适应气候变化的过程中通过社会学习与创新增强适应能力与系统弹性。作为历史时期人类应对气候变化挑战的主要手段，成功的适应不仅可使人类渡过危机，更重要的是能够将人类社会系统的发展转换到更加可持续的发展道路上(图 6-6)，特别是那些创新性适应模式的出现，不仅成为成功实现适应转型的基础，更为后续的稳定发展提供更大的空间和全新的机遇。

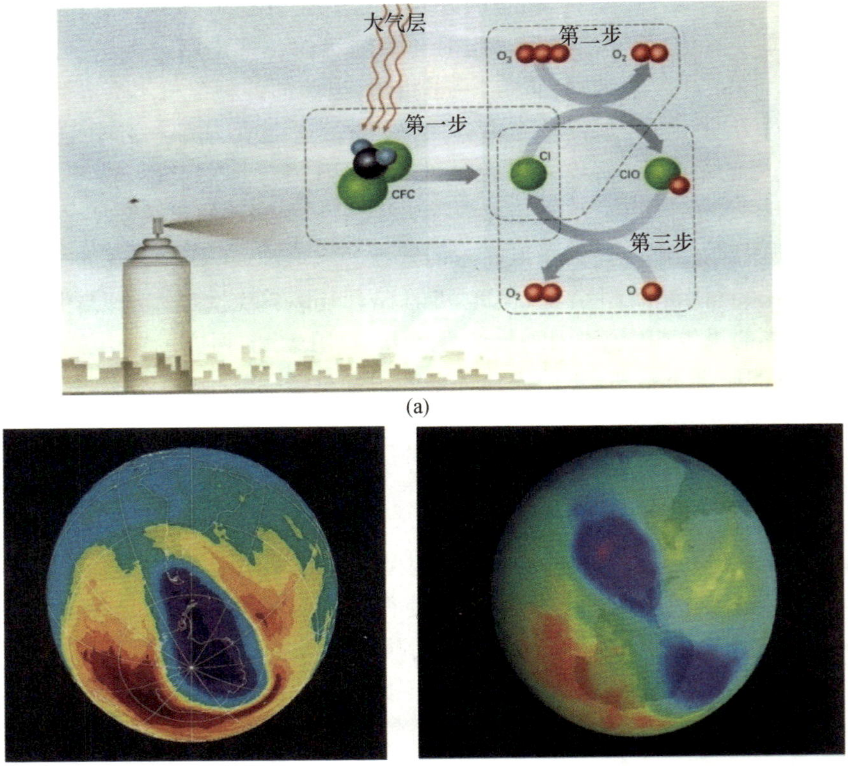

图 6-5 南极臭氧洞的形成及其修复

(a)氟氯烃破坏臭氧层的机制；(b)1994 年臭氧洞；(c)2002 年臭氧洞

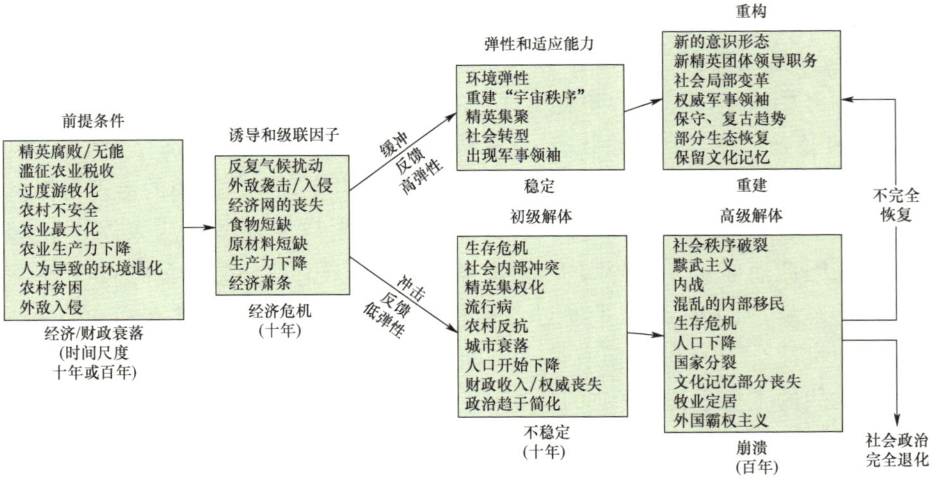

图 6-6 环境变化-人类社会-历史演化的概念模型(Butzer,2012)

6.2 反思与转变

人类作为地球45亿多年历史上唯一可以决定地球未来的物种，已是影响地球系统的一种强大地质营力。人类活动通过影响土地利用/覆盖、生物多样性、大气成分及气候等多个方面对全球环境造成日益强烈的影响，驱动全球环境发生变化。正因为如此，科学界建议用人类世替代自然主导的气候相对稳定、适宜人类生存的全新世(Crutzen，2002；Steffen et al.，2020；Zalasiewicz et al.，2021)。

地理学奠基人洪堡(Alexander von Humboldt)曾指出，人与自然是深度相互关联的，没有人类自然将持续存在，但没有自然人类将无法存在。人类世是这一地理学思想的延续，对人类而言，"人类世"意味着气候相对稳定、适宜人类生存的全新世时代的终结，整个地球系统都在发生着难以预见的变化，人类已陷入空前的"生存困境"，这一重大危机正在威胁着世界数以亿计的人类生计和生存，事关所有国家和所有公众的安全。但与其他纯自然意义的地质年代不同，人类世概念不仅在于阐发地球已进入难以预见变化的新地质时期这一事实，更在于其具有明确的问题导向性与深刻的反思性。它指向于对人类文明，特别是工业文明的深刻反思与批判，促使人们反思自身作为地球上"问题物种"或"地球之子"的窘境，重新认识自然、人类物种与社会文明之间的关系，思考未来人类到底该如何在这个星球上生存下去。

6.2.1 对工业文明的反思与批判

人文社会科学视角下，人类世的思想内核在于对导致现今地球危机的工业文明的深刻反思。人类世引领了西方以全球性和全人类整体性行动为特征的第3波生态批评浪潮。生态批评可溯源到环境保护先驱卡逊1962年出版的《寂静的春天》(卡逊，1997)，而作为一个学术概念的生态批评(ecocriticism)(或"环境批评"，environmental criticism)始于20世纪70年代，它从非人类中心主义的视角看待自然，试图打破人们既有的自然观和生态观，呼吁人们关注人类行为所造成的生态问题。与其前的生态批评相比，从人类世出发的生态批评，在时间上不再只是关注有人类文字历史的时期，而是把生态问题放置在地球历史中加以审视，在空间上关注人类对整个地球系统的改变问题。

人类世是资本主义工业文明的产物，西方现代工业文明是建立在人类对自然的征服、无节制索取以及对化石燃料的无度使用基础之上的，人类世的种种生态危机归根结底是资本主义生产和消费模式的危机，而这种非可持续的模式又为当代世界上多数国家所模仿，成为现代社会流行的模式。

工业化和工业文明本质的特征之一就是在于经济增长的高速度和资源、环境的高成本。与农业文明相比，工业文明有3个显著特征：一是高生产率，表现为单位时间内生产出较多的产品；二是工业文明的"正反馈"效应，即为追求经济利益而无休止的扩大再生产;三是在工业文明中人们对财富占有和消费的无止境追求。工业文明的这3个基本特征决定了西方现代工业文明是建立在人类对自然的征服、无节制索取以及对化石燃料等自然资源的无度使用基础之上的,哪里有资本,哪里就有碳排放,资本主义的生产方式带来的不仅仅是对工人的剥削,同时也是对自然的重组和剥削。全球化是资本运作的结果,以经济活动为根本,目的是将世界纳入市场经济主导的全球经济体系。全球化通过国际产业分工带来的"时空压缩"来强化人类活动的"速度"和"效率",追求经济效益的最大化,这种以人为中心的全球化思维同样根植于西方工业文明,是人类世问题的重要根源(姜礼福,2020)。尽管人类世的生态危机应该由整个人类来负责,但人类世"主要是由世界人口中的25%造成的",并不是由一个不加区分的人类整体所造就的(Crutzen,2002)。

从人类世的生态批评出发而创作的科幻作品,已成为文学作品一种类型。例如,科幻小说《水刀子》勾勒了一幅气候变化背景下美国未来因为极度缺水而导致的生态崩溃、政治涣散、人性沦丧、环境不公的反乌托邦城市图景(杨梅 等,2020)。

6.2.2 给人类以有希望的未来

在人文社会科学领域,人类世被用来表示"现今"或"气候危机",其意义不仅是警示人类注意全球环境变化所带来的风险,更是为了激发人类对地球和人类自身命运更大的责任感。减缓气候变化在道德和经济上都是人类的当务之急。当今国际社会的共识是,成功地应对气候变化是人类未来的希望。从人类世开始,人类史和地球史从此合流,也就是说,人类历史就是地球的历史,人类对地球系统改变的程度和方向将决定未来人类的命运。在人类世,所有地球人都应体现出责任担当,我们是认识到自身行动足以影响整个地球系统的第一代人,也是第一代有力量和责任改变自身与地球关系的人(Steffen et al.,2011)。

人类社会发展的历程,先后出现了原始文明、农业文明、工业文明三个主要的文明形态,不同文明形态的产业类型、支柱产业、人与自然关系都不尽相同。每一个新的文明形态的出现,都源自于技术的进步和生产方式的变革,随之而来的是人地关系的演变。农业文明以土地和粮食为基础,也被称为"黄色文明"。农业的发展带来了农田景观替代自然景观,但直到工业革命之前,人类对自然环境的破坏还只是局部的、区域性的,在空间上远未达到全球规模,在程度上也未造成系统的本质性变化。

现代工业文明建立在大量使用化石燃料的基础上,也被称为"黑色文明"。在工业文明时期,人类利用和改造自然的能力空前增强,创造了前所未有的物质财富,人口数量大幅增加,社会文明程度大幅提升。与此同时,人类绝大部分时间是作为一种破坏地球环境的力量存在的,大量的资源开发利用和废弃物排放,使得地球系统在前所未有的状态下运行,且面临着失控的危险。国际社会普遍认识到,现代工业社会面临的资源环境问题已对人类生存与发展构成现实威胁。然而在现代社会,人类既不可能退回筑巢而居、靠天吃饭的原始生活方式,也不能继续对自然一味地征服、索取和破坏。要摆脱现代性灾难的“人类世”，从根本上讲要改变现代工业文明非可持续的生产和消费方式。

在世界充满风险的人类世，应对潜在风险成为当前的根本性任务，从破坏性人类世到建构性人类世的转变和过渡时间将决定人类的命运（姜礼福，2020）。未来人类世的走向将主要取决于两方面因素：一是人类对人类世的态度，如果人类依然我行我素、任由全球变暖等全球变化问题进一步加剧，可能导致地球生态系统的崩溃和人类的最终灭绝；二是人类建构和谐自然环境的能力，这主要取决于人类技术的进步，如能否发明大量清洁能源和气候工程技术，能否成为一种维持地球系统持续稳定的、建设性的正向力量。

人类世要用“全球思维/星球思维”代替“全球化思维”或将“全球化思维”升华到“全球思维”（姜礼福，2020）。与根植于西方工业文明的全球化思维不同，“全球思维”时空观是将地球视作一个有机生命体的整体性思维，其本质上是反人类中心主义的，它要探索如何在从局地到全球的不同尺度上建立更为和谐的人地关系，建构体现“全球空间正义”的人类命运共同体和地球命运共同体（姜礼福，2020）。人类作为地球上的居住者，无论其民族和文化背景如何差异，都相互依存，共享同一个地球系统，人类世问题涉及全人类生存还是毁灭的共同利益，人类仅仅是地球的一个物种，人类物种和地球上其他所有生命体在气候变化背景下都是一个命运共同体。

从人类世全球人类命运共同体以及地球命运共同体的视角看，应对气候变化问题过程中需要重点考虑以下三个方面。

第一，气候变化不仅是经济问题，也是政治问题。应对气候变化问题最大的难点在于人类“必须采取最高级别的集体行动”，这是对全人类、所有国家的考验。只有全世界所有的国家、重要的政治家能够从全球利益的角度出发，民众越来越多地树立“全球公民意识”，改变发展和生存模式，富有成效的全球性减排行动才会成为可能。然而，尽管应对当今气候变化最有效、最直接的途径是停止碳排放，但当今世界所有国家都依赖于化石燃料，停止碳排放势必会导致明显的经济衰退甚或贫穷，削弱本国政治、经济和军事力量，这个代价对现今任何国家都是巨大的。

第二，应对气候变化与社会的公平正义问题。工业文明导致的气候问题伴随着社会不平等，一方面，世界上最贫穷的人也往往是气候变化最大的受害者，但世界上30亿贫穷的人实际上基本上没有碳排放。气候变化问题是全球共同的责任，但如果让不发达国家放弃经济发展去保护环境，这本身也是不公平的；另一方面，追求富足的生活是人类共同的希望，生活在不发达国家的人们同样有过上富裕生活的权利，这本无可厚非，但贫穷国家对富裕国家的生产和生活发生的效仿会使资源与环境问题更为严重。解决气候变化问题要兼顾气候正义，不能以加剧分化和不平等为代价。

第三，重视历史继承性。人类社会的发展对历史具有继承性，当下的全球变暖后果是从两百多年前开始的欧、美等发达国家和地区二氧化碳排放累积造成的结果，而我们现代的行为和选择对后代的生存环境具有决定性意义，如果现代的人们依然选择“无知”或“无为”，必将会给更多后辈带来灾难，成为整个地球或历史的罪人。

倡议使用人类世概念的克鲁岑希望有一个全人类的、全球性的、可持续性的“环境治理”的办法去解决问题。他乐观地认为可以建设“以优化气候为目的、国际普遍认可的、大规模的地球工程项目”来带领人类走出危机，同时他又指出引导社会对科学家和工程技术人员而言是一个令人畏惧的任务(Crutzen，2002)。通过技术手段解决人类世问题，主要取决于人类发明绿色能源技术的时间和掌控地球环境的能力，包括能否发明大量清洁能源、掌握气候工程技术，能否成为一种持续的、有意识的建设性的地质力量(姜礼福，2020)。联合国发布的《2020 年人类发展报告》将人类世的未来寄托在人类能动性和价值观方面。该报告认为，我们正在进入人类世这样一个新地质时代，人类活动导致的地球变化在范围、规模和速度上都是前所未有的，对人类和所有形式的生命都构成了风险；新时代需要新的人类发展措施，需要在我们的生活、工作和合作方式上进行公正的变革，在扩大人类自由的同时减轻地球的压力，重要的是通过加强平等、促进创新和灌输地球管理意识 3 个方面赋予人们权力，如果平等、创新和管理成为过上美好生活的核心，那么人类的繁荣就可以在缓解地球压力的同时予以实现(图 6-7)。

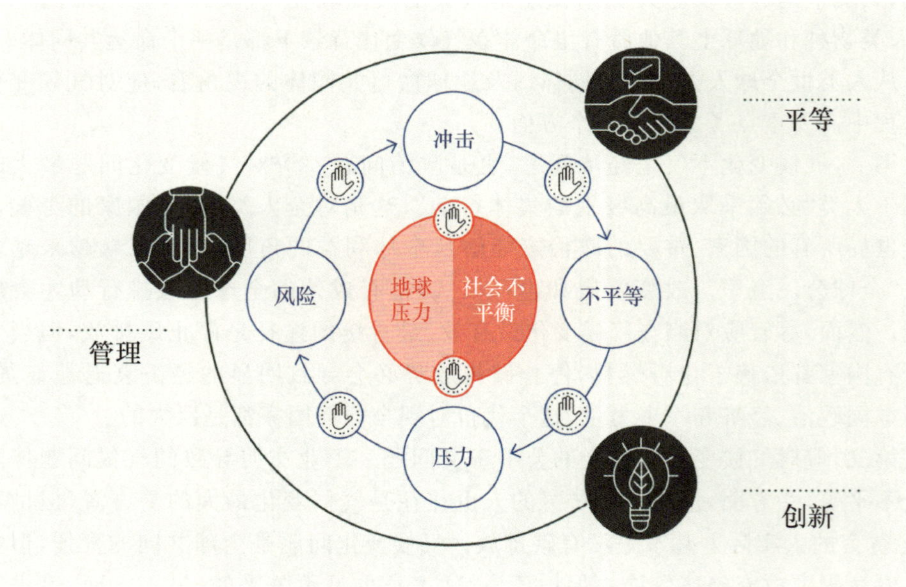

图 6-7　通过加强平等、促进创新和灌输地球管理意识缓解地球压力(UNDP，2020)

6.3　目标与行动

全球变暖是人类面临的一场重大危机，事关所有国家和所有公众的安全。全球温度升高达到某一个阈值之后，会引爆难以预料的、大规模的各种系统性变化，且不可逆转。人类与全球气候变化之间的博弈就像是一场危险的赌博。诺贝尔经济学奖得主、耶鲁大学教授威廉·诺德豪斯(2019)在其所著的《气候赌场:全球变暖的风险、不确定性与经济学》中认为,我们已经进入了"气候赌场",正在摇动全球变暖的骰子,结果将出人意料,其中有一些可能是危险的,有可能引发大规模迁徙等不可预料的社会、政治动荡。他认为,政府乃至个人都必须面对这些问题,人类的经济发展已进入一个需要和地球的生态系统进行博弈的阶段,如果人们不管气候变暖的问题,一旦温度上升到临界点再想治理,控制就真的来不及了。同时他也认为,我们刚刚进入"气候赌场",还有时间全面改变,并给人类的未来以希望。

6.3.1 生态文明

人类世源于资本主义工业文明。要走出人类世的困境,需要以文明转型为突破口,从根本上改变现行不可持续的增长方式和消费方式,走可持续发展道路。这种转变意味着现代工业的"黑色文明"将被"绿色文明"所取代,建立在"人地和谐"基础上的"可持续发展""生态文明"等观念已成为全社会的共识,地球命运共同体和全球生态文明的建构和发展被认为是解决环境与发展问题的根本路径(姜礼福,2020)

生态文明是以人与自然、人与人、人与社会和谐共生、良性循环、全面发展、持续繁荣为基本宗旨的社会形态。生态文明意味着人与自然是命运共同体,人类既要开发利用自然,也要遵循自然规律,协调人口、资源、环境与发展的关系,实现人与自然和谐共生。人与自然和谐共生的人地观是生态文明的一种具体体现,它强调:①寻求自然环境服务功能的可持续利用和服务效益最大化的平衡;②应在地球资源环境所允许的边界内,避免资源短缺和环境问题对人类社会可持续发展构成威胁;③应避免资源安全和环境安全问题对国家安全、区域稳定和国际安全构成威胁。

生态文明时代的发展模式把生产和社会的发展建立在充分地承认自然环境的限制不可逾越性、充分地肯定人类适应环境能力的前提之上,它是低碳的绿色发展模式。首先,要推进生产方式的绿色化,构建起科技含量高、资源消耗低、环境污染少的产业结构,大力发展绿色产业,培育新的经济增长点;其次,要推进生活方式的绿色化,加快形成勤俭节约、绿色低碳、文明健康的生活方式和消费模式。

6.3.2 命运共同体

中国积极倡导构建人类命运共同体的发展理念,并已被载入联合国安理会决议。"共同体"(Community)一词可溯源自亚里士多德的政治共同体(Kovovia),是为达到某种目的而形成的共同关系或团体。德国古典社会学家滕尼斯(Ferdinand Tönnies)于19世纪末将"共同体"一词引入社会学领域,他将"共同体"定义为具有持久生命力的有机体,即一种共同生存、相互依存、和谐共存的状态。滕尼斯将共同体分为血缘、地缘和情缘共同体三种类型,三种共同体之间具有密切联系,血缘共同体拓展为地缘共同体,表现为共同生活的地域群体,地缘共同体又发展为精神共同体,体现为在相同方向上追寻相同意义的共同作用。滕尼斯所处的时代是一个农业社会解体、工业化城市兴起的历史阶段，他用共同体表达了其对农村社区共同体中人与土地、人与人之间和谐共存状态的怀念。共同体思想与中国天人合一的人地观异曲同工。

在全球气候变化日益严峻的今天，人与人、国家与国家乃至人与自然之间结成的命运共同体在空间上已扩展到全球尺度，在彼此关联上比任何历史时期都更为紧密。人和自然命运共同体的破坏是全球气候变化危机的根源。人和自然组成的共同体属于广义的血缘共同体。血缘共同体以血缘为纽带，主要表现为亲属血族的关系，滕尼斯把人与土地的关系比喻为母与子的关系，“栖息的土地养育人们，就像一位母亲保护孩子”。人和自然命运共同体中，人类遵循自然界的规则，与土地共生。但源自西方的工业文明以自然为征服对象，其生产和生活方式是不可持续的，最终将摧毁作为其征服对象的自然，导致人与自然共同体的破裂，自然和人类均将为此付出沉重的代价。全球气候变化就是人与自然共同体和谐关系破裂的具体表现。当全球温度升高达到某一个阈值后，可能会触发各种难以预料的、大规模的非可逆系统性变化，不仅会带来生态灾难，而且也可能会在各国的经济、社会和文化中引发具有巨大破坏力的连锁反应。

在全球气候变化的视野下，地缘共同体可以理解为由各个国家所构成的人类世界。全球气候变化是世界各国共同面对的问题，所有国家都不同程度、不同方式地面对全球变暖的威胁，同时也对全球变暖具有共同但有区别的责任。相对于具有亲情关系的血缘共同体，地缘共同体成员之间的关系是共享式的邻里关系，在严峻的气候危机面前，地缘共同体更是受到了强烈冲击，其维系面临更大的难度。只有世界各国站在人类命运共同体的高度，采取协调一致的应对全球气候变化行动，人类才有可能在气候变化赌场中赢得一线生机。

应对气候变化危机更需要全人类基于共同的信念结成情缘共同体。气候变化危机不仅是自然和生态危机，更是社会和文化危机，气候变化危机就像一把利刃，割断联系血缘共同体、地缘共同体和情缘共同体的纽带，气候变化危机导致的共同体崩溃不仅将会导致社会失序，也会阻碍人们形成众志成城的应对态度，消解应对气候变化危机的力量。人类要赢得气候变化之赌，成功渡过气候变化危机，抓住发展的机遇，需要在全球尺度上超越种族、国家和制度，站在命运共同体的高度，谋求人类社会和人与自然的共同生存、相互依存、和谐共存。

基于人与自然和谐的理念，在人与自然的命运共同体中，人类需要尊重自然、适应自然、保护自然，而不是破坏自然、危害自然。人类的安全有赖于其所栖息的自然环境的安全，维持人与自然命运共同体的和谐是人类社会赖以存在的基础。人类在考虑如何满足自身发展需求的同时，也必须确保地球系统自身的稳定。人类的生存与发展要以自然环境所提供的资源和所能忍受的破坏程度为前提，在自然环境可能的承受能力之内利用自然环境，避免造成自然环境支撑和其服务功能调节不可逆转的破坏，这是地球系统安全的基本需求。因此，人类的生存与发展终要受到地球资源供给能力的有限性与自然系统本身脆弱性的制约，不能改变地球系统本身的运行规律和条件，不能超越地球安全的行星边界。

6.3.3 《巴黎协定》和《2030 年可持续发展议程》目标的协同

可持续发展目标的落实与应对气候变化行动是联合国框架内的两大核心全球性议题，两者之间存在着密不可分的关联。1972 年 6 月的首次人类环境会议提出了"只有一个地球"的口号，通过了著名的《人类环境宣言》，把环境与人口、资源和发展联系在一起，提出从整体上协调发展来解决环境问题。1992 年 6 月，联合国环境与发展大会通过的《联合国气候变化框架公约》和《21 世纪议程》分别将气候变化与可持续发展作为联合国框架的关注重点。《21 世纪议程》把"可持续发展"确定为人类共同追求的目标，经济持续、生态持续和社会持续是可持续发展的三个特征，这三个特征充分考虑了自然系统服务能力的有限性，同时注意到人类社会的协调能力与技术进步的作用。全球气候变化是实现生态持续所面临的最大挑战，《联合国气候变化框架公约》确立以减少人为活动带来的温室气体排放控制未来增暖为主的应对气候变化目标。2012 年 6 月的联合国可持续发展大会上，各国对采取措施促进全球可持续发展并应对气候变化达成了共识。在这次峰会上，国际社会重申了对实现可持续发展与应对气候变化挑战的政治承诺，整体评估了落实可持续发展取得的进展以及在实施中存在的差距，强化了在可持续发展的同时积极应对气候变化的立场，形成了主要成果文件《我们期待的未来》。2015 年，联合国达成了《2030 年可持续发展议程》(简称《2030 年议程》)与旨在应对气候变化的《巴黎协定》，这两项议程的目标年均为 2030 年，两者进一步把应对全球气候变化与实现可持续发展目标紧密地结合在一起。其中，《2030 年议程》是一份包括 17 项可持续发展目标和 169 项具体目标的纲领性文件(图 6-8)。议程范围广泛且雄心勃勃，涉及社会、经济和环境三个维度的可持续发展，其中资源与环境的可持续是基础(图 6-8)。《巴黎协定》确立了"自下而上"减少温室气体排放的"国家自主贡献"(NDCs)新治理逻辑，体现了全球积极应对全球气候变化的政治意愿。作为重要的国际制度，两者本质上均是推动国际社会实现全球低碳发展的治理架构，在具体指标和制度上的彼此重合、相互关联，具有高度相关。国际社会都在积极努力，推进这两项议程的落实。

全球气候变化是 21 世纪人类生存、发展与安全面临的最为紧迫而严峻的威胁，应对全球气候变化需要世界各国同舟共济、共同努力，要树立创新、协调、绿色、开放、共享的新发展理念，汇聚可持续发展合力。应对气候变化是可持续发展目标之一，实现可持续发展的气候行动目标就是落实《巴黎协定》。《2030 年议程》的可持续发展目标 13 提出"采取紧急行动应对气候变化及其影响"，该目标包括三个指标：一是加强各国抵御和适应与气候相关灾害的能力(目标 13.1)；二是将应对气候变化的举措纳入国家政策、战略和规划(目标 13.2)；三是加强气候变化减缓、适应、减少影响和早期预警等方面的教育和宣传，加强人员和机构在该方面的能力(目标 13.3)。

图 6-8　联合国《2030 年可持续发展议程》中的 17 项可持续发展目标

联合国《2030 年议程》除目标 13 气候行动之外，多项目标与全球气候变化问题也均有密切的关系(图 4-9)。气候变化可能会在全球尺度上对自然资源和生态系统造成不利的、有些是不可逆转的影响，进而危及粮食安全、人类健康、减少可获取淡水、对居住条件和基础设施造成破坏等，并可能导致经济增长整体放缓、收入减少，直接影响在可持续发展中“减贫”目标的实现。大部分国家落实《巴黎协定》的减缓和适应气候变化措施，也有助于相关可持续发展目标的实现，其中，使用清洁能源、保护地球生态系统、消除饥饿和实现城市可持续发展等议题广受关注。所有国家都在其国家自主贡献中提到了可再生能源的利用(目标 7)，农业和粮食安全也是最常见的主题之一(目标 2)；由于森林和土壤是主要的碳汇，许多国家的气候行动侧重于应对森林管理、造林和生态系统保护等与目标 15 有关的问题；对应于目标 9 涉及的基础设施、能源和住房，很多气候政策侧重于建设有抗灾能力的新型基础设施，并升级现有的基础设施；很多措施与降低由气候引起的健康风险(目标 3)相关；诸多减缓和适应的气候政策涉及目标 6 的议题，如供水和卫生、水安全和用水效率、再循环和废水安全管理；而与目标 12 有关的应对气候变化行动侧重于回收和减少废物；与目标 14 有关的气候变化行动主要集中于沿海管理和保护渔业；86%以上的数据包括与目标 17 相对应的活动，如财政资源调动、能力建设、研究和技术合作。

“我们期望的未来”是在有效控制全球气候变化危机的同时实现可持续发展。对自然-人类耦合系统(人类生态系统)而言，碳减排需要同时兼顾地球系统的稳定与人类系统的可持续双重目标。以地球系统稳定为出发点所制定的碳排放目标代表了维持气候系统稳定的排放空间，以人类社会系统为出发点的可持续发展目标代表了人们对社会发展的合理预期。应对全球气候变化与实现可持续发展目标之间的协同对两者都至关重要，两者需要彼此兼顾，过分地强调其中的任何一方都是不可取的。

6.3.4 无悔行动

6.3.4.1 对全球气候变化的认知和决策偏差

全球变暖是现实正在发生的，应对全球气候变化需要人类在科学认知的基础之上做出合理的对策。人类决策行为一般可分为“判断”和“决策”两个部分，人类的整个行为始于判断，止于决策，其中，“判断”是指人们在对某一事物发生概率进行估计时的整个发展过程，而“决策”则是面对多个可选事物的情况下进行挑选的过程。应对全球气候变化行为实质上首先是一种选择过程，人类不同的选择路径对应着不同的后果(图 6-1)，选择正确的决策可以增强系统的弹性，减少风险，增加利用的机会；如果决策失误，则降低系统的弹性，增加风险，减少利用的机会。

人类应对全球气候变化的决策是一种不确定性条件下的有限理性判断和决策(图 6-9)，与传统经济学认为的决策是理性的并且是追求自我利益最大化不同，人们应对全球气候变化决策的目标是寻求令人满意的决策而非最优决策。这样的决策符合行为经济学的认知和决策特点，因此可以用行为经济学的理论来解释(薛求知 等，2003；常鑫 等，2003；刘兵军 等，2003；刘瑞霞 等，2005)。行为经济学的“直觉与偏差理论”认为，不确定性条件下的人类判断存在偏差，通常情况下人们只能依赖于一些思维定式、捷径和原则做出直观判断，这些思维捷径有时会帮助人们快速地做出准确的判断，但有时又会导致判断的“启发式偏向”，代表性偏向、可得性偏向和锚定效应是常见的三种典型的启发式偏向。行为经济学认为，风险下的决策过程也会系统地偏离“理性假设”，决策者会把问题简化为一定形式使决策容易进行，找到一个中性参照点将结果区分为收益和损失，以此为基础做出最终的抉择，不同的决策构架将导致不同的偏好，形成不同的决策。

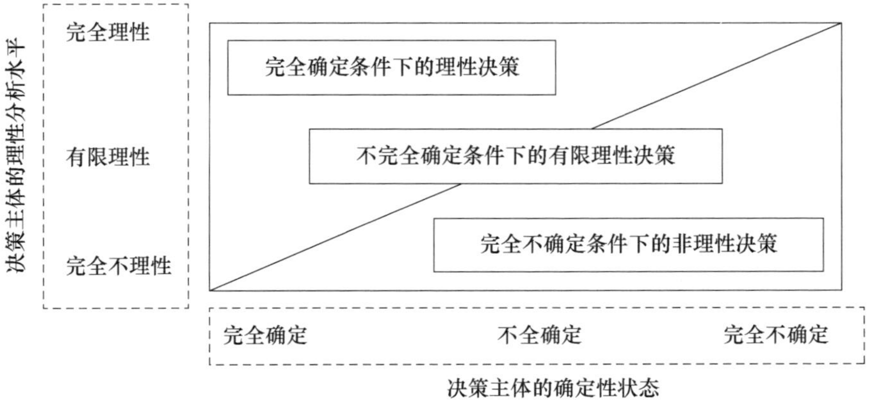

图 6-9 决策主体与决策条件的理性状态(张辉华 等，2005)

由于全球气候变化及其影响的复杂性与不确定性，人们在如何看待全球气候变化的问题上，至今仍存在着几种不同的，甚至可能是相互冲突的观点，所采取的响应对策也因观点的不同而不相同（张兰生 等，2017）。

第一种观点是把地球看成是一个稳定居所。他们对全球气候变化影响所采取的主要对策是适应。他们承认全球气候变化的必然性，同时相信不管全球环境如何变化，它都要回到稳定位置。他们情愿承担风险，把全球变化看成是一种挑战，认为人类必须使自己适应环境，但这也可能是好事，而不是一种灾难。他们注意到人类社会在过去已经战胜过类似的挑战，而且变化中的境况会刺激人类自身的创造和发明力，甚至可能利用这种变化过程去获得经济效益。

第二种观点与第一种相反，他们认为世界是极不稳定的，环境中的任何变化都是坏事，特别认为太快的变化就可能是灾难了，因而对一些未知的变化感到恐慌。他们的行动纲领自然是要阻止这种变化，或者至少要让它们减缓下来，至少对于人类活动引起的全球气候变化要做到如此。他们关心控制二氧化碳以及会引起全球气候变化的各种气体排放、保护热带雨林，或者采取其他防范措施。但这样的做法可能存在反应过度的风险。

第三种观点是全球气候变化的怀疑论或不可知论，因此也就不能够或者不愿意面对其结果、承认问题的所在。他们怀疑全球气候变化是否真的是人类造成的，怀疑全球气候变化的幅度和影响是否像目前科学预测那样大，将全球气候变化科学上的不确定性作为反对立即采取行动的理由，认为采取什么样的行动和什么时候采取行动都应该等科学上有明确认识后再做决定，以避免由于对全球气候变化不确定性的认识不足和技术条件尚不具备而造成不必要的浪费和失误，相信当真正需要采取行动的时候，会有更多的技术可供选择。但这样消极对待的做法在全球气候变化真正发生时可能会遭受更大的损失，因此这种做法同样存在风险。

第四种观点反映了可知论和不可知论两种观点的某种结合。他们接受变化，但觉得变化应该有一个限度，一旦超出这些限度将导致事情的恶化。而实际上，他们并不真正知道这些限度在哪里，也没有足够的时间去找到它们。在他们看来，即便某些细节可能永远无法预测，但人类不能消极地等待在找到这些限度之后再采取行动，也不能毫无根据地采取不切实际的措施，人类必须建立这种理性的基础，必须能够在从前从未想到的某种水平上来管理全球资源。从这样的观点出发，全球变暖是不可避免的，人类必须在全球变暖的基础之上建立对策，采取一切可能的措施把全球变暖控制在一定的限度之内，同时在可接受的变化幅度内采取一切可能的措施趋利避害。

由于全球气候变化的不确定性和人类决策中非理性因素的存在，人们在全球气候变化响应决策的过程中，具有为保证有限效益而主动规避风险与为追求更高效益而进行风险投机的双重倾向，即在面临“获得”的时候进行“风险规避”，而在面临“损失”的时候“追求风险”。尽管所有全球气候变化响应决策的出发点都是趋利避害，但实际的效果却因响应行为是否得当而大不相同，其中有3种错误倾向值得注意(张兰生 等，2017)。

(1)响应不够。对全球气候变化及其可能造成的后果估计不足，在响应决策中没有充分考虑全球气候变化，以致未能有效地消除和减轻全球气候变化的影响，或未能很好地利用全球气候变化带来的机遇。

(2)响应过度。过高地估计了全球气候变化及其可能造成的后果，采取了过度的响应措施，结果不仅造成了社会资源和财富的浪费，也损失了许多发展的机会。

(3)响应错误。虽然客观地认识到了全球气候变化及其可能造成的后果，但在响应决策中选择了错误响应措施，其结果可能因响应的错误而加强全球气候变化的负面影响。

6.3.4.2 要真正“为了人类的和平与情谊”

“为了人类的和平与情谊”是诺贝尔和平奖背面刻的铭文。根据诺贝尔的遗嘱，和平奖应该奖给“为促进民族团结友好、取消或裁减常备军队以及为和平会议的组织和宣传尽到最大努力或做出最大贡献的人”。不过，评选委员会逐渐拓宽了和平奖所涵盖的范围，突破了战争与和平的传统框架，特别是进入21世纪以来，贫困问题、环境保护等愈发成为困扰世界和平的重要因素，亦被纳入诺贝尔和平奖的评选范围。

以全球变暖为代表的全球气候变化已被国际社会视为人类安全的重大威胁，与仅仅威胁一个国家或地区的战乱相比，全球变暖影响的是全世界和全人类。应对气候变化就是在维护人类和平与安全，积极拯救环境的人被视为给全人类带来和平的人。然而，凡事都有度，只有恰到好处的应对变化行为，才真正称得上是“为了人类的和平与情谊”，而过激的行为可能适得其反。

2007年的诺贝尔和平奖颁发给了美国前副总统阿尔·戈尔与联合国政府间气候变化专门委员会(IPCC)，以表彰其为改善全球环境与气候状况所做的突出贡献。戈尔是一位坚定的环保主义者，1992年，他就编写出版了《濒临失衡的地球》一书。在1993—2001年担任美国副总统期间，戈尔积极推动克林顿总统签署《京都议定书》。2000年，戈尔作为民主党候选人参加美国总统选举，结果是戈尔赢得了普选，得票比乔治·沃克·布什多逾50多万票，但他仅赢得了50个州里的20个，且在选举人票里，也以267对271票的微弱劣势输给了布什，成为美国历史上第四个赢得普通选票却输掉选举人票的总统候选人。败选后的戈尔成为活跃的“气候活动家”，他周游世界宣传环保观念，积极推动国际社会落实对全球气候变化问题达成的政治共识。采用的方式包括向公众演讲、举办学术研讨会、拍摄环保纪录片、著书立说等多种形式，涉及的领域除了环保之外，还有政治、经济、文化、艺术和慈善公益事业等诸多领域。他认为，“我们需要保护我们国家的安全，创造就业机会，解决气候危机，为我们的后代做正确的事儿”。在戈尔出版的一系列推动应对全球气候变化的作品中，最为著名的是他在2006年推出的由他自己参与制作和演出的纪录片《难以忽视的真相》(*An Inconvenient Truth*),该片将 IPCC 评估报告的科学观点普及化,以通俗的方式讲述了工业化对全球变暖和人类生存的威胁。该片获得 79 届奥斯卡最佳纪录片奖,也令戈尔获 2007 年诺贝尔和平奖,理由是他唤醒了对由气候变化所带来的危险意识。诺贝尔和平奖评审委员会给予戈尔评价:"戈尔一直是全球首要的环保政治家之一。他很早就清醒地认识到世界正面对气候(变化)的挑战。戈尔的政治活动、演讲、电影和著述都反映出他具有一种强大的责任感,这种责任感增强了我们应对气候变化的力量。戈尔可能是让全球懂得必须采取行动来应对气候变化而做出最大贡献的个人。"

然而,在激进的环保主义者看来,戈尔乃至世界各国所采取的应对气候变化行动远不能令人满意,根本不足以应对未来的严重危机。被冠以气候活动家称号并获得 2019 年诺贝尔和平奖提名的瑞典环保少女格蕾塔·桑伯格(Greta Thunberg)就是最为激进的环保主义者之一。

格蕾塔·桑伯格保护全球气候行动是从逃课开始的。2018 年 8 月 20 日星期五,15 岁的桑伯格没有去学校上课,而是拿着一叠传单去了首都斯德哥尔摩的议会大厦,宣传她的环保理念,并称在议会选举结束前,她不会停止这样做。持续 3 个星期的选举结束后,她仍每周五继续在议会大厦门口静坐,旁边放着一个手写的标语:Skolstrejk för Klima(为气候罢课)。受其带动,10 月斯德哥尔摩数百名中小学生每周五也跟着她"逃课闹环保",然后是整个欧洲,再到全球,与对成年人世界在阻止气候变化方面进展缓慢失望的年轻人形成共鸣。自此之后,格蕾塔·桑伯格这位原本默默无闻的中学生被媒体捧上了神坛,成为了一名"环保领袖""政治明星"。2018 年 12 月 3 日,格蕾塔·桑伯格受主办方邀请在波兰卡托维兹的第 24 届联合国气候变化大会上发表演讲。2019 年,她受邀前往达沃斯世界经济论坛作为演讲嘉宾,接着她的身影出现在了几乎所有和环保相关的活动上。2019 年 3 月 14 日,挪威三名国会议员提名她为诺贝尔和平奖候选人,与时任美国总统特朗普一样有希望成为诺贝尔和平奖得主的呼声最高、争议颇多的热门人选之一。同年,她还入选美国《时代》周刊 2019 年"年度人物",成为《时代》史上最年轻的"年度人物",同时入选《时代》该年度"影响世界的一百位名人"。

格蕾塔·桑伯格主张立即采取激进措施应对全球气候变化,她要求全球经济踩刹车,各国政府应制定法律减少温室气体排放。在联合国气候活动上发言时,她愤怒地指责世界领导人对气候问题不作为,"你们已经用那些空话,偷走了我的梦想和童年。许多人在饱受痛苦,许多人奄奄一息,我们的生态系统正在崩溃,我们正处在大规模灭绝的开端,而你们却还在谈论金钱和经济增长的童话!""你们怎么敢这样!"(How dare you!)。在达沃斯论坛上,她指责各国领导人在减少碳排放问题上"什么也没做",并要求不应等到 2050 年,而是要"现在就停止对所有化石能源的补贴"。"所以你要么告诉我们如何实现减排的目标,要么向后代以及受气候危机影响的人解释为什么要放弃对气候变化的承诺。"

其实，不论是戈尔，还是桑伯格的环保立场和行为都受到一定程度的抨击。就在纪录片《难以忽视的真相》获得奥斯卡奖的第二天，就有人亮出戈尔家的电费单，称戈尔一家一个月的用电比普通人家一年的耗电量都多，就连戈尔本人酷爱吃肉也成了指责他是“环保伪君子”的理由。批评者批评戈尔一方面警告全球变暖的危机，一方面又常乘坐耗油量甚大的私人飞机，立场完全是自相矛盾。还有人指责戈尔是全美最大碳交易公司的合伙人，依靠宣传全球变暖、投资清洁技术等获得巨额利润。戈尔对此回应称：“我很自豪，我在过去30年里将我的钱投入到我所宣传的领域。尽管这些还不是我主要的商业行为，我非常确信为我所信赖的有价值行业投资”。

桑伯格的言论和行为所引起的争议更大。多国政要对她持否定的态度。在应对全球气候变化中表现积极的法国总统马克龙认为，那些极端的立场，是造成我们社会敌对的根源，年轻人的集会活动都有意义，但必须将注意力放在那些阻碍政府采取有利于改善气候问题的政策的人和事上。俄罗斯总统普京表示，自己不同意桑伯格的观点，称她是被成年人利用的无知青年。普京说，没有人向她解释，现代世界是复杂且差异化的，非洲和其他国家的人们也想和瑞典人一样富有，使用清洁能源，但实现起来很难。请向发展中国家解释一下，他们为什么应该继续生活在贫困中，而无法像瑞典一样。普京表示，他相信桑伯格是一个善良且非常真诚的女孩，“但如果有人为了个人利益而利用儿童和青少年，就应受到谴责。成年人必须竭尽所能，不要让青少年和儿童陷入极端的境地”。时任美国财长姆努钦在瑞典达沃斯论坛上一本正经地告诫“环保少女”桑伯格：“先考上大学并把经济学课程念完，然后她可以回来向我们解释。”

桑伯格也受到了同龄人的挑战，一位绰号为“反格蕾塔”(anti-Greta)的德国少女娜奥米·赛布特(Naomi Seibt)，她自称为“气候怀疑论者”(climate sceptic)或“气候现实主义者”(climate realist)。赛布特受聘于美国保守派智库哈特兰研究所(Heartland Institute)，该研究所与白宫关系密切，工作人员和研究人员可以“随时接触特朗普政府”。哈特兰研究所近年来越来越关注气候问题，并否认有关人类正在让地球变暖并造成危险后果的科学证据。瑞士《新苏黎世报》称“赛布特的气候知识与气候科学家一样多”，她认为“世界不会因为全球变暖而消失”，桑伯格和其他气候活动家是“通过夸大气候危机”来煽动“不必要的歇斯底里”，她还说，气候变化“危言耸听”，是一种“卑劣的反人类意识形态”。赛布特还时不时会模仿桑伯格，比如“你怎么敢这样！(How dare you)”，或是“我不希望你们恐惧，希望你们思考”。

公众对桑伯格的言论和行为也有诸多批评和质疑。有人质疑她如此崇尚环保的人，自己却用这么多塑料制品，不吃面包边角。而她靠人力帆船漂到纽约的“壮举”，是她的团队先飞到美国，买了一艘最好的碳纤维帆船，之后又运回瑞典才完成，这背后的碳排放量，想必早就已经超标。桑伯格曾公开要求“中国人应该放弃使用筷子”，称做筷子会砍伐树木，而中国人口众多，需要砍的树木自然更多，不利于环保。她的这番言论，不仅得罪了中国，同样也得罪了日本和韩国，三国的网友也没少在网上调侃瑞典环保少女的极端环保言论。譬如，有网友指出，桑伯格和她的同学们应该回学校好好读书，这样就能知道做筷子的竹子是草本植物，不是树木；也有网友指出，纸巾是木材做的，为保护森林她们不应该用纸巾。

事实上，诺贝尔和平奖是诺贝尔各奖项中争议最多的一个。那些真正为推动世界应对气候变化做出贡献的人是值得嘉奖的，但过于激进的行动是不可取的，甚至对整个社会是危险的，也有悖于诺贝尔和平奖奖励人类和平贡献者的本意。

6.3.4.3 避免气候变化政策的忽驴忽象

通过碳减排控制全球变暖是一项跨世纪的长期行动，自 1992 年的《联合国气候变化框架公约》以来，国际社会已为之努力了 30 余年，为实现碳中和的目标至少还需要继续奋斗 30～50 年，为此，对世界各国而言，保持气候变化政策的一致性和连续性尤其重要，这对相对“短寿命”的政府管理机构是前所未有的挑战。作为世界碳排放大国，美国的气候变化政策在过去 30 年间随着政党轮换而“忽驴忽象”的变化，对美国乃至世界的碳减排行动都造成不少的困扰和损害，值得世界各国引以为戒。

美国是总统制下的两党制国家，两党制主要表现在总统选举上，竞选获胜的政党为执政党，失败者为在野党。美国共和党和民主党分别以象和驴作为党徽，它们来自于 1847 年美国著名画家汤姆斯·纳斯特绘制的一幅象与驴压跷跷板游戏的漫画。在这幅漫画中，“象”代表共和党，“驴”代表民主党，寓意美国由两个政党一上一下轮流执政。共和党和民主党人看了这幅画，不但没反对，相反还赞赏，并分别以象和驴为党徽。他们解释说，“大象稳重，毛驴倔强”。每逢大选之年，两党的支持者也常常举着“象”“驴”的标牌来进行竞选宣传，两党之间的竞争也被称为“象驴之争”。

随着政党轮换，美国对待全球气候变化问题的态度也随之忽驴忽象地左右摇摆。总体而言，民主党推行积极的气候变化政策，而共和党则相反（图 6-10）。

图 6-10 气候变化问题上美国两党的“象驴之争”

共和党老布什任总统期间（1989—1992 年），美国政府不仅没有关注气候变化问题，而且还缩减了在气候变化方面的投资，但由于国会和对外关系，及时地同意了《联合国气候变化框架公约》，控制二氧化碳排放量。

民主党克林顿任职总统期间(1993—2000 年),美国政府在《联合国气候变化框架公约》第二次缔约方会议以及《京都议定书》的国际谈判中,都发挥了重要作用。1998 年 11 月,克林顿政府签署了《京都议定书》,但其任期内并未将《京都议定书》提交参议院审议。

共和党小布什任总统期间未采取有效的政策和行动来应对气候变化问题。在其第一任期(2001—2004 年)内,对待气候问题基本上采取了自由放任的态度,且美国在 2001 年拒绝批准《京都议定书》。在其第二任期(2005—2008 年)内,应对气候变化问题采取姿态性转变。

民主党奥巴马在其任总统期内(2009—2016 年)重视环境保护,强调温室气体减排,主张降低石油消耗。2009 年美国成功颁布了历史上第一个限制温室气体排放的《美国清洁能源安全法案》,设定碳排放上限,对美国的发电厂和与化学相关的公司等能源密集型企业进行碳排放量的限量管理,取得了显著的减排效果。奥巴马政府第二任期内制定的《总统气候变化行动计划》延续了第一任期“绿色新政”,其气候政策比第一任期更加清晰、详细且系统。在奥巴马政府第二任期内,美国签署了《巴黎协定》,根据《巴黎协定》,美国曾经承诺到 2025 年,全国温室气体排放量比 2005 年减少 26%。

但是,共和党特朗普任总统期间(2017—2020 年),采取了更为消极的气候变化政策。特朗普就任后对美国能源产业政策进行了一系列大幅度调整,不仅极力支持煤炭、石油和天然气的开发,强力推动化石能源复兴,而且扭转了奥巴马政府对核能开发的保守态度,使美国重新退回到“传统能源时代”。2017 年 1 月上任伊始,特朗普就宣称《总统气候行动计划》是“愚蠢且不必要的政策”,并用注重化石能源开发利用的“美国第一能源计划”取而代之,2017 年前 6 个月美国的煤炭产量止跌回升,产量比 2016 年同期增长了近 15%;同时,他还削减与气候相关的科研预算,包括执行多年、口碑甚好的“能源之星”计划和先进能源研究计划。交通领域的碳排放占美国总体碳排放的 30%左右,2018 年 8 月,特朗普政府又宣布在 2020 年后冻结奥巴马政府时代提出的旨在降低交通碳排放燃油减排标准。2019 年 9 月,特朗普宣布撤销加利福尼亚州独立制定更加严格的汽车尾气排放标准的权力,并禁止其他州制定此类规则,进一步挫伤了其他地方政府应对气候变化的积极性。由于一系列的气候政策倒退,2018 年美国的碳排放量不降反升,增幅为 3.4%。在国际上,特朗普宣布退出《巴黎协定》并停止向绿色气候资金注资。特朗普宣布退出《巴黎协定》的行为,不仅对美国实施国家自主贡献目标构成严峻挑战,有可能导致美国 2030 年排放量相对国家自主贡献情景增多,而且对应对国际全球气候变化可能产生资金效应、伞形国家和发展中国家的政治效应,将导致 2030 年全球温室气体净排放增加,进一步加大距实现控制 2℃升温目标的减排缺口。由于美国退出《巴黎协定》且不履行碳排放责任,为了满足原有 NDC 及 2 ℃升温目标的碳排放总量不变,各国需要不同程度地压缩其碳排放空间。

2021 年开始，民主党的拜登政府执政，重新推行积极的气候变化政策，他们回归《巴黎协定》，且提出 2035 年要达到无碳发电，2050 年要达到碳中和。

6.3.4.4　权衡未来风险与现实挑战

实现碳中和目标，将全球升温幅度控制在 2 ℃以内，无疑需要采取积极的碳减排行动，但应对全球气候变化，需要在未来风险与现实挑战之间做出权衡，没有未来气候系统的稳定，人类可持续发展将失去自然保障，但如果因为应对全球气候变化行动威胁到现实社会的稳定，可能事倍功半。

从经济角度讲，全球变暖问题实际上跟低碳发展是密切联系的。应对气候变化不仅仅是钱的问题，也不仅仅是能源本身的问题，任何为减缓全球变暖而采取的减排措施关系到不同国家之间、不同行业之间、不同人群之间的利益调整和再分配。碳减排既要考虑实现未来气候系统稳定的目标，也要考虑现实社会的可接受程度，就全球而言，需要考虑不同国家发展水平和应对能力的差异，就国家内部而言，需要兼顾不同群体的利益。权衡各方利益的碳减排措施往往不一定是最合理的，而是在一定的社会经济条件下最现实可行的。

法国巴黎是在应对全球气候变化挑战的历史上具有象征意义的城市，在这里发生了两件与应对全球变暖相关的大事件，就是签署《巴黎协定》与"黄背心运动"，这两个彼此矛盾的事件用事实说明了人类在应对未来全球变暖与面对现实挑战的两难困境，如果不能马上行动去应对气候变化，未来人类将面临灾难性的后果；但如果应对气候变化伤害了现实发展，也可能导致欲速则不达。

2015 年 12 月，《联合国气候变化框架公约》第 21 次缔约方大会在法国巴黎成功顺利达成《巴黎协定》，它确立了 2020 年以后全球应对气候变化行动的制度性安排和机制，标志着应对气候变化国际合作进入新阶段，为未来的人类安全带来了一线希望。

然而，具有讽刺意味的是，就在《巴黎协定》诞生地巴黎，2018 年 11 月 17 日却爆发了以抗议政府为落实《巴黎协定》的减排政策为初衷的"黄背心运动"，并演化成为法国自 1968 年"五月风暴"以来的最大骚乱。"黄背心运动"不仅强烈地冲击了法国的社会秩序，造成巨大的经济损失和严重的社会创伤，其影响还波及欧盟及世界多个国家和地区。

2018 年 11 月，法国政府宣布，为履行《巴黎协定》，实现节能减排、发展绿色经济的目标，将于 2019 年 1 月起对柴油和汽油分别征收 6.5 欧分/L、2.9 欧分/L 的燃油直接税（每升汽油和柴油税率分别为 3.9%和 7.6%），希望通过提高燃油税来推广新能源车辆，以达到减排控污的目的。至此，在全球油价上涨的背景下，法国在 2018 年间柴油、汽油价格分别上涨了 23%和 15%，达每升 1.46 欧元和 1.55 欧元，皆高于欧盟均价。此外，依据政府规划，到 2022 年，法国柴油和汽油价格还将超过 2 欧元，成为燃油价格最高的欧盟国家。增收的燃油税将在 2019 年为法国政府带来 78 亿欧元的财政收入，这笔收入将被用于应对气候变化和控制温室气体排放。

然而，法国人口密度低，平均为 103 人/km^2，是相邻德国的 44%，这意味着很大部分人口居住在仅被少量公共交通覆盖的小城镇，汽车是他们往来的主要交通工具。法国提高燃油税直接导致法国民众负担燃油成本的增加，对在大城市市区工作、住房在 50～60 km 外郊区的双职工家庭来说，仅工作地和家庭之间的日常交通费用，每月将增加数十欧元。因此，政府为应对气候变化而增收燃油税引发了大量法国民众，特别是每日开车通勤的低收入人群的强烈不满和抗议，成为"黄背心运动"爆发的直接导火索。"黄背心运动"最早可追溯至 2018 年 5 月法国一名女性在某社会公益请愿网站上发起的要求政府降低汽油价格的请愿书。10 月中旬，该请愿获得 30 多万人的签名(一个月后接近百万)。同时，两名卡车司机在"脸书"上发起"封锁道路"活动，抗议燃油价格上涨，并将身着黄色背心(按照法国安全规定，开车族必须在车内放置荧光背心以备急用)参与抗议的想法广泛传播。

为抗议政府上调燃油税，2018 年 11 月 17 日，通过网上动员，约 30 万人走上法国街头。仅 11 月 17 日当天，法国多地就爆发了 2000 多场以阻断交通为主要手段的抗议活动。抗议者身着鲜明而统一的黄色背心，以表达团结的信念，因此被称为"黄背心(马甲)运动"。"黄背心运动"初期的参与者主要来自中下阶层，他们大多数来自法国一些经济发展缓慢、人口数量下降、社会服务设施减少的地区，特别是乡村地区、山区等，他们的平均收入要低于全国水平、使用车辆的时间更多、生活的地区就业率也更低。燃油税上涨首先影响他们的生活，这场运动也因此被认为是边缘人士的抗议。

"黄背心运动"自爆发后便持续发酵，不断蔓延。此后的每个星期六，"黄背心"在法国多地组织规模不等的抗议活动，由以燃油税增加为导火索的民众抗议逐渐发展成大规模的社会运动，运动诉求也逐渐偏离了"燃油税"这一主题，扩大到降低所有税收、提高最低工资和养老金、反对马克龙政府及其系列改革等民生、经济、政治等多方面。直到 2020 年 3 月 17 日法国因新冠疫情"封国"以前，示威抗议活动已经持续了 18 个月，在 5 月 16 日法国"解封"后的第一个周末，法国巴黎、波尔多、蒙彼利埃、里昂等多个城市的"黄背心"又再次走上街头游行示威。

2018 年 11 月至 12 月初为"黄背心运动"的高潮期，抗议目标主要是抵制政府上调燃油税。每周抗议人数为 7 万～30 万。"黄背心"一方占据有利地位，获得 79%受访民众的同情、支持。在法国"黄背心运动"第四个"黑色星期六"的 12 月 8 日，巴黎共有约 3.1 万人参与示威，当局动用了约 8.9 万名军警全副武装维持秩序，其中巴黎达 8000 人。巴黎地铁关闭，公交全面管制，"巴黎已成为死城"；全国多座城市同时陷入混乱；其他欧洲国家如德国、意大利、西班牙、荷兰、比利时都已出现动乱迹象。马克龙政府最初拒不让步，但为防止运动继续扩大，政府不得不做出妥协。11 月 30 日至 12 月 1 日在布宜诺斯艾利斯参加 G20 峰会的马克龙回应称"允许和平合法抗议，但坚决谴责暴力并呼吁对话"，12 月 5 日，法国总理菲利普宣布暂时取消燃油税改革计划。最终，马克龙本人宣布将不再上调燃油税，一项雄心勃勃的改革计划，被举国怒火烧为灰烬。12 月 10 日，马克龙总统发表的全国讲话中，发放包括提高最低工资水平、加班工资免税、对最低收入退休者减免税收等福利包，希望抑制运动局势。

“黄背心运动”虽因抗议燃油税上涨而起，但在政府同意取消上调燃油税后，“黄背心运动”并未平息。在 2019 年新年过后的“黄背心运动”中后期，群众的不满情绪和示威抗议活动已逐渐偏离了“燃油税”这一主题，“黄背心”们表达的一个重要诉求是反对马克龙政府及其任上主导的系列改革。对马克龙政府支持欧洲一体化和全球化进步主义政策的不满情绪积聚，反欧洲一体化和反全球化、民粹主义和“脱欧”主张兴起，最终导致“黄背心运动”演变为反政府的示威抗议运动。2 月 5 日，原本抗拒工会和政党的“黄背心运动”首次与工会合作，共同举行全国性的总罢工及游行，坚决抵制改革。“黄背心运动”混入民粹主义和极端分子，抗议过程出现不同程度的暴力和破坏活动。由于“黄背心”诉求的盲目性及其组织暴力活动对社会经济生活的伤害，“黄背心运动”的支持率逐渐回落。2019 年 2 月进行的一项民调显示，56％的人希望“黄背心运动”结束，三分之二的人认为“黄背心运动”已偏离该组织的最初诉求。

马克龙政府虽做出妥协，但在改革问题上态度坚定。在“黄背心运动”愈演愈烈的情况下，为释放民众愤怒，2019 年 1 月 15 日，马克龙推出为期两个月的国民大辩论，并在社交网络上发表《告国民书》，在全国范围内邀请民众讨论“税务和公共开支”“国家机制和国有企业”“生态转型”以及“民主和公民资格”四个主题。2019 年 3 月 15 日，国民大辩论结束，马克龙对国民大辩论所做的总结性回应包括：①减税，个人所得税进一步降低 50 亿欧元，但公民应增加工作量；②公务员制度改革，取消高级公务员高薪待遇，精简中央政府机构；③增加退休者福利，自 2020 年起，收入低于 2000 欧元的退休者，退休金随通货膨胀率上涨同步提高，从 2021 年开始，目标人群扩大至所有退休人员；④保障公共服务的可获得性，承诺未经市长同意，不得关闭医院和学校；⑤改革公投，将现有的共同倡议公投门槛降低至 100 万人。2019 年 3 月以后，“黄背心运动”虽还在继续，总体上规模和参与人数日渐式微，也不再是每周都示威游行了。

“黄背心运动”是一场没有赢家的“社会博弈”。马克龙政府上调燃油税的改革措施看似合理而且符合生态保护的宏观目标，然而该项改革直接影响到中下阶层的生活状态和现存利益，看似合理的改革实际上损害了法国社会中最脆弱的、易受改革波及的中下层民众，影响了该阶层民众的福利存量。“黄背心运动”不能被简单地解读为“一场一角钱油价上涨引发的血案”，也并不意味着中下阶层普遍缺乏环保理念。使他们厌恶燃油税的是一种“不公平感”，他们认为，自己身处被边缘化的社会，未能充分享受社会公共服务的福利却要为环保税买单；而巴黎的跨国公司和精英们是燃油使用大户却鲜受燃油涨价影响，航空和轮船等柴油的消费大户甚至能享受免除燃油税涨价的优惠政策，他们才是生态问题的主要制造者。截至 2019 年 5 月，因“黄背心运动”全法国派出警力近 10 万人，导致约 2500 余名参与者和 1797 名警察受伤，5000 余人被捕，1000 余人被判刑，10 人死亡。“黄背心运动”也对法国经济造成了严重的破坏。2018 年第四季度法国经济增长率降低 0.1 个百分点。巴黎旅游行业是“黄背心运动”导致的受损最大的领域之一，抗议活动之初巴黎旅游业出现大幅下滑，2018 年 12 月全法国酒店入住率下滑 1.1%，而巴黎下滑 5.3%。作为暴力和破坏行为的直接后果，保险公司自运动初期到 2019 年 5 月底为 12510 起损失赔偿要求支付了 2.17 亿欧元的赔款。根据 2019 年 7 月公布的一份议会报告，因“黄背心运动”导致人们前往商铺的频率降低，商店营业额损失达到 20%～30%。马克龙政府在 2018 年 12 月和 2019 年 4 月公布的应对措施导致公共财政多支出近 170 亿欧元，除了对企业的补贴外，政府还不得不动用更多的工作人员尤其是警察和宪兵。

“黄背心运动”带来的警示是，任何应对气候变化挑战目标的推行，都应当考虑民众实际的承受能力，否则存在终止于社会“裂解”式冲突中的风险。事实上，2015 年巴黎会议之后，“逆全球化”“去全球化”的风潮迭起，全球化进程陷入低谷，为全球气候治理带来额外挑战。2017 年美国新任总统特朗普宣布退出《巴黎协定》，在美国政策影响下发达国家的立场出现集体退化，以巴西为代表的发展中国家政策也出现退缩。

值得关注的是，当国际社会成员和群体不能在有效理性沟通基础上进行合理协商时，应对气候变化行动将难以按照基于科学认识所认定的正确方向前行，由此造成的最终成本将由整个社会来承担。人们需要权衡未来的威胁与现实的挑战，做出双赢的选择。

6.3.4.5 从我做起，从现在做起

“从我做起，从现在做起”是 20 世纪 80 年代中国青年人喊出的口号，意在号召每个人积极投身到改革开放的大潮中，这一口号对当今应对全球气候变化同样适用。公众是应对全球气候变化中至关重要的力量。因为地球只有一个，但是世界不是一个。解决全球变暖问题需要人类选择正确的发展道路，在提高发展水平的同时，将全球二氧化碳排放达到全球气候安全的水平，这需要全人类的共同努力，需要每个国家和公民的共同参与(图 6-11)。

全球变暖是全球性的环境问题，它产生的根本原因是人类社会不可持续的消费和生产方式，尤其是工业化国家的这类模式，正是这样的生产和生活方式使得全球资源和生命维持系统受到了巨大的压力。不同的消费方式对资源的消耗是不一样的，一个比较集约的、土地利用率比较高的城市，既能节约土地资源也会减少碳排放。解决全球变暖的问题需要改变现有的发展和生活模式，人类需要在发展和环境保护的平衡中做一个选择，发展也是必要的，但是如果发展使得环境不可维持了，发展是不可持续的；保护环境是必须的，但如果以牺牲发展作为代价来保护环境，同样也是不可持续的。人类的不同选择实际上是人类的责任和道德问题。

碳减排可以从改变每个人的生活方式做起，选择低碳的生活方式、避免奢侈、减少浪费都是对减缓气候变化最直接、最有力的支持，也是每个公民应有的选择。公众在日常的衣、食、住、行中可以有很多碳减排的选择。为了推动全民碳减排行动，

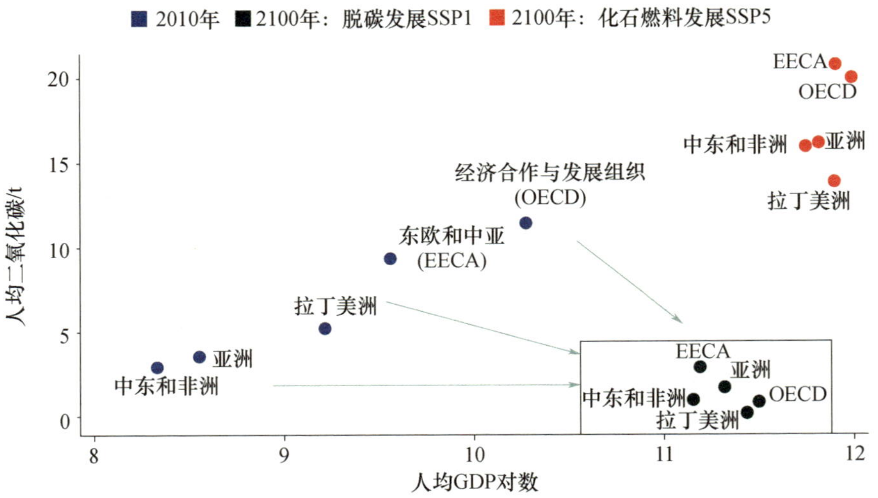

图 6-11　21 世纪末世界各国和地区的人类发展与碳减排目标(UNDP,2020)

公民的碳减排行为可分为两类：一类是约束性的，一类是替代性的，每种行为都可以取得减排的效果。

约束性的碳减排行为是指降低消费的数量。节俭是中国优秀传统文化中的一个重要方面，少用一度电、少用一张纸，任何降低消费数量的行为都相当于降低了对碳排放的需求。

替代性的碳减排行为是指使用低碳产品。公众应避免奢侈的生活，更多地选用低碳的消费品，例如，美国人如果把高排放的汽车换成低排放的汽车，其所节约的能源可以够发展中国家一年的用电量；消费同样重量的食物所造成的碳排放，牛肉是猪肉的 2.5 倍，是小麦的 20 倍；骑自行车不仅经济成本低，碳排放也是低的，坐公交车与开车相比碳排放成本相差 6 倍(图 6-12)。

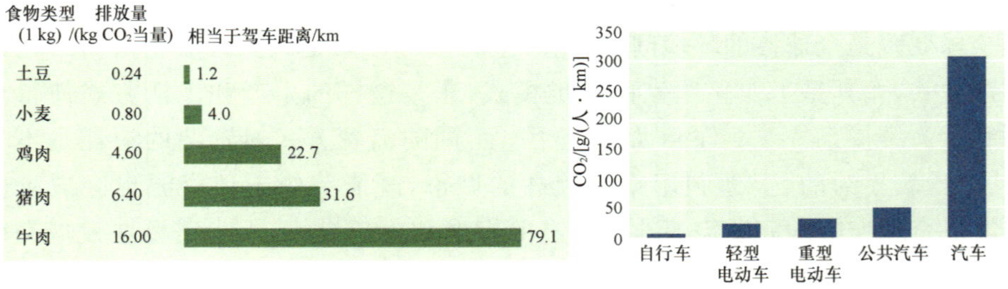

图 6-12　不同食品消费与交通方式的碳排放差异

当今世界上来自不同发展水平国家、不同人类发展组别和不同性别的绝大多数人均认为保护环境很重要(图 6-13)。但愿意采取具体行动减轻地球压力的人数则远不及预期(图 6-14)。在 2020 年，一次性塑料袋、容器、杯子、餐具和其他物品，以及闲置的汽车，浪费的消费模式仍然是许多社会行为的一部分，特别是在人类发展程度较高的国家。

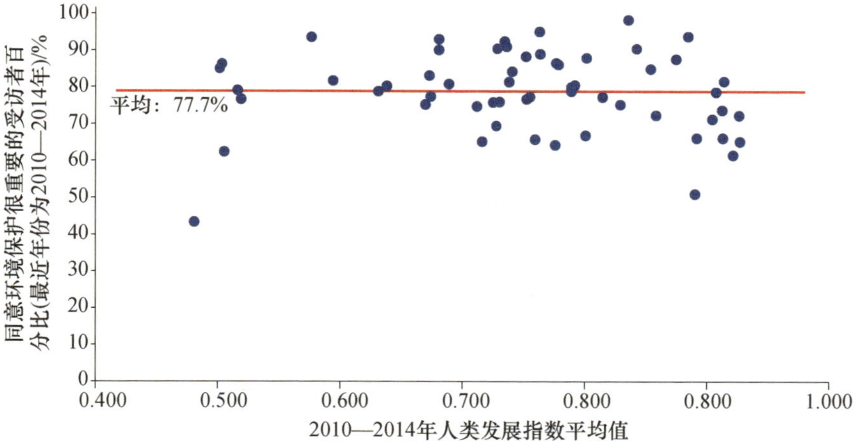

图 6-13　世界各国受访者中认为环境保护重要的人数占比(UNDP,2020)

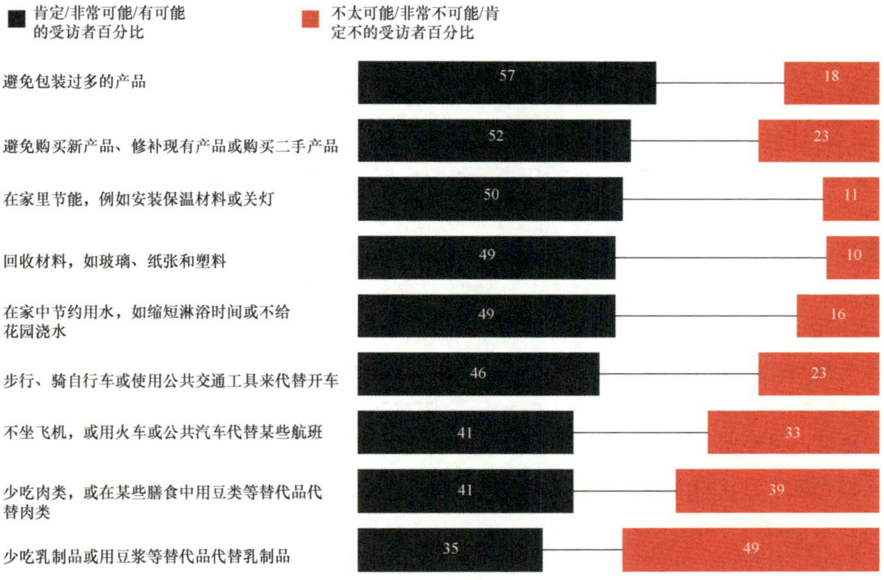

图 6-14　世界各国受访者中愿意采取具体行动减轻地球压力的人数占比(UNDP,2020)

每个公民，特别是青年一代，需要从我做起，从现在做起，通过改变自身乃至整个社会不可持续的消费观念和生活方式，积极应对气候变化，为实现全球碳减排目标和可持续发展目标做出贡献。

参考文献

2021—2030 地球科学发展战略研究组,2021. 2021—2030 地球科学发展战略[M]. 北京:科学出版社.

常鑫,殷红海,2003. Daniel Kahneman 与行为经济学[J]. 心理科学进展,11(3):256-261

陈其针,王文涛,卫新锋,等,2020. IPCC 的成立、机制、影响及争议[J]. 中国人口·资源与环境,30(5):1-9.

丁仲礼,2021. 中国碳中和框架路线图研究[J]. 中国工业和信息化(8):54-62.

丁仲礼,段晓男,葛全胜,等,2009. 国际温室气体减排方案评估及中国长期排放权讨论[J]. 中国科学 D 辑:地球科学,39(12):1659-1671.

董锁成,陶澍,杨旺舟,等,2010. 气候变化对中国沿海地区城市群的影响[J]. 气候变化研究进展,6(4):284-289.

范德海登,2019. 政治理论与全球气候变化[M]. 南京:江苏人民出版社.

范志欣,方修琦,苏筠,2018. 全球碳排放格网化格局的变化[J]. 气候变化研究进展,14(5):505-512.

方精云,柯金虎,唐志尧,等,2001. 生物生产力的"4P"概念、估算及其相互关系[J]. 植物生态学报,25(4):414-419.

方修琦,2021. 社会-生态弹性视角下的历史气候变化影响社会发展机制[J]. 第四纪研究,41(2):579-590.

方修琦,孟哲虹,王燕津,2001. 环境教育资源库[M]. 北京:华夏出版社.

方修琦,葛全胜,郑景云,2004. 全新世寒冷事件与气候变化的千年周期[J]. 自然科学进展,14(4):456-461.

方修琦,牟神州,2005. 中国古代人与自然环境关系思想透视[J]. 人文地理,20(4):110-113.

方修琦,萧凌波,2007. 中国古代土地开发的环境认知基础和相关行为特征[J]. 陕西师范大学学报(哲学社会科学版),30(5):26-29.

方修琦,侯光良,2011. 中国全新世气温序列的集成重建[J]. 地理科学,31(3):385-393.

方修琦,苏筠,郑景云,等,2019. 中国历史气候变化的社会经济影响[M]. 北京:科学出版社.

方修琦,刘亚辰,曾早早,2021. 从碳循环到减排国际合作的科学逻辑[J]. 地理教学,12:17-22.

傅翠晓,2021. 碳达峰、碳中和的五大重点关注领域[J]. 张江科技评论(4):66-68.

葛全胜,方修琦,等,2011. 中国碳排放的历史与现状[M]. 北京:气象出版社.

葛全胜,华中,郑景云,等,2015. 过去 2000 年全球典型暖期的形成机制及其影响[J]. 科学通报,60:1727-1734.

耿元波,董云社,孟维奇,2000. 陆地碳循环研究进展[J]. 地理科学进展,19(4):297-306.

郝光华,赵杰臣,李春花,等,2018. 2017 年夏季北极中央航道海冰观测特征及海冰密集度遥感产品评估[J]. 海洋学报,40(11):54-63.

黄震,谢晓敏,2021. 碳中和愿景下的能源变革[J]. 中国科学院院刊,36(9):1010-1018.

霍顿,1998. 全球变暖[M]. 戴晓苏,赵宗慈,译. 北京:气象出版社.
霍根,2002. 自然资本论[M]. 王乃粒,诸大建,译. 上海:上海科学普及出版社.
姜礼福,2020. “人类世”概念考辨:从地质学到人文社会科学的话语建构[J]. 中国地质大学学报(社会科学版),20(2):124-134.
姜彤,王艳君,苏布达,等,2020. 全球气候变化中的人类活动视角:社会经济情景的演变[J]. 南京信息工程大学学报(自然科学版),12(1):68-80.
焦念志,2012. 海洋固碳与储碳——并论微型生物在其中的重要作用[J]. 中国科学:地球科学,42(10):1473-1486.
卡逊,1997. 寂静的春天[J]. 吕瑞兰,译. 长春:吉林人民出版社.
李江海,姜洪福,2013. 全球古板块再造、岩相古地理及古环境图集[M]. 北京:地质出版社.
李秀彬,2002. 两教授的“世纪之赌”[J]. 中国国家地理,7.
刘兵军,欧阳令南,2003. 行为经济学和现代经济学发展趋势研究[J]. 外国经济与管理,3:7-11.
刘东生,2004. 开展“人类世”环境研究,做新时代地学的开拓者:纪念黄汲清先生的地学创新精神[J]. 第四纪研究,4:369-378.
刘珊,陈幸荣,蔡怡,2019. 全球变暖“停滞”研究综述[J]. 海洋学报,41(4):1-14.
刘瑞霞,邬冬华,凌和良,2005. 不确定条件下判断和决策的新领域——前景理论[J]. 运筹与管理,14(2):14-17.
美国国家航空和宇航管理局地球系统科学委员会,1992. 地球系统科学(中译本)[M]. 北京:地震出版社.
米都斯,1997. 增长的极限:罗马俱乐部关于人类困境的研究报告[M]. 李宝恒,译. 长春:吉林人民出版社.
内贝尔,1987. 环境科学(中译本)[M]. 北京:科学出版社.
潘家华,2015. 应对气候变化的后巴黎进程:仍需转型性突破[J]. 环境保护,24:27-32.
潘家华,廖茂林,陈素梅,2021. 碳中和:中国能走多快?[J]. 改革,7:1-13.
普雷斯顿·詹姆斯,1989. 地理学思想史[M]. 李旭旦,译. 北京:商务印书馆.
千年生态系统评估委员会,2007. 生态系统与人类福祉:评估框架[M]. 张永民,译. 北京:中国环境科学出版社.
屈芳,肖子牛,2019. 气候变化对人体健康影响评估[J]. 气象科技进展,9(4):24-47.
施雅风,1992. 中国全新世大暖期气候与环境[M]. 北京:海洋出版社.
世界环境与发展委员会,1997. 我们共同的未来[M]. 长春:吉林人民出版社.
斯潘塞·R. 沃特,2008. 全球变暖的发现[M]. 宫照丽,译. 北京:外语教学与研究出版社.
斯思,毕训强,孔祥慧,等,2020. CMIP6情景中主要温室气体和气溶胶排放强度的时空分布特征分析[J]. 气候与环境研究,25(4):366-384.
苏健,梁英波,丁麟,等,2021. 碳中和目标下我国能源发展战略探讨[J]. 中国科学院院刊,36(9):1001-1009.
孙军,李晓倩,陈建芳,等,2016. 海洋生物泵研究进展[J]. 海洋学报,38(4):1-21.
孙颖,2021. 全球变暖趋势日益明晰[J]. 中国科学基金,35(2):226-228.
汪品先,2002. 气候演变中的冰和碳[J]. 地学前缘,9(1):85-93.
王乃昂,1998. 中西古代气候学的概念模式及其比较[J]. 自然科学史研究,17(1):1-8.

王绍武,1994. 气候系统引论[M]. 北京:气象出版社.
王绍武,2001. 现代气候学研究进展[M]. 北京:气象出版社.
王绍武,龚道溢,2000. 全新世几个特征时期的中国气温[J]. 自然科学进展,10(4):325-332.
王绍武,罗勇,赵宗慈,等,2013. 全球变暖的科学[M]. 北京:气象出版社.
威廉·伯勒斯,2007. 21世纪的气候[M]. 秦大河,丁一汇,译. 北京:气象出版社.
威廉·诺德豪斯,2019. 气候赌场:全球变暖的风险、不确定性与经济学[M]. 梁小民,译. 上海:东方出版中心.
沃德,杜博斯,1997. 只有一个地球:对一个小小行星的关怀和维护[M]. 长春:吉林人民出版社.
吴海斌,李琴,于严严,等,2017. 全新世中期中国气候格局定量重建[J]. 第四纪研究,37(5):982-998.
西蒙,1985. 没有极限的增长[M]. 成都:四川人民出版社.
项目综合报告编写组,2020.《中国长期低碳发展战略与转型路径研究》综合报告[R]. 北京:清华大学气候变化与可持续发展研究院.
徐一丹,李建平,汪秋云,等,2019. 全球变暖停滞的研究进展回顾[J]. 地球科学进展,34(2):175-190.
许林玉,2021. 保罗·克鲁岑(1933—2021)[J]. 世界科学(10):64.
薛求知,黄佩燕,鲁直,2003. 行为经济学[M]. 上海:复旦大学出版社.
严登华,王坤,李相南,等,2020. 全球陆地地表水资源演变特征[J]. 水科学进展,31(5):703-712.
杨梅,朱新福,2020.《水刀子》中的反乌托邦城市书写和人类世想象[J]. 当代外国文学,41(4):20-27.
杨昕,王明星,2001. 陆面碳循环研究中若干问题的评述[J]. 地球科学进展,16(3):427-435.
杨永鹏,孟进宝,韩龙武,等,2018. 青藏铁路工程走廊多年冻土对全球气候变化的响应[J]. 中国铁道科学,39(1):1-7.
约翰·麦克尼尔,彼得·恩格尔克,2021. 大加速:1945年以来人类世的环境史[M]. 施雱,译. 北京:中信出版社.
云雅如,方修琦,王媛,等,2005. 黑龙江省过去20年粮食作物种植格局变化及其气候背景[J]. 自然资源学报,20(4):697-705.
曾静静,曲建升,裴惠娟,等,2015. 国际气候变化会议回顾与近期热点问题分析[J]. 地球科学进展,30(11):1210-1217.
张辉华,凌文辁,2005. 理性,情绪与个体经济决策[J]. 外国经济与管理,27(5):2-9.
张家诚,1999. 地理环境与中国古代科学思想[M]. 北京:地震出版社.
张晋宾,周四维,2021. 碳中和体系解读[J]. 华电技术,43(6):1-10.
张兰生,方修琦,任国玉,2017. 全球变化(第二版)[M]. 北京:高等教育出版社.
郑景云,葛全胜,刘浩龙,等,2013."气候门"与20世纪增暖的千年历史地位之争[J]. 自然杂志,35(1):22-29.
中国气象局气候变化中心,2021. 中国气候变化蓝皮书(2021)[M]. 北京:科学出版社.
竺可桢,1972. 中国近5000年来气候变迁的初步研究[J]. 考古学报(1):168-189.
邹才能,何东博,贾成业,等,2021. 世界能源转型内涵、路径及其对碳中和的意义[J]. 石油学报,42(2):233-247.

BOND G, SHOWERS W, CHESEBY M, et al, 1997. A pervasive millennial-scale cycle in North Atlantic Holocene and glacial climates[J]. Science, 278(5341): 1257-1266.

BOVA S, ROSENTHAL Y, LIU Z, et al, 2021. Seasonal origin of the thermal maxima at the Holocene and the last interglacial [J]. Nature, 589(7843) : 548.

BRAUCH H G, 2005. Threats, Challenges, Vulnerabilities and Risks in Environmental and Human Security[M]. Bonn: Institute for Environment and Human Security.

BROOK E J, BUIZERT C, 2018. Antarctic and global climate history viewed from ice cores[J]. Nature, 558: 200-208.

BURTON I, SMITH J, LENHART S, 1998. Adaptation to Climate Change: Theory and Assessment. Handbook on Methods for Climate Change Impact Assessment and Adaptation Strategies [M]. Nairobi: United Nations Environment Programme.

BUTZER K W, 2012. Collapse, environment, and society [J]. Proceedings of the National Academy of Sciences, 109 (10): 3632-3639.

CLEMENT V, WEI C, RIGAUD K K, et al, 2021. Groundswell Part 2: Acting on Internal Climate Migration[R]. Washington DC: The World Bank.

COOPER A H, BROWN T J, PRICE S J, et al, 2018. Humans are the most significant global geomorphological driving force of the 21st century[J]. The Anthropocene Review, 5(3): 222-229.

CRIPPA M, SOLAZZO E, GUIZZARDI D, et al, 2021. Food systems are responsible for a third of global anthropogenic GHG emissions[J]. Nature Food, 2: 198-209.

CRUTZEN P J, 2002. Geology of mankind[J]. Nature, 415(6867): 23.

CRUTZEN P J, STOERMER E F, 2000. The "Anthropocene"[J]. Global Change Newsletters, 41: 17-18.

ELHACHAM E, BEN-URI L, GROZOVSKI J, et al, 2020. Global human-made mass exceeds all living biomass[J]. Nature, 588(7838): 442-444.

ELLEN R F, 1982. Environment, Subsistence and System: The Ecology of Small-Scale Social Formations[M]. Cambridge: Cambridge University Press.

ELLIS E C, GAUTHIER N, KLEIN GOLDEWIJK K, et al, 2021. People have shaped most of terrestrial nature for at least 12000 years[J]. PNAS, 118(17): 1-8.

ERBA E, 2006. The first 150 million years history of calcareous nannoplankton: biosphere-geosphere interactions[J]. Palaeogeography, Palaeoclimatology, Palaeoecology, 232(2): 237-250.

FAO, 2019. The State of Food Security and Nutrition in the World 2019//Safeguarding Against Economic Slowdowns[R]. Rome.

FAO, 2020. The State of Food and Agriculture 2020//Overcoming Water Challenges in Agriculture [R]. Rome.

FARMER G T, COOK J, 2012. Climate Change Science: A Modern Synthesis(Volume 1-The Physical Climate) [M]. Cham: Springer.

FRIEDLINGSTEIN P O, SULLIVAN M, JONE M W, et al, 2020. Global carbon budget 2020[J]. Earth System Science Data, 12: 3269-3340.

GALLOPíN G C, 2006. Linkages between vulnerability, resilience, and adaptive capacity[J]. Global

Environmental Change,16(3):293-303.

GANOPOLSKI A,WINKELMANN R,SCHELLNHUBER H J,2016. Critical insolation-CO_2 relation for diagnosing past and future glacial inception[J]. Nature,529(7585):200-203.

GRISCOM B W,ADAMS J,ELLIS P W,2017. Natural climate solutions[J]. PNAS,114(44):11645-11650.

HAMILTON C,2017. Defiant Earth:The Fate of Humans in The Anthropocene[M]. Cambridge:John Wiley & Sons.

HARDIN G,1968. The tragedy of the commons[J]. Science(162):1243-1248.

HEPBURN C,ADLEN E,BEDDINGTON J,et al,2019. The technological and economic prospects for CO_2 utilization and removal[J]. Nature,575:87-97.

HOLLING C S,2005. From complex regions to complex worlds[J]. Minnesota Journal of Law,Science & Technology,7(1):1-20.

IEA,2021. Net Zero by 2050:A Roadmap for the Global Energy Sector[R]. Paris.

IPCC,1990. Climate Change:the IPCC Scientific Assessment[M]. Cambridge:Cambridge University Press.

IPCC,1995. Climate Change 1995:The Science of Climate Change[M]. HOUGHTON J J,MEIRO FILHO L G,CALLANDER B A,et al,eds. Cambridge:Cambridge University Press.

IPCC,2001. Climate Change 2001:The Scientific Basis[M]. HOUGHTON J T,DING Y,GRIGGS D J,et al,eds. Cambridge:Cambridge University Press.

IPCC,2007. Climate Change 2007:The Physical Science Basis[M]. SOLOMON S,QIN D,MANNING M,et al,eds. Cambridge:Cambridge University Press.

IPCC,2013. Climate Change 2013:The Physical Science Basis[M]. STOCKER T F,QIN D,PLATTNER G K,et al,eds. Cambridge:Cambridge University Press.

IPCC,2014a. Climate Change 2014:Mitigation of Climate Change[M]. EDENHOFER O,PICHS-MADRUGA R,SOKONA Y,et al,eds. Cambridge:Cambridge University Press.

IPCC,2014b. Climate Change 2014:Impacts,Adaptation,and Vulnerability[M]. FIELD C B,BARROS V R,DOKKEN D J,et al,eds. Cambridge:Cambridge University Press.

IPCC,2018. Special Report on Global Warming of 1.5 ℃ (SR15) [M]. Cambridge:Cambridge University Press.

IPCC,2019a. IPCC Special Report on The Ocean and Cryosphere in a Changing Climate[M]. Cambridge:Cambridge University Press.

IPCC,2019b. Climate Change and Land:an IPCC Special Report on Climate Change,Desertification,Land Degradation,Sustainable Land Management,Food Security,and Greenhouse Gas Fluxes in Terrestrial Ecosystems [M]. Cambridge:Cambridge University Press.

IPCC,2021. Climate Change 2021:The Physical Science Basis [M]. Cambridge:Cambridge University Press.

KAUFMAN D,MCKAY N,ROUTSON C,et al,2020. A global database of Holocene paleotemperature records[J]. Scientific Data,7(1):183.

KEITH D W,2001. Geoengineering[J]. Nature,409(6818):420.

KUMP L R,KASTING J K,CRANE R G,et al,2004. The Earth System[M]. Upper Saddle River:Prentice Hall.

LEWIS S L,MASLIN M A,2015. Defining the Anthropocene[J]. Nature,519(7542):171-180.

LIU J,WANG B,CANE M A,et al,2013. Divergent global precipitation changes induced by natural versus anthropogenic forcing[J]. Nature,493:656-659.

MANN M E,BRADLEY R S,HUGHES M K,1999. Northern hemisphere temperatures during the past millennium: inferences, uncertainties, and limitations[J]. Geophysical Research Letters, 26(6):759-762.

MARCOTT S A,SHAKUN J D,PETER P U,et al,2013. A reconstruction of regional and global temperature for the past 11300 years[J]. Science,339:1198-1201.

MARSH M W,KAUFMAN M M,2012. Physical Geography:Great Systems and Global Environments[M]. Cambridge:Cambridge University Press.

MCGREGOR H,2018. Regional climate goes global[J]. Nature Geoscience,11(1):18-19.

MELILLO J M, RICHMOND T C, YOHE G W, 2014. Climate Change Impacts in the United States:The Third National Climate Assessment[R]. Washington:U S Global Change Research Program.

METZ B,DAVIDSON O,DE CONINCK H,2009. IPCC Special Report on Carbon Dioxide Capture and Storage[M]. Cambridge:Cambridge University Press.

MILLER G T,SPOOLMAN S E,2012. Living in the Environment[M]. Stanford:Cengage Learning.

PAGES,2009. Science Plan and Implementation Strategy(IGBP Report No. 57)[M]. Stockholm: IGBP Secretariat.

QUIGLEY M,BLAIR N,DAVISON K,2018. Articulating a social-ecological resilience agenda for urban design[J]. Journal of Urban Design,23(4):581-602.

RAE J W B,ZHANG Y G,LIU X Q,et al,2021. Atmospheric CO_2 over the past 66 million years from Marine Archives[J]. Annual Review of Earth and Planetary Sciences,49:609-641.

RIND D,2002. The Sun's role in climate variations[J]. Science,296(5568):673-677.

ROCKSTR M J,STEFFEN W,NOONE K,et al,2009. A safe operating space for humanity[J]. Nature,461(7263):472-475.

RUDDIMAN W F,2003. The anthropogenic greenhouse era began thousands of years ago[J]. Climatic Change,61(3):261-293.

SKELTON A,GUAN D,PETERS,G P,et al,2011. Mapping flows of embodied emissions in the global production system[J]. Environmental Science & Technology,45:10516-10523.

SKINNER B J,2012. The Dynamic Earth:An Introduction to Physical Geology[M]. Weinheim:Wiley.

SMIT B,WANDEL J,2006. Adaptation,adaptive capacity and vulnerability[J]. Global Environmental Change,16(3):282-292.

STEFFEN W, 2021. Introducing the Anthropocene: the human epoch[J]. Ambio, 50(10): 1784-1787.

STEFFEN W,SANDERSON A,TYSON P D,et al,2004. Global Change and the Earth System:A Planet Under Pressure[M]. Berlin:Springer.

STEFFEN W, CRUTZEN P J, MCNEILL J R, et al, 2007. The Anthropocene: are humans now overwhelming the great forces of nature[J]. Journal of Human Environment Research and Management, 36(8): 614-621.

STEFFEN W, GRINEVALD J, CRUTZEN P, et al, 2011. The Anthropocene: conceptual and historical perspectives[J]. Philosophical Transactions of the Royal Society A: Mathematical, Physical and Engineering Sciences, 369(1938): 842-867.

STEFFEN W, BROADGATE W, DEUTSCH L, et al, 2015. The trajectory of the Anthropocene: the great acceleration[J]. The Anthropocene Review, 2(1): 81-98.

STEFFEN W, LEINFELDER R, ZALASIEWICZ J, et al, 2016. Stratigraphic and earth system approaches to defining the Anthropocene[J]. Earth's Future, 4(8): 324-345.

STEFFEN W, ROCKSTR M J, RICHARDSON K, et al, 2018. Trajectories of the earth system in the Anthropocene[J]. Proceedings of the National Academy of Sciences, 115(33): 8252-8259.

STEFFEN W, RICHARDSON K, ROCKSTRÖM J, et al, 2020. The emergence and evolution of Earth System Science[J]. Nature Reviews Earth & Environment, 1(1): 54-63.

STERN N, 2007. The Economics of Climate Change: The Stern Review[M]. Cambridge: Cambridge University Press.

STRAHLER A, 2013. Introducing Physical Geography[M]. Weinheim: Wiley.

SUN Y, ZHANG X B, DING Y H, et al, 2022. Understanding human influence on climate change in China[J]. National Science Review, 9(3): nwab113.

TRENBERTH K E, ASRAR G R, 2007. Challenges and Opportunities in Water Cycle Research: WCRP Contributions[A]. //Bengtsson L, Bonnet R M, Calisto M, et al, 2007. The Earth's Hydrological Cycle. Netherlands: Springer.

TUREKIAN K K, 1996. Global Environmental Change: Past, Present, and Future[M]. Upper Saddle River: Prentice-Hall Inc.

UN GLOBAL COMPACT, 2021. Corporate Net Zero Pathway-Delivering the Paris Agreement and the Sustainable Development Goals [R]. New York.

UNDP, 2020. Human Development Report 2020: The Next Frontier: Human Development and the Anthropocene[R]. New York.

UNESCO, UN-WATER, 2020. United Nations World Water Development Report 2020: Water and Climate Change[R]. Paris.

UNFCCC, 2021. Nationally determined contributions under the Paris Agreement[R]. Bonn.

WATERS C N, ZALASIEWICZ J, SUMMERHAYES C, et al, 2016. The Anthropocene is functionally and stratigraphically distinct from the Holocene[J]. Science, 351(6269): aad2622.

WMO, 2021. State of the Global Climate 2020 [R]. Geneva.

WORLD BANK GROUP, 2021. 2021-2025 Supporting Green, Resilient, and Inclusive Development [R]. Washington DC.

ZALASIEWICZ J, WATERS C N, ELLIS E C, et al, 2021. The Anthropocene: comparing its meaning in geology (Chronostratigraphy) with conceptual approaches arising in other disciplines[J]. Earth's Future, 9(3): e2020EF001896.